"十二五"普通高等教育本科国家级规划教材

面向21世纪课程教材
Textbook Series for 21st Century

电磁学

（第四版）　贾起民　郑永令　陈暨耀

高等教育出版社·北京

内容提要

　　本书第二版是"面向21世纪课程教材",第三版是普通高等教育"十一五"国家级规划教材,第四版是"十二五"普通高等教育本科国家级规划教材。本书是在第三版的基础上,依据教育部高等学校物理学与天文学教学指导委员会编制的《高等学校物理学本科指导性专业规范》(2010年版)修订而成的。

　　在修订过程中,本书保持了原有的特色,按照现代化的要求,对结构和内容做了适当的调整和删减,使之能适应少课时的教学需求。全书共分8章,内容涉及静电学的基本规律、静电场与导体、恒定电流、恒定电流的磁场、随时间变化的电磁场和麦克斯韦方程、物质中的电场、物质中的磁场、交流电路等。

　　本书可作为高等学校物理学类专业电磁学课程的教材,也可供其他专业的师生以及中学物理教师参考。

图书在版编目(CIP)数据

电磁学 / 贾起民,郑永令,陈暨耀著. -- 4版. -- 北京：高等教育出版社,2021.12(2024.12重印)
ISBN 978-7-04-052184-9

Ⅰ. ①电… Ⅱ. ①贾… ②郑… ③陈… Ⅲ. ①电磁学-高等学校-教材 Ⅳ. ①O441

中国版本图书馆CIP数据核字(2019)第133859号

DIANCIXUE

| 策划编辑 | 张琦玮 | 责任编辑 | 张琦玮 | 封面设计 | 姜 磊 | 版式设计 | 杜微言 |
| 插图绘制 | 于 博 | 责任校对 | 陈 杨 | 责任印制 | 刁 毅 | | |

出版发行	高等教育出版社	网　址	http://www.hep.edu.cn
社　址	北京市西城区德外大街4号		http://www.hep.com.cn
邮政编码	100120	网上订购	http://www.hepmall.com.cn
印　刷	涿州市京南印刷厂		http://www.hepmall.com
开　本	787mm×1092mm 1/16		http://www.hepmall.cn
印　张	21.75	版　次	1985年8月第1版
字　数	450千字		2021年12月第4版
购书热线	010-58581118	印　次	2024年12月第4次印刷
咨询电话	400-810-0598	定　价	46.80元

本书如有缺页、倒页、脱页等质量问题,请到所购图书销售部门联系调换
版权所有　侵权必究
物　料　号　52184-00

电磁学

(第四版)

贾起民　郑永令
陈暨耀

1. 电脑访问 http://abook.hep.com.cn/1238855，或手机扫描二维码、下载并安装 Abook 应用。
2. 注册并登录，进入"我的课程"。
3. 输入封底数字课程账号（20位密码，刮开涂层可见），或通过 Abook 应用扫描封底数字课程账号二维码，完成课程绑定。
4. 点击"进入学习"，开始本数字课程的学习。

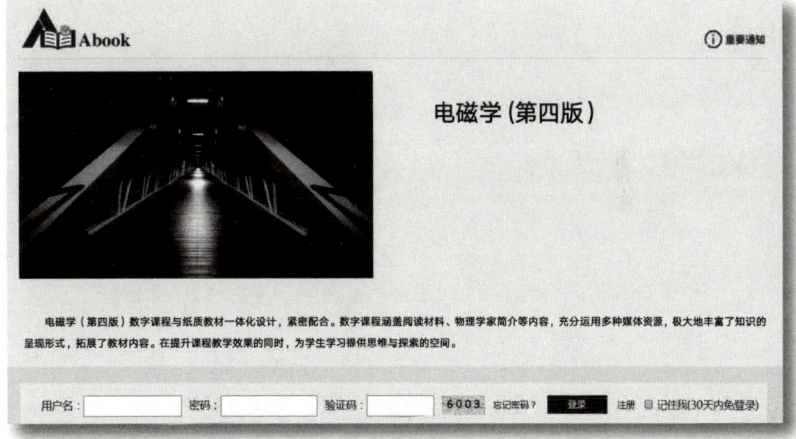

课程绑定后一年为数字课程使用有效期。受硬件限制，部分内容无法在手机端显示，请按提示通过电脑访问学习。

如有使用问题，请发邮件至 abook@hep.com.cn。

扫描二维码
下载 Abook 应用

http://abook.hep.com.cn/1238855

第四版序

本书第三版出版于2009年,出版以来,得到了读者们的厚爱,几番重印,至今仍有不少学校把其作为物理学类专业电磁学课程的教材或主要参考书。随着科学技术的进步,经济的发展,社会对人才的需求、学生对专业的选择更加多元化,从不同的角度去适应这些变化的教育改革正在推进,为此,我们对《电磁学》(第三版)进行了修订。本次修订仍保持了教材原先的特点:既注重基本概念、基本规律阐述的严谨流畅,给学生严格的训练,使学生打下比较扎实的基础,又注意引导学生思考、钻研和总结,培养学生的学习能力,使学生具有自学新知识的基础、能力、方法、习惯和勇气,从而能学习未学过的知识。

在保持教材特色的基础上,本次修订的主要变化如下:

1. 对例题、思考题和习题进行了精简。
2. 进一步明确教学基本要求。
3. 在内容现代化方面做了进一步尝试。
4. 纠正了上一版中的一些错误。

由于投入时间有限,再加上作者在认识上可能存在的各种局限,内容的选择可能有偏差或遗漏,欢迎读者批评指正。

贾起民 郑永令

2021 年

第三版序(摘要)

本版主要变化是:

1. 删除了第二版中大部分以"小字"编写的内容和原书第六章"运动电荷的电场和磁场",其他内容则在不影响原书风格和特点的前提下做了必要的和适当的压缩和精简,使第三版能适应较少学时的电磁学课程的要求。

2. 精选了例题、思考题和习题,使之与较少学时的电磁学的要求相匹配。

3. 全书由真空中的电磁场、介质中的电磁场和交流电路三个板块组成。三个板块相对独立,即使最后一个板块或后两个板块不学,学生基本上也已掌握了电磁学的最基本的知识和规律以及学习电磁学的基本方法,学生已具备进一步学习电磁场理论或电动力学等其他课程的基础。

4. 原书中凡是介绍电磁学与物理学新进展、物理学与其他自然学科或新技术相关的知识都保留了,并且在某些方面还有所加强,如增加了介质表面在电磁波中所受的拉力,引入了可研究膜弹性的光拉伸的实例等。

由于投入时间有限,再加上作者在认识上可能存在各种局限,在内容的选择上可能有偏差或疏漏,欢迎读者批评指正。

贾起民　郑永令
2009 年

第二版序（摘要）

第二版的修订工作主要体现在如下几个方面：

1. 删去部分过深、过难的内容。有关电磁场方程的数学形式只限于积分形式。删去一些深入讨论的问题，有些问题是作者多年教学研究和教学经验的总结，但学生未必都需要。

2. 进一步明确教学基本要求。

3. 在内容现代化方面做了一些尝试。

此次修订中，我们仍保留了第一版的主要特色，既注重基本概念、基本规律阐述的严谨顺畅，给学生严格的训练，使学生打下比较扎实的基础，又注意引导学生思考、钻研和总结，培养学生的学习能力。

在修订过程中，我们特邀请陈暨耀、应书谦两位比较年轻的教授和副教授参与工作，因为我们都属退下讲台的人了，今后怎样教学，是青年人的事，我们无须干预太多。他们参与工作将有助于了解历史，但他们完全可以在新的起点上向前迈进。

作者由衷地感谢我们的老师，复旦大学物理系郑广垣教授，他仔细审阅了修订稿的全文，并与作者进行了讨论，提出了许多宝贵的意见和建议。我们还要感谢审稿会上复旦大学的倪光炯教授、郑广垣教授、华东师范大学的宓子宏教授和上海交通大学的胡盘新教授提出的许多富有启发性的意见和建议，使我们能对书稿做进一步的修改和补充。

由于作者的水平有限，有些观点也不一定正确，书中恐有个别谬误和疏漏之处，望广大读者斧正。

贾起民　郑永令
1999年6月于复旦大学

第一版序（摘要）

本书是在1982年使用的讲义的基础上结合多年的教学经验和近年来教学改革的实践修改而成的，与作者60年代和70年代编写的讲义相比，内容上又有更多的补充和提高。

王祖彝、陈暨耀两位同志参加了本书的修改工作，编选了全部习题，演算和核对了习题答案，蔡怀新教授审阅了全部书稿，提出了许多宝贵的意见，我们一并表示衷心感谢。

我们还要感谢自1960年以来在复旦大学物理系学习过电磁学的已经毕业或尚未毕业的学生，他们对本课程的讲义提出过许多宝贵的意见，本书中有些讨论较深入的问题以及一些思考题就是受到他们的启发而编写出来的。

本书若有错误和不妥之处，恳切希望广大教师和读者给予批评和指正。

贾起民　郑永令
1985年1月于复旦大学

目 录

第一章　静电学的基本规律 …………………………………………………………… 001
　§1.1　物质的电结构　电荷守恒定律 ………………………………………………… 001
　　　1. 电荷　摩擦起电　2. 电子　质子　夸克　3. 电荷守恒定律　4. 导体和绝缘体
　§1.2　库仑定律 ………………………………………………………………………… 004
　　　1. 点电荷的概念　库仑定律　2. 电荷量的单位　3. 真空的概念及其演变　4. 几点说明
　　　5. 叠加原理
　§1.3　电场和电场强度 ………………………………………………………………… 006
　　　1. 电场　2. 电场强度　3. 点电荷与点电荷系的电场强度　4. 任意形状带电体的电场
　　　5. 电场线——描述电场的辅助工具　6. 例题
　§1.4　电势 ……………………………………………………………………………… 016
　　　1. 静电场的环路定理　2. 电势差和电势　3. 带电体的电势　4. 等势面　电势梯度
　　　5. 几点说明　6. 电偶层的电势　心电图原理　7. 例题
　§1.5　高斯定理 ………………………………………………………………………… 025
　　　1. 电场强度通量　2. 电场对任意封闭曲面的电场强度通量　3. 高斯定理
　　　4. 几点说明　5. 例题
　§1.6　静电场的基本方程式 …………………………………………………………… 033
　§1.7　静电能 …………………………………………………………………………… 034
　　　1. 点电荷系的相互作用能　2. 电偶极子在外场中的静电能　电场对电偶极子的作用
　　　3. 电荷连续分布的带电体的能量　4. 几点说明　5. 例题
　思考题 …………………………………………………………………………………… 041
　习题 ……………………………………………………………………………………… 044

第二章　静电场与导体 ………………………………………………………………… 049
　§2.1　静电场中的导体 ………………………………………………………………… 049
　　　1. 导体的特征　功函数　2. 导体的静电平衡条件　3. 导体上的电荷分布　4. 导体表面的电场
　　　强度　5. 静电屏蔽　6. 例题
　§2.2　静电场的唯一性定理 …………………………………………………………… 058
　　　1. 问题的提出　2. 静电场的唯一性定理
　§2.3　尖端效应 ………………………………………………………………………… 060
　　　1. 尖端放电　电晕　2. 静电复印　3. 范德格拉夫起电机　4. 从场离子显微镜（FIM）到扫描隧穿
　　　显微镜（STM）
　§2.4　电容和电容器 …………………………………………………………………… 065
　　　1. 孤立导体的电容　2. 电容器及其电容　3. 几种形状的电容器的电容　4. 电容器的串联与并
　　　联　5. 几点说明　6. 例题
　§2.5　静电场的能量 …………………………………………………………………… 070
　　　1. 带电导体的静电能　2. 电场的能量　3. 几点说明　4. 静电场对导体的作用力　5. 例题

思考题 074
　　习题 075

第三章　恒定电流 080

§3.1　恒定电流的闭合性 080
1. 电流的形成　2. 电流和电流密度　3. 电流的连续性方程　恒定电流的闭合性

§3.2　欧姆定律 083
1. 欧姆定律的微分形式　2. 一段电路的欧姆定律　电阻　3. 电阻率与温度的关系　超导电性　4. 电流的功率　焦耳定律　5. 例题

§3.3　固体导电机理简介 088
1. 金属导电性的经典微观解释　2. 费米电子气　导电和导热的量子理论

§3.4　电动势和全电路欧姆定律 092
1. 非静电起源的电场力　2. 电动势　全电路欧姆定律　3. 恒定电场在恒定电路中的作用　4. 接触电势差　温差电动势　5.化学电源　6. 例题

§3.5　电路定理 101
1. 一段含源电路的欧姆定律　2. 基尔霍夫方程及其应用　3. 例题

　　思考题 105
　　习题 106

第四章　恒定电流的磁场 111

§4.1　基本磁现象　安培定律 111
1. 磁现象　2. 电流间的相互作用力　安培定律　3. 几点说明　4. 例题

§4.2　电流的磁场　磁感强度 116
1. 磁场及其描述　2. 毕奥-萨伐尔定律　3. 几点说明　4. 平面载流回路在磁场中受到的力和力矩　5. 例题

§4.3　恒定电流磁场的基本方程式 124
1. 磁场的高斯定理　寻找磁单极　2. 磁场的环流　安培环路定理　3. 恒定电流的磁场的基本方程式　4. 例题

§4.4　带电粒子在电场和磁场中的运动 131
1. 洛伦兹力　2. 带电粒子在均匀磁场中的运动　3. 回旋加速器的基本原理　4. 汤姆孙实验　5. 质谱仪　6. 霍耳效应　7. 洛伦兹力与安培力　8. 例题

§4.5　磁场的矢势　AB 效应 138
1. 磁场矢势的引入　2. AB 效应及其实验验证

　　思考题 140
　　习题 142

第五章　随时间变化的电磁场　麦克斯韦方程 147

§5.1　电磁感应现象与电磁感应定律 147
1. 基本的电磁感应现象　2. 感应电动势及其大小和方向　3. 法拉第电磁感应定律　4. 关于法拉第　5. 例题

§5.2　电磁感应现象的物理实质 154
1. 动生电动势　2. 感生电场及其性质　3. 涡电流与电磁阻尼　4. 几点说明　5. 例题

§5.3　互感与自感 165
1. 互感现象与互感系数　2. 自感现象与自感系数　3. 例题

§5.4　*LR* 电路中的暂态过程　磁场的能量 170

1. 似稳电流　可变电流的电路方程　2. LR 电路中的暂态过程　3. 可变电流电路中的能量转化
　　　自感能　4. 两个载流回路的磁能　互感能　5. 真空中磁场的能量　磁能密度　6. 例题
　§ 5.5　位移电流及其物理实质 ··· 177
　　　1. 回顾与总结　位移电流　2. 位移电流的物理实质　3. 几点说明　4. 例题
　§ 5.6　真空中的麦克斯韦方程组　电磁波 ··· 184
　　　1. 麦克斯韦方程组的积分形式　2. 真空中的平面电磁波　3. 关于麦克斯韦　4. 例题
　§ 5.7　电磁场的能量与动量 ·· 193
　　　1. 电磁场的能量　能流密度　2. 电磁场的动量
　§ 5.8　电磁波的产生　辐射 ··· 196
　　　1. 辐射电磁波的条件　2. 加速运动电荷的辐射　3. 辐射场的能流　4. 振动偶极子的辐射
　　　5. 例题
　§ 5.9　几种辐射介绍 ·· 201
　　　1. 轫致辐射　2. 回旋辐射　3. 同步辐射及其应用
　思考题 ··· 204
　习题 ··· 205

第六章　物质中的电场 ··· 213
　§ 6.1　电介质的极化 ·· 213
　　　1. 电介质的极化　相对介电常量　2. 原子或分子系统的电偶极矩　3. 电介质极化的微观模型
　§ 6.2　极化强度和极化电荷 ··· 218
　　　1. 极化强度　2. 极化电荷　3. 极化电荷的面密度和体密度　4. 几点说明　5. 例题
　§ 6.3　介质中的静电场 ··· 225
　　　1. 宏观电场与微观电场　2. 极化强度与电场强度的关系　3. 例题
　§ 6.4　铁电体、压电体和驻极体 ·· 230
　§ 6.5　介质中的高斯定理 ·· 232
　　　1. 电位移　介质中的高斯定理　2. 介质中电场的基本方程式　3. 电场的边界条件
　　　4. 几点说明　5. 例题
　§ 6.6　电介质中的静电能 ·· 242
　　　1. 电介质中静电能的定义　2. 电介质中电场能的表达式　3. 例题
　思考题 ··· 248
　习题 ··· 249

第七章　物质中的磁场 ··· 254
　§ 7.1　顺磁性和抗磁性 ··· 254
　　　1. 顺磁性物质和抗磁性物质　2. 原子中的电流　电子的磁矩　3. 顺磁性和抗磁性的起源
　　　4. 原子核的磁矩　核磁共振成像
　§ 7.2　磁化强度和磁化电流 ··· 260
　　　1. 磁化强度　2. 磁化电流　3. 磁化电流的面密度与体密度　4. 例题
　§ 7.3　介质中的磁场 ·· 266
　　　1. 磁介质中的磁感强度　2. 磁化强度与磁感强度的关系　3. 例题
　§ 7.4　磁场强度　介质中磁场的基本方程式 ··· 269
　　　1. 磁场强度　介质中磁场的安培环路定理　2. 介质中磁场的基本方程式
　　　3. 磁场的边界条件　4. 几点说明　5. 介质中磁场的能量密度　6. 例题
　§ 7.5　铁磁性 ·· 277

　　　　1. 磁化曲线　2. 磁滞回线　3. 铁磁性成因简介　4. 例题

§7.6　超导体简介 ·· 282
　　　　1. 超导体的临界温度和临界磁场　2. 高温氧化物超导

§7.7　介质中电磁场的方程组 ··· 285
　　　　1. 介质中的麦克斯韦方程组　2. 边界条件　3. 无限大均匀介质中的平面电磁波
　　　　4. 光的折射率　5. 介质中电磁场的能量密度与能流密度　6. 例题

思考题 ··· 290
习题 ··· 291

第八章　交流电路 ··· 295

§8.1　简谐交流电的产生和表示方法 ··· 295
　　　　1. 简谐交流电的产生　2. 简谐交流电的三个参量　3. 简谐交流电的有效值
　　　　4. 简谐交流电的振幅矢量表示法　5. 例题

§8.2　交流电路中的元件 ··· 299
　　　　1. 交流电路中的纯电阻　2. 交流电路中的纯电感　3. 交流电路中的纯电容

§8.3　RLC 串联电路 ··· 307
　　　　1. 似稳条件和集中参量　2. RLC 串联电路的电路方程及其解
　　　　3. RLC 串联电路的振幅矢量计算法　4. 例题

§8.4　并联电路的计算 ··· 314

§8.5　交流电路的功率 ··· 315
　　　　1. 交流电路的功率　2. 有功功率和无功功率　3. 提高电路功率因数的意义和方法

§8.6　谐振电路和品质因数 ·· 318
　　　　1. RLC 串联电路的谐振和谐振条件　2. RLC 串联电路谐振时电路上的电压分配　品质因数
　　　　3. RLC 串联谐振电路中的能量转化　Q 值的普遍含义　4. 谐振曲线　通频带

§8.7　三相交流电 ··· 322
　　　　1. 三相交流电的产生　2. 三相电路中负载的连接

思考题 ··· 325
习题 ··· 327

第一章
静电学的基本规律

静电学研究的对象是相对观察者静止的电荷及其周围的电场。在这一章中,我们只讨论处在真空中的静止电荷及其电场。我们将从最基本的静电现象出发,讨论静电场的描述方法和基本规律,进而建立静电场的基本方程式。本章的内容是学习以后各章的基础。

§1.1 物质的电结构 电荷守恒定律

1. 电荷 摩擦起电

早在古希腊时期,雕刻玉石的匠人就发现,用毛皮摩擦过的琥珀能吸引羽毛、头发、干草等轻小物体。在我国东汉成书的《论衡》中,也有"顿牟掇芥"的记载。之后人们相继发现许多材料如玻璃、水晶、硬橡胶、硫黄和火漆等经摩擦后都有吸引轻小物体的能力。当物体具有了这种性质,就说该物体处于带电状态或携带电荷。带有电荷的物体称为带电体。经过摩擦使物体带电的过程称为摩擦起电。摩擦起电现象十分普遍,特别在塑料制造、化纤纺织、溶剂生产等过程中广泛存在。在这些过程中,摩擦起电常常会影响生产,甚至引起爆炸事故。

带电体之间存在相互作用,这种作用表现为相互吸引或相互排斥(图 1.1-1)。实验表明,电荷有两类,同类电荷相互排斥,异类电荷相互吸引。由于只存在两类电荷,我们可以称一类电荷为正电荷,另一类电荷为负电荷。历史上,富兰克林(B.Franklin)最早对电荷的正负做了规定:玻璃与丝绢摩擦后,玻璃所带的电荷为正电荷,凡与它相吸引的电荷为负电荷。直到现在,我们仍

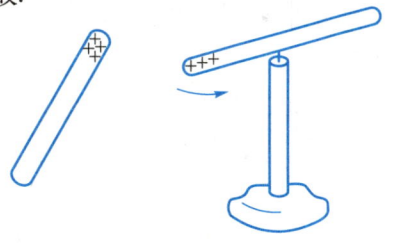

图 1.1-1 两根带同类电荷的棒相互排斥

沿用富兰克林的规定,认为存在两类电荷及同类电荷相斥、异类电荷相吸是电荷的基本属性,但规定哪种电荷为正、哪种电荷为负,完全是任意的,具有一定的历史偶然性。富兰克林的命名法基于正电荷容易从一物体流到另一物体的错误猜测,事实上,容易流动的电荷是电子所带的负电荷。摩擦起电是一个非常复杂的过程。两物体摩擦后带何种符号的电荷是由许多因素决定的,如表面的杂质层、物体的温度、物体表面的光洁程度等。

2. 电子　质子　夸克

电磁现象的基本规律和电磁学的基本理论是人们在 18 至 19 世纪期间通过实验发现并总结出来的. 当时,人们对物质的微观结构了解甚少,所以在宏观电磁理论的表述中,常常不涉及物质的微观结构. 但在今天,如果我们能结合物质微观结构的初步知识来学习电磁学,对深入理解电磁学的基本规律是有帮助的.

从物理和化学的观点来看,物质由原子、分子构成,而原子是由电子、质子和中子构成的. 质子和中子是原子核的组成部分,统称核子. 电子在核外运动,质量很小,约为 10^{-30} kg,迄今为止的实验和理论都未发现电子具有内部结构,故都把电子作为点粒子. 电子所带电荷的绝对值 e 是电荷的最小单元,称为元电荷. 至今尚未发现电荷量比一个元电荷更小的稳定的带电体. 但近年来,关于分数电荷的研究已引起人们广泛的兴趣. 所谓分数电荷就是指比元电荷更小的电荷. 粒子物理学的研究表明,核子等重粒子是由电荷量为 $(-1/3)e$ 或 $(2/3)e$ 的称为夸克的粒子组成的,但实验上尚未发现独立存在的带分数电荷的粒子. 电荷具有最小单元的性质称为电荷的量子化,它是电荷的又一基本属性. 质子和中子的质量几乎相等,约为电子质量的 1 840 倍(10^{-27} kg). 质子带正电,电荷量与电子的相等(相等的精确程度达到 $1/10^{20}$),中子不带电①. 质子可以稳定地独立存在,中子则不能,它将衰变为一个质子、一个电子和一个反中微子. 电子和质子的质量和电荷量如表1.1-1 所示.

表 1.1-1　电子、质子的电荷量和质量

	电荷量/C	质量/kg
电子	$-1.602\,176\,634\times10^{-19}$	$9.109\,383\,701\,5(28)\times10^{-31}$
质子	$1.602\,176\,634\times10^{-19}$	$1.672\,621\,923\,69(51)\times10^{-27}$

为什么电子和质子的电荷量值相等的精度如此之高? 为什么所有电子都能保持这样精确的固定的电荷量值? 是何种力量使电子成为一个整体? 这些问题至今令人迷惑不解. 如果电子有内部结构的话,那么内部各部分之间应有静电斥力,电子结构的稳定性似乎表明其内部应存在某种比静电力更强的吸引力. 所有这一切都是当今物理学尚未搞清楚的问题.

不同数目的质子和中子结合成各种不同的原子核. 自然界中最重的原子核是铀-238 的核(^{238}U),它含有 238 个核子,质量约为 4×10^{-25} kg. 所有原子核的密度差不多都相等,而它们的直径大致正比于核子数的立方根. 原子核的直径为 3×10^{-15} ~ 2×10^{-14} m. 铀原子核的半径约为 10^{-14} m,密度约为 10^{17} kg/m³,即比宏观物质的密度大 13~14 个数量级.

原子核和电子组成原子. 原子核带正电,电荷量取决于核内的质子数. 原子核外的电子数与核内的质子数相等. 整个原子的净电荷为零. 原子的质量几乎全部集

---

① 中子作为一个整体不带电,但其内部却存在电荷分布.

中在原子核中,如氢原子核的质量占氢原子质量的 99.95%,铀原子核的质量占铀原子质量的 99.98%. 在一级近似下,可以认为原子的质量就是它的原子核的质量. 原子的大小要比原子核的大出好几个数量级. 原子半径的典型值的数量级为 10^{-10} m.

分子由原子组成. 由少数几个原子组成的分子,如 H_2O、CO_2、Na_2SO_4、C_6H_6 等,直径的数量级为 10^{-1} nm. 它们的大小和质量与单个原子的相比相差不大,但也有一些分子很大、很复杂. 至今知道的最大的分子是蛋白质分子和脱氧核糖核酸(DNA)分子,DNA 分子的质量达 10^9 u(原子质量单位,1 u ≈ 1.660 539×10^{-27} kg).

3. 电荷守恒定律

任何物体,不论是固体、液体还是气体,内部都存在正、负电荷. 在通常情况下,物体内部正、负电荷数量相等,电效应相互抵消,不呈现带电状态. 如果由于某种原因,物体失去一定量的电子,它就呈现带正电的状态;若物体获得一定量的电子,它便呈现带负电的状态. 物体的带电过程实质上就是使物体失去一定数量的电子或获得一定数量的电子的过程.

大量实验事实表明,电荷还有一个属性是守恒性,即在任何时刻,存在于孤立系统内部的正电荷与负电荷的代数和恒定不变,这一结论称为电荷守恒定律. 电荷守恒定律是一切宏观过程和一切微观过程都必须遵循的基本规律,它在所有的惯性系中都成立,而且在不同的惯性系内的观察者对电荷进行测量所得到的量值都相同. 换句话说,电荷是一个相对论性不变量.

4. 导体和绝缘体

金属原子的原子核对离核最远的电子(价电子)的作用力较小,当受到某种影响时,价电子很容易脱离原子核的束缚而成为自由电子,失去电子的原子成为带正电的离子. 当大量金属原子组成金属时,由于原子间的相互影响,几乎所有的价电子都变成自由电子,它们在金属内部自由运动,但不会跑到金属外面,这种情况与密封于容器中的气体分子很相似,故通常把金属中的自由电子称为电子气. 酸、碱、盐溶于水时,将电离成可在溶液中自由运动的正离子和负离子. 所以不论金属内部还是酸、碱、盐的溶液中都存在大量的自由电荷,当自由电荷受力的作用时,很容易从一处向另一处迁移,因而它们有很好的导电性,故金属以及酸、碱、盐溶液称为导体. 金属内部发生电荷迁移时,并不发生可察觉的质量迁移,而酸、碱、盐溶液中发生电荷迁移时,将伴随质量的迁移. 我们把前者称为第一类导体,后者称为第二类导体.

许多非金属,其内部原子核对核外电子的作用力比较大,电子被正离子牢固地束缚着,不能自由运动(但是,电子在原子或分子内部极小范围内,仍可运动),故非金属几乎没有导电本领,称为绝缘体.

导体和绝缘体之间并无严格的界限,在一定条件下,绝缘体可以转化为导体. 例如,绝缘体在强电场力作用下会被击穿,使束缚电子变成自由电子,绝缘体就变成了导体.

还有些物质如锗、硅和某些化合物等，其导电性能介于导体和绝缘体之间，称为半导体. 半导体的导电性会因其中杂质含量和外界条件的改变（如温度、光照等）而发生显著变化.

§1.2 库仑定律

1. 点电荷的概念 库仑定律

带电体之间作用力的大小和方向与带电体的几何形状、电荷的种类以及电荷量的多少等许多因素有关. 库仑（C.A.Coulomb）首先全面研究了两个点电荷间相互作用力的规律. 点电荷是这样的带电体，它本身的几何线度比它与其他带电体之间的距离小得多，这样，在研究它与其他带电体的相互作用时，可以把它作为一个几何点来处理.

若两个带电体都可等效为点电荷，则它们之间的距离具有完全确定的意义，而两带电体的形状、电荷在带电体上的分布情况已无关紧要. 点电荷的概念与力学中质点的概念相似，它是从实际带电体中抽象出来的理想模型，只具有相对意义，本身不一定是非常小的带电体. 库仑于1785年通过对实验（著名的扭秤实验）结果的分析，总结出两个静止点电荷间相互作用力的规律，这就是我们熟知的库仑定律，其主要内容是：(1) 同号电荷相互排斥，异号电荷相互吸引；(2) 作用力沿两点电荷的连线；(3) 力的大小正比于每个点电荷电荷量的大小；(4) 力的大小反比于两点电荷之间距离的平方. 用数学可表示为

$$\boldsymbol{F}_{12} \propto \frac{q_1 q_2}{r_{12}^2}\boldsymbol{e}_r \tag{1.2-1}$$

$\boldsymbol{F}_{12}$ 代表点电荷 1 作用于点电荷 2 上的力，q_1 和 q_2 分别为两个点电荷的电荷量，r_{12} 是点电荷 q_1 到 q_2 的径矢 $\boldsymbol{r}_{12}$ 的大小，$\boldsymbol{r}_{12}$ 的方向由 q_1 指向 q_2，如图1.2-1所示，$\boldsymbol{e}_r$ 为该方向的单位矢量，即

$$\boldsymbol{e}_r = \frac{\boldsymbol{r}_{12}}{r_{12}} \tag{1.2-2}$$

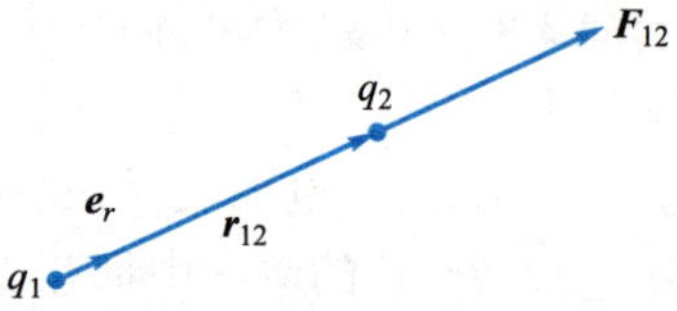

图 1.2-1 同号电荷 q_1 对 q_2 的作用力 $\boldsymbol{F}_{12}$ 沿 q_1 与 q_2 的连线，并由 q_1 指向 q_2

把(1.2-1)式写成等式，就得到库仑定律的数学表达式

$$\boldsymbol{F}_{12} = k\frac{q_1 q_2}{r_{12}^2}\boldsymbol{e}_r \tag{1.2-3}$$

比例系数 k 的值取决于式中各量的单位. 对同号电荷，$\boldsymbol{F}_{12}$ 与 $\boldsymbol{e}_r$ 同方向，作用力为排斥力；对异号电荷，$\boldsymbol{F}_{12}$ 与 $\boldsymbol{e}_r$ 反方向，作用力为吸引力. 点电荷 2 对点电荷 1 的作用力 $\boldsymbol{F}_{21}$ 与 $\boldsymbol{F}_{12}$ 的大小相等，方向相反，满足牛顿第三定律.

2. 电荷量的单位

库仑定律(1.2-3)式中的比例系数 k 的数值、量纲与单位制的选择有关. 在 SI 中,力的单位是 N(牛顿),电荷量的单位是 C(库仑). 电荷量的单位 C 是导出单位,

$$1\text{ C} = 1\text{ A} \cdot \text{s}$$

其中 A 是 SI 中电流的单位,称为安培,s 是时间的单位,称为秒. 既然库仑定律(1.2-3)式中各量的单位都已规定,比例系数 k 的值只能由测量来确定. 设两个点电荷的电荷量 $q_1 = q_2 = 1$ C,在真空中相距 $r_{12} = 1$ m,当用 N 为单位去量度它们的作用力时,所得的数值就等于(1.2-3)式中的 k,这样确定的 k 的值为

$$k = 8.987\ 551\ 79 \times 10^9\text{ N} \cdot \text{m}^2/\text{C}^2 \approx 9 \times 10^9\text{ N} \cdot \text{m}^2/\text{C}^2$$

为了后面的方便,我们用另一常量 ε_0 表示 k,规定

$$k = \frac{1}{4\pi\varepsilon_0} \tag{1.2-4}$$

由此得 $\varepsilon_0 = 8.854\ 187\ 813 \times 10^{-12}\text{ C}^2/(\text{N} \cdot \text{m}^2)$,近似可取

$$\varepsilon_0 = \frac{1}{4\pi k} = 8.85 \times 10^{-12}\text{ C}^2/(\text{N} \cdot \text{m}^2) \tag{1.2-5}$$

ε_0 称为真空介电常量. 这样,在 SI 中,库仑定律的表达式为

$$\boldsymbol{F}_{12} = \frac{1}{4\pi\varepsilon_0} \frac{q_1 q_2}{r_{12}^2} \boldsymbol{e}_r \tag{1.2-6}$$

3. 真空的概念及其演变

库仑定律(1.2-6)式给出了处在真空中的两点电荷之间的作用力,通常称为真空中的库仑定律. 在物理学中,真空的概念是在不断演变的,真空变得越来越复杂. 真空并非什么都没有,恰恰相反,真空有许多复杂的性质,有丰富的内容.

最早,人们头脑中的真空是指什么都不存在的空间,若房间内什么物件都不存在,则此房间便是真空. 后来发现,房间内虽无看得见的东西,但仍充满了各种气体的原子或分子,并非真空,于是认为只要把气体抽去后,房间便成了真空. 场的概念确立以后,认识到真空中虽无原子、分子,但仍充满了场. 场是物质的一种形态,因此真空仍是有物质存在的空间. 在经典的电磁理论范围内,把真空视为没有原子、分子存在的空间就可以了. 但随着物理学的不断发展,真空的概念亦在发展,内容也更加丰富.

4. 几点说明

(1) 库仑定律中的电荷相对观察者(或实验室参考系)都处在静止状态. 实验表明,静止电荷对运动电荷的作用力仍由(1.2-6)式给出,但是运动电荷对静止电荷的作用力不能用库仑定律来表示,运动电荷的电效应比较复杂,需用相对论电磁学来解决.

(2) 库仑定律指出,两静止电荷间的作用是有心力,力的大小与两电荷间的距

离服从平方反比律. 我们将看到,静电场的基本性质正是由静电力的这两个基本特性决定的.

(3) 库仑定律是一条实验定律. 在库仑时代,测量仪器的精度较低(即使在现代,直接用库仑的实验方法,所得结果的精度也是不高的),但是库仑定律中静电力对距离的依赖关系,即平方反比律,却有非常高的精度. 验证平方反比律的一种方法是假定力按 $1/r^{2+\delta}$ 变化,然后通过实验求出 δ 的数值(当然这些实验并不是用扭秤进行的). 1971 年的实验结果是 $\delta \leqslant 2 \times 10^{-16}$.

(4) 库仑定律给出的平方反比律中,r 值的范围相当大. 虽然在库仑的实验中,r 只有若干英寸(1 英寸 = 25.4 mm),但近代物理与地球物理的实验表明,r 值的数量级大到 10^7 m 或小到 10^{-17} m 的时候,平方反比律仍然成立.

5. 叠加原理

当空间存在两个以上的点电荷时,任意两个点电荷间都存在相互作用. 实验指出,两个点电荷间的作用力不因第三个点电荷的存在而改变. 不管一个体系中存在多少个点电荷,每一对点电荷之间的作用力都服从库仑定律,而任一点电荷所受到的力等于所有其他点电荷单独作用于该点电荷的库仑力的矢量和,这一结论称为叠加原理.

设有由 n 个点电荷组成的体系,第 i 个点电荷 q_i 作用于第 j 个点电荷 q_j 的库仑力为

$$F_{ij} = \frac{1}{4\pi\varepsilon_0} \frac{q_i q_j}{r_{ij}^2} e_{ij}$$

式中 r_{ij} 为 q_i 到 q_j 的距离,e_{ij} 为从 q_i 指向 q_j 方向的单位矢量,根据叠加原理,q_j 受到的合力为

$$F = \sum_i F_{ij} = \frac{1}{4\pi\varepsilon_0} \sum_{\substack{i=1 \\ i \neq j}}^{N} \frac{q_i q_j}{r_{ij}^2} e_{ij} \tag{1.2-7}$$

叠加原理是对自然界客观事实的总结,叠加原理与库仑定律相结合,构成了整个静电学的基础.

§1.3 电场和电场强度

1. 电场

库仑定律给出了两个静止电荷间的相互作用力,但没有说明这种作用是通过什么途径发生的. 两个电荷相隔一定距离,虽无任何由原子、分子组成的介质,却可以发生相互作用. 历史上,围绕电场力的传递问题人们有过长期争论,一种看法认为:一个电荷对另一电荷的作用无需经中间物传递,而是超越空间直接、瞬时地发

生,这就是超距作用的观点,即

$$电荷 \Leftrightarrow 电荷$$

另一种看法是:一个电荷对另一个电荷的作用是通过空间某种中间物为介质,以一定的、有限的速度传递过去的,这就是近距作用的观点. 传递相互作用的中间物,历史上最早认为是一种特殊的弹性介质——以太.

近代物理的发展证明,超距作用的观点是错误的,近距作用的观点才是正确的. 电场力(磁场力也是这样)虽然以极快的速度传递,但该速度仍然有限. 在真空中,它的速度就是真空中的光速 c,

$$c = 299\ 792\ 458 \text{ m/s} \approx 3 \times 10^8 \text{ m/s}$$

但"以太"并不存在,电场力(磁场力)通过电场(磁场)传递. 凡是有电荷的地方,周围就存在电场,即电荷在自己的周围产生电场或激发电场,电场对处在场内的其他电荷有力的作用. 电荷受到电场的作用力仅由该电荷所在处的电场决定,与其他地方的电场无关,这就是场的观点. 按照这种观点,电荷间的相互作用可表示为

$$电荷 \Leftrightarrow 电场 \Leftrightarrow 电荷$$

静止电荷产生的电场称为静电场,静电场对其他静止电荷的作用力就是静电力. 电场并不限于静电场,凡对静止电荷有作用力的场都是电场. 在静电范围内,电荷间的作用是超距作用还是通过场传递,无法判断,因而也就无法确定超距作用和近距作用两种观点谁是谁非. 然而,在电场随时间变化的情况下,例如当场源运动时,两种观点的区别就显示出来了. 设两点电荷,电荷量分别为 q_1 和 q_2,在某一时刻 t,它们的距离为 r. 这时,q_2 对 q_1 有一定的作用力,若 q_2 突然改变位置,使两电荷的距离发生变化,按超距作用的观点,q_1 受到的作用应同时变化. 但按场的观点,当 q_2 位置变化时,q_1 受到的作用力并不立即变化. 因为 q_2 在新位置产生的场将以有限的速度 c 向 q_1 传播,经过一定的时间 Δt 之后,当 q_1 所在处的场发生变化时,q_1 受到的作用力才变化. 所以,q_2 对 q_1 作用力的变化要比 q_2 位置的变化推迟一定时间 $\Delta t = r/c$. 实验结果证明场的观点是正确的. 以后我们还将看到,电场和磁场与实物(由原子或分子构成的物质)一样,具有动量和能量,服从一定的运动规律,它们可以脱离电荷和电流单独存在. 与物质的实物形式一样,电磁场也是物质的一种形式.

2. 电场强度

电场的一个重要特性是对处在场内的其他静止电荷有力的作用. 因此,我们可以通过电场对电荷的作用力来研究电场,并用电荷作为研究和检测电场的工具. 例如,把一点电荷逐次置于空间某个区域的各个位置上,如果这点电荷总是不受力的作用,则该区域内电场不存在;反之,则存在电场. 用于研究和检测电场的电荷称为试探电荷或检测电荷. 产生被研究电场的电荷称为源电荷. 源电荷可以是若干个点电荷,也可以是具有某种电荷分布和某种形状的带电物体. 试探电荷应满足一定的条件;首先,它的电荷量 q_0 应尽可能小,使它对源电荷的影响非常小,这样,试探电荷的引入几乎不会引起源电荷分布的变化;其次,试探电荷本身的几何线度应尽可能小,这样才可能用它来探测场内每一点的性质. 今后凡讲到试探电荷,我们都认

为是满足这些条件的.

在电场内任一确定点,试探电荷受到的电场作用力与试探电荷的电荷量有关. 电场对试探电荷的作用力是由电场与试探电荷共同决定的. 但是电场对试探电荷的作用力与试探电荷电荷量之比是一个与试探电荷无关而仅由电场本身性质决定的物理量,我们用它来描述电场,称之为电场强度,简称场强.

若电荷量为 q_0 的试探电荷在场内某点受到的作用力为 $\boldsymbol{F}$,则该点的电场强度的定义为

$$\boldsymbol{E}=\frac{\boldsymbol{F}}{q_0} \tag{1.3-1}$$

电场内任意一点的电场强度在数值上等于一个单位电荷量的点电荷在该点受到的作用力,电场强度的方向与正点电荷在该点受力的方向相同.

一般来讲,空间不同点的电场强度的大小和方向都是不同的,即电场强度是空间位置 x、y、z 的函数,

$$\boldsymbol{E}=\boldsymbol{E}(x,y,z)$$

电场是矢量场. 若空间各点电场强度的大小和方向都相同,则该电场称为均匀电场或匀强电场. 电场强度的单位是 N/C.

3. 点电荷与点电荷系的电场强度

设源电荷是电荷量为 q 的点电荷. 为了研究它的场,设想把电荷量为 q_0 的试探电荷引入场内的考察点 P,P 点到 q 的距离为 r. 由库仑定律,源电荷 q 作用于试探电荷 q_0 的力为

$$\boldsymbol{F}=\frac{1}{4\pi\varepsilon_0}\frac{qq_0}{r^2}\boldsymbol{e}_r$$

式中 $\boldsymbol{e}_r$ 是从 q 指向 q_0 的单位矢量. P 点的电场强度为

$$\boldsymbol{E}=\frac{\boldsymbol{F}}{q_0}=\frac{1}{4\pi\varepsilon_0}\frac{q}{r^2}\boldsymbol{e}_r \tag{1.3-2}$$

若源电荷由 n 个点电荷 $q_1,q_2,\cdots,q_n$ 组成,设 $\boldsymbol{E}_i$ 为第 i 个点电荷 q_i 在考察点 P 处产生的电场的电场强度,由(1.3-2)式得

$$\boldsymbol{E}_i=\frac{1}{4\pi\varepsilon_0}\frac{q_i}{r_i^2}\boldsymbol{e}_{ri}$$

式中 r_i 是 q_i 到 P 点的距离,$\boldsymbol{e}_{ri}$ 是 q_i 指向 P 点的单位矢量. 根据力的叠加原理,各点电荷在 P 点产生的电场的总电场强度为

$$\boldsymbol{E}=\boldsymbol{E}_1+\boldsymbol{E}_2+\cdots=\sum_i \boldsymbol{E}_i=\frac{1}{4\pi\varepsilon_0}\sum_i \frac{q_i}{r_i^2}\boldsymbol{e}_{ri} \tag{1.3-3}$$

即一组点电荷共同产生的电场的电场强度等于每个点电荷在该点单独产生的电场的电场强度的矢量和(图 1.3-1). 这一结论称为电场强度的叠加原理.

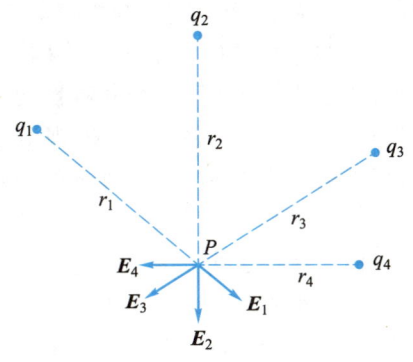

图 1.3-1 诸点电荷在 P 点产生的电场

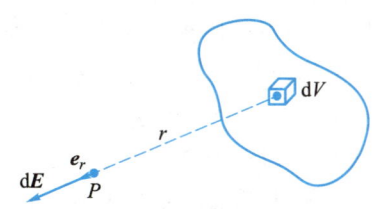

图 1.3-2 带电体上的电荷元在 P 点产生的电场

4. 任意形状带电体的电场

点电荷是一种理想模型,只有当考察其电场强度的地点到源电荷的距离比源电荷本身的线度大得多时,源电荷才能视为点电荷,(1.3-2)式才成立. 当带电体不能作为点电荷处理时,就必须考虑带电体的形状和大小,以及电荷在带电体上的分布情况. 对于任意形状的带电体,我们可以想象,把它分割成许多足够小的电荷元 $\mathrm{d}q$,每一电荷元在所讨论的问题中都可视为点电荷,于是电荷元 $\mathrm{d}q$ 单独产生的电场的电场强度为

$$\mathrm{d}\boldsymbol{E}=\frac{1}{4\pi\varepsilon_0}\frac{\mathrm{d}q}{r^2}\boldsymbol{e}_r$$

式中 r 是电荷元 $\mathrm{d}q$ 到考察点 P 的距离, $\boldsymbol{e}_r$ 是单位矢量,由电荷元指向考察点,如图 1.3-2 所示. 由电场的叠加原理,整个带电体产生的电场的电场强度为

$$\boldsymbol{E}=\int\mathrm{d}\boldsymbol{E}=\frac{1}{4\pi\varepsilon_0}\int\frac{\mathrm{d}q}{r^2}\boldsymbol{e}_r \tag{1.3-4}$$

若电荷分布在带电体内部,则可以用电荷体密度 ρ 描述电荷在带电体内的分布. 电荷体密度定义为单位体积内的电荷量,即

$$\rho=\lim_{\Delta V\to 0}\frac{\Delta q}{\Delta V}=\frac{\mathrm{d}q}{\mathrm{d}V} \tag{1.3-5}$$

知道了电荷体密度,将带电体内任一电荷元的电荷量

$$\mathrm{d}q=\rho\mathrm{d}V \tag{1.3-6}$$

代入(1.3-4)式,即可求得体分布的源电荷所产生的电场.

上面的讨论,实际上已认为电荷在带电体上是连续分布的了. 我们知道,任何带电体所带的电都是一个个电子或原子核所带电荷的集合,只能是元电荷(电子电荷量的绝对值)的整数倍,所以带电体的电荷量不具有连续性. 但是,宏观上的电荷量包含着极大量的元电荷(例如,一普通的电容器充电到数百伏后,极板上带有的元电荷数达到 10^{15} 的数量级),因此,在宏观范围内,我们可以认为电荷是连续地"粘"在带电体上的,或者说电荷是连续地分布在带电体上的,无须考虑电荷的不连续性. 当然,在取电荷元 dq 时,一方面要求电荷元非常小,可以把它视为点电荷,另一方面 dq 又应足够大,仍包含大量元电荷. 同样,在电荷体密度的定义式(1.3-5)中,$\Delta V \to 0$ 的含义与数学上的无限小量也有所不同,因为电荷具有分立特性,ΔV 太小,可能使 ΔV 内一个电子也没有. 在物理上,$\Delta V \to 0$ 的含义是 ΔV 在宏观上足够小,足以反映电荷体密度在空间的细致变化,但在微观上却相当大,即比单个原子或分子的体积要大得多,以至在 ΔV 内仍然包含大量的原子或分子,电荷仍然可以视为连续分布. 通常,把这种意义下的无穷小量称为物理无穷小量. 物理上的无穷小量是可实现的. 例如,以气体为例,在标准状态下,每立方厘米的气体中有 3×10^{19} 个分子,若我们取体元 $\Delta V = 10^{-10}$ cm^3,这在宏观上是一个非常小的量,但其中仍然含有 10^9 个分子.

在有些问题中,电荷仅分布在物体表面的一个薄层内,薄层的厚度可以忽略不计时,可以用电荷的面密度来描述电荷在表面上的分布. 设想表面层的厚度为 δ. 取一面元 ΔS,层内的电荷体密度为 ρ,则对应体元内的电荷量 $\Delta q = \rho \Delta S \delta$,如图 1.3-3 所示. 电荷的面分布意味着当厚度 $\delta \to 0$ 时,Δq 并不为零,这就要求薄层内电荷的体密度 $\rho \to \infty$ 以保证 $\rho \delta$ 为有限值. $\rho \delta$ 的极限称为电荷的面密度,用 σ 表示.

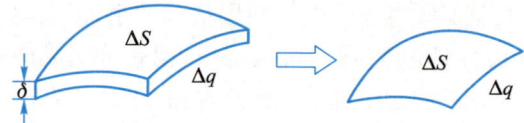

图 1.3-3　面分布的电荷可看成体分布电荷的极限

$$\sigma = \frac{\Delta q}{\Delta S} = \lim_{\substack{\delta \to 0 \\ \rho \to \infty}} \delta \rho \tag{1.3-7}$$

电荷面密度在数值上等于单位面积上的电荷量. 引入电荷面密度后,面电荷元为

$$\mathrm{d}q = \sigma \mathrm{d}S \tag{1.3-8}$$

dS 是物理上的无限小面元.

5. 电场线——描述电场的辅助工具

若已知电荷分布,则空间各点的电场强度原则上都可求出. 为了形象化地把客观存在的电场表示出来,常引入电场线这一辅助工具. 由于电场内每一点的电场强度都有确定的大小和方向,我们可以在电场内人为地画一些曲线,使曲线上每一点的切线方向与相应点电场强度的方向一致,这种曲线称为电场线,它可以把场内各点电场强度的方向表示出来. 若进一步规定电场线的数密度与该点的电场强度的大小成正比,则画出的电场线既可以表示电场强度的方向,又可以表示电场强度的大小. 所谓电场线的数密度,就是通过垂直于电场强度方向的单位面积的电场线的条数. 这样,凡是电场线密集的地方,电场强度就大,电场线稀疏的地方,电场强度就小.

几种带电体的电场的电场线分布,如图 1.3-4 至图 1.3-10 所示.

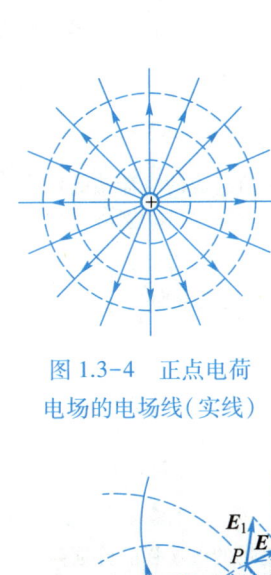

图 1.3-4 正点电荷电场的电场线(实线)　　图 1.3-5 负点电荷电场的电场线(实线)　　图 1.3-6 两等量正点电荷电场的电场线(实线)

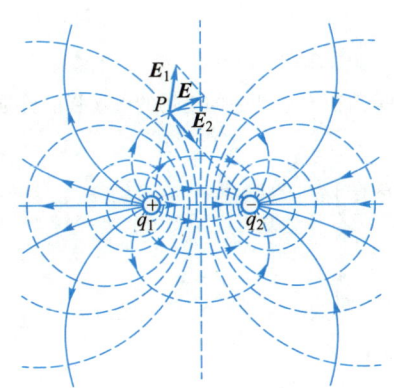

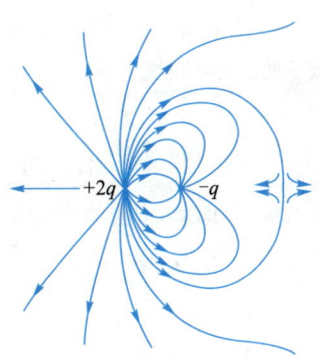

图 1.3-7 两等量异号点电荷电场的电场线(实线)　　图 1.3-8 两不等量异号点电荷电场的电场线

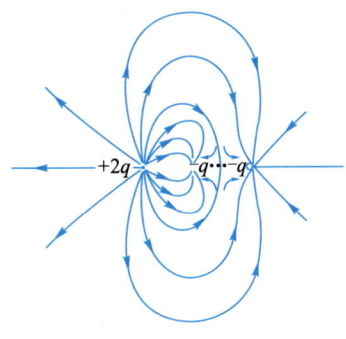

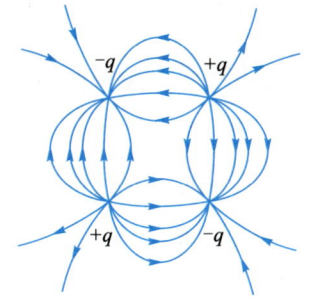

图 1.3-9 $2q$、$-q$、$-q$ 三个点电荷电场的电场线　　图 1.3-10 位于正方形四个顶点的 $+q$、$-q$、$+q$、$-q$ 四个点电荷电场的电场线

　　电场线可以用实验来演示,例如将一些短头发浸在油内,它们就会沿电场线依次排列起来.

6. 例题

例 1.3-1 研究电偶极子的电场.

解：两等量异号的点电荷 $+q$ 和 $-q$，相隔一定距离 l. 当考察点离得比较远时，这两个电荷组成的电荷系的特性可以用特征量

$$p = ql$$

来表示，这样的点电荷系称为电偶极子，l 称为电偶极子的臂，其方向由负电荷指向正电荷，p 称为电偶极矩.

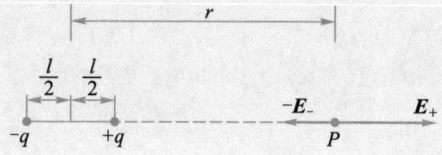

例 1.3-1 图(a)　电偶极子轴上一点的电场

考察点 P 在电偶极子的臂的延长线上，如图(a)所示. 正、负电荷单独在 P 点产生的电场的电场强度分别为

$$E_+ = \frac{1}{4\pi\varepsilon_0} \frac{q}{\left(r - \frac{l}{2}\right)^2}, \quad E_- = \frac{1}{4\pi\varepsilon_0} \frac{q}{\left(r + \frac{l}{2}\right)^2}$$

r 为 P 点到正、负电荷连线中点的距离. P 点的总电场强度为

$$E = E_+ - E_- = \frac{1}{4\pi\varepsilon_0}\left[\frac{q}{\left(r - \frac{l}{2}\right)^2} - \frac{q}{\left(r + \frac{l}{2}\right)^2}\right]$$

因考察点 P 到电偶极子的距离 $r \gg l$，故有

$$\left(r \pm \frac{l}{2}\right)^{-2} = r^{-2}\left(1 \pm \frac{l}{2r}\right)^{-2} \approx r^{-2}\left(1 \mp \frac{l}{r}\right)$$

引用电偶极子的电偶极矩 p，注意到电场强度与电偶极矩的方向，可得

$$\boldsymbol{E} = \frac{1}{2\pi\varepsilon_0}\frac{\boldsymbol{p}}{r^3}$$

考察点 P 在电偶极子臂的中垂线上，如图(b)所示. 正、负电荷单独在 P 点产生的电场的电场强度分别为

$$E_+ = \frac{1}{4\pi\varepsilon_0}\frac{q}{r^2 + (l/2)^2}$$

$$E_- = \frac{1}{4\pi\varepsilon_0}\frac{q}{r^2 + (l/2)^2}$$

P 点的总电场强度为

$$E = E_+\cos\alpha + E_-\cos\alpha$$
$$= 2E_+\cos\alpha$$

而

$$\cos\alpha = \frac{l}{2\sqrt{r^2 + (l/2)^2}}$$

因 $r \gg l$，并注意到电偶极矩和电场强度的方向，可得

$$\boldsymbol{E} = -\frac{1}{4\pi\varepsilon_0}\frac{\boldsymbol{p}}{r^3}$$

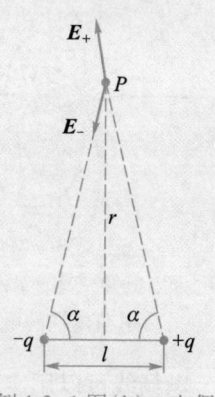

例 1.3-1 图(b)　电偶极子臂的中垂线上的电场

考察点在场中任意一点。设考察点 P 的位置由极坐标 r 和 θ 给出，如图(c)所示。把电偶极子的电偶极矩 p 分解成平行于 r 的分量 $p_{/\!/}$ 和垂直于 r 的分量 $p_\perp$，

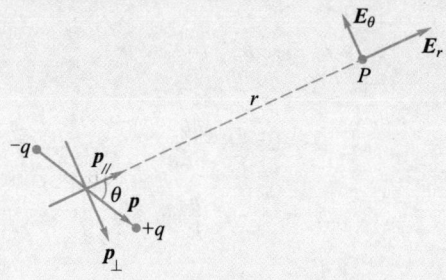

例 1.3-1 图(c)　电偶极子周围任一点的电场

$$p_{/\!/} = p\cos\theta$$

$$p_\perp = p\sin\theta$$

于是 P 点的电场强度可以视为由电偶极矩为 $p_{/\!/}$ 的电偶极子和电偶极矩为 $p_\perp$ 的电偶极子的电场强度叠加而成。$p_{/\!/}$ 产生的电场强度也就是 P 点的电场强度在 e_r 方向的分量，$p_\perp$ 产生的电场强度也就是 P 点的电场强度在 e_θ 方向的分量，即

$$E_r = \frac{1}{2\pi\varepsilon_0} \frac{p\cos\theta}{r^3}$$

$$E_\theta = \frac{1}{4\pi\varepsilon_0} \frac{p\sin\theta}{r^3}$$

例 1.3-2　求无限长均匀带电直线的电场。

解：一无限长直线均匀带电，电荷线密度为 η，如图所示。考察点 P 到直线的距离为 R，垂足为 O，直线上离 O 点为 l 到 $(l+\mathrm{d}l)$ 处的线元所带的电荷量为

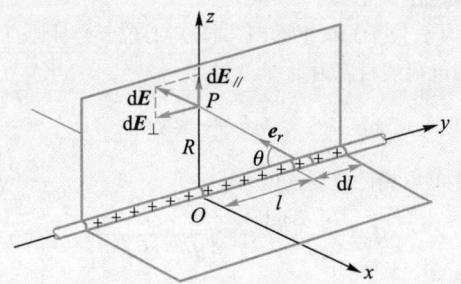

例 1.3-2 图　无限长均匀带电直线的电场的计算

$$\mathrm{d}q = \eta\,\mathrm{d}l$$

电荷元单独产生的电场的电场强度为

$$\mathrm{d}\boldsymbol{E} = \frac{1}{4\pi\varepsilon_0} \frac{\eta\,\mathrm{d}l}{r^2} \boldsymbol{e}_r$$

$\mathrm{d}\boldsymbol{E}$ 的两个分量 $\mathrm{d}E_{/\!/}$ 和 $\mathrm{d}E_\perp$ 分别为

$$\mathrm{d}E_{/\!/} = \mathrm{d}E\sin\theta = \frac{1}{4\pi\varepsilon_0} \frac{\eta\,\mathrm{d}l}{r^2} \sin\theta$$

$$dE_\perp = dE\cos\theta = \frac{1}{4\pi\varepsilon_0}\frac{\eta dl}{r^2}\cos\theta$$

因为
$$r = R\csc\theta, \quad l = R\cot\theta$$

所以
$$dl = -R\frac{d\theta}{\sin^2\theta}$$

$$dE_\parallel = -\frac{1}{4\pi\varepsilon_0}\frac{\eta}{R}\sin\theta d\theta$$

$$dE_\perp = -\frac{1}{4\pi\varepsilon_0}\frac{\eta}{R}\cos\theta d\theta$$

对以上两式积分,即得所求电场. 若导线有限长,长度为 L,考察点在导线的中垂线上,则积分限为 θ_0 和 $(\pi-\theta_0)$,θ_0 满足 $\frac{L}{2} = R\cot\theta_0$,于是有

$$E_\parallel = -\frac{1}{4\pi\varepsilon_0}\frac{\eta}{R}\int_{\pi-\theta_0}^{\theta_0}\sin\theta d\theta = \frac{1}{4\pi\varepsilon_0}\frac{2\eta}{R}\cos\theta_0 = \frac{1}{4\pi\varepsilon_0}\frac{\eta L}{R\sqrt{R^2+L^2/4}}$$

$$E_\perp = -\frac{1}{4\pi\varepsilon_0}\frac{\eta}{R}\int_{\pi-\theta_0}^{\theta_0}\cos\theta d\theta = 0$$

若带电直线为无限长,$\theta_0 \to 0$,则

$$E = \frac{1}{2\pi\varepsilon_0}\frac{\eta}{R}e_R$$

e_R 为由 O 点指向考察点 P 的单位矢量,即电场强度大小与电荷线密度 η 成正比,与考察点和带电直线的距离 R 成反比,电场强度的方向与带电直线垂直.

例 1.3-3 求均匀带电圆环轴线上的电场.

解:设圆环半径为 a,电荷量为 q,位于 Oxy 平面内,圆环中心位于坐标原点,考察点 P 位于 z 轴上,与原点的距离为 b,如图(a)所示. 圆环上的电荷线密度为

$$\eta = \frac{q}{2\pi a}$$

电荷元 $dq = \eta dl$ 在考察点单独产生的电场的电场强度为

$$d\boldsymbol{E} = \frac{1}{4\pi\varepsilon_0}\frac{\eta dl}{r^2}\boldsymbol{e}_r = \frac{1}{4\pi\varepsilon_0}\frac{q}{2\pi a}\frac{dl}{r^2}\boldsymbol{e}_r$$

$d\boldsymbol{E}$ 可分解成沿着 z 轴的分量 dE_z 和垂直于 z 轴的分量 $dE_\perp$ 两部分,根据对称性,各 $dE_\perp$ 合成的结果为零,故有

$$E = \int dE_z = \int \frac{1}{4\pi\varepsilon_0}\frac{q}{2\pi a}\frac{dl}{r^2}\cos\theta = \frac{q}{4\pi\varepsilon_0 r^2}\cos\theta$$

因
$$\cos\theta = \frac{b}{\sqrt{a^2+b^2}}$$

故
$$E = \frac{1}{4\pi\varepsilon_0}\frac{qb}{(a^2+b^2)^{3/2}}$$

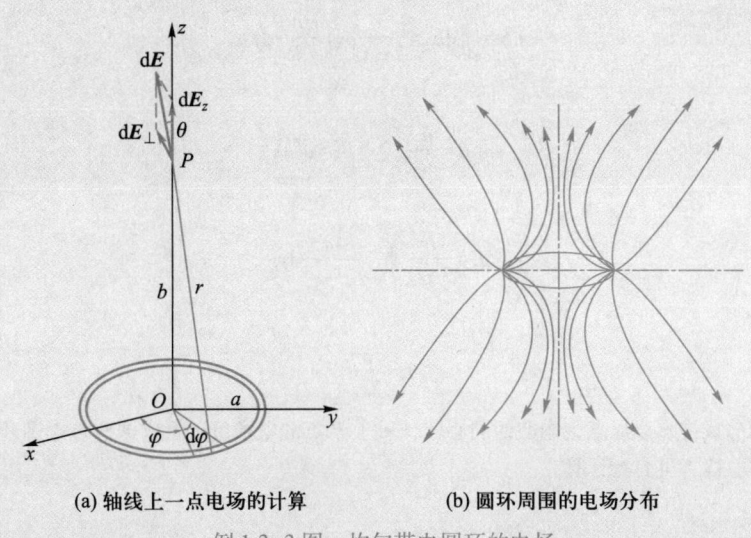

(a) 轴线上一点电场的计算　　(b) 圆环周围的电场分布

例 1.3-3 图　均匀带电圆环的电场

除了 z 轴上各点外，圆环周围其他地方的电场强度计算相当复杂，将涉及椭圆积分，这里不做讨论. 图(b)给出了圆环周围电场分布的概貌.

例 1.3-4　求无限大均匀带电平面的电场.

解：设带电平面与 Oxy 平面重合，电荷面密度为 σ，点 P 在 z 轴上，到带电面的距离为 a，如图所示. 将 Oxy 平面分成许多宽为 dy、与 x 轴平行的狭长细条，每一细条可以看成一根无限长的带电直线，其电荷线密度等于长为一个单位、宽为 dy 的面积上的电荷量，即 $\eta = \sigma dy$. 由例 1.3-2，该细条单独在点 P 产生的电场的电场强度为

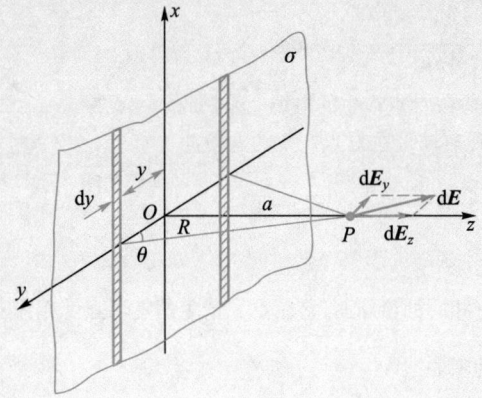

例 1.3-4 图　无限大均匀带电平面的电场可看成许多带电平行直线电场的叠加

$$d\boldsymbol{E} = \frac{1}{2\pi\varepsilon_0} \frac{\sigma dy}{R} \boldsymbol{e}_R$$

因对称性，$d\boldsymbol{E}$ 在垂直于 z 轴方向的分量 dE_y 的总和为零，合电场强度沿 z 轴方向，与带电平面垂直. 从图上可以看出

$$dE_z = dE \sin\theta$$

于是

$$E = \int dE_z = \frac{1}{2\pi\varepsilon_0}\sigma \int \frac{\sin\theta}{R} dy$$

因为

$$\sin\theta = \frac{a}{R}, \qquad R^2 = a^2 + y^2$$

所以

$$E = \frac{\sigma}{2\pi\varepsilon_0} \int_{-\infty}^{\infty} \frac{a}{a^2+y^2} dy$$

积分得

$$E = \frac{\sigma}{2\varepsilon_0}$$

也可以把 Oxy 平面分成许多以原点为中心的同心圆, z 轴上 P 点的电场可以看成这些带电圆环在该点电场的叠加, 结果与上式相同, 读者可自行计算.

例 1.3-5 求均匀带电半球面在球心的电场.

解: 设球面半径为 r, 电荷面密度为 σ. 取一球面坐标, 原点与球面中心重合, 如图所示. 球坐标中的面元 dS 可以视为边长为 $rd\theta$ 和 $r\sin\theta d\varphi$ 的矩形, 其面积为

$$dS = r^2 \sin\theta d\theta d\varphi$$

面元上的电荷在 O 点的电场强度为

$$dE = \frac{1}{4\pi\varepsilon_0} \frac{\sigma dS}{r^2}$$

当 σ 为正时, dE 的方向由 dS 指向球心. 由于对称性, 只有 dE 沿 z 轴的分量 dE_z 才对 O 点的合电场有贡献.

$$dE_z = -dE\cos\theta = -\frac{1}{4\pi\varepsilon_0}\sigma\sin\theta\cos\theta d\theta d\varphi$$

对 φ 积分, 便得到一条球带的电荷在 O 点产生的电场. 该球带的位置在 θ 和 $(\theta+d\theta)$ 之间, 对 θ 积分便得所有球带在 O 点产生的电场:

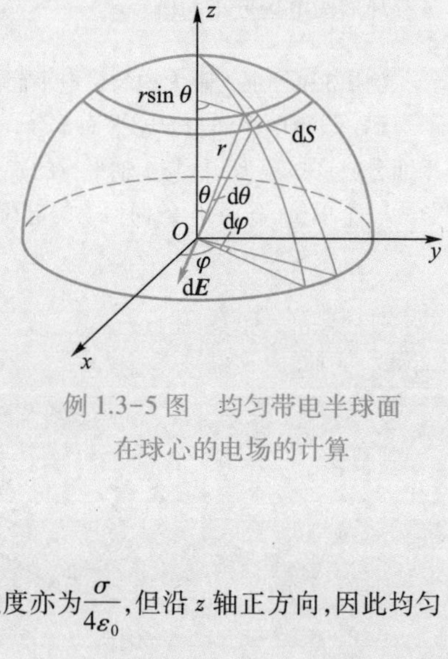

$$E = -\frac{\sigma}{4\pi\varepsilon_0} \int_0^{\pi/2} \sin\theta\cos\theta d\theta \int_0^{2\pi} d\varphi = -\frac{\sigma}{4\varepsilon_0}$$

例 1.3-5 图 均匀带电半球面在球心的电场的计算

负号表示 E 沿 z 轴负方向.

如果在 Oxy 平面下面还有一相同的半球面, 它在 O 点产生的电场强度亦为 $\frac{\sigma}{4\varepsilon_0}$, 但沿 z 轴正方向, 因此均匀带电球壳在球心处的电场强度为零.

§1.4 电势

1. 静电场的环路定理

静电力做功具有与路径无关的特性, 通过库仑定律不难证明这一特性. 电荷量

为 q 的点电荷的电场如图 1.4-1 所示. 在试探电荷 q_0 从电场中的 a 点移到 b 点的过程中, 电场力做的功

$$A_{ab} = \int_a^b q_0 \boldsymbol{E} \cdot d\boldsymbol{l} = \frac{qq_0}{4\pi\varepsilon_0}\int_{r_a}^{r_b}\frac{dr}{r^2} = \frac{1}{4\pi\varepsilon_0}\frac{qq_0}{r_a} - \frac{1}{4\pi\varepsilon_0}\frac{qq_0}{r_b} \quad (1.4-1)$$

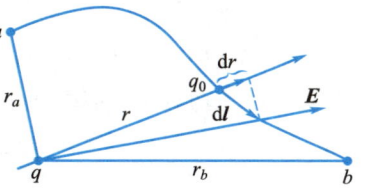

图 1.4-1 在点电荷 q 的电场中, 电场力对试探电荷 q_0 做功的计算

式中 r_a 和 r_b 分别为 a 点和 b 点到场源的距离. 结果表明, 在点电荷的电场中, 场力做功与路径无关, 仅由起点和终点的位置决定. 所以静电场是保守场. 根据叠加原理, 不难看出这一结论并不限于点电荷的电场, 对任意分布的电荷产生的电场都成立.

因电场力做功与路径无关, 若任一电荷量为 q 的点电荷从某点 a 出发沿任一路径 $a1b$ 到达 b 点, 又沿任一路径 $b2a$ 回到 a 点, 在此过程中, 电场力做的总功

$$A_{aba} = \int_{\substack{a\\(a1b)}}^b q\boldsymbol{E} \cdot d\boldsymbol{l} + \int_{\substack{b\\(b2a)}}^a q\boldsymbol{E} \cdot d\boldsymbol{l} = 0$$

或

$$\oint_L q\boldsymbol{E} \cdot d\boldsymbol{l} = 0 \quad (1.4-2)$$

即在静电场中沿任一闭合路径一周, 电场力做的总功为零. 这一结论是从电场力做功与路径无关得到的. 反之, 不难证明, 若电场力沿任一闭合路径做的功为零, 则必然导致电场力做功与路径无关的结论. (1.4-2)式就是电场力做功与路径无关的数学表达式, 也是保守力的数学表述.

由(1.4-2)式可得

$$\oint_L \boldsymbol{E} \cdot d\boldsymbol{l} = 0 \quad (1.4-3)$$

即静电场的电场强度沿任一闭合路径的线积分为零. 在矢量分析中, 矢量函数沿任一闭合路径的线积分称为该矢量的环流. (1.4-3)式表明静电场的环流为零, 这一结论称为静电场的环路定理. 环流为零的场为保守场, 所以静电场是保守场.

2. 电势差和电势

设想处在静电场 $\boldsymbol{E} = \boldsymbol{E}(x,y,z)$ 中的点电荷 q_0 在一个与电场力 $\boldsymbol{F}$ 大小相等、方向相反的外力 $\boldsymbol{F}_e$ 的作用下, 以非常缓慢的速度由场内一点 a 沿任意路径移到另一点 b, 外力 $\boldsymbol{F}_e$ 做的功

$$A_{ab}^e = \int_a^b \boldsymbol{F}_e \cdot d\boldsymbol{l} = -\int_a^b \boldsymbol{F} \cdot d\boldsymbol{l} = -A_{ab} \quad (1.4-4)$$

外力做的功等于电场力做的功的负值, 因此也与路径无关. 如果在 a 到 b 的过程中, 外力做了正功, 则电场力必做负功; 如果外力做负功, 则电场力做正功, 这就是所谓电场力反抗外力做功. 不论哪种情形, 因电荷的速度未变, 故电荷的动能也未改变. 根据外力反抗保守力做功与势能变化的关系可知, 在静电场中, 外力反抗电场力做的功等于电荷处在静电场中的静电势能的增量, 即

$$A_{ab}^e = W(b) - W(a) \tag{1.4-5}$$

$W(a)$ 和 $W(b)$ 分别为电荷处在静电场中 a 点和 b 点的电势能. 由(1.4-4)式可知,电场力做的功应等于静电势能的减少,

$$A_{ab} = \int_a^b q_0 \boldsymbol{E} \cdot \mathrm{d}\boldsymbol{l} = W(a) - W(b) \tag{1.4-6}$$

电场力做正功,以减少电势能为代价;电场力做负功,电势能增加.

反过来,电荷处在静电场内任意给定两点的电势能的变化,也可以用电场力沿连接这两点的任意一路径上做的功来量度. 由于静电力做功与路径无关,当场内两点的位置确定以后,电荷位于这两点的电势能差是完全确定的.

电荷处在电场内任意给定两点的电势能差,不仅与场有关,而且与此电荷的电荷量有关,它是描述场与电荷相互作用的物理量. 但电势能差与该电荷的电荷量的比值

$$\frac{W(a) - W(b)}{q_0} = \int_a^b \boldsymbol{E} \cdot \mathrm{d}\boldsymbol{l}$$

却与电荷无关,它反映了电场本身在 a 点和 b 点的属性. 我们用静电场内 a、b 两点的电势差来表示这一比值,

$$\varphi_a - \varphi_b = \int_a^b \boldsymbol{E} \cdot \mathrm{d}\boldsymbol{l} \tag{1.4-7}$$

这就是说,在静电场内任意两点 a 和 b 的电势差,在数值等于一个单位正电荷从 a 沿任一路径移到 b 的过程中,电场力所做的功. 电势差又称电势降落或电压.

静电场内任意给定两点的电势差是完全确定的,但电场内某点的电势则取决于电势零点的选择. 由于零点选择不同,同一点的电势具有不同的值. 所谓某点的电势总是相对预先选定的零点讲的,若取 b 点为电势零点,则任一点 P 点的电势可表示为

$$\varphi_P = \int_P^b \boldsymbol{E} \cdot \mathrm{d}\boldsymbol{l} \tag{1.4-8}$$

在理论分析中,若产生电场的源电荷分布在空间有限的范围内,则选取无限远处作为电势零点是方便的,在此条件下,静电场内某一点 P 的电势实质上就是 P 点与无限远处的电势差,即

$$\varphi_P = \int_P^\infty \boldsymbol{E} \cdot \mathrm{d}\boldsymbol{l} \tag{1.4-9}$$

它在数值上等于把单位正电荷由 P 点移到无限远处的过程中电场力做的功.

在实验工作中,常以大地作为电势的零点.

在 SI 中,电势或电势差的单位为 V(伏特). 把 1 C 的正电荷从静电场内一点移到另一点的过程中,若电场力做的功恰为 1 J(焦耳),则这两点的电势差为 1 V(伏特),

$$1\ \mathrm{V} = 1\ \mathrm{J/C}$$

3. 带电体的电势

若已知电场强度分布,即已知 $\boldsymbol{E} = \boldsymbol{E}(x, y, z)$,则可根据(1.4-8)式求得 P 点的

电势. 当电荷分布在有限区域时,电势零点 b 常取在无限远处,这就是(1.4-9)式. 若已知电荷分布,且电荷分布在有限区域内,则可先通过(1.4-9)式求得点电荷的电势,再通过点电荷电势的叠加求得任意分布电荷的电势.

当场源是电荷量为 q 的点电荷时,场内与点电荷距离为 r 的 P 点的电势为

$$\varphi_P = \int_P^\infty \boldsymbol{E} \cdot \mathrm{d}\boldsymbol{l} = \int_P^\infty \frac{1}{4\pi\varepsilon_0} \frac{q}{r^2} \boldsymbol{e}_r \cdot \mathrm{d}\boldsymbol{l} = \int_r^\infty \frac{1}{4\pi\varepsilon_0} \frac{q}{r^2} \mathrm{d}r = \frac{1}{4\pi\varepsilon_0} \frac{q}{r}$$

或

$$\varphi_P = \frac{1}{4\pi\varepsilon_0} \frac{q}{r} \tag{1.4-10}$$

当 q 为正时,电势 φ_P 也为正,离点电荷越远,电势越小,在无限远处电势最小,其值为零. 当 q 为负时,电势也为负,离点电荷越远,电势越大,在无限远处电势最大,其值为零.

若电场由一组点电荷共同产生,各点电荷的电荷量分别为 $q_1, q_2, \cdots$,则空间任一点的电势由电场强度叠加原理可求得,为

$$\varphi = \frac{1}{4\pi\varepsilon_0} \sum_i \frac{q_i}{r_i} \tag{1.4-11}$$

式中 r_i 为第 i 个点电荷到考察点的距离.

对于任意形状的电荷连续分布的带电体产生的电势,可以由(1.4-11)式推广而得到

$$\varphi = \frac{1}{4\pi\varepsilon_0} \int \frac{\mathrm{d}q}{r} \tag{1.4-12}$$

式中 r 是电荷元 $\mathrm{d}q$ 到考察点的距离. 对于体分布的电荷,$\mathrm{d}q = \rho \mathrm{d}V$,对于面分布的电荷或线分布的电荷,$\mathrm{d}q = \sigma \mathrm{d}S$ 或 $\mathrm{d}q = \eta \mathrm{d}l$.

4. 等势面　电势梯度

当电势的零点选定后,电场内各点电势都有确定的值. 静电场内电势相等的各点一般可连成一个曲面,称为等势面. 例如,在点电荷的电场中,凡是 r 相等的各点的电势相等,所以点电荷电场的等势面是一系列同心球面,点电荷位于球心. 为了使等势面能反映电场的强弱,通常使相邻两个等势面之间的电势差相等. 这样,电场强的地方,等势面比较密,电场弱的地方,等势面就稀一些. 这一点从下面的讨论中可以看得更清楚. 不难看出,各点的电场强度必与过该点的等势面垂直. 因此电场线与等势面正交. 图 1.3-4 至图 1.3-7 中的虚线给出了等势面与图形所在平面的交线.

电势是标量,从电荷分布计算电势比计算电场强度方便. 若能从电势分布求出电场强度,这显然是非常有意义的.

考虑电势为 φ 和 $(\varphi + \Delta\varphi)$ 的两个等势面,$\Delta\varphi$ 很小,两等势面相距很近,如图 1.4-2 所示. 设想一个单位正电荷从等势面 φ 上的 P 点出发,沿任意方向 l 移到等势面 $(\varphi + \Delta\varphi)$ 上的 Q 点,位移为 $\Delta\boldsymbol{l}$,则电场力做的功为

$$\Delta A = \boldsymbol{E} \cdot \Delta \boldsymbol{l} = \varphi - (\varphi + \Delta\varphi) = -\Delta\varphi$$

或

$$E_l \Delta l = -\Delta\varphi$$

于是

$$E_l = -\frac{\Delta\varphi}{\Delta l} \tag{1.4-13}$$

式中 E_l 是电场强度 $\boldsymbol{E}$ 在 $\boldsymbol{l}$ 方向的分量，$\frac{\Delta\varphi}{\Delta l}$ 是电势沿 $\boldsymbol{l}$ 方向的变化率. 从等势面 φ 上的 P 点到等势面 $(\varphi+\Delta\varphi)$ 上的任一点,电势的变化量都是 $\Delta\varphi$;但沿不同方向,电势的变化率 $\frac{\Delta\varphi}{\Delta l}$ 则是不同的,取决于 $\boldsymbol{l}$ 的方向. 在 $\boldsymbol{l}$ 的各种可能的方向

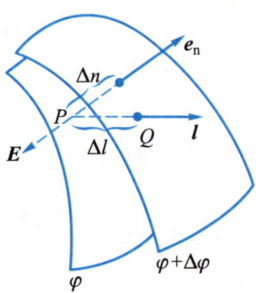

图 1.4-2 电场沿等势面法线且指向电势降低的方向

中,有一个方向是等势面上 P 点的法线方向,法线与两等势面相交的两点间的距离为 Δn,它是所有 Δl 中最小的一个,因而电势沿等势面法线方向的变化率是过 P 点沿各个不同方向的电势变化率中最大的一个,由 (1.4-13) 式有

$$E_n = -\frac{\Delta\varphi}{\Delta n}$$

E_n 是 $\boldsymbol{E}$ 在 P 点法线方向的分量,亦是各个不同方向的分量中最大的一个,显然它就是该点电场强度 $\boldsymbol{E}$ 的大小. 注意到电场强度的方向由高电势指向低电势,若以 $\boldsymbol{e}_n$ 表示等势面上 P 点的法向单位矢量,方向指向电势升高的方向,在极限情况下则有

$$\boldsymbol{E} = -\frac{\partial\varphi}{\partial n}\boldsymbol{e}_n \tag{1.4-14}$$

在数学中,对于任何一个标量场 φ,可定义其梯度,梯度是矢量,大小等于该标量函数沿其等值面的法线方向的方向导数,方向沿等值面的法线方向,并用 $\mathbf{grad}\,\varphi$ 表示 φ 的梯度,于是

$$\mathbf{grad}\,\varphi = \frac{\partial\varphi}{\partial n}\boldsymbol{e}_n \tag{1.4-15}$$

故有

$$\boldsymbol{E} = -\mathbf{grad}\,\varphi \tag{1.4-16}$$

即静电场中任何一点的电场强度的大小在数值上等于该点电势梯度的大小,方向与电势梯度的方向相反,指向电势降低的方向.

在 $Oxyz$ 直角坐标系中,电场强度 $\boldsymbol{E}$ 可用该坐标系中的各分量来表示,即

$$\boldsymbol{E} = E_x \boldsymbol{i} + E_y \boldsymbol{j} + E_z \boldsymbol{k}$$

由 (1.4-13) 式有

$$\boldsymbol{E} = -\left(\frac{\partial\varphi}{\partial x}\boldsymbol{i} + \frac{\partial\varphi}{\partial y}\boldsymbol{j} + \frac{\partial\varphi}{\partial z}\boldsymbol{k}\right) = -\left(\frac{\partial}{\partial x}\boldsymbol{i} + \frac{\partial}{\partial y}\boldsymbol{j} + \frac{\partial}{\partial z}\boldsymbol{k}\right)\varphi$$

引入算符"∇",

$$\nabla = \frac{\partial}{\partial x}\boldsymbol{i} + \frac{\partial}{\partial y}\boldsymbol{j} + \frac{\partial}{\partial z}\boldsymbol{k} \quad (1.4\text{-}17)$$

则

$$\boldsymbol{E} = -\mathbf{grad}\,\varphi = -\nabla\varphi \quad (1.4\text{-}18)$$

5. 几点说明

（1）若已知电势 $\varphi(x,y,z)$，就可通过计算其梯度求得电场强度 $\boldsymbol{E}$，$\boldsymbol{E} = -\nabla\varphi$。但是我们知道，电场强度是矢量，有三个分量，电势是标量，只有一个分量，为什么一个函数 $\varphi(x,y,z)$ 能给出三个函数 $E_x(x,y,z)$、$E_y(x,y,z)$ 和 $E_z(x,y,z)$ 呢？其实，静电场并非一个完全任意的矢量场，它必须满足 $\oint \boldsymbol{E} \cdot \mathrm{d}\boldsymbol{l} = 0$，因而 $\boldsymbol{E}$ 的三个分量并不是独立的。例如 $\boldsymbol{E} = ay\boldsymbol{i} + bx\boldsymbol{j}$ 就不可能是一种静电场，不存在产生这种场的电荷分布，因为这样的电场不满足静电场的环路定理。能用一个标量函数 φ 来描述静电场，并由之得到一个矢量场（电场强度），是由静电场是保守场的性质决定的。

（2）静电场的环路定理是从库仑定律导出的，因为库仑定律已概括了静电场是有心力场这一特性，凡是有心力场，其环流都恒为零。能够用一个标量势函数描述静电场的前提是静电场为有心力场，而且只要求静电场是有心力场就足够了。至于势函数的具体形式，还取决于有心力的具体形式。由电荷分布所确定的电势函数 (1.4-11)式或(1.4-12)式，已包括了电荷间相互作用的平方反比律这一内容，即已包含了库仑定律的全部信息。

（3）电势函数的值与电势零点的选择有关，而电势零点的选择有很大的任意性，电场中任何一点（或与之等势的面）都可以作为电势的零点。把电势的零点取在无限远处是因为分布在有限区域中的电荷产生的电场在远离电荷处的电场强度按 $1/r^2$ 的规律减少，故无限远处任意两点的电势差为零，无限远处是电势的等势区域，因而我们可以把电势的零点取在这个区域中。但是，当电荷分布在无限大区域中时，无限远处并不是等势区域。在这种情况中，虽然可以取远处某一确定点（或与之等势的面）作为电势的零点，但却不能把无限远处作为电势的零点（无限远处是一个区域）。例如，无限大均匀带电平面产生的均匀电场，其电场强度为 $\boldsymbol{E} = \dfrac{\sigma}{2\varepsilon_0}\boldsymbol{e}_x$，$\boldsymbol{e}_x$ 是沿 x 方向的单位矢量，坐标原点取在带电平面上，远处任意两点 A、B 间的电势差为

$$\varphi_A - \varphi_B = \int_A^B \boldsymbol{E} \cdot \mathrm{d}\boldsymbol{l} = \frac{\sigma}{2\varepsilon_0}(x_B - x_A)$$

其中 x_A、x_B 分别是 A、B 两点的坐标。当 A、B 两点趋向于无限远时，$(x_B - x_A)$ 不确定，$(\varphi_A - \varphi_B)$ 也不确定，无限远处的区域不是等势区域，这时若把无限远处作为电势零点就不恰当了。但在此问题中，x 为任何确定值的平面都是等势面，故我们可以把这种平面作为电势的零点。例如，若将 $x = 0$ 的平面即带电平面作为电势的零点，则坐标为 x 处的电势

$$\varphi(x) = \int_x^0 \boldsymbol{E} \cdot \mathrm{d}\boldsymbol{l} = -\frac{\sigma}{2\varepsilon_0}|x|$$

负号表示电势随$|x|$的增大而减小. 电势的值虽与零点的选择有关,但两点间的电势差是确定的,与零点的选择无关.

6. 电偶层的电势　心电图原理

心电图是检测和诊断心脏功能的重要仪器. 当心脏跳动时,身体各部分的电势会发生变化,把金属电极贴在人体有关部分的皮肤上测量电极间电势差的变化情况,就能诊断心脏跳动是否异常. 电极间的电势差一般有数毫伏,利用记录仪或示波器可把电势差随时间的变化记录或显示出来.

心肌细胞的细胞膜对钠离子和钾离子有不同的通透性,使处在静止状态的心肌细胞膜内外分布有等量异号的电荷层,如图 1.4-3 所示. 距离很小的正负电荷层称为电偶层. 在通常情况下,细胞表面的电荷面密度为 10^{-3} C/m^2,若心肌细胞的表面积为 10^{-5} cm^2,则表面上的电荷量为 10^{-12} C.

考察一电偶层上的面元 dS 所产生的电势,设面元上正负电荷的电荷面密度为 $\pm\sigma$,电偶层的厚度为 l,取 $\boldsymbol{l}$ 的方向由负电荷层指向正电荷层,如图 1.4-4 所示,则有

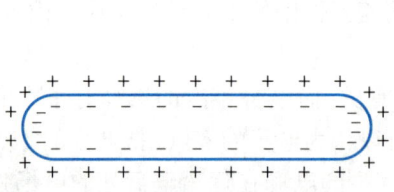

图 1.4-3　心肌细胞膜内外的电荷分布　　图 1.4-4　电偶层电势的计算

$$\mathrm{d}\varphi = \frac{1}{4\pi\varepsilon_0}\left(\frac{\sigma \mathrm{d}S}{r} - \frac{\sigma \mathrm{d}S}{r'}\right)$$

注意到

$$r' = (r^2 + l^2 + 2rl\cos\theta)^{1/2} \approx r\left(1 + 2\frac{l}{r}\cos\theta\right)^{1/2} \approx r\left(1 + \frac{l}{r}\cos\theta\right)$$

$$\frac{1}{r} - \frac{1}{r'} \approx \frac{1}{r} - \frac{1}{r}\left(1 - \frac{l}{r}\cos\theta\right) = \frac{l}{r^2}\cos\theta$$

$$\mathrm{d}\varphi = \frac{1}{4\pi\varepsilon_0}\frac{l\sigma \mathrm{d}S\cos\theta}{r^2} = \frac{1}{4\pi\varepsilon_0}l\sigma \mathrm{d}\Omega$$

$\mathrm{d}\Omega$ 是 dS 对 P 点张的立体角,即

$$\mathrm{d}\Omega = \frac{\mathrm{d}S\cos\theta}{r^2}$$

我们规定,当从 P 点看到带正电荷的面时,该面对 P 点张的立体角是正的,否则为负. 面积为 S 的电偶层在 P 点所产生的电势为

$$\varphi = \frac{1}{4\pi\varepsilon_0}\int l\sigma \mathrm{d}\Omega = \frac{1}{4\pi\varepsilon_0}\int b\mathrm{d}\Omega \tag{1.4-19}$$

式中

$$b = l\sigma \tag{1.4-20}$$

b 称为电偶层的层强. 若电偶层的层强 b 处处相等,则

$$\varphi = \frac{1}{4\pi\varepsilon_0} b\Omega \tag{1.4-21}$$

Ω 是电偶层对 P 点张的立体角. 我们知道,一个封闭曲面对曲面外任一点张的立体角等于零,所以一个层强处处相等的分布在封闭曲面上的电偶层在封闭曲面外的电势为零. 如果我们把心肌细胞视为两端封闭的柱面,如图 1.4-5(a) 所示,则心脏跳动时,在邻近的神经细胞突触的刺激作用下,心肌细胞膜的通透性发生变化,并伴随细胞的收缩,可使该部分上的电偶层消失,甚至正负易号. 设某一时刻,心肌细胞上的电荷分布如图(b)所示,我们可以把图(b)中的电荷分布视为图(c)分布的电偶层与分布在一面积 S 上的电偶层的叠加. 由于在图(c)中封闭曲面上的电偶层在曲面外的电势为零,在细胞外部的电势仅由 S 面上的电偶层产生,在 P 点电势为负,在 P' 点电势为正. 当收缩从细胞的左端向右端传递时,就等效于 S 向右移动. 由于 S 面的移动情况是细胞收缩情况的反映,而 S 的移动情况又能反映在 P、P' 两处的电势差的变化上,这样就能通过测量 P、P' 的电势差的变化来了解心肌细胞的收缩过程. 实际的心肌细胞表面电偶层随心脏跳动的变化是一个相当复杂的过程,而人体表皮上电势差的变化更是大量心肌细胞集体效应的反应. 实际测得的体表电势差的变化与心脏跳动之间的关系非常复杂,图 1.4-6 给出了在心脏跳动过程中体表电势差随时间的变化关系,其中 P 波代表心房收缩的过程,QRS 波代表心室收缩的过程,T 波代表心室电偶层易号的过程.

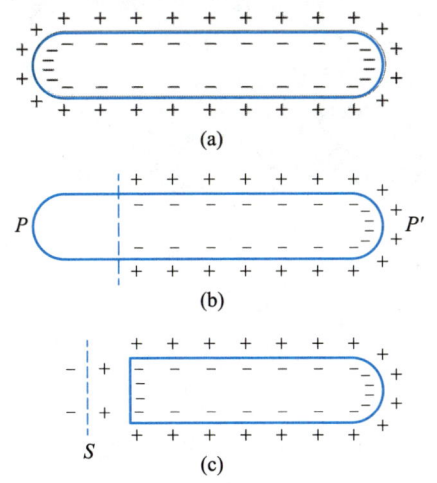

图 1.4-5 细胞收缩过程中,
细胞外电势变化的分析

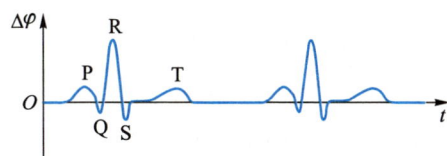

图 1.4-6 心脏跳动过程中,
体表电势差随时间变化的关系

值得注意的是,心电图形成过程的分析只能给出一个定性的概念,具体的波形对应心脏收缩的何种状况是由大量临床实践的经验确定的.

7. 例题

例 1.4-1 求电偶极子的电势和电场强度.

解:许多电荷系统都可看成电偶极子. 例如,一个原子或分子,内部有正电荷和负电荷,整个系统的总电荷

量为零. 在外电场中,正、负电荷在电场力作用下被拉开一定距离,于是原子或分子的电性与电偶极子(微观偶极子)相同.

令电偶极矩 $\boldsymbol{p}=q\boldsymbol{l}$ 的电偶极子沿 z 轴放置,其中心与坐标原点重合,如图(a)所示. 它在空间任一点 $P(x,y,z)$ 的电势为

$$\varphi = \frac{1}{4\pi\varepsilon_0}\left[\frac{q}{\sqrt{x^2+y^2+\left(z-\frac{l}{2}\right)^2}} - \frac{q}{\sqrt{x^2+y^2+\left(z+\frac{l}{2}\right)^2}}\right]$$

因为 $r=\sqrt{x^2+y^2+z^2}\gg l$,所以

$$\frac{1}{\sqrt{x^2+y^2+\left(z\mp\frac{l}{2}\right)^2}} = \frac{1}{\sqrt{r^2\mp zl+\frac{l^2}{4}}} \approx \frac{1}{r}\frac{1}{\left(1\mp\frac{zl}{r^2}\right)^{\frac{1}{2}}} \approx \frac{1}{r}\left(1\pm\frac{zl}{2r^2}\right)$$

注意到 $\boldsymbol{p}=q\boldsymbol{l}$,将上式化为

$$\varphi(x,y,z) = \frac{p}{4\pi\varepsilon_0}\frac{z}{r^3}$$

因 $z=r\cos\theta$,上式又可表示为

$$\varphi(x,y,z) = \frac{1}{4\pi\varepsilon_0}\frac{p\cos\theta}{r^2} = \frac{1}{4\pi\varepsilon_0}\frac{\boldsymbol{p}\cdot\boldsymbol{r}}{r^3}$$

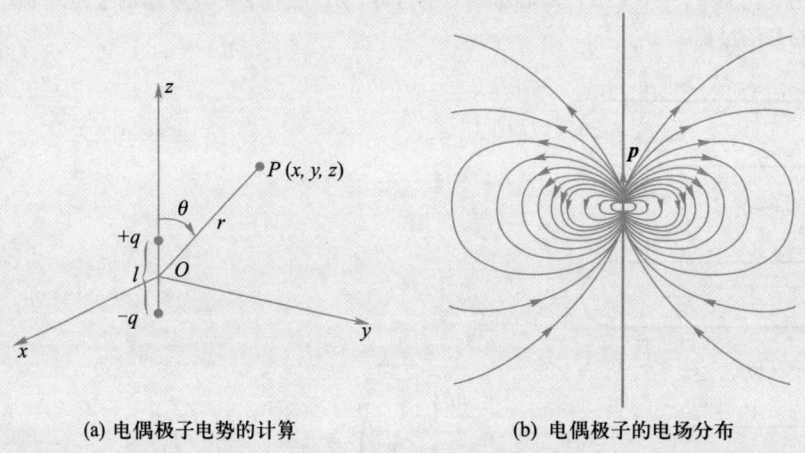

(a) 电偶极子电势的计算　　(b) 电偶极子的电场分布

例 1.4-1 图

此式对任意方位的电偶极子都适用,$\boldsymbol{r}$ 代表由电偶极子指向考察点的径矢. 求得电势后,可由电势梯度求得电场强度. 若采用球坐标,则

$$E_r = -\frac{\partial\varphi}{\partial r} = \frac{1}{4\pi\varepsilon_0}\frac{2p\cos\theta}{r^3}$$

$$E_\theta = -\frac{1}{r}\frac{\partial\varphi}{\partial\theta} = \frac{1}{4\pi\varepsilon_0}\frac{p\sin\theta}{r^3}$$

此结果在例 1.3-1 中已得到过,电场分布见图(b). 还可将 $\boldsymbol{E}$ 和 $\boldsymbol{p}$ 直接用矢量关系联系起来,因

$$\boldsymbol{E} = E_r\,\boldsymbol{e}_r + E_\theta\,\boldsymbol{e}_\theta = \frac{1}{4\pi\varepsilon_0}\frac{1}{r^3}(2p\cos\theta\,\boldsymbol{e}_r + p\sin\theta\,\boldsymbol{e}_\theta)$$

注意到

$$\boldsymbol{p} = p\cos\theta\,\boldsymbol{e}_r - p\sin\theta\,\boldsymbol{e}_\theta$$

故得

$$E = \frac{1}{4\pi\varepsilon_0}\frac{1}{r^3}(3p\cos\theta e_r - p) = \frac{1}{4\pi\varepsilon_0}\frac{3(p\cdot e_r)e_r - p}{r^3}$$

例 1.4-2 求电偶层两边的电势差.

解：有一对均匀带等量异号电荷的平行平面,其间距 d 远小于带电平面的线度时称为电偶层. 当电偶层上的电荷面密度分别为 $+\sigma$ 与 $-\sigma$ 时,空间的电场强度分布为

两面之外, $E = 0$.

两面之内, $E = -\dfrac{\sigma}{2\varepsilon_0} - \dfrac{\sigma}{2\varepsilon_0} = -\dfrac{\sigma}{\varepsilon_0}$.

如图(a)所示,取两面对称中心 O 点为电势零点,当 $-\dfrac{d}{2} < x < \dfrac{d}{2}$ 时,其电势为

$$\varphi = \int_x^0 E \cdot dx = \int_x^0 -\frac{\sigma}{\varepsilon_0}dx = \frac{\sigma x}{\varepsilon_0}$$

由于两面之外的电场强度为零,电偶层两边的电势差为

$$\Delta\varphi = -\int_{\frac{d}{2}}^{-\frac{d}{2}} E \cdot dx = \int_{\frac{d}{2}}^{-\frac{d}{2}} -\frac{\sigma}{\varepsilon_0}dx = \frac{\sigma d}{\varepsilon_0}$$

电势的分布如图(b)所示.

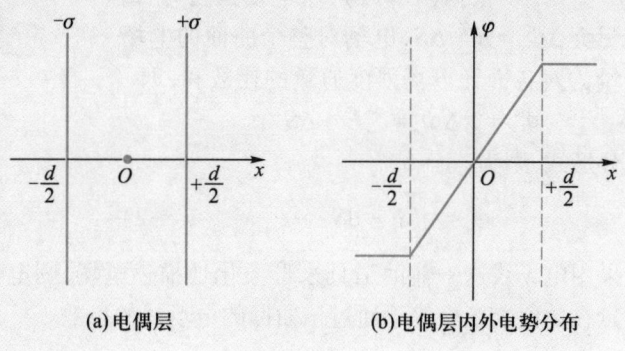

(a)电偶层　　　(b)电偶层内外电势分布

例 1.4-2 图

§1.5 高斯定理

1. 电场强度通量

在研究矢量场时,常引入通量的概念. 例如,研究流体运动时,流体的速度构成一矢量场. 设流体以速度 v 通过一很小的面元 ΔS_0,若 ΔS_0 与速度 v 垂直,则单位时间内通过 ΔS_0 的流体体积等于速度与面积的乘积 $v\Delta S_0$. 若所考察的面元 ΔS 与流体的速度不垂直, ΔS 面的法向单位矢量 e_n 与速度 v 成 θ 角,如图 1.5-1 所示,则单位时间内通过 ΔS 的流体的体积为

$$v\Delta S_n = v\Delta S\cos\theta$$

单位时间通过任一面积的流体的量称为通量. 若采用矢量符号,面元矢量用 ΔS 表示,其大小为 ΔS,方向为 ΔS 的法线方向,则通过 ΔS 面的流体的通量可写成

$$v\Delta S\cos\theta = \boldsymbol{v} \cdot \Delta \boldsymbol{S}$$

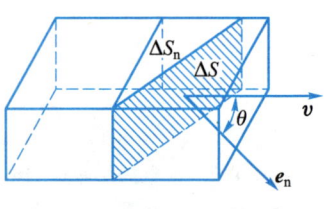

图 1.5-1　流体通过任意面元 ΔS 的通量

静电场亦是矢量场. 虽然在静电场中并无什么东西在流动,但是我们可以借助流体力学中的通量概念,引入电场强度通量. 在静电场中,任取一很小的面元 ΔS,由于 ΔS 很小,在 ΔS 上各点的电场强度 $\boldsymbol{E}$ 可认为是均匀的. 若 ΔS 的方向与 $\boldsymbol{E}$ 的方向成 θ 角,则 $\boldsymbol{E}$ 对 ΔS 的通量即电场强度通量定义为

$$\Delta \Phi_e = E\cos\theta \Delta S = \boldsymbol{E} \cdot \Delta \boldsymbol{S} \tag{1.5-1}$$

电场强度通量 $\Delta \Phi_e$ 是标量,但有正负之分. 电场强度通量的正负取决于面元法线的方向. 对于封闭曲面,法线的正方向都指向封闭曲面的外侧.

在计算电场对任意形状曲面的电场强度通量时,可把给定的面积 S 分割成许多小的面元 ΔS,如图 1.5-2 所示. 根据(1.5-1)式,电场强度对 ΔS 面的通量元 $\Delta \Phi_e = \boldsymbol{E} \cdot \Delta \boldsymbol{S}$,电场对整个曲面的电场强度通量为对各面元电场强度通量的代数和,即

$$\Phi_e = \sum \Delta \Phi_e = \sum \boldsymbol{E} \cdot \Delta \boldsymbol{S}$$

写成积分形式,则为

$$\Phi_e = \int_S \boldsymbol{E} \cdot \mathrm{d}\boldsymbol{S} \tag{1.5-2}$$

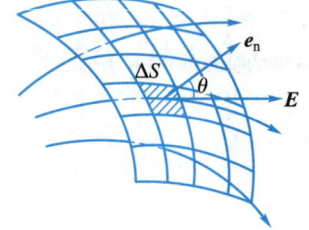

图 1.5-2　电场强度对任意面元的通量

如果用电场线这一辅助工具来形象化地描述电场,则电场对任意曲面的电场强度通量在数值上正好等于通过该曲面的电场线的条数.

2. 电场对任意封闭曲面的电场强度通量

我们来研究电场对任一封闭曲面的电场强度通量. 假定电场由一电荷量为 q 的点电荷产生,$\mathrm{d}\boldsymbol{S}$ 是曲面上的任一面元,它的位置由径矢 $\boldsymbol{r}$ 表示,$\boldsymbol{r}$ 的起点取在点电荷上. 电场强度对 $\mathrm{d}\boldsymbol{S}$ 的通量元为

$$\mathrm{d}\Phi_e = \boldsymbol{E} \cdot \mathrm{d}\boldsymbol{S} = \frac{q}{4\pi\varepsilon_0} \frac{\boldsymbol{e}_r \cdot \mathrm{d}\boldsymbol{S}}{r^2}$$

设想以 q 所在处为中心、r 为半径作一球面,则 $\boldsymbol{e}_r \cdot \mathrm{d}\boldsymbol{S}$ 就是面元 $\mathrm{d}\boldsymbol{S}$ 在球面上的投影 $\mathrm{d}S_0$,$\mathrm{d}S_0/r^2$ 为 $\mathrm{d}S_0$ 对球心所张的立体角 $\mathrm{d}\Omega$,如图 1.5-3 所示,即

$$\mathrm{d}\Omega = \frac{\mathrm{d}S_0}{r^2} = \frac{\boldsymbol{e}_r \cdot \mathrm{d}\boldsymbol{S}}{r^2} \tag{1.5-3}$$

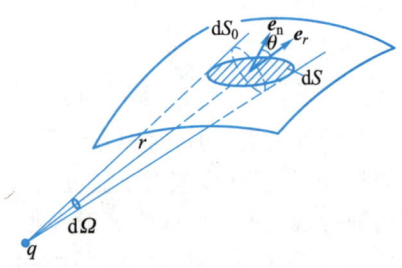

图 1.5-3　点电荷 q 的电场强度对 $\mathrm{d}\boldsymbol{S}$ 的通量与 $\mathrm{d}\boldsymbol{S}$ 对 q 点所张的立体角成正比

dΩ 的正负视 dS 与 r 两矢量的夹角而定. 由此得

$$d\Phi_e = \frac{q}{4\pi\varepsilon_0} d\Omega$$

点电荷的电场对整个封闭曲面的电场强度通量为

$$\Phi_e = \oint_S \boldsymbol{E} \cdot d\boldsymbol{S} = \frac{q}{4\pi\varepsilon_0} \int d\Omega \tag{1.5-4}$$

积分的值取决于点电荷在封闭曲面内部还是外部.

若点电荷在封闭曲面内部,如图 1.5-4 所示,则因封闭曲面对曲面内任意一点所张的立体角为 4π,故

$$\Phi_e = \oint_S \boldsymbol{E} \cdot d\boldsymbol{S} = \frac{1}{\varepsilon_0} q$$

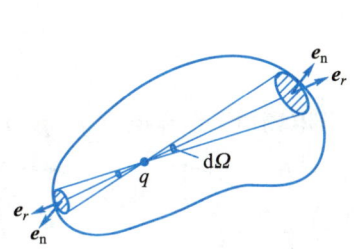

图 1.5-4 当 q 在封闭曲面内时,曲面对 q 所张的立体角为 4π

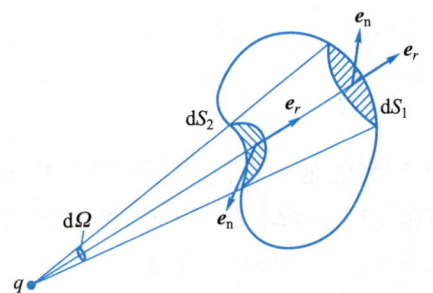

图 1.5-5 当 q 在封闭曲面外时,面元 dS_1 对 q 所张的立体角与对应面元 dS_2 对 q 所张的立体角相抵消

若点电荷在封闭曲面外部,如图 1.5-5 所示,则曲面上任一面元 dS_1 对 q 所张的立体角必与另一对应面元 dS_2 对 q 所张的立体角大小相等,符号相反,因此封闭曲面对曲面外任一点张的立体角为零,故

$$\Phi_e = \oint_S \boldsymbol{E} \cdot d\boldsymbol{S} = 0$$

由此得点电荷的电场对任意封闭曲面的电场强度通量为

$$\oint_S \boldsymbol{E} \cdot d\boldsymbol{S} = \frac{1}{\varepsilon_0} q \quad (q \text{ 在 } S \text{ 面内}) \tag{1.5-5a}$$

$$\oint_S \boldsymbol{E} \cdot d\boldsymbol{S} = 0 \quad (q \text{ 在 } S \text{ 面外}) \tag{1.5-5b}$$

若用电场线描述电场,并规定电场强度为 1 个单位时电场线的数密度为 1,则 (1.5-5) 式表示:当电荷量为 q 的正的点电荷存在于封闭曲面内部时,必有 q/ε_0 条电场线从该封闭曲面向外穿出来;当电荷量为 q 的负的点电荷存在于封闭曲面内部时,必有 q/ε_0 条电场线从该封闭曲面外会聚到封闭曲面内部. 不论曲面的形状如何复杂,也不论电场线与封闭曲面相交几次,上述结论都成立. 只要电荷被包围在封闭曲面内,其电场线就必与曲面相交奇数次,其中偶数次对通量贡献的总和为零,对通量的总贡献与电场线只穿过曲面一次相同(见图 1.5-6);电荷在封闭曲面外部

时,电场线与曲面相交偶数次,对通量的贡献为零(见图 1.5-7).

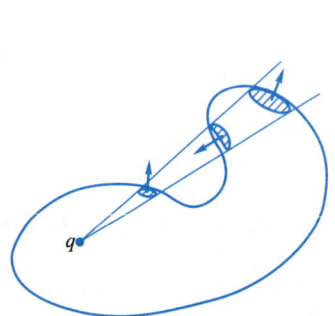

图 1.5-6　封闭曲面内的电荷的电场线必与曲面相交奇数次

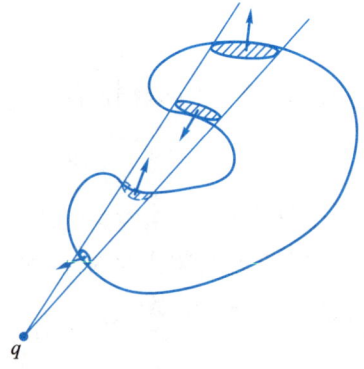

图 1.5-7　封闭曲面外的电荷的电场线必与曲面相交偶数次

3. 高斯定理

(1.5-5)式是在一个点电荷的电场中求得的. 若电场由一组点电荷 q_1、q_2、q_3、q_4 和 q_5 共同产生,用 E_1、E_2、E_3、E_4 和 E_5 分别代表各点电荷单独产生的电场的电场强度,则由叠加原理,空间任一点的总电场强度为

$$E = E_1 + E_2 + E_3 + E_4 + E_5$$

设有一任意形状的封闭曲面 S,它把 q_1、q_2 和 q_3 包围在内部,q_4 和 q_5 处于此封闭曲面外部,如图 1.5-8 所示. 通过封闭曲面的电场强度通量为

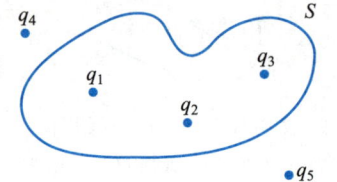

图 1.5-8　通过封闭曲面的电场强度通量只与曲面内的电荷有关

$$\oint_S \boldsymbol{E} \cdot \mathrm{d}\boldsymbol{S} = \oint_S (\boldsymbol{E}_1 + \boldsymbol{E}_2 + \boldsymbol{E}_3 + \boldsymbol{E}_4 + \boldsymbol{E}_5) \cdot \mathrm{d}\boldsymbol{S}$$

$$= \oint_S \boldsymbol{E}_1 \cdot \mathrm{d}\boldsymbol{S} + \oint_S \boldsymbol{E}_2 \cdot \mathrm{d}\boldsymbol{S} + \oint_S \boldsymbol{E}_3 \cdot \mathrm{d}\boldsymbol{S} + \oint_S \boldsymbol{E}_4 \cdot \mathrm{d}\boldsymbol{S} + \oint_S \boldsymbol{E}_5 \cdot \mathrm{d}\boldsymbol{S}$$

其中每个积分都是点电荷对封闭曲面的电场强度通量. 根据(1.5-5)式,注意到 q_1、q_2 和 q_3 包围在 S 内部,q_4 和 q_5 在 S 外部,得

$$\oint_S \boldsymbol{E} \cdot \mathrm{d}\boldsymbol{S} = \frac{1}{\varepsilon_0}(q_1 + q_2 + q_3)$$

即通过任意封闭曲面的电场强度通量只取决于被包围在封闭曲面内部的电荷,且等于包围在封闭曲面内电荷量代数和除以 ε_0,与封闭曲面外的电荷无关. 这一结论就是静电场的高斯(Gauss)定理. 一般可用下面的公式表示:

$$\oint_S \boldsymbol{E} \cdot \mathrm{d}\boldsymbol{S} = \frac{1}{\varepsilon_0} \sum_i q_i \tag{1.5-6}$$

式中 $\boldsymbol{E}$ 是空间的总电场强度,S 为任意形状的封闭曲面,$\sum q_i$ 则应理解为包围在 S 内的总电荷量,即电荷量的代数和. 若包围在 S 面内的电荷具有一定的体分布,其电荷体密度为 ρ,则

$$\sum_i q_i = \int_V \rho \mathrm{d}V \tag{1.5-7}$$

高斯定理又可写成

$$\oint_S \boldsymbol{E} \cdot \mathrm{d}\boldsymbol{S} = \frac{1}{\varepsilon_0} \int_V \rho \mathrm{d}V \tag{1.5-8}$$

式中 V 是 S 所包围的体积.

  高斯定理是静电场的基本定理之一,它给出了场和场源的一种联系,这种联系是电场强度对封闭曲面的通量与场源间的联系,并非电场强度本身与源的联系. 利用电场线这一辅助工具,我们可以把高斯定理的含义形象化地表示出来. 设想一任意形状的封闭曲面 S,包围一电荷量为 q 的孤立点电荷,根据高斯定理,通过该封闭曲面的电场强度通量为 $\oint_S \boldsymbol{E} \cdot \mathrm{d}\boldsymbol{S} = q/\varepsilon_0 > 0$,它表示有电场线从包围正电荷的封闭曲面内部发射出来,发射出的电场线共有 q/ε_0 条. 如果在该封闭曲面外部放置其他电荷,则空间(包括该点电荷附近)电场线分布将发生变化,但高斯定理指出,通过该封闭曲面的电场强度通量并无变化. 这就是说,从电荷量为 q 的正电荷发射出电场线仍是 q/ε_0 条,与周围电荷的分布无关,周围的电荷虽然改变了电场线的分布情况,但不能改变该点电荷所发出的电场线总条数. 同理,每一电荷量为 q 的负的点电荷,将吸收 q/ε_0 条电场线,与封闭曲面外部放置的其他电荷无关. 总之,每一电荷量为 q 的正的点电荷必发出 q/ε_0 条电场线,每一电荷量为 q 的负点电荷,必吸收 q/ε_0 条电场线,与其他电荷的分布无关. 但是,由点电荷发出的或被点电荷吸收的电场线的分布情况即电场的分布情况,并不完全取决于该点电荷,它是由存在于空间的所有电荷共同决定的. 电场线的这种特殊性质表明:静电场的电场线是有头有尾的,正电荷是电场线发出的地方,称为静电场的源头,犹如喷水泉的喷口;负电荷是电场线会聚并被吸收的地方,称为静电场的尾闾,犹如下水道的入口. 具有这种性质的场称为有源场. 高斯定理反映了静电场是有源场这一特性. 当电荷连续分布时,读者可做类似的讨论并得到相应的结论.

4. 几点说明

  (1) 高斯定理表明,封闭曲面外的电荷分布并不影响通过该封闭曲面的电场强度通量,但是这并不是说,封闭曲面外的电荷不影响曲面上各点电场强度的大小和方向. 同样,代数和一定的电荷量在封闭曲面内的分布情况也不影响通过该封闭曲面的电场强度通量,但是,这并不是说封闭曲面内电荷分布的变化并不影响曲面上各点电场强度的大小和方向. 从高斯定理的导出过程可以看出,(1.5-6)式中的 $\boldsymbol{E}$ 可以是空间所有电荷共同激发的,因此认为激发电场强度 $\boldsymbol{E}$ 的源一定在封闭曲面内的看法是错误的.

  (2) 高斯定理是静电场的一条重要基本定理,它是从库仑定律导出来的. 它主要反映了库仑定律的平方反比律,即 $F \propto 1/r^2$. 如果库仑定律不服从平方反比律,我们就不可能得到高斯定理. 因此证明高斯定理的正确性是证明库仑定律中平方反比律的一种间接方法. 我们曾指出,直接用扭称法证明平方反比律的精度是非常低的,通过高斯定理证明平方反比律可获得非常高的精度.高斯定理还反映了库仑定律的径向性.如果库仑定律只满足平方反比律,但不满足径向性,我们也不可能得到高斯定理.

(3)认为高斯定理与库仑定律完全等价,或认为从高斯定理出发可以导出库仑定律的看法是欠妥的,因为高斯定理并没有反映静电场是有心力场这一特性.实际上,不增添附加条件(如点电荷的电场方向沿径向并具有球面对称性等),并不能从高斯定理导出库仑定律.库仑定律不但说明电荷间的相互作用力服从平方反比律,而且说明电荷间的作用力是有心力.因此,在静电范围内,库仑定律比高斯定理包含更多的信息.

5. 例题

高斯定理也是静电场的基本定理之一,它给出了场与源的联系,但并没有给出场分布与产生电场的源电荷之间的直接联系.因此在一般情况下,已知电荷分布,并不能直接从高斯定理求得场强分布.但是在电荷分布具有某种对称性,从而使场分布也具有某种对称性(注意这些信息并非来自高斯定理)时,我们可以直接用高斯定理通过电荷分布找到场的分布.下面我们通过几个例子来说明这一点.

例 1.5-1 求均匀带电球面产生的电场.已知球面的半径为 R,电荷量为 q.

解:根据球对称性可以判定,不论在球内还是在球外,电场强度的方向必定沿球的半径,与球心等距离的各点的电场强度大小应相等.知道了场分布的这些特点,就可以用高斯定理求出各点电场强度的大小.以带电球面的球心为中心,$r(r<R)$ 为半径作一球面 S_1,如图所示,通常把所作的封闭曲面称为高斯曲面.这一特定的高斯曲面的特点是:曲面处处与该处的电场强度垂直,因而是电场的等势面,曲面上各点电场强度的数值相等,因而是电场强度大小的等值面.把高斯定理用于这一高斯曲面,得

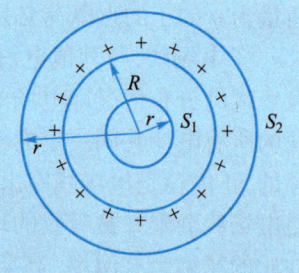

例 1.5-1 图 用高斯定理求均匀带电球面的电场

$$\oint_S \boldsymbol{E} \cdot \mathrm{d}\boldsymbol{S} = E\oint_{S_1} \mathrm{d}S = E \cdot 4\pi r^2 = 0$$

由此得

$$E = 0 \qquad (r<R)$$

若以 $r(r>R)$ 为半径作一球面 S_2,则 S_2 与 S_1 一样,也是电场的等势面,同时又是电场强度的等值面,把高斯定理用于这一球面,得

$$\oint_S \boldsymbol{E} \cdot \mathrm{d}\boldsymbol{S} = E\oint_{S_2} \mathrm{d}S = E \cdot 4\pi r^2 = \frac{1}{\varepsilon_0}q$$

由此得

$$E = \frac{1}{4\pi\varepsilon_0}\frac{q}{r^2} \qquad (r>R)$$

即均匀带电球面内各点的电场强度为零,球面外的场强与一个点电荷的电场强度相等,只需想象成该点电荷位于球心而其电荷量等于带电球面的电荷量.我们在前面已求得这一结果.在球面上,即 $r=R$ 处,电场强度无定义,

因为电场强度在该处发生突变;$r=R-\delta$(δ是一无限小量)处,电场强度$E=0$;$r=R+\delta$处,$E=\dfrac{1}{4\pi\varepsilon_0}\dfrac{q}{r^2}=\dfrac{1}{\varepsilon_0}\sigma$. 从$r=R-\delta$到$r=R+\delta$,电场强度$E$从零突变到$\sigma/\varepsilon_0$,$\sigma$为电荷面密度,这表明在有面电荷分布的表面上,电场强度沿垂直表面的分量(即法向分量)是不连续的.

例 1.5-2 求无限大均匀带电平面的电场.

解：根据无限大均匀带电平面的对称性,可以判定整个带电平面上的电荷产生的电场的电场强度应与带电平面垂直并指向两侧,在离平面等距离的各点电场强度应相等. 根据场分布的这些特点,可作一柱形高斯面,使其侧面与带电平面垂直,两底分别与带电平面平行,并位于离带电平面等距离的两侧,把高斯定理应用到这一特殊形状的高斯面,注意到整个带电面上的电荷对该柱面的侧面无电场强度通量,只对两个底面才有电场强度通量,可得

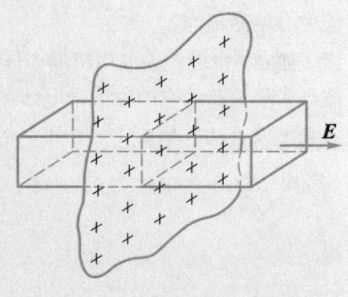

$$E=\dfrac{1}{2\varepsilon_0}\sigma$$

例 1.5-2 图　用高斯定理计算无限大均匀带电平面的电场

即电场强度为常量,与离开带电面的距离无关. 这一结论在前面也已求得. 值得注意的是,在本题中,包围在所作高斯曲面内的电荷量对此高斯面单独产生的电场强度通量也等于$\sigma\Delta S/\varepsilon_0$,但这些电荷对柱体的侧面也有电场强度通量,在柱体底面上各点的电场强度的大小和方向也各不相同. 我们可以用高斯定理求得这些电荷单独产生的电场强度通量,但不能用高斯定理求得这些电荷单独产生的电场的电场强度.

例 1.5-3 两无限长的同轴圆筒,半径分别为R_1与R_2,均匀带有等量异号电荷. 已知两圆筒的电势差为$(\varphi_1-\varphi_2)$,求电场强度的分布.

解：如果已知电荷分布,则可用叠加原理通过积分法求得电场强度;如果已知电势分布,则可用求导法求得电场强度. 在本题中这两种条件都不完备. 但是,利用电荷分布和电场强度分布的对称特征及电势差与电场强度之间的联系,我们可以求得电场强度.

若已知圆筒的电荷分布,则根据对称性就可以直接用高斯定理求得两圆筒之间的电场强度. 设两圆筒上单位长度的电荷量分别为$\pm\eta$,则两筒之间的电场强度为

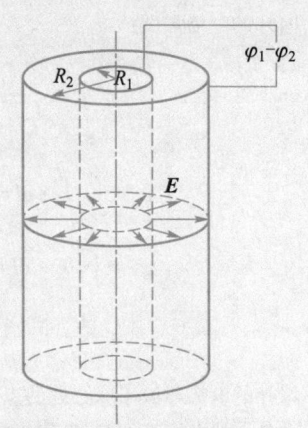

$$E=\dfrac{1}{2\pi\varepsilon_0}\dfrac{\eta}{r}\boldsymbol{e}_r \qquad (R_1<r<R_2)$$

由电势差定义

$$\varphi_1-\varphi_2=\int_1^2 \boldsymbol{E}\cdot\mathrm{d}\boldsymbol{l}=\int_{R_1}^{R_2}\dfrac{1}{2\pi\varepsilon_0}\dfrac{\eta}{r}\mathrm{d}r$$

$$=\dfrac{\eta}{2\pi\varepsilon_0}\ln\dfrac{R_2}{R_1}$$

得

$$\eta=\dfrac{2\pi\varepsilon_0(\varphi_1-\varphi_2)}{\ln\dfrac{R_2}{R_1}}$$

例 1.5-3 图　两个带等量异号电荷同轴圆筒之间的电场

于是两圆筒之间的电场强度为

$$E=\frac{\eta}{2\pi\varepsilon_0 r}=\frac{\varphi_1-\varphi_2}{r\ln\frac{R_2}{R_1}}$$

而两筒外 $E=0$.

例 1.5-4 求均匀带电球体中所挖出的球形空腔内的电场. 球体的电荷体密度为 $\rho(\rho>0)$,球体的球心到空腔中心的距离为 a.

解：将空腔视为腔内填满了体密度为 $-\rho$ 的电荷的球形带电体. 由高斯定理可分别求出带正电荷的整个球体与带负电荷的空腔球形带电体在腔内任一点的电场强度 $\boldsymbol{E}_+$ 和 $\boldsymbol{E}_-$. 如图所示,球心到考察点的位矢为 $\boldsymbol{r}$,空腔中心 O' 到考察点的位矢为 $\boldsymbol{l}$,则有

$$\oint \boldsymbol{E}_+ \cdot \mathrm{d}\boldsymbol{S}=\frac{1}{\varepsilon_0}\rho\frac{4}{3}\pi r^3$$

得

$$\boldsymbol{E}_+=\frac{\rho}{3\varepsilon_0}\boldsymbol{r}$$

同理可得

$$\boldsymbol{E}_-=-\frac{\rho}{3\varepsilon_0}\boldsymbol{l}$$

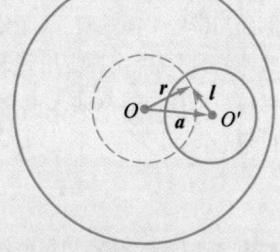

例 1.5-4 图　球体中的球形空腔

则空腔中的总电场强度为

$$\boldsymbol{E}=\boldsymbol{E}_++\boldsymbol{E}_-=\frac{\rho}{3\varepsilon_0}\boldsymbol{a}$$

式中 $\boldsymbol{a}=\boldsymbol{r}-\boldsymbol{l}$,故空腔中为一均匀场,方向由 O 指向 O'.

例 1.5-5 求均匀带电球面内外的电势.

解：本题中,我们从电势的定义出发,计算带电球面内外的电势. 设球面的半径为 R,所带电荷量为 q. 用高斯定理可方便地得到带电球面内外的电场强度：

$$E_i=0 \qquad (r<R)$$

$$\boldsymbol{E}_e=\frac{1}{4\pi\varepsilon_0}\frac{q}{r^2}\boldsymbol{e}_r \qquad (r>R)$$

$$\varphi_e=\int_r^\infty \boldsymbol{E}\cdot \mathrm{d}\boldsymbol{l}=\frac{1}{4\pi\varepsilon_0}\int_r^\infty \frac{q}{r^2}\mathrm{d}r=\frac{1}{4\pi\varepsilon_0}\frac{q}{r}$$

$$\varphi_i=\int_r^\infty \boldsymbol{E}\cdot \mathrm{d}\boldsymbol{l}=\int_r^R \boldsymbol{E}\cdot \mathrm{d}\boldsymbol{l}+\int_R^\infty \boldsymbol{E}\cdot \mathrm{d}\boldsymbol{l}$$

$$=\frac{1}{4\pi\varepsilon_0}\int_R^\infty \frac{q}{r^2}\mathrm{d}r=\frac{1}{4\pi\varepsilon_0}\frac{q}{R}$$

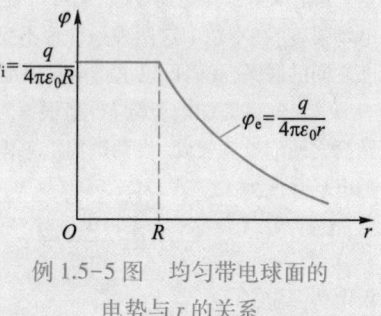

例 1.5-5 图　均匀带电球面的电势与 r 的关系

即球外的电势与位于球心处的点电荷产生的电势相同,只要该点电荷的电荷量等于带电球面的总电荷量;而球面内各点的电势都相等,且等于球面表面处的电势. 电势与 r 的关系如图所示.

§1.6 静电场的基本方程式

静电场的理论是在实验的基础上建立起来的,静电学的实验基础是库仑定律. 在库仑定律的基础上,结合电荷守恒定律和叠加原理,我们得到了静电场的两条基本定理:环路定理和高斯定理,其数学表达式为

$$\oint_L \boldsymbol{E} \cdot \mathrm{d}\boldsymbol{l} = 0 \tag{1.6-1}$$

$$\oint_S \boldsymbol{E} \cdot \mathrm{d}\boldsymbol{S} = \frac{1}{\varepsilon_0} \sum_i q_i \tag{1.6-2}$$

环路定理(1.6-1)式表明,静电场对任意闭合路径的环流恒等于零,它反映了静电场是保守场这一特性,是可用标量函数电势来描述电场的根据. 环流为零的场又称无旋场. 高斯定理(1.6-2)式表明,静电场对任意封闭曲面的电场强度通量,仅取决于包围在封闭曲面内电荷量的代数和,与曲面外的电荷无关,它反映了静电场是有源场,电荷以发散的方式产生电场. 因此,静电场的基本特征是有源无旋.

环路定理和高斯定理各从一个方面反映了静电场的性质. 环路定理反映了电荷之间的作用力是有心力(力沿两电荷的连线,作用力仅是相对距离的函数),根据环路定理,可以引入电势,但要确定电势的具体形式还得依赖于相互作用力的具体形式. 高斯定理则主要反映了电荷之间的作用力满足平方反比律这一事实,根据高斯定理可以求得任意封闭曲面的电场强度通量,但除了少数几种对称性问题外一般不能求得电场强度分布. 两条定理结合起来,就能完整地给出静电场的基本性质. 所以两方程(1.6-1)式和(1.6-2)式称为静电场的基本方程式.

本章从基本静电现象出发,讨论了静电场的基本规律和对静电场的描述. 库仑定律和叠加原理是静电场最基本的规律. 从它们出发可以得到环路定理和高斯定理. 环路定理结合平方反比律,可得到电势与电荷分布的关系,高斯定理结合一定的对称性(有心力性质的反映),也能由电荷分布求出电场强度(图1.6-1). 典型的静电问题是从已知电荷分布 $\rho = \rho(x,y,z)$ 求电场强度分布 $E = E(x,y,z)$. 直接的方法是由电荷元的电场强度通过叠加原理求得空间各点的电场强度. 也可由电荷元的电势根据叠加原理求得空间的电势分布 $\varphi = \varphi(x,y,z)$,然后利用电势梯度求得电场强度分布. 对某些特殊分布的场源,则可直接用高斯定理求得电场强度. 相反的静电问题则是已知电场分布求电荷分布. 所以,在静电问题中 $\rho(x,y,z)$、$E(x,y,z)$ 和 $\varphi(x,y,z)$ 三个量之间有着密切的相互关系,这种关系可用图1.6-2来表示.

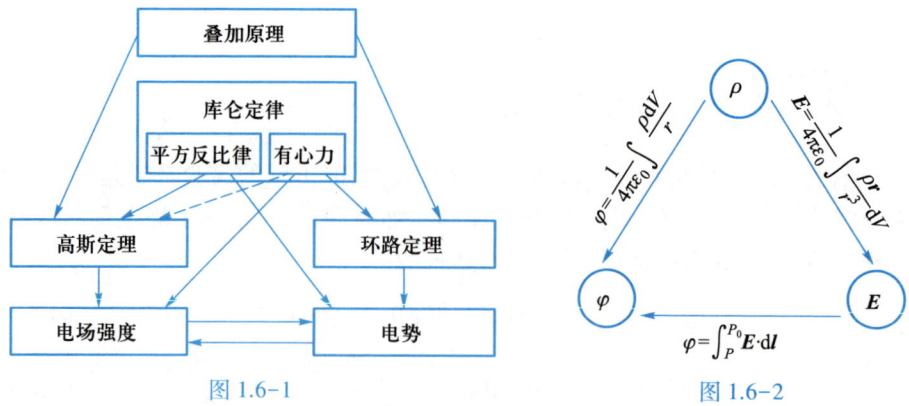

图 1.6-1

图 1.6-2

§1.7 静电能

1. 点电荷系的相互作用能

在研究电势时,我们曾讨论过电荷在静电场中的静电势能问题,在电荷从一处移到另一处的过程中,作用于电荷的静电力做的功等于静电势能的减少. 当选定电势的零点后,电荷量为 q 的点电荷处在电势为 φ 处的电势能为

$$E_p = q\varphi \tag{1.7-1}$$

静电势能是场源与处在场中的电荷之间的相互作用势能. 设想空间存在 n 个电荷,在初态时,这 n 个电荷彼此相隔很远,它们的相互作用可以忽略不计. 然后,把这 n 个电荷搬到指定的位置上,如果当这些电荷处在指定的位置上时,电荷本身的线度仍然比各电荷之间的距离小得多,则这 n 个电荷便是一个点电荷系. 对于点电荷系中的每一个点电荷,其他 $(n-1)$ 个点电荷就是场源,两者间存在相互作用势能. 为了求得此势能,再做以下设想:先把 q_1 从无限远处移到给定位置 r_1,如图 1.7-1

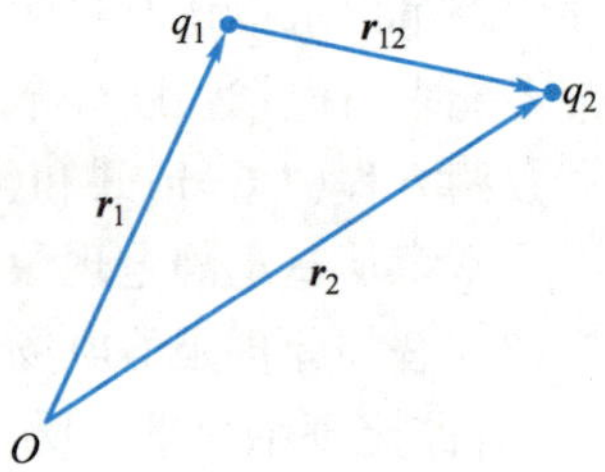

图 1.7-1　q_1、q_2 相互作用能的计算

所示. 在此过程中,因其他电荷都处于无限远处,外力无须做功. 接着,把 q_2 移到给定位置 r_2,在此过程中外力做的功为

$$A_2^e = -\int \boldsymbol{F}_2 \cdot d\boldsymbol{r}_2 = -q_2 \int \boldsymbol{E}_2 \cdot d\boldsymbol{r}_2 = -\frac{q_1 q_2}{4\pi\varepsilon_0} \int \frac{\boldsymbol{e}_{12}}{r_{12}^2} \cdot d\boldsymbol{r}_2$$

$$= -\frac{q_1 q_2}{4\pi\varepsilon_0} \int \frac{dr_{12}}{r_{12}^2} = \frac{1}{4\pi\varepsilon_0} \frac{q_1 q_2}{r_{12}}$$

式中 $\boldsymbol{e}_{12}$ 是从 q_1 指向 q_2 的单位矢量. 再把 q_3 从无限远处移到给定位置 r_3,在此过程中外力做的功为

$$A_3^e = -\int \boldsymbol{F}_3 \cdot \mathrm{d}\boldsymbol{r}_3 = -q_3\int \boldsymbol{E}_3 \cdot \mathrm{d}\boldsymbol{r}_3 = -\frac{q_3}{4\pi\varepsilon_0}\int \left(\frac{q_1\boldsymbol{e}_{13}}{r_{13}^2} + \frac{q_2\boldsymbol{e}_{23}}{r_{23}^2}\right) \cdot \mathrm{d}\boldsymbol{r}_3$$

$$= -\frac{q_1 q_3}{4\pi\varepsilon_0}\int\frac{\mathrm{d}r_{13}}{r_{13}^2} - \frac{q_2 q_3}{4\pi\varepsilon_0}\int\frac{\mathrm{d}r_{23}}{r_{23}^2} = \frac{1}{4\pi\varepsilon_0}\left(\frac{q_1 q_3}{r_{13}} + \frac{q_2 q_3}{r_{23}}\right)$$

不难看出,再把 q_i 从无限远处移到给定位置 $\boldsymbol{r}_i$ 处,外力做的功为

$$A_i^e = \frac{1}{4\pi\varepsilon_0}\sum_{j=1}^{i-1}\frac{q_i q_j}{r_{ji}}$$

把 n 个点电荷从无限远处移到给定位置的过程中,外力做的总功为

$$A^e = \sum_{i=1}^{n} A_i^e = \frac{1}{4\pi\varepsilon_0}\sum_{i=1}^{n}\sum_{j=1}^{i-1}\frac{q_i q_j}{r_{ji}}$$

若改变搬运电荷的顺序,如先把 q_n 移到给定位置 $\boldsymbol{r}_n$,再把 q_{n-1} 移到位置 $\boldsymbol{r}_{n-1}$,然后把 q_{n-2} 移到位置 $\boldsymbol{r}_{n-2}$,最后把 q_1 移到位置 $\boldsymbol{r}_1$ 处,在此过程中外力做的总功为

$$A'^e = \frac{1}{4\pi\varepsilon_0}\sum_{i=1}^{n}\sum_{j=i+1}^{n}\frac{q_i q_j}{r_{ji}}$$

显然在两种情况中得到的是同一终态,因而做的总功是相同的,即 $A^e = A'^e$,于是

$$A^e = \frac{1}{2}(A^e + A'^e)$$

$$= \frac{1}{2}\left(\frac{1}{4\pi\varepsilon_0}\sum_{i=1}^{n}\sum_{j=1}^{i-1}\frac{q_i q_j}{r_{ji}} + \frac{1}{4\pi\varepsilon_0}\sum_{i=1}^{n}\sum_{j=i+1}^{n}\frac{q_i q_j}{r_{ji}}\right)$$

$$= \frac{1}{8\pi\varepsilon_0}\sum_{i=1}^{n}\sum_{\substack{j=1\\j\neq i}}^{n}\frac{q_i q_j}{r_{ji}} \tag{1.7-2}$$

外力做的功等于电荷系静电势能的增量. 一般来讲,静电势能与其增量是不同的. 如果我们把初始状态即 n 个电荷处于相距无限远的状态的静电势能取为零,那么外力做的功就等于电荷系的势能——相互作用的静电能 W_{in}:

$$W_{\mathrm{in}} = \frac{1}{2}\sum_{i=1}^{n}\sum_{\substack{j=1\\j\neq i}}^{n}\frac{1}{4\pi\varepsilon_0}\frac{q_i q_j}{r_{ji}} \tag{1.7-3}$$

引入点电荷 q_i 所在处的电势 φ_i,它是由除 q_i 以外其余 $(n-1)$ 个点电荷共同产生的,即

$$\varphi_i = \frac{1}{4\pi\varepsilon_0}\sum_{\substack{j=1\\j\neq i}}^{n}\frac{q_j}{r_{ji}} \tag{1.7-4}$$

则(1.7-3)式可写成

$$W_{\mathrm{in}} = \frac{1}{2}\sum_i q_i\varphi_i \tag{1.7-5}$$

这表示点电荷系的相互作用能等于各点电荷所在处的电势与该点电荷电荷量乘积之和的一半.

2. 电偶极子在外场中的静电能 电场对电偶极子的作用

电偶极子处在外电场中具有势能. 若电偶极子负电荷所在处外场的电势为 $\varphi(r)$, 正电荷所在处的电势为 $\varphi(r+l)$, r 和 $(r+l)$ 分别为偶极子负电荷与正电荷所在处的位置矢量, 如图 1.7-2 所示, 则偶极子处在外电场中的势能为

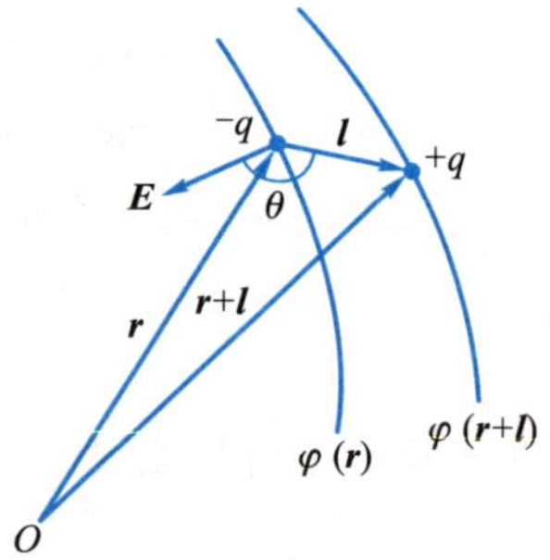

$$W = -q\varphi(r) + q\varphi(r+l)$$

当 $|l|$ 较小时, $\varphi(r+l)$ 可以用 l 的级数展开, 并取其第一项, 即

$$\varphi(r+l) = \varphi(r) + \frac{\partial \varphi}{\partial l} l = \varphi(r) + (\nabla \varphi)_l l = \varphi(r) + l \cdot \nabla \varphi$$

$$= \varphi(r) + \frac{\partial \varphi}{\partial x} l_x + \frac{\partial \varphi}{\partial y} l_y + \frac{\partial \varphi}{\partial z} l_z$$

图 1.7-2 电偶极子在外场中电势能的计算

其中 $\nabla \varphi$ 是在 r 处的电势梯度. 把上式代入 W 的表达式, 得

$$W = ql \cdot \nabla \varphi = p \cdot \nabla \varphi$$

因为电势梯度等于电场强度的负值, 故有

$$W = -p \cdot E(r) = -pE\cos\theta \tag{1.7-6}$$

其中 θ 是电偶极矩与该点电场强度方向的夹角. 这就是偶极子处在电场中当偶极矩具有确定方向时所具有的电势能, 它在数值上等于把偶极子从无限远处移到电场中给定位置, 偶极矩具有给定方向的过程中克服静电力所做的功. 当偶极矩与所在处电场的电场强度平行时, 势能有最小值, 当与电场强度垂直时, 势能为零, 而当与电场强度反平行时, 势能有最大值.

若电场是均匀的, 则电场作用于偶极子正负电荷的力大小相等、方向相反, 即作用于偶极子的力的矢量和为零, 如图 1.7-3 所示. 但作用于正负电荷的力构成一个力偶, 力偶的力矩

$$M = qEl\sin\theta = pE\sin\theta$$

若写成矢量形式, 则有

$$M = p \times E \tag{1.7-7}$$

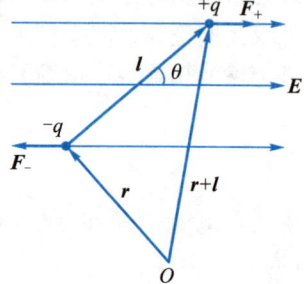

图 1.7-3 均匀电场对偶极子的作用

电场的力矩有使偶极子的电矩转向电场方向的趋势. 因此要改变电偶极矩的方向, 就要克服电场力做功. 若取 p 与 E 垂直的位置作为势能的零点, 则在电矩从与电场强度成 θ 角转到与电场强度垂直的过程中, 外力克服电场力矩做的功就等于偶极子在电场中的电势能, 即

$$A = \int_\theta^{\pi/2} M\mathrm{d}\theta = \int_\theta^{\pi/2} pE\sin\theta\mathrm{d}\theta = -pE\cos\theta$$

若电场是非均匀的, 则因偶极子正负电荷受到的电场力的大小和方向都不同,

在它们的作用下,偶极子将发生转动和平动两种运动.转动有使 p 取 E 的方向.当 p 与 E 平行时,电场作用于正负电荷的力都沿同一直线,但大小不同、方向相反,合力不为零.若取偶极子所在的直线为 x 轴,偶极子中心处的电场强度为 E_0,则正负电荷处的电场强度分别为

$$E_+ = E_0 + \frac{\partial E}{\partial x} \cdot \frac{l}{2}$$

$$E_- = E_0 - \frac{\partial E}{\partial x} \cdot \frac{l}{2}$$

式中 $\frac{\partial E}{\partial x}$ 为电场强度沿 x 方向的变化率,对图 1.7-4 所示的情况,电场强度随 x 的增加而变小,即 $\frac{\partial E}{\partial x} < 0$,故 $E_+ < E_-$,作用于偶极子的合力

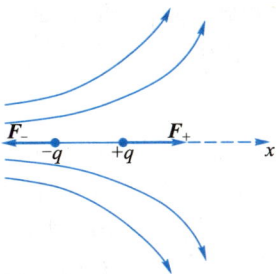

图 1.7-4 非均匀电场对偶极子的作用

$$F = F_- + F_+ = qE_- + qE_+ = -ql\frac{\Delta E}{\Delta x} = -p\frac{\Delta E}{\Delta x} \quad (1.7-8)$$

表明力 F 的大小与电场强度的变化率成正比,而方向与负电荷受到的力的方向相同,当 p 与 E 的方向一致时,力的方向指向电场强度大的一侧.

电场对偶极子的作用力比较复杂,上面讨论的是一种简单情况.但是,偶极子在均匀电场中仅受力偶的力矩作用,在非均匀电场中除受力矩作用外,还受到异于零的合力作用,合力的大小取决于电场强度的不均匀程度,即与电场强度的变化率成正比,方向指向电场强度增大的方向,这些结论具有普遍意义.

3. 电荷连续分布的带电体的能量

可以把表示点电荷系相互作用能的(1.7-5)式推广到电荷连续分布的情形.假定电荷是体分布的,电荷体密度为 ρ.把电荷连续分布的带电体分割成许多电荷元,电荷元的电荷量 $dq = \rho dV$,则(1.7-5)式推广为

$$W = \frac{1}{2}\int \rho\varphi dV \quad (1.7-9)$$

式中 φ 为 dV 处的电势,积分遍及所有 $\rho \neq 0$ 的区域.但必须注意,(1.7-9)式与(1.7-5)式的含义是不同的.(1.7-5)式给出的是电荷系的相互作用能,而(1.7-9)式给出的是电荷系的总静电能.

若除了体分布的电荷外,还有面分布的电荷,对于面电荷元,$dq = \sigma dS$,则有

$$W = \frac{1}{2}\int \rho\varphi dV + \frac{1}{2}\int \sigma\varphi dS \quad (1.7-10)$$

4. 几点说明

(1) 只有对孤立的点电荷系,(1.7-5)式才正确.若 n 个点电荷处在电势为 $\varphi_0(x,y,z)$ 的外电场中,则还应考虑各点电荷在外电场中的势能.在这种情况下,静

电能表达式为

$$W = \sum_i q_i \varphi_{0i} + \frac{1}{2} \sum_i q_i \varphi_i \qquad (1.7-11)$$

第一项表示 n 个点电荷在外场中的势能,其中 φ_{0i} 是 q_i 所在处外电场的电势,偶极子在电场中的电势能就属这一项. 第二项是 n 个点电荷的相互作用能,φ_i 是除 q_i 以外其他点电荷(不包括外电场的源电荷)在 q_i 处的电势.

(2) (1.7-10)式是从(1.7-5)式导出的,但两者的含义却不同. (1.7-5)式中的 φ_i 是除 q_i 以外的其他电荷在 q_i 处所产生的电势,而(1.7-10)式中的 φ 则是所有电荷在该点产生的电势,因为电荷元 dq 在自身处产生的电势可忽略不计. 再者,(1.7-5)式给出的是电荷间的相互作用能,它相当于把分散在无限远处的 n 个已经形成的点电荷移到空间给定位置的过程中克服电场力所做的功,但并不包括形成各个"点电荷"所做的功. 与构成点电荷过程中外力做功所联系的那部分能量称为电荷的固有能或自能. 因而(1.7-5)式并不包括各点电荷的固有能. (1.7-10)式则不同,它包括所有电荷元之间的相互作用能,从而也包括了各电荷元自身各部分间的相互作用能,即每个电荷元的固有能,因而是电荷体系的总能量. 我们可以用(1.7-10)式计算一个孤立带电体的能量,但对一个孤立点电荷,(1.7-5)式是无意义的. 此外,电荷的固有能恒正,但电荷间相互作用能则可正可负.

(3) 在代表电荷系总能量的(1.7-10)式中,电荷被看成是连续分布的,所谓连续分布,当然只具有宏观的平均意义. 从微观上看,电荷分布总是不连续的,在物理无穷小的体元或面元内仍然含有大量基元电荷,每个基元电荷应有自能,各基元电荷间还有相互作用能,因而体元内的电荷的固有能是相当可观的;但(1.7-10)式所表示的电荷系的总能量并不包括这部分固有能. 这就是说,(1.7-10)式所表示的并不是真正的微观意义上的电荷系的总能量,而只是所谓宏观小、微观大的元电荷的总相互作用能,这是宏观静电能的含义. 至于微观体系,如电子,虽然我们尚不清楚其能量为多少,但其自能并不会改变,相当于一个附加常量,不影响能量的改变.

(4) 静电能是通过计算功来确定的. 众所周知,功与能量的变化相联系,功只能确定能量的变化量,并不能确定能量本身. 尽管在(1.7-3)式或(1.7-5)式中未包括各点电荷的固有能,但只要在所讨论的问题中这些点电荷不会分裂,这些固有能就是恒定不变的常量. 同样,在(1.7-10)式中虽然并没有包括物理无穷小的区域内的微观电荷的自能和相互作用能,但只要在所讨论的问题中这种微观的(即分子和原子的)电荷状态不发生改变,这部分能量就也是固定不变的常量. 由此可见,在上面得到的静电能表达式中都可以附加一个常量.

5. 例题

例 1.7-1 3 个点电荷,电荷量均为 q,放在一等边三角形的 3 个顶点上,求体系的相互作用能. 三角形的边长为 l.

解: 三角形 3 个顶点上的电势均相等,即

$$\varphi_1 = \varphi_2 = \varphi_3 = \frac{q}{4\pi\varepsilon_0 l} + \frac{q}{4\pi\varepsilon_0 l} = \frac{q}{2\pi\varepsilon_0 l} = \varphi$$

$$W_{in} = \frac{1}{2}\sum_i q_i\varphi_i = \frac{3}{2}q\varphi = \frac{3q^2}{4\pi\varepsilon_0 l}$$

例 1.7-2 计算由 N 个一价正离子和 N 个一价负离子交错排列的一维晶格的静电相互作用能. 设相邻离子间距为 r.

解：除两端处的一些离子外，每个离子与其周围离子的相互作用情形都相同. 如图所示，选择其中任一正离子作为 A_0，它与 $A_1, A_{-1}, A_3, A_{-3}, \cdots$ 等离子的相互作用能都是负的，而与 $A_2, A_{-2}, A_4, A_{-4}, \cdots$ 等离子的相互作用能都是正的，且

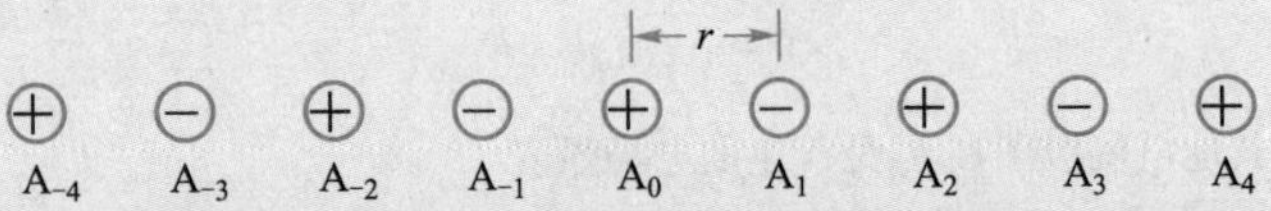

例 1.7-2 图　正、负离子交错排列的一维点阵

$$W_{0,1} = W_{0,-1} = -\frac{1}{4\pi\varepsilon_0}\frac{e^2}{r}$$

$$W_{0,2} = W_{0,-2} = \frac{1}{4\pi\varepsilon_0}\frac{e^2}{2r} = -\frac{1}{2}W_{0,1}$$

$$W_{0,3} = W_{0,-3} = -\frac{1}{4\pi\varepsilon_0}\frac{e^2}{3r} = \frac{1}{3}W_{0,1}$$

$$W_{0,4} = W_{0,-4} = \frac{1}{4\pi\varepsilon_0}\frac{e^2}{4r} = -\frac{1}{4}W_{0,1}$$

$\cdots\cdots\cdots\cdots$

e 为离子电荷量绝对值. 离子 A_0 与所有其他离子的相互作用能为

$$W_0 = 2W_{0,1}\left(1 - \frac{1}{2} + \frac{1}{3} - \frac{1}{4} + \frac{1}{5} - \frac{1}{6} + \cdots\right)$$

$$= 2W_{0,1}\ln 2 = -(2\ln 2)\frac{1}{4\pi\varepsilon_0}\frac{e^2}{r}$$

对于由 N 个正离子和 N 个负离子组成的一维晶格，共有 $2N$ 个离子，当 N 很大时，除两端少数几个离子外，可以认为每个离子与所有离子的相互作用能都是 W_0. 但当计算总的相互作用能时，每一对离子只能计算一次，故一维晶格的总相互作用能为

$$W = NW_0 = -2N(\ln 2)\frac{1}{4\pi\varepsilon_0}\frac{e^2}{r}$$

对于真实的单价离子晶体，其结合能仍具有上面的形式，只是比例系数不是 $2\ln 2$.

例 1.7-3 计算两个电偶极子的相互作用能. 设两电偶极子的电偶极矩分别为 $\boldsymbol{p}_1$ 和 $\boldsymbol{p}_2$，相对位置由 $\boldsymbol{r}_{21}$ 决定. $\boldsymbol{r}_{21}$ 为由偶极子 1 指向偶极子 2 的位矢，如例 1.7-3(a) 图所示.

解：由例 1.4-1，有

$$\boldsymbol{E}_{21} = \frac{3(\boldsymbol{p}_1 \cdot \boldsymbol{e}_{21})\boldsymbol{e}_{21} - \boldsymbol{p}_1}{4\pi\varepsilon_0 r_{21}^3}$$

电偶极子 p_2 处在 p_1 的电场中的能量为

$$W_{21} = -p_2 \cdot E_{21} = -\frac{3(p_1 \cdot e_{21})(p_2 \cdot e_{21}) - p_1 \cdot p_2}{4\pi\varepsilon_0 r_{21}^3}$$

从所得的结果可以看出,两电偶极子的相互作用能对两偶极子是对称的,即把 p_1 和 p_2 互换,结果不变,亦即

$$W_{21} = W_{12}$$

因此

$$W = \frac{1}{2}(W_{21} + W_{12}) = -\frac{1}{2}(p_1 \cdot E_{12} + p_2 \cdot E_{21})$$

若有 n 个电偶极子,则有

$$W = -\frac{1}{2}\sum p_i \cdot E_i$$

式中 E_i 为除 p_i 外,所有其他电偶极子在 p_i 处产生的电场强度.

两偶极子间的相互作用能不仅取决于两偶极子间的相对距离,还取决于 r_{21}, p_1, p_2 三者间的相对取向,故两偶极子间的相互作用力不是有心力. 若不考虑偶极子自身的转动,只考虑偶极子作为整体的运动,则在偶极子相互作用下的运动,其角动量不守恒.

下面我们来看一些特例,如例 1.7-3 图(b)所示.

(1) 若 p_1 和 p_2 方向沿连接它们的直线,如图(b)中的图(1)所示,则

$$p_1 \cdot p_2 = p_1 p_2, \quad p_1 \cdot e_{21} = p_1, \quad p_2 \cdot e_{21} = p_2$$

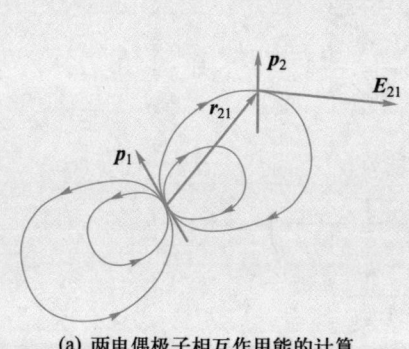
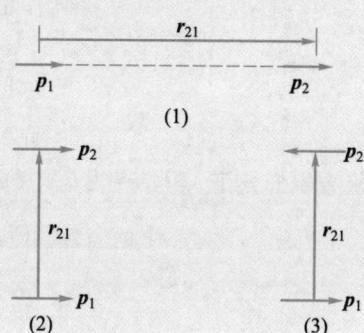

(a) 两电偶极子相互作用能的计算　　(b) 三种不同相对位置与取向的偶极子对

例 1.7-3 图

故有

$$W_{21} = -\frac{2p_1 p_2}{4\pi\varepsilon_0 r_{21}^3}$$

$W_{21} < 0$,表示两偶极子相互吸引.

(2) p_1 和 p_2 平行,但与它们的连线 r_{21} 垂直,如图(b)中的图(2)所示,则

$$p_1 \cdot p_2 = p_1 p_2, \quad p_1 \cdot e_{21} = p_2 \cdot e_{21} = 0$$

故有

$$W_{21} = \frac{p_1 p_2}{4\pi\varepsilon_0 r_{21}^3}$$

$W_{21}>0$，表示两偶极子相互排斥.

(3) 与(2)相似，但 p_1 与 p_2 反平行，如图(b)中的图(3)所示，则 $p_1 \cdot p_2 = -p_1 p_2$，$p_1 \cdot e_{21} = 0$，故有

$$W_{21} = -\frac{p_1 p_2}{4\pi\varepsilon_0 r_{21}^3}$$

$W_{21}<0$，故两偶极子相互吸引.

研究分子间的相互作用时，偶极子的相互作用是非常重要的，因为偶极子的相互作用在分子间的相互作用中有相当大的比例. 例如，当两个水分子处在图(b)中的图(1)的状态时，考虑到在正常情况下分子间的距离 $r_{21} \approx 3.1 \times 10^{-10}$ m，水分子的电偶极矩 $p = 6.1 \times 10^{-30}$ C·m，因此，两水分子间的相互作用能的大小为

$$|W_{21}| = \frac{9\times10^9 \times 2 \times (6.1\times10^{-30})^2}{(3.1\times10^{-10})^3} \text{ J} = 2.2\times10^{-20} \text{ J}$$

实际上，由于水分子的运动，其电偶极矩的方向不断变化，宏观上测得的相互作用能是两电偶极矩在各种可能相对位置和相对取向时相互作用能的平均值.

例 1.7-4 试计算欲使一半径为 R 的球体均匀带电所必需的能量，设球体总电荷量为 Q.

解：用高斯定理，可求得球内、外的电场强度分别为

$$E_i = \frac{\rho}{3\varepsilon_0} r \qquad (r<R)$$

$$E_e = \frac{1}{4\pi\varepsilon_0} \frac{Q}{r^2} e_r \qquad (r>R)$$

其中 ρ 由

$$Q = \frac{4\pi}{3} R^3 \rho$$

决定. 因此，球内任一点的电势

$$\varphi(r) = \int_r^\infty E dr = \int_r^R E_i dr + \int_R^\infty E_e dr = \frac{\rho}{6\varepsilon_0}(3R^2 - r^2)$$

而

$$W = \frac{1}{2}\int \rho\varphi dV = \frac{\rho^2}{12\varepsilon_0}\int_0^R (3R^2 - r^2) 4\pi r^2 dr = \frac{4\pi\rho^2 R^5}{15\varepsilon_0} = \frac{3}{5}\frac{Q^2}{4\pi\varepsilon_0 R}$$

这就是一个带电球的自能. 若带电球的半径 $R\to 0$ 而保持 Q 不变，则 $W\to\infty$，即点电荷具有无穷大的自能. 电子为最小的带电体，若把电子视为点电荷，则其自能将趋于无限大，在理论上造成发散困难. 为了避免发散困难，我们必须假定电子的电荷 $-e$ 分布在一定区域中，例如分布在半径为 R_e 的球体内，此时常把 R_e 称为电子的经典半径.

思考题

1.1 用绝缘柱支撑的金属导体未带电，现将一带正电的金属小球靠近该金属导体，讨论小球的受力情况.

1.2 为什么摩擦起电常发生在绝缘体上？能否通过摩擦使金属导体起电？

1.3 在很多文献中常采用一种单位制称为厘米-克-秒静电单位制，用 CGSE 或 esu 表示. 在

这种单位制中,长度的单位是 cm,质量的单位是 g,力的单位是 dyn(1dyn = 10^{-5}N). 在库仑定律式中,令比例系数 $k=1$,可以确定电荷量的单位. 这样规定的电荷量单位称为 CGSE 电荷量单位. 试求出 CGSE 电荷量单位与库仑的换算关系.

1.4 根据库仑定律,当两电荷的电荷量一定时,它们之间的距离 r 越小,作用力就越大. 当 r 趋于零时,作用力将无限大,这种看法对不对? 为什么?

1.5 在用试探电荷检测电场时,试探电荷的电荷量 q_0 应尽可能小,因此电场强度的定义式可写成

$$\boldsymbol{E} = \lim_{q_0 \to 0} \boldsymbol{F}/q_0$$

你能找到一个试探电荷,其电荷量比 1.6×10^{-19} C 更小吗? 应怎样理解上式中的 $q_0 \to 0$?

1.6 把试探电荷引入电场时,即使原来的场源分布保持不变,因为试探电荷本身产生电场,故空间的电场分布将发生变化,因而用试探电荷不可能测出原来的电场. 你认为这一说法对吗? 这是否是试探电荷的体积必须很小的原因?

1.7 一对量值相等的正负点电荷总可以视为电偶极子吗?

1.8 一金箔制的小球用细线悬挂着. 当一带电棒接近小球时,小球被吸引;小球一旦接触带电棒后,又立即被排斥;若再用手接触小球,它又能被带电棒重新吸引. 试解释这一现象.

1.9 A、B 两个金属球分别带电,如图所示. 由电场强度叠加原理可知,P 点的电场强度等于这两个带电球在 P 点单独产生的电场强度的矢量和. 所谓 A 球单独产生的电场强度,就是把 B 球移到无限远处时,P 点测得的电场强度;而 B 球单独产生的电场强度就是把 A 球移到无限远处时,P 点测得的电场强度. 只要把这两个电场强度叠加,就是 P 点的实际电场强度,这种说法对吗?

思考题 1.9 图

1.10 在计算带电圆环轴上一点的电场时,从对称性看 $\boldsymbol{E}$ 在垂直轴方向的分量的总和应为零,但是由

$$dE_\perp = dE \sin\theta = \frac{1}{4\pi\varepsilon_0} \frac{q}{2\pi R} \cdot \frac{dl}{r^2} \sin\theta$$

计算积分

$$\int dE_\perp = \int dE \sin\theta$$

其结果不等于零,错误在哪里?

1.11 电场线代表点电荷在电场中的运动轨迹吗? 为什么?

1.12 在正点电荷 q 的电场中,把一正的试探电荷由 a 点移到 b 点,如图所示. 有人这样计算电场力做的功:

$$A_{ab} = \int_a^b q_0 \boldsymbol{E} \cdot d\boldsymbol{l} = -\int_a^b q_0 E dl$$

$$= -\int_{r_a}^{r_b} \frac{qq_0}{4\pi\varepsilon_0 r^2} dr$$

$$= -\frac{1}{4\pi\varepsilon_0}\left(-\frac{qq_0}{r}\right)\bigg|_{r_a}^{r_b} = \frac{qq_0}{4\pi\varepsilon_0}\left(\frac{1}{r_b} - \frac{1}{r_a}\right)$$

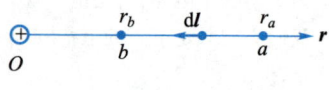

思考题 1.12 图

你认为他的计算对吗?

1.13 有人说,电势为零处,电场强度必为零;电场强度为零处,电势必为零,这种说法对吗? 有人说,电势高的地方,电场强度必定大,电势低的地方,电场强度必定小,这种说法对吗?

1.14 两个半径分别为 R_1 与 R_2 的同心均匀带电球面,且 $R_2 = 2R_1$,内球面带电荷量 $q_1 > 0$,问外球所带电荷量 q_2 满足什么条件时,能使内球的电势为正? 满足什么条件时,能使内球的电势为零? 满足什么条件时,能使内球的电势为负?

1.15 (1) 若电场线如图(a)所示,把一个正电荷从 P 点移动到 Q 点,电场力做的功是正还是负? 两点的电势谁高?

(2) 若电场线如图(b)所示,情况又怎样?

1.16 在实际工作中,常把仪器的机壳作为电势零点. 若机壳未接地,能否说机壳的电势为零? 人站在地上能否接触机壳? 若机壳接地又如何?

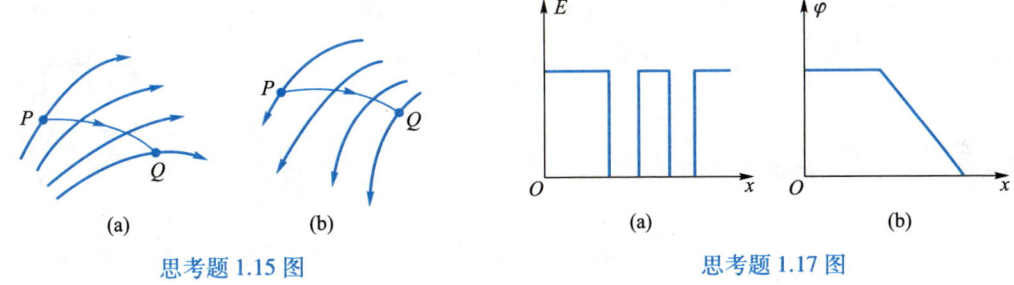

思考题 1.15 图　　　　　　　　　　思考题 1.17 图

1.17 已知空间电场的分布如图(a)所示,试画出该电场的电势分布曲线. 已知某电场的电势分布曲线如图(b)所示,试画出其电场强度分布曲线.

1.18 已知某点的电势,能否求得该点的电场强度? 反之,已知某点的电场强度,能否求得该点的电势? 为什么?

1.19 对某一封闭曲面 S,如果有 $\oint_S \boldsymbol{E} \cdot \mathrm{d}\boldsymbol{S} = 0$,则该曲面上各点的电场强度一定为零,这个结论对吗?

1.20 有两个电偶极子,一个位于封闭曲面 S 之内,一个位于 S 之外,若:(1) 把 S 面内的那个偶极子的正、负电荷中和,通过 S 面的电场强度通量是否变化? 曲面上各点的电场强度是否变化?(2) 将 S 面外的那个偶极子正负电荷中和,情况又如何?

1.21 一绝缘的不带电的导体球,被一封闭曲面 S 所包围,如图所示. 一电荷量为 q、位于封闭曲面外的正点电荷向导体球移近,在移近过程中,通过封闭曲面 S 的电场强度通量有无变化? 曲面 S 上 a、b 两点的电场强度有无变化?

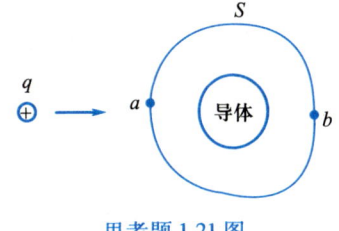

思考题 1.21 图

1.22 在静电场中,任何电荷仅在静电力作用下能否处在稳定平衡状态? 为什么?(提示:用高斯定理证明.)

1.23 利用高斯定理计算下列各电场强度通量. q_1 和 q_2 是两个点电荷,$\boldsymbol{E}_1$ 和 $\boldsymbol{E}_2$ 为这两个点电荷单独产生的电场强度,$\boldsymbol{E} = \boldsymbol{E}_1 + \boldsymbol{E}_2$ 为空间总电场强度,S_1、S_2 和 S 都是封闭曲面,如图所示. 求:

(1) $\oint_{S_1} \boldsymbol{E}_1 \cdot \mathrm{d}\boldsymbol{S}, \quad \oint_{S_2} \boldsymbol{E}_1 \cdot \mathrm{d}\boldsymbol{S}, \quad \oint_{S} \boldsymbol{E}_1 \cdot \mathrm{d}\boldsymbol{S};$

(2) $\oint_{S_1} \boldsymbol{E}_2 \cdot \mathrm{d}\boldsymbol{S}, \quad \oint_{S_2} \boldsymbol{E}_2 \cdot \mathrm{d}\boldsymbol{S}, \quad \oint_{S} \boldsymbol{E}_2 \cdot \mathrm{d}\boldsymbol{S};$

(3) $\oint_{S_1} \boldsymbol{E} \cdot \mathrm{d}\boldsymbol{S}, \quad \oint_{S_2} \boldsymbol{E} \cdot \mathrm{d}\boldsymbol{S}, \quad \oint_{S} \boldsymbol{E} \cdot \mathrm{d}\boldsymbol{S}.$

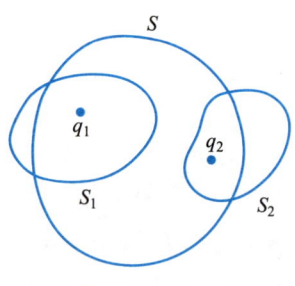

思考题 1.23 图

1.24 在一个正立方体的八个顶点上各放一个电荷量为 q 的点电荷,这种电荷分布是否具有对称性? 对于这一电荷系,能否直接用高斯定理求出其电场?

1.25 两块无限大的平行平面,带有等量异号电荷,电荷面密度分别为 $\pm\sigma$,如图所示. 对于图中所画的高斯曲面,有人求得正电荷单独产生的电场的电场强度通量为

$$\oint \boldsymbol{E}_+ \cdot \mathrm{d}\boldsymbol{S} = \frac{1}{\varepsilon_0}\sigma\Delta S$$

注意到两平行带电面的外侧无电场,因此

$$E_+\Delta S = \frac{1}{\varepsilon_0}\sigma\Delta S$$

由此得正电荷单独产生的电场为

$$E_+ = \frac{\sigma}{\varepsilon_0}$$

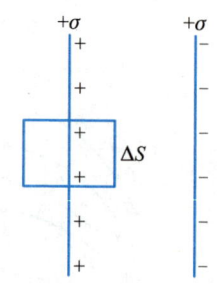

思考题 1.25 图

上述计算过程是否正确? 为什么?

1.26 我们在导出高斯定理时,只分析了点电荷在封闭曲面内部和外部两种情况,并未研究点电荷恰好在封闭曲面上的情况. 若一点电荷恰好在封闭曲面上,其通过该封闭曲面的电场强度通量能否用高斯定理计算?

1.27 证明:在静电场中没有电荷分布的地方,如果电场线相互平行,则电场强度的大小必定处处相等.

1.28 在电偶极子的电势能公式 $W=-\boldsymbol{p}\cdot\boldsymbol{E}$ 中是否包括偶极子正、负电荷间的相互作用能?

1.29 在一平面内有一根无限长的均匀带正电的直线,另一电偶极子其电偶极矩 $\boldsymbol{p}$ 与长直线平行,与长直线的距离为 r,试讨论此电偶极子的运动.

1.30 试比较下面两种情况中,反抗电场力做的功:(1) 先把电偶极子的负电荷从无限远处搬到电场中 r 处,再把正电荷从无限远处搬到 $(r+l)$ 处;(2) 把电偶极子作为一整体(保持 l 恒定),从无限远处搬到电场中给定的位置.

1.31 两个电偶极子,它们的电偶极矩分别为 $\boldsymbol{p}_1$ 和 $\boldsymbol{p}_2$,方向如图所示,试定性分析 $\boldsymbol{p}_1$ 作用于 $\boldsymbol{p}_2$ 的力与 $\boldsymbol{p}_2$ 作用于 $\boldsymbol{p}_1$ 的力. 它们之间的作用是否满足牛顿第三定律?

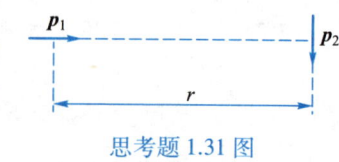

思考题 1.31 图

习题

1-1 氢原子由一个质子(即氢原子核)和一个电子组成. 根据经典模型,在正常状态下,电子

绕核做圆周运动，轨道半径是 5.29×10⁻¹¹ m. 已知质子质量 m_p = 1.67×10⁻²⁷ kg, 电子质量 m_e = 9.11×10⁻³¹ kg. 电荷分别为 ±e = ±1.60×10⁻¹⁹ C, 引力常量 G = 6.67×10⁻¹¹ N·m²/kg². (1) 求电子所受的库仑力;(2) 库仑力是万有引力的多少倍？(3) 求电子的速度.

1-2 两个相同的气球中充满氦气, 它们的表面均匀带同号电荷, 电荷量为 Q, 质量为 5 g 的重物通过两根质量可以忽略的细线悬挂于两个气球之下, 整个系统悬浮在空气中, 如图所示. 假定把两带电气球作为点电荷处理, 试求 Q 的量值.

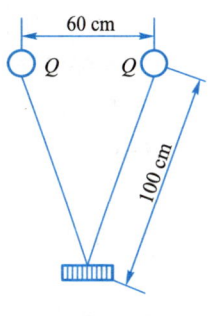

习题 1-2 图

1-3 两个小球都带正电, 总共带有电荷 5.0×10⁻⁵ C. 如果当这两小球相距 2.0 m 时, 任一球受另一球的斥力为 1.0 N. 总电荷在两球上是如何分配的？

1-4 两个相同的导体带有异号电荷, 相距 0.5 m 时彼此以 0.108 N 的力相吸. 两球用一导线连接, 然后将导线拿去, 此后彼此以 0.036 N 的力相斥. 两球上原来的电荷量各是多少？

1-5 电子电荷的绝对值(即元电荷 e)最先是由密立根通过著名的油滴实验测出的. 密立根设计的实验装置如图所示. 被喷雾器喷入空气中的微小油滴, 由于与空气摩擦而带电. 设一很小的带负电的油滴通过小孔进入由两带电平行板产生的电场 E 内. 调节 E, 当作用在油滴上的向上电场力和空气的浮力等于该油滴受到的重力时, 它在电场中就会悬住不动, 而该油滴的半径 r 则可在无电场存在时, 通过测量油滴在空气中降落的收尾速度 v_0, 并根据

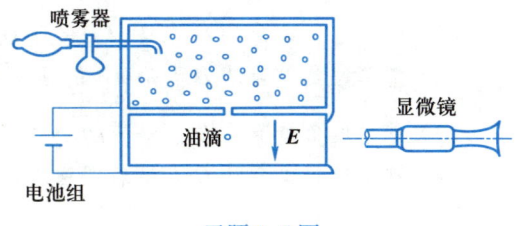

习题 1-5 图

斯托克斯公式求得, 即 $r=\sqrt{9\eta v_0/2(\rho-\rho')g}$ (式中 η 为空气的黏度, ρ' 和 ρ 分别为空气和油的密度). 如果油滴的半径 r = 1.64×10⁻⁴ cm, "平衡"时, E = 1.92×10⁵ N/C. 试求油滴上的电荷(设 ρ = 0.851 g/cm³, ρ' 为 0.001 29 g/cm³).

1-6 在早期进行的许多实验中, 密立根测得一些单个油滴的电荷量的绝对值如下：

    6.563×10⁻¹⁹ C   13.13×10⁻¹⁹ C
    19.71×10⁻¹⁹ C   8.204×10⁻¹⁹ C
    16.48×10⁻¹⁹ C   22.89×10⁻¹⁹ C
    11.50×10⁻¹⁹ C   18.08×10⁻¹⁹ C
    26.13×10⁻¹⁹ C

试根据这些数据, 推测元电荷 e 的数值.

1-7 两个电荷量为 q 的同号点电荷 A、B, 固定在相距为 r 的两点上, 今将点电荷 B 释放, 当两者相距为 $2r$ 时, 测得点电荷 B 的速度为 $\boldsymbol{v}$, 试求运动电荷 B 的质量 m. (设电荷量 q 以 C 为单位, 距离 r 以 m 为单位, 速度 v 以 m/s 为单位.)

1-8 一细玻璃棒被弯成半径为 R 的半圆环, 半根玻璃棒均匀带正电, 另半根均匀带负电, 电荷量绝对值都是 q (如图所示), 试求此半圆中心 O 点的电场强度.

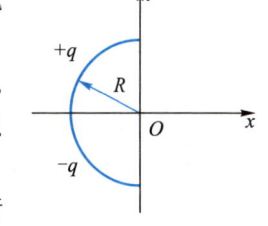

习题 1-8 图

1-9 电荷量为 q 的点电荷位于一带电细棒的延长线上. 棒长为 l, 电荷

线密度 $\eta = \eta_0\left(1-\dfrac{2x}{l}\right)$，$\eta_0$ 为一常量，q 与棒相近的一端之间的距离为 a（如图所示），试求此点电荷所受到的作用力．

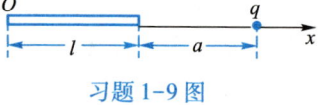
习题 1-9 图

1-10 半径为 R 的细圆环，由两个分别带有等量异号电荷的半圆环所组成，电荷均匀分布在环上，电荷量绝对值都是 q，试求垂直于圆面的对称轴上远离圆环面的 P 点的电场强度．

1-11 在半径为 R、电荷体密度为 ρ 的均匀带电球内，以 x 轴为对称轴挖两个半径为 $R/2$ 的球形空腔，球心分别为 O_1 和 O_2，三点 O_1、O_2、O 在一条直线上，O 为带电球球心，也是 Oxy 坐标系的原点．求 x 轴上 $x>R$ 任意一点的电场强度及电势．

1-12 一无限大的均匀带电平面上有一半径为 R 的小圆孔，设带电平面的电荷面密度为 σ，试求通过圆孔中心，且垂直于带电平面的轴线上一点 P 处的电场强度．

1-13 如图所示，$AB=2l$，$\overset{\frown}{OCD}$ 是以 B 为中心、l 为半径的半圆，设 A 点有点电荷 $+q$，B 点有点电荷 $-q$，试求：

（1）把单位正电荷从 O 点沿 $\overset{\frown}{OCD}$ 移到 D 点的过程中，电场力做的功；

（2）把单位负电荷从 D 点沿 AB 的延长线移到无限远处的过程中，电场力做的功；

（3）把单位负电荷从 D 点沿着 $\overset{\frown}{DCO}$ 移到 O 点的过程中，电场力做的功；

（4）把单位正电荷从 D 点沿着任意路径移到无限远处的过程中，电场力做的功．

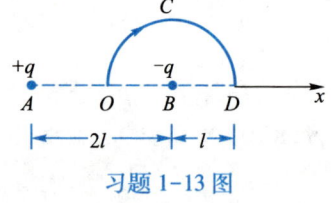
习题 1-13 图

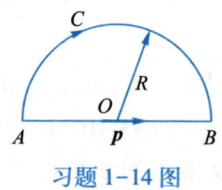
习题 1-14 图

1-14 如图所示，偶极子的电偶极矩为 p，O 点是它的中心，将一电荷量为 q 的点电荷从 A 沿着以 O 为圆心，R 为半径的圆弧 $\overset{\frown}{ACB}$ 移到 B 点，试求电场对点电荷 q 所做的功．（设 $R\gg l$，l 为偶极子的臂长．）

1-15 电偶极矩为 p_1 的电偶极子位于原点，沿正 x 轴方向，另一电偶极矩为 p_2 的电偶极子在 Oxy 平面内，其中心的坐标为 (r,θ)，方向与 p_1 反平行，如图所示，试求：

（1）若将电偶极矩为 p_2 的第二个偶极子由此处移动到无限远处，外力需做的功；

（2）若将 p_2 在 Oxy 平面内绕其中心旋转 $180°$，外力所需做的功．

1-16 两个共轴均匀带电的细圆环，半径均为 a，相距为 b，把点电荷 q 从无限远处移到各环中心所需做的功分别为 A_1 和 A_2，试求两细圆环上的电荷 q_1 和 q_2．

1-17 一无限长均匀带电直线，电荷线密度为 η，求与此带电线的距离分别为 r_1 和 r_2 的两点之间的电势差．

1-18 一边长为 a 的均匀带电的正方形平面，电荷面密度为 σ，求此平面中心的电势．

1-19 真空三极管可理想化如下. 一个平面(阴极)发射电子,其初速度可忽略不计. 一个细金属丝制成的开孔栅极平行于阴极,且离阴极 3 mm,其电势高出阴极 18 V,第二块平板(阳极)在栅极外面 12 mm 处,并处于高出阴极 15 V 的电势,假定栅平面是一个等势面,且假定阴极与栅极之间,栅极与阳极之间的电势梯度都是均匀的. 还假定栅极的孔径足够大,使电子畅通无阻地通过它.

(1) 沿着阴极到阳极的直线,画出电势对距离的变化图;

(2) 电子打到阳极的速度将有多大?

1-20 有三个无限大的均匀带电平面,电荷面密度均为 σ,分别位于 $x=\pm a$ 和 $x=0$ 处(如图所示). 试求电场强度和电势沿 x 方向的分布,并画出 $E=E(x)$ 和 $\varphi=\varphi(x)$ 曲线(取 $x=0$ 处的电势 $\varphi=0$).

1-21 一半径为 R 的碗状半球面均匀带电,电荷面密度为 σ,其碗口处于 Oxy 平面上,如图所示. 试求处于"碗口"内而位于 Oxy 平面上任一点的电势(设该点离中心的距离为 r).

1-22 如图所示,半径为 R、厚度为 t 的薄圆板上,两表面均匀带电,电荷面密度分别为 $+\sigma$ 和 $-\sigma$,试求通过圆板中心的轴线、到板面的距离为 x 的 P 点(于正电荷一侧)的电势和电场强度.

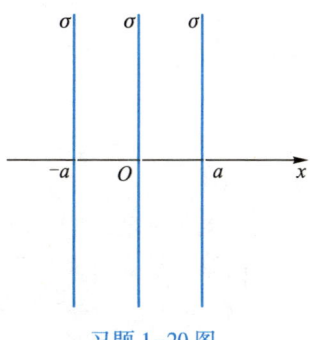

习题 1-20 图

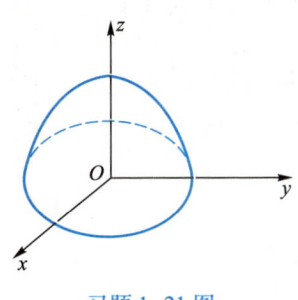

习题 1-21 图

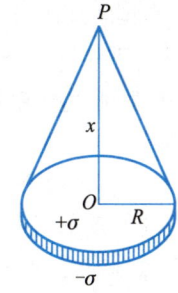

习题 1-22 图

1-23 设均匀电场的方向与半径为 R 的半球面的轴线平行(如图所示).

(1) 计算通过此半球面的电场强度通量;

(2) 若电场强度 E 与此半球面的轴线成 $60°$ 角,试问通过半球面的电场强度通量是多少?

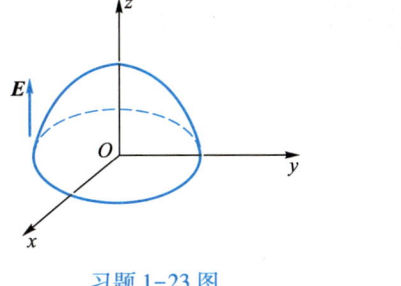

习题 1-23 图

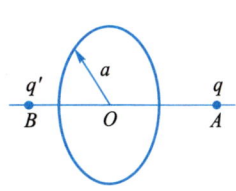

习题 1-24 图

1-24 如图所示,q 和 q' 是置于 AB 轴上的两个点电荷,已知 $OA=\dfrac{3}{4}R$,$OB=\dfrac{5}{12}R$,$q'=\dfrac{13}{20}q$,试求通过以 O 为圆心、R 为半径且垂直于轴的圆形平面的电场强度通量.

1-25 求一均匀带电球体的电场强度和电势分布,并画出 $E=E(r)$ 和 $\varphi=\varphi(r)$ 曲线. 设球的半

径是 R,所带电荷量为 Q.

1-26 (1) 一 α 粒子以 1.6×10^7 m/s 的初速度从很远的地方射向固定在靶上的金原子核,若将金核视为一个半径为 6.9×10^{-15} m 的均匀带电的球体,试求 α 粒子能达到的离金核的最近距离;(2) 如果此 α 粒子要穿过固定于靶上的金原子核的核心后再飞出此核,则它至少应具有多大的初动能?

1-27 根据量子理论,正常状态的氢原子可以看成一电荷量为 $+e$ 的点电荷和球对称地分布在其周围的电子云,电子云的电荷密度

$$\rho(r)=\frac{e}{\pi a_0^3}\mathrm{e}^{-2r/a_0}$$

式中 $e=1.6\times10^{-19}$ C;$a_0=0.53\times10^{-10}$ m,称为玻尔半径.(1) 试求氢原子内的电场分布;(2) 计算 $r=a_0$ 处的电场强度,并与由经典原子模型计算所得的结果相比较.

1-28 半径为 R 的无限长直圆柱体内均匀带电,电荷体密度为 ρ,求电场强度和电势的分布(以圆柱体的中心轴线作为电势的零参考点),并画出 $E=E(r)$ 和 $\varphi=\varphi(r)$ 曲线.

1-29 一厚度为 d 的无限大带电平板,垂直于 x 轴,其一个表面与 $x=0$ 的平面重合(如图所示),板内电荷体密度 $\rho=ax$,a 为常量,试求空间各处的电场强度. 若其电荷体密度 $\rho=$ 常量,则板内外的电场强度分布又如何? 试分别画出两种情况下的 $E=E(x)$ 曲线.

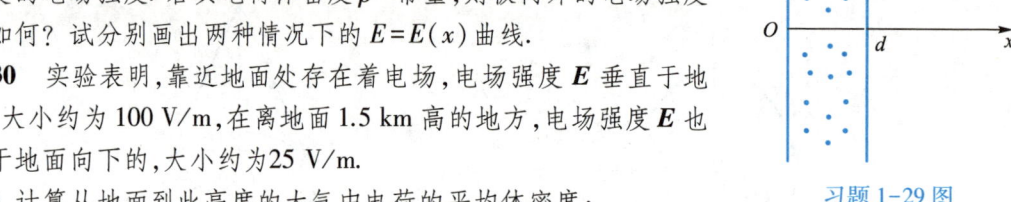

习题 1-29 图

1-30 实验表明,靠近地面处存在着电场,电场强度 E 垂直于地面向下,大小约为 100 V/m,在离地面 1.5 km 高的地方,电场强度 E 也是垂直于地面向下的,大小约为 25 V/m.

(1) 计算从地面到此高度的大气中电荷的平均体密度;

(2) 若这些电荷全部分布在地球表面,求电荷面密度.

1-31 过去人们曾经认为原子中正电荷是均匀分布于半径为 R 的球中,电子则在此正电荷球中振动,设正电荷总量为 Q,电子沿径向运动,求其频率.

本章习题答案

第二章
静电场与导体

导体分第一类导体(如金属)和第二类导体(如酸、碱、盐的溶液)两种. 本章讨论存在金属导体时的静电场. 金属导体在静电场中会产生许多新的静电现象. 这些现象除了必须遵循静电学的基本规律外, 还与金属导体的固有性质有关. 本章的内容可作为静电学基本规律在有导体存在时的应用, 也是对静电现象认识的继续, 所得到的一些结论也适用于存在第二类导体的静电场.

§2.1 静电场中的导体

1. 导体的特征 功函数

在 §1.1 中, 我们曾指出, 金属可以视为固定在晶格点阵上的正离子(实际上在做微小振动)和不规则运动的自由电子的集合. 这种看法在汤姆孙发现电子后不久就被提出来了. 金属中的自由电子的数量非常大, 达到几乎取之不尽的地步. 洛伦兹发展了这一看法, 认为金属中自由电子的运动与理想气体中分子的运动相同, 每个电子的运动都服从牛顿力学, 电子与晶格上的正离子在碰撞时交换能量, 大量自由电子的运动服从经典的统计规律, 即麦克斯韦-玻耳兹曼(Maxwell-Boltzmann)分布律. 这就是经典电子论, 亦称洛伦兹电子论. 根据经典电子论, 金属中的自由电子在电场作用下将做定向运动, 从而形成金属中的电流. 经典电子论在解释金属的导电性和导热性方面取得了一定成效, 我们将在下一章中讨论这一问题. 为了证实金属中确有自由电子存在, 有人设想让金属做机械运动, 金属中做不规则运动的电子因与晶格碰撞而从晶格获得定向运动的速度, 若之后让金属立即停止运动, 则自由电子因惯性仍应继续沿原来的方向运动, 它们的定向运动将在宏观上有所反映. 1916年托耳曼(Tolman)和斯蒂华德(Stewart)通过实验得到了预期的结果, 金属中存在自由电子的看法得到了证实.

金属中自由电子的平均速度非常大, 现已证明, 即使在绝对零度, 铜内部自由电子的平均速度也可达到约 10^6 m/s. 自由电子的运动虽然非常激烈, 但它们不会跑到金属外面, 这表示金属表面存在一种阻止自由电子从金属中逸出的作用. 分析这种作用的成因已超出本书的范围. 但从能量角度看, 电子处在金属内部时的能量一定小于它处在金属外部时的能量, 电子欲从金属内部逸出到外部, 就需要外界对电子做功以增加电子的能量. 一个电子从金属内部跑到金属外部必须做的最小功称为逸出功, 亦称功函数.

在下一章中我们将看到, 把经典电子论用于研究金属的导电性和导热性所得到的结论在定性方面与实验相符,定量的结果与实验结果有较大的差距,这就暴露了经典电子论的致命弱点. 电子是微观粒子,它们的运动不服从牛顿力学,必须用量子力学来描述. 量子力学表明,金属中的自由电子与理想气体的分子并不相同,它不服从麦克斯韦-玻耳兹曼统计分布,而服从费米-狄拉克(Fermi-Dirac)统计分布. 量子力学中的泡利(Pauli)不相容原理指出,不可能有两个或两个以上的电子具有完全相同的运动状态. 因此金属中的自由电子不可能都具有相同的能量,即不可能都处在同一能级上. 即使有两个电子处于同一能级,这两个电子的运动状态也不会完全相同,那就是它们应有不同方向的自旋. 电子具有自旋是电子的一个重要特性,自旋只有方向相同和相反两种不同情况. 若金属中具有 N 个自由电子,那么这 N 个自由电子必将处在一系列能量不同的能级上. 按照经典理论,金属中的自由电子不断与晶格碰撞,达到平衡时,电子的平均动能与金属的热力学温度成正比,即具有 kT 的数量级. 当金属的温度降到接近绝对零度时,电子的平均动能应趋于零. 但按照泡利不相容原理,即使 $T=0$ K,所有的电子也不可能都有相同的最低能量,处于最低能级上的电子只允许有两个,故 N 个电子将分布在从最低能级数起的前 $N/2$ 个较低的能级上,如图 2.1-1 所示. 这时,电子占有的最高能量称为费米能 ε_F,能量高于费米能的能级未被电子占有,是全空的. 由此可见,即使在 $T=0$ K 时,电子的平均动能也不为零,而是一个相当大的数值. 根据费米-狄拉克统计,可求得在 $T=0$ K 时电子的平均动能为

$$\bar{\varepsilon} = \frac{3}{5}\varepsilon_F$$

几种材料的费米能如下表所示:

材料	Li	Na	K	Au	Cu	Ag	W	Pt	Ni
费米能/eV	4.7	3.1	2.1	5.9	7.0	5.5	5.8	6.0	7.4

费米能 ε_F 比常温下 kT 的值大得多,如 $T=300$ K 时,kT 只有 0.026 eV. 金属内部自由电子的能量都低于它处在金属外部时的能量,故可认为金属中的自由电子均处在深度为 E_0 的势阱内,而所有的自由电子都分布在从阱底到深度为费米能量 ε_F 之间的一系列能级上,如图 2.1-2 所示. 电子欲跳出势阱跑到金属外部所需做的最小功(即逸出功)为

$$A = E_0 - \varepsilon_F$$

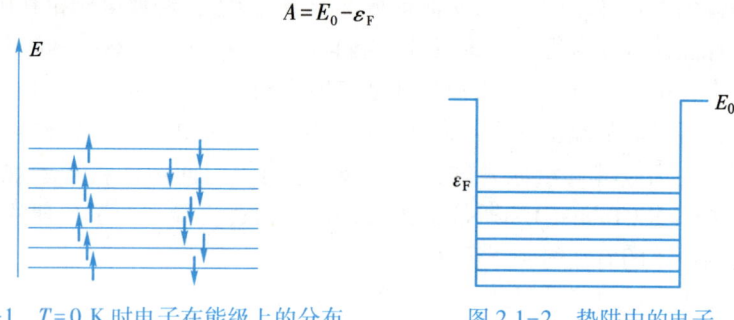

图 2.1-1　$T=0$ K 时电子在能级上的分布　　　图 2.1-2　势阱中的电子

2. 导体的静电平衡条件

当因为某种原因使导体内部存在电场时,自由电子受电场力作用而做定向运动. 如果电子从电场获得的能量尚不足以克服逸出功、从金属表面逸出,则电子将聚集在金属的一个侧面上,从而引起电子在导体中的重新分布. 例如,把一导体球放入均匀电场,如图 2.1-3(a)所示,自由电子的定向运动使导体球的一侧因电子的

聚集而出现负电荷分布，另一侧因缺少电子而有正电荷分布，这就是静电感应，分布在导体上的电荷便是感应电荷．感应电荷要产生附加电场，在导体内，附加电场的方向与外场方向相反，它将阻止电子继续做定向运动．当感应电荷在导体内产生的场与外场完全抵消时，电子的定向运动终止，电荷的重新分布过程结束，这时导体便达到了静电平衡．由此可知，当导体在静电场中达到静电平衡时，导体上必有一定的电荷分布．在导体内部，感应电荷产生的场与其他场源产生的场的合电场强度处处为零．图 2.1-3（b）给出了处在均匀电场中的导体球附近的合电场强度的电场线分布．

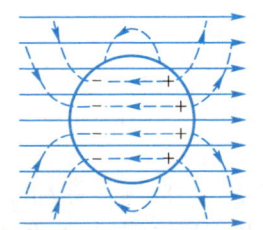 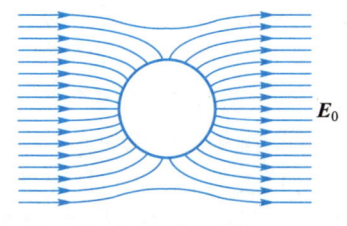

(a) 感应电荷在球内的电场强度与外场源在球内的电场强度大小相等、方向相反

(b) 合电场的电场线

图 2.1-3　放在均匀电场中的导体球

如上所述，导体在静电场中达到静电平衡需满足的条件是：所有场源（包括导体上的电荷）共同产生的电场的合电场强度在导体内部处处为零．根据电势差的定义或电场强度与电势梯度的关系，可知达到静电平衡时，导体内部各点的电势都相等，整个导体是个等势体．由静电场的环路定理可证得：达到静电平衡时，导体外表面附近的电场强度沿导体表面的分量（即切向分量）为零，故电场强度与导体表面垂直，导体表面是一个等势面，其电势与导体内部的电势相等．

3. 导体上的电荷分布

处在静电场中的导体，不管它本来是否带电，最终总有一定的电荷分布，这是达到静电平衡状态所必需的．我们将证明，达到静电平衡时，电荷只能分布在导体表面上，导体内部电荷体密度处处为零．表面的电荷层一般只有一至两个原子的厚度．设想在达到静电平衡的任意形状的实心导体内作一任意形状的封闭曲面 S，如图 2.1-4 所示，把高斯定理用于该封闭曲面，得

$$\oint_S \boldsymbol{E} \cdot \mathrm{d}\boldsymbol{S} = \frac{1}{\varepsilon_0} \sum q = 0$$

即导体内任一区域中的净电荷量为零．因为对于导体内任意小的闭合曲面上式都成立，故可得电荷体密度为零．如果导体内电荷体密度不为零，则导体内电场强度必不为零，自由电子的定向运动将使导体内部的净电荷消失，电荷最终只能分布在导体表面上．例如，设想在 $t=0$ 时，有体电荷分布在导体内部某一半径为 R 的球体内，而

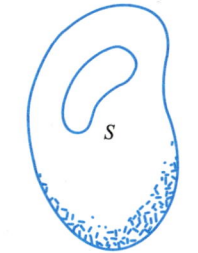

图 2.1-4　用高斯定理证明导体内部无净电荷

其他地方皆无电荷. 可以证明, 球体内的电荷将按指数规律衰减, 在极短的时间内 (约 10^{-9} s), 这些电荷实际上已跑到导体表面上, 从而达到静电平衡.

对具有空腔的导体, 如果空腔内无电荷, 则由导体的静电平衡条件和高斯定理立即可得到空腔导体内表面上的电荷量代数和为零的结论. 因此, 如果空腔导体的内表面有电荷分布, 那么必定是有些地方有正电荷分布, 另一些地方有负电荷分布. 但静电场是有源场, 这时必有电场线从内表面的正电荷处出发, 终止于内表面的负电荷处, 如图 2.1-5 所示. 如果真的存在这种分布的电场, 则当把一单位正电荷从该电场线的起点沿电场线移到其终点时, 电场做的功不可能为零, 这与导体是等势体的结论相矛盾. 因此, 达到静电平衡时, 空腔内表面上无电荷分布, 且导体空腔内部的电场强度也为零.

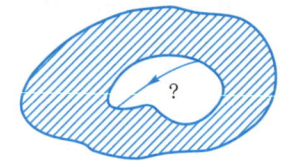

图 2.1-5 当空腔内无电荷时, 导体腔内表面上无电荷分布

电荷在导体表面上的分布情况是一个相当复杂的问题. 一般讲, 导体表面上的电荷面密度 $\sigma = \sigma(x, y, z)$ 不仅与导体的几何形状、导体所带的总电荷量有关, 而且与周围其他场源产生的电场有关. 即使在带电导体周围引入一些原来不带电的导体, 也会改变带电导体上的电荷分布.

对于一个孤立带电导体, 当达到静电平衡时, 表面电荷的相对分布只与导体的形状有关. 一般说来, 凸出的地方, 电荷面密度较大, 凹进的地方, 电荷面密度较小.

达到静电平衡时电荷只分布在导体表面上的结论是由高斯定理得出的, 而高斯定理又是建立在库仑定律, 特别是它的平方反比律的基础上的. 如果电荷间的作用力不服从平方反比律, 那就没有高斯定理, 也就得不到电荷仅分布在导体表面的结论. 因此, 通过实验, 精确地证明达到静电平衡时导体内部无电荷分布, 就等于精确地验证了库仑定律中的平方反比律. 精确验证库仑定律中的平方反比律的实验就是在此基础上设计出来的.

4. 导体表面的电场强度

假定一导体带正电, 电荷面密度为 σ, 一般来讲, 有 $\sigma = \sigma(x, y, z)$. 在导体表面某处附近, 作一圆柱形的高斯曲面, 使它的两底分别位于导体内、外两侧并与导体表面平行, 面积都是 ΔS, 侧面与导体表面垂直, 如图 2.1-6 所示, 柱体的高 Δh 很小. 把高斯定理用于这一封闭曲面, 我们注意到在导体表面附近非常靠近表面处的场可认为是均匀的, 得

$$\oint_S \boldsymbol{E} \cdot \mathrm{d}\boldsymbol{S} = \int_{外} \boldsymbol{E} \cdot \mathrm{d}\boldsymbol{S} + \int_{内} \boldsymbol{E} \cdot \mathrm{d}\boldsymbol{S} + \int_{侧} \boldsymbol{E} \cdot \mathrm{d}\boldsymbol{S} = E\Delta S = \frac{1}{\varepsilon_0}\sigma \Delta S$$

因为导体内部电场强度为零, 故右边第二个积分为零; 当 $\Delta h \to 0$ 时, 第三个积分亦趋向于零. 由此得

$$E = \frac{1}{\varepsilon_0}\sigma \tag{2.1-1}$$

可见电荷面密度越大的地方电场强度也越大, 反之亦然.

值得注意的是,电荷面密度为 σ 的无限大带电平面的电场与电荷面密度为 σ 的无限大带电导体表面附近的电场是不同的.

在一般情况下,导体表面上任一小面元 ΔS 附近的电场强度是由 ΔS 面上的电荷和所有其他电荷共同产生的. 当考察点无限接近面元 ΔS 时,面元 ΔS 可以视为无限大的带电平面. 若用 E_s 表示面元 ΔS 上的电荷单独产生的电场,则在 ΔS 附近,E_s 的分布如图 2.1-7 中的虚线所示. 由(1.5-9)式得

$$E_s = \frac{1}{2\varepsilon_0}\sigma$$

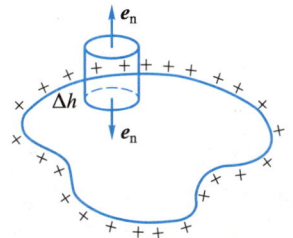 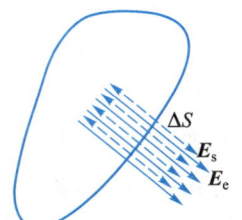

图 2.1-6　用高斯定理计算导体表面的电场强度

图 2.1-7　导体表面附近的场由该处面电荷(其场 E_s 由虚线表示)和所有他处的面电荷(其场 E_e 由实线表示)共同产生

在导体内外两侧,E_s 的方向相反. 若用实线表示其他电荷单独产生的电场 E_e,则根据静电平衡条件,在导体内部,E_e 与 E_s 必须大小相等、方向相反,以保证合电场强度为零. 在导体外部,E_e 与 E_s 同方向,两者合成,得到导体外的电场强度为 σ/ε_0.

上面的讨论表明,尽管导体表面任一点的电场强度正比于导体表面处的电荷面密度,但它是由所有的场源共同产生的,该点附近的导体上的面电荷仅是场源的一部分. 当其场源改变时,电场分布必定要改变,这时,导体表面上的面电荷分布将自行调整,直至达到新的静电平衡,使 $E=\sigma/\varepsilon_0$ 成立.

在有面电荷分布的地方,电场强度的法向分量要发生突变,改变的值为 σ/ε_0,因为在无限接近带电面处,该处面电荷产生的电场的电场强度总与面垂直,即沿表面法向,但在面两侧,电场强度大小相等方向相反.

5. 静电屏蔽

在静电平衡时,导体空腔内(设腔内无电荷)的电场强度都为零,故空腔导体有保护处在腔内的物体不受电场影响的作用. 例如,把一金箔验电器放在金属盒内,不论盒外电荷怎样分布,验电器的金箔都不会张开,如图 2.1-8 所示. 这种现象称为静电屏蔽. 实际上金属盒即使没有完全封闭,甚至用金属网作罩,也能达到良好的屏蔽效果.

空腔导体的屏蔽作用也可使带电物体不影响周围

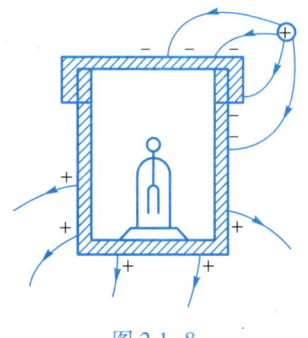

图 2.1-8

其他物体. 用一金属盒把带电体包围起来,这时因静电感应,腔体的内表面和外表面都会出现感应电荷,如图 2.1-9(a)所示. 若把空腔导体接地,则腔外表面电荷被中和,腔外电场强度为零(如果腔外无其他电荷),如图 2.1-9(b)所示.

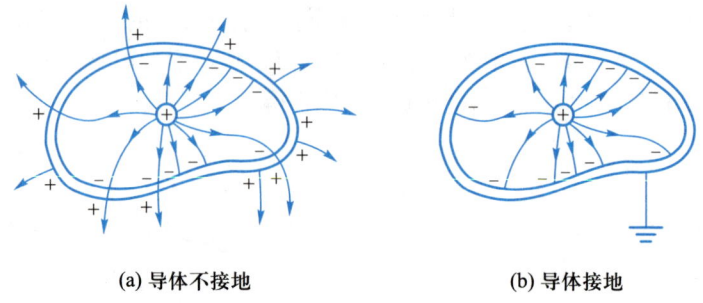

(a) 导体不接地　　　　　　(b) 导体接地

图 2.1-9　导体空腔对腔内外电荷的场的屏蔽作用

静电屏蔽的物理实质是导体在电场作用下,导体中的自由电子重新分布,使导体上出现感应电荷,而感应电荷产生的场与其他源电荷产生的场在一特定的区域内合电场强度处处为零,从而使处在该区域内的物体不受电场作用. 导体的静电屏蔽作用是自然界存在两类电荷与导体中存在大量自由电子的结果. 从静电屏蔽的最终结果看,因为导体内部电场强度为零,电场线都终止在导体表面上,犹如电场线不能穿透金属导体. 但必须注意,这里的电场线代表的是所有电荷共同产生的电场.

6. 例题

例 2.1-1　一面积为 S 的很大的金属平板 A,带有正电荷,电荷量为 Q,A_1 和 A_2 是金属板的两个表面,计算两表面上的电荷单独产生的电场强度和它们的合电场强度.

解：因导体板的面积很大,厚度很小,可以认为电荷 Q 均匀分布在 A_1 和 A_2 两个表面上,电荷面密度为

$$\sigma = \frac{Q}{2S}$$

每个面可视为无限大的带电平面. 设 E_1 和 E_2 分别代表 A_1 和 A_2 表面上的电荷单独产生的电场的电场强度,e 表示垂直于金属板向右的单位矢量,则

$$E_1 = \begin{cases} \dfrac{1}{2\varepsilon_0}\sigma e & (A_1 \text{ 右侧}) \\ -\dfrac{1}{2\varepsilon_0}\sigma e & (A_1 \text{ 左侧}) \end{cases}$$

$$E_2 = \begin{cases} \dfrac{1}{2\varepsilon_0}\sigma e & (A_2 \text{ 右侧}) \\ -\dfrac{1}{2\varepsilon_0}\sigma e & (A_2 \text{ 左侧}) \end{cases}$$

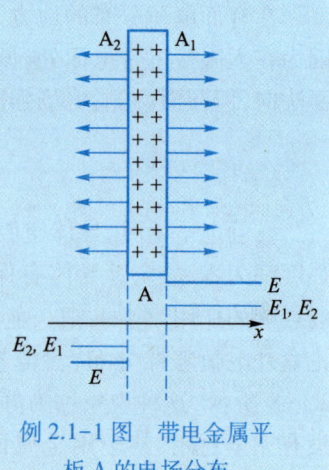

例 2.1-1 图　带电金属平板 A 的电场分布

而

$$E = E_1 + E_2 = \begin{cases} \dfrac{1}{\varepsilon_0}\sigma e & (A_1 \text{ 右侧}) \\ 0 & (A_1 、 A_2 \text{ 之间}) \\ -\dfrac{1}{\varepsilon_0}\sigma e & (A_2 \text{ 左侧}) \end{cases}$$

电场的分布如图所示. 这个结论在分析导体表面附近的场时已得到,但在这里并不限于导体表面附近.

例 2.1-2 在例 2.1-1 中,若把另一面积亦为 S 的不带电的金属平板 B 平行放在 A 板附近,求此时 A、B 两板每个表面上的电荷面密度和空间各点的电场强度.

解:当 B 板放在 A 板附近时,由于静电感应,电荷将重新分布,最后达到静电平衡. 用 σ_1、σ_2、σ_3、σ_4 分别表示 A 和 B 两板每个面上的电荷面密度,如图所示.

根据电荷守恒定律,不管板上的电荷怎样重新分布,每一金属板的总量保持不变,即

$$\sigma_1 + \sigma_2 = \frac{Q}{S}, \quad \sigma_3 + \sigma_4 = 0$$

根据静电平衡条件,每一金属板内的电场强度为零,若 E_1、E_2、E_3 和 E_4 分别是每一面上的电荷单独产生的电场强度,则在金属板内任一点处,

$$E_1 + E_2 + E_3 + E_4 = 0$$

取向右的方向为正,把每个带电面视为无限大带电平面,在金属板 A 内,有

$$E_1 - E_2 - E_3 - E_4 = 0$$

因而

$$\sigma_1 - \sigma_2 - \sigma_3 - \sigma_4 = 0$$

在金属板 B 内,有

$$E_1 + E_2 + E_3 - E_4 = 0$$

因而

$$\sigma_1 + \sigma_2 + \sigma_3 - \sigma_4 = 0$$

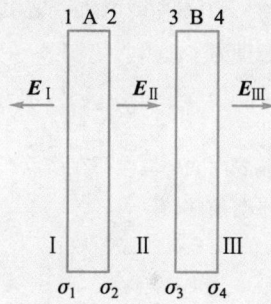

例 2.1-2 图 不带电金属平板 B 的引入几乎不改变平板 A 的电场

解以上四方程式,可得

$$\sigma_1 = \frac{Q}{2S} = \sigma_2, \quad \sigma_3 = -\frac{Q}{2S} = -\sigma_4$$

金属板 A 和 B 把空间分成 Ⅰ、Ⅱ、Ⅲ 三个区域,由电场的叠加原理,三个区域中的电场强度的大小为

$$E_{\mathrm{I}} = E_{\mathrm{II}} = E_{\mathrm{III}} = \frac{1}{2\varepsilon_0}\frac{Q}{S}$$

方向如图所示. 由此可见,B 板的引入并未改变 A 板上电荷的分布,除 B 板内各处的电场强度为零外,空间其他地方的电场强度亦未变化.

例 2.1-3 在上题中,若将金属板 B 接地(如图所示),求 A、B 两板表面上的电荷面密度.

解:B 板接地后,B 板和大地变成同一导体,B 板外侧表面不带电,即

$$\sigma_4 = 0$$

根据电荷守恒定律

$$\sigma_1 + \sigma_2 = \frac{Q}{S}$$

根据静电平衡条件，A、B 两板内部电场强度为零，故有

$$\sigma_1 - \sigma_2 - \sigma_3 = 0$$
$$\sigma_1 + \sigma_2 + \sigma_3 = 0$$

解以上方程得 $\sigma_1 = 0,\quad \sigma_2 = \dfrac{Q}{S} = -\sigma_3$

即当 B 板接地后，原来分布在 A 板两个表面上的电荷全部集中到靠近 B 板的一个表面上，而在 B 板的靠近 A 板的表面上出现与 A 板等量异号的感应电荷，电场只分布在区域 II 内。

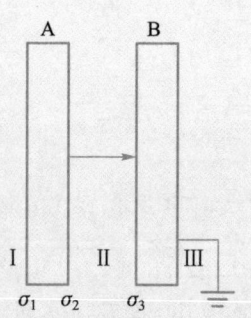

例 2.1-3 图 接地导体平板的引入使电场集中于两板之间

例 2.1-4 在 $x<0$ 的半个空间内充满金属，在 $x=a$ 处有一电荷量为 q 的正的点电荷，如图(a)所示。试计算导体表面的电场强度和导体表面上的感应电荷面密度。

解：根据电场强度的叠加原理，空间任一点的电场强度由点电荷 $+q$ 单独产生的电场和金属表面感应电荷单独产生的电场叠加而成，如图(b)所示。

若 P_1 是 $x<0$ 的空间内的一点，其坐标为 $(-\delta, y)$，$\delta\to 0$，点电荷 q 的电场在 P_1 点的电场强度为

$$\boldsymbol{E}_q = \frac{1}{4\pi\varepsilon_0}\frac{q}{r^2}\boldsymbol{e}_r = \frac{q}{4\pi\varepsilon_0}\frac{y\boldsymbol{j}-a\boldsymbol{i}}{(a^2+y^2)^{3/2}}$$

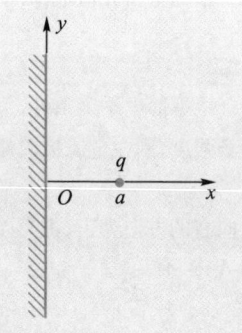

例 2.1-4 图(a) 点电荷 q 位于充满半空间的导体前

设金属表面的感应电荷在该点产生的电场强度为 $\boldsymbol{E}_1$，则由电场强度叠加原理和静电平衡条件，有

$$\boldsymbol{E}_1 + \boldsymbol{E}_q = 0$$

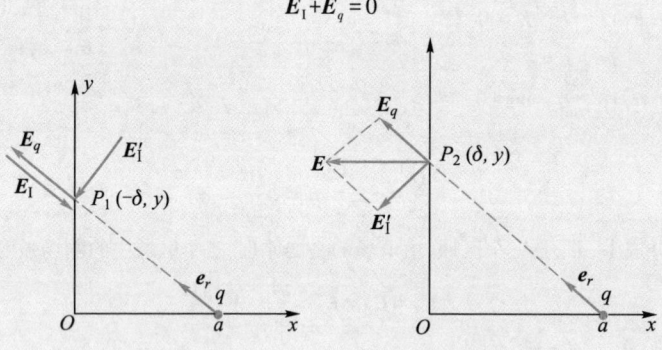

例 2.1-4 图(b) 导体表面感应电荷的电场的计算

由此得

$$\boldsymbol{E}_1 = -\frac{1}{4\pi\varepsilon_0}\frac{q}{r^2}\boldsymbol{e}_r = \frac{q}{4\pi\varepsilon_0}\frac{a\boldsymbol{i}-y\boldsymbol{j}}{(a^2+y^2)^{3/2}}$$

若 P_2 为 $x>0$ 的空间内的一点，其坐标为 (δ, y)，$\delta\to 0$。因 P_1 和 P_2 无限接近，在此两点处，点电荷 q 的电场强度是相等的，但感应电荷在 P_1 处的电场强度 $\boldsymbol{E}_1$ 和 P_2 处的电场强度 $\boldsymbol{E}_1'$ 是不同的，根据对称性，它们各自应指向金属表面，$\boldsymbol{E}_1$ 的 x 分量与 $\boldsymbol{E}_1'$ 的 x 分量的大小相等，方向相反，但 y 方向分量相等，即

$$E'_1 = -\frac{q}{4\pi\varepsilon_0} \frac{ai+yj}{(a^2+y^2)^{3/2}}$$

紧贴金属表面，$x>0$ 处的总电场强度为

$$E = E_q + E'_1 = -\frac{q}{4\pi\varepsilon_0} \frac{2ai}{(a^2+y^2)^{3/2}} = \frac{aq}{2\pi\varepsilon_0(a^2+y^2)^{3/2}}(-i)$$

即导体表面的电场强度与导体表面垂直，沿 $-i$ 方向，大小与 y 有关。从 E'_1 的表达式可以看出，它与一个电荷量为 $-q$、位于 $(-a,0)$ 处的点电荷产生的电场强度完全相同。这就是说，导体表面上感应电荷在 $x>0$ 的空间的电场强度可以用一个点电荷的电场强度来代替，该点电荷的电荷量为 $-q$，位于 $(-a,0)$ 处，如图 (c) 所示。

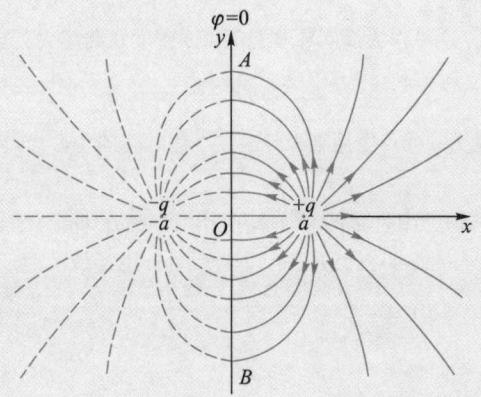

例 2.1-4 图 (c) 导体表面感应电荷在 $x>0$ 空间的电场与
一位于 $(-a,0)$ 处、电荷量为 $-q$ 的点电荷的电场相同

这个情形犹如导体表面是一平面镜，$-q$ 为 q 的像，而点电荷与导体表面的感应电荷在 $x>0$ 的空间共同产生的场与点电荷 q 和它的像 $-q$ 在 $x>0$ 空间内共同产生的场完全相同。因为

$$E = \frac{1}{\varepsilon_0}\sigma$$

导体表面的电荷面密度为

$$\sigma = -\frac{aq}{2\pi(a^2+y^2)^{3/2}}$$

所以感应电荷在导体表面上的分布是不均匀的。不难证明，感应电荷的总电荷量等于 $-q$。

例 2.1-5 两导体球，半径分别为 R 和 r，相距甚远，分别带有电荷量 Q 和 q，今用一细导线连接两球，求达到静电平衡时，两导体球上的电荷面密度的比值。

解：当两导体球相距甚远时，每一导体球都可以作为孤立导体处理。导体球的电势分别为

$$\varphi_1 = \frac{1}{4\pi\varepsilon_0}\frac{Q}{R}, \quad \varphi_2 = \frac{1}{4\pi\varepsilon_0}\frac{q}{r}$$

当用导线连接时，两导体球上的电荷重新分布，电荷量变为 Q' 和 q'，但导线很细，分布在导线上的电荷忽略不计。这时两导体球的电势相等，即

$$\frac{Q'}{R} = \frac{q'}{r}$$

而

由此可求得

$$Q' + q' = Q + q$$

$$Q' = \frac{R}{R+r}(Q+q), \quad q' = \frac{r}{R+r}(Q+q)$$

电荷面密度为

$$\sigma_R = \frac{Q'}{4\pi R^2} = \frac{q+Q}{4\pi(R+r)}\frac{1}{R}, \quad \sigma_r = \frac{q'}{4\pi r^2} = \frac{q+Q}{4\pi(R+r)}\frac{1}{r}$$

$$\frac{\sigma_R}{\sigma_r} = \frac{r}{R}$$

即电荷面密度与曲率半径成反比. 这可作为孤立导体上电荷面密度在曲率大处较大、在曲率小处较小的粗略说明.

例 2.1-6 如图所示,电荷量为 q 的点电荷绝缘地放在导体球壳的中心,球壳的内半径为 R_1,外半径为 R_2,求球壳的电势.

解:点电荷位于球壳的中心,球壳内表面将均匀带有总电荷量 $-q$,球壳外表面均匀带有总电荷量 q. 电场的分布具有球对称性. 此时可用两种方法求球壳的电势. 因球壳外的电场强度为

$$E = \frac{q}{4\pi\varepsilon_0 r^2}$$

球壳的电势为

$$\varphi = \int \boldsymbol{E} \cdot d\boldsymbol{l} = \int_{R_2}^{\infty} \frac{q}{4\pi\varepsilon_0 r^2} dr = \frac{1}{4\pi\varepsilon_0}\frac{q}{R_2}$$

用电势叠加,同样可得球壳的电势,即球壳的电势等于点电荷在球壳上产生的电势与球壳内表面上的负 q 及球壳外表面上的正 q 在球壳上产生的电势的叠加.

$$\varphi = \frac{q}{4\pi\varepsilon_0 R_1} + \frac{-q}{4\pi\varepsilon_0 R_1} + \frac{q}{4\pi\varepsilon_0 R_2} = \frac{q}{4\pi\varepsilon_0 R_2}$$

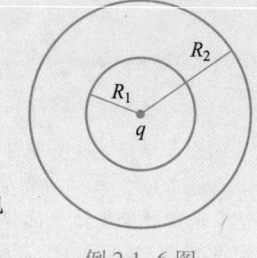

例 2.1-6 图

当点电荷 q 偏离球心时,球壳内表面的 $-q$ 将不再均匀分布,但外表面的 $+q$ 仍均匀分布,球壳外的场分布不变,故球壳的电势也不变. 当点电荷 q 移至球壳外距球心为 r 处时,此时球壳内无电荷,球壳外表面内部的区域电场强度均为零,球壳内为等势体,球壳的电势等于球心处的电势,而球壳外表面的感应电荷总量为零,有

$$\varphi = \varphi_0 = \frac{q}{4\pi\varepsilon_0 r}$$

§2.2 静电场的唯一性定理

1. 问题的提出

考察下面的问题:在一个原来不带电的大块金属内挖一空腔,腔内放入一电荷量为 q 的点电荷,空腔与腔外绝缘. 现研究空腔表面和导体外表面上的电荷分布与点电荷在腔内位置的关系. 根据静电平衡条件和高斯定理,可知空腔表面上感应电

荷的电荷量 $q_i = -q$，根据电荷守恒定律，导体外表面上的电荷量 $q_e = -q_i = q$. 这两个结论与点电荷在空腔内的位置无关，与空腔的形状和空腔在导体内的位置无关，与导体外表面的形状亦无关. 但 q_i 在空腔表面的分布情况则与点电荷在腔内的位置、空腔表面的形状有关，q_e 在导体外表面上的分布则仅取决于外表面的形状.

若导体呈球形，空腔也呈球状，且与导体球同心，若点电荷位于球心，则从对称性看，q_i 与 q_e 都应分别均匀地分布在空腔的表面和导体球的外表面上. 至少当电荷取这种分布时，导体内部电场强度处处为零的条件可得到满足. 但这种分布是否是唯一的则是一个问题. 若点电荷不在球心，则空腔表面上的电荷不再均匀分布. 在距点电荷较近的表面处，电荷面密度大一点，离点电荷较远的表面处，电荷面密度小一点，q_i 在空腔表面上的分布使它所产生的电场与点电荷的电场在导体内的合电场强度处处为零. 因为 q 和 q_i 产生的场在导体球外表面上的合电场强度亦为零，故 q_e 在导体球外表面上均匀分布，因为这样的分布能保证导体内部的电场强度处处为零. 故 q_i 和 q_e 的上述分布是点电荷不在球心时的一种解答. 对于这个解答，我们也可以这样来理解：设想先除去导体球外表面上的感应电荷，例如让导体球接地，这时空腔表面上的感应电荷 q_i 的分布必须保证静电平衡条件得到满足. 当 q_i 在空腔表面分布好之后，拆去接地线，再把电荷量 q 放到导体球表面，它便均匀分布在球面上. 按上面的分析，即使空腔不是球形，只要导体的外表面是球形，感应电荷在导体球外表面上就是均匀分布的. 但这样的分布是否唯一？是否可能存在另一种分布，即 q_i 在空腔表面取另一种分布，q_e 在导体外表面取不均匀分布，同样能达到静电平衡？这也是值得研究的问题.

2. 静电场的唯一性定理

若空间的电荷分布已知，则根据叠加原理，空间各点的电场强度与电势原则上都可求出. 特别当电荷分布在有限区域内时，我们可取无限远处作为电势的零点，空间任一点 $P(x,y,z)$ 处的电势为

$$\varphi = \frac{1}{4\pi\varepsilon_0}\int\frac{\rho\,\mathrm{d}V}{r} + \frac{1}{4\pi\varepsilon_0}\int\frac{\sigma\,\mathrm{d}S}{r}$$

若带电体都是导体，则无体分布的电荷，电势由面电荷分布唯一决定. 但在实际问题中，要知道每个导体表面上的面电荷分布是相当困难的，容易确定的是每个导体的电势或总电荷量. 因此静电学中的典型问题往往是下面两类：

（1）静电场中所有导体的形状和排列位置都已确定，且已知每个导体的电势，求场中各点的电场强度或电势以及导体上的电荷分布；

（2）静电场中所有导体的形状和排列位置都已确定，且已知每个导体的总电荷量，求场中各点的电场强度或电势以及导体上的电荷分布.

此外还有混合的情形，即各导体的形状和排列位置都已确定，且已知某些导体的电势和另一些导体的总电荷量，求场中各点的电场强度或电势以及导体上的电荷分布.

上述各类问题的实质就是寻找满足以上给定条件和有关其他附加条件（如无

限远处电势等于零等)的静电场分布. 这些给定的条件称为边值条件. 在静电学中把这类问题称为静电场的边值问题. 不论哪类问题,都可先求出满足边值条件的电势 $\varphi = \varphi(x, y, z)$,再通过计算电势梯度,求得电场强度分布 $\boldsymbol{E} = \boldsymbol{E}(x, y, z)$. 电荷在导体表面的分布则可从 $\sigma = \varepsilon_0 E$ 求得.

在本课程中,我们并不去研究如何求解静电场的边值问题,而是问当给定边值条件后,空间的电场分布是否唯一? 唯一性定理对此问题的回答是肯定的. 唯一性定理指出:满足边值条件的存在于空间的电场分布是唯一的. 既然在给定边值条件下静电场的分布是唯一的,那么不论用什么方法找到的满足边值条件的解,一定就是要寻找的那个唯一的真正的解. 至于静电场唯一性定理的证明已超出本书范围,读者可参考有关电动力学的教材.

§2.3 尖端效应

1. 尖端放电 电晕

在带电体的尖端处,电荷面密度非常大,因而附近的电场强度也很大,以至能使周围的空气被局部击穿,产生电晕放电现象. 若让针尖形的电极带正电,平板形的电极带负电,则当尖端附近的电场强度达到 $(2 \sim 3) \times 10^6$ V/m 时,电极附近空气中的电子(由于宇宙射线等的作用,空气中总存在个别电子或附有电子的空气分子)因受电场加速而获得较大的动能,当它与中性分子碰撞时便使分子电离成电子和正离子. 原来的电子和刚电离出的电子在奔向带正电的尖端过程中,又分别与一个中性分子碰撞,并使之电离. 于是便有 4 个电子奔向正极. 这样的过程进行得非常迅速,以至在瞬息之间,就有大量电子奔向正极,这种现象称为雪崩. 由于电子奔向正极的速度比正离子奔向负极的速度通常可大两个数量级,当电子到达正极时,正离子几乎仍滞留在正极附近的空间. 滞留在空间的正离子将产生附加电场,其作用等效于加长了正极的长度,缩短了正负电极间的距离. 在电子雪崩的区域中,有的电子使中性分子电离,有的电子使中性分子激发. 处在激发态的分子跃迁时将发出光子,光子被中性分子吸收引起光电离,产生光电子. 光电子在奔向正极的过程中又会再次产生雪崩. 结果,在尖端电极附近出现一个由多种原因使中性分子电离的区域,这就是电离区. 从电离区到负极之间,正离子向负极的迁移,形成电晕放电电流. 离子的迁移运动还会形成电风. 在许多教科书中都用电风吹蜡烛火焰作为电风存在的演示. 但是,必须注意,火焰本身是大量正、负离子和中性分子的混合物,在火焰中存在着光电离、热电离等过程,火焰中的带电粒子受电场作用自己也会形成电风,从而会使火焰偏斜,而电晕放电中的电风撞击火焰中的中性分子也会使火焰偏斜,两种因素中谁占主要地位,视具体实验条件而定. 另外,尖端为正极时产生的电晕(即所谓正电晕)与尖端为负极时产生的电晕(即所谓负电晕)亦不完全相同,因而电风吹蜡烛会出现不完全相同的现象. 夜间在超高压输电线支架附近出现的光晕就是电晕. 电晕使大量电荷流失于空气中, 造成能量损失, 而且还会对通信线路造成干扰. 电晕放电中产生的臭氧对绝缘物、金属等有腐蚀作用. 因此, 如何选择合适的输电线半径和输电线布局, 尽量减少电晕放电, 是高压输电中的一个重要问题. 尖端放电时的火花会导致易燃物着火, 引起爆炸. 防止产生电晕也是值得化工类生产部门重视的问题. 电晕放电也有许多应用, 例如负电晕产生的电子能与氧分子结合成负氧离子, 这些负氧离子将远离电极而进入到空气中, 若利用吹风机则可使大量负氧离子进入空气从而起到清洁空气的作用. 市场上的负氧离子发生器就是这样制成的. 在医学上, 空气洁净的标准是每立方厘米中含有 1 000 到 1 500 个负氧离子. 因为负氧离子通过呼吸道进入人体后, 便与人体的带电系统——中枢神经系统和自主神经系统相互作用, 改善大脑皮层的功能状态, 使人精神振奋, 帮助条件反射的形成, 从而提高工作效率. 海滨、旷野、山村以及瀑布处, 空气中的负氧离子较多, 人在这种环境下会感到心旷神怡. 在城市, 因工业污染, 空气中负氧离子大大减少, 对人体健康是不利的, 而负氧离子发生器有利于改善小环境空气的质量.

2. 静电复印

静电复印机早已是办公室的常用设备, 顾名思义, 它是利用静电效应制成的. 美国的卡尔森(Carlson)经过多年的研究, 成功地完成了世界上第一个静电复印实验. 1959 年, 第一台简便静电复印机被正式生产出来. 随着电子技术的发展, 静电复印机已具有多功能、高速度和智能化方面的特点.

把一片光导材料贴在金属基板上, 可制成一种光导体, 如图 2.3-1 所示. 光导材料是一种光敏半导体. 当无光照时, 它具有很高的电阻, 表现为绝缘体. 当有光照时, 电阻率急剧下降, 表现为良导体. 实际复印机中的光导体是用真空蒸镀的方法将一层厚度为几十微米的硒镀于铝鼓上(做成鼓状是为了便于机器运转)制成的. 当无光照时, 硒鼓表

图 2.3-1　光导体

面的硒是绝缘体. 通过电压为 5 000~6 000 V 的一排针尖产生的电晕, 对硒鼓表面放电, 在电场力作用下, 正离子(主要是氧离子)积聚在硒表面并均匀分布在表面上. 因为硒不导电, 故在基板铝的另一表面上感应出负电荷, 如图 2.3-2(a)所示, 这一过程称为光导体的充电过程. 当强光照射待复印的稿件时, 稿件上有字迹的地方无反射光, 只有无字迹的地方才有反射光并照到光导体上, 如图 2.3-2(b)所示. 光导体上受到光照的地方变成导体, 该处积聚的正电荷消失, 而未受光照的地方的正电荷依然存在. 这样, 在光导体的表面上便出现了一幅与原稿字迹分布相同的正电荷分布图像, 如图 2.3-2(c)所示, 当然这幅图像人眼是看不见的. 如果让带有负电的色粉微粒与光导体表面接触, 如图 2.3-2(d)所示, 因受正电荷的吸引, 正电荷图像为色粉所覆盖, 变成色粉图像(所谓色粉是一种有色塑料微粒, 在与玻璃珠或铁粉摩擦后带负电). 再把复印纸盖在光导体表面上, 如图 2.3-2(e)所示, 并通过针尖的电晕放电, 使复印纸反面带正电. 当电压达到 6 000 V 时, 带负电的色粉就被吸引到复印纸上, 原稿上的字迹就印在复印纸上了. 最后通过加热和加压, 使塑料树

脂熔融,并渗入复印纸中,复印就完成了.

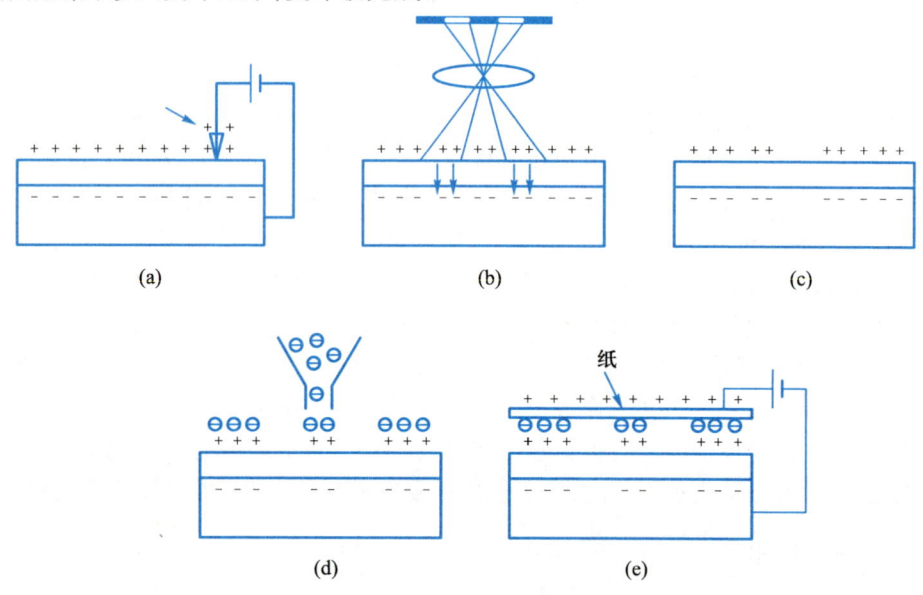

图 2.3-2　静电复印的原理与过程

3. 范德格拉夫起电机

范德格拉夫起电机可用于加速带电粒子,原子核物理研究中用的静电加速器就是用范德格拉夫起电机制成的. 起电机的结构示意如图 2.3-3 所示,其中 A 为直径可达数米的空心导体球,放在绝缘圆柱 C 上. 圆柱内有橡胶或丝织的传送带 B,它套在两个定滑轮 D 和 D′上,依靠电动机带动,将按箭头方向运转. E 是金属针尖,接在几万伏的直流电源的正极上,通过尖端的电晕放电使传送带带正电. F 为另一针尖,与导体球壳相连. 当传送带上的正电荷随带传送到针尖 F 附近时,通过尖端放电使金属球 A 带正电. 这样随着传送带不停运转,A 球的电荷量越来越多,电势不断升高. 但由于绝缘物的漏电,电势不可能无限升高,一般可达到 10^7 V 左右. 在绝缘圆柱内,有一与传送带平行的真空管道通往空心导体球,如果把带电粒子注入管道,粒子在管道中被加速成高能粒子,然后通过管道引至进行实验的地方. 目前在半导体工业中把小型范德格拉夫起电机用于离子注入技术.

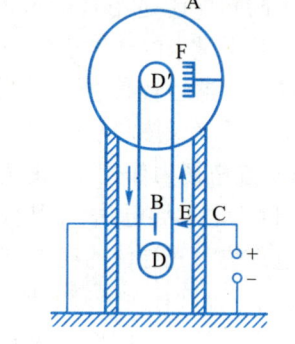

图 2.3-3　范德格拉夫起电机

4. 从场离子显微镜(FIM)到扫描隧穿显微镜(STM)

自从道尔顿(J.Dalton)提出原子、分子的概念以后,原子和分子的概念一直是近代物理和近代化学的基石. 尽管随着科学的发展,道尔顿认为原子是不可进一步分割的构成万物的最小基元的看法已被原子具有复杂结构的理论所替代,但从物质的化学性质看,原子和分子仍可视为物质的基本单元.长期以来,有关个别原子及其电子结构的知识都是从间接测量推断出来的.能目睹个别原子的行为及其内部结构,一直是近两个世纪物理学家和化学家的梦想.早在 1936 年,法国科学家缪勒(E.Müller)就发明了场发射显微镜(FEM).1951 年,他又发明了场离子显微镜(FIM).这两种显微镜已达到个别原子成像的精度,并可通过对单个原子轨迹的描绘直接测量表面扩散系数和单原子定向迁移的速率.扫描隧穿显微技术的研究和 1981 年第一台扫描隧穿显微镜(STM)的问世,使科学家得以直接看到个别原子的行为,直接测得各种各样材料的电子结构,做到个别原子的实空间操纵与控制,人类从此进入了在原子尺度上实验与工作的新时代.第一台 STM 的研制者宾尼希(G.Binnig)和罗雷尔(H.Rohrer)因此获得 1986 年诺贝尔物理学奖.

场离子显微镜能够使人们在某些金属表面上见到单个原子.它的装置和基本原理如下:把一根非常细的熔点比较高的金属(如钨、钼、铱、铂等材料)制成的针尖,置于抽成真空的玻璃泡的中心,如图 2.3-4 所示,玻璃泡的内壁涂一层荧光材料制成的导电膜,针尖即为被研究其结构的样品.针尖的半径只有 10 nm,玻璃泡内充以稀薄的氦气.当针尖与荧光膜之间加上 10 kV 的电压且针尖为正极时,在针尖附近的强电场作用下,氦原子中的正负电荷发生微小的相对位移而成为一个偶极子,由于针尖附近的电场非均匀,作为偶极子的氦原子被针尖吸引并附着在针尖上,且被强电场所电离,即核外电子被针尖剥夺而变为带正电的离子.正离子被电场加速直奔荧光膜,打到荧光膜上产生光点.因为氦离子是从针尖上特定位置发出,并在径向力作用下沿着直线射到荧光膜上的相应位置,因此光点在荧光膜上的分布情况就成为针尖上原子分布的像,如图 2.3-5 所示.通常,针尖末端一个原子的典型直径约为 0.3 nm,在荧光膜上的光斑直径可达 3 mm.

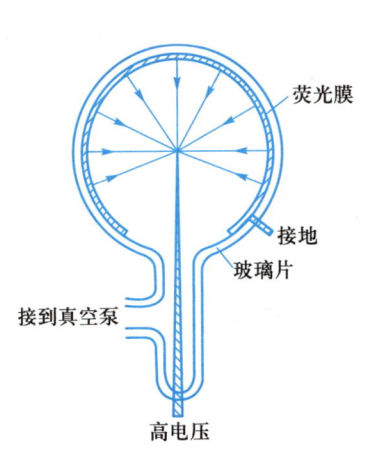

图 2.3-4　场离子显微镜

图 2.3-5　钨针尖的 FIM 像

场发射显微镜运用了强电场作用下,金属针尖上的电子直接被电场拉出的技术,这种技术称为场发射.在半径约为 10 nm 的金属针尖加上约 10 kV 的电压且让针尖为负极,金属针尖上原子的电子被强电场剥夺,离开针尖的电子在电场力作用下,奔向荧光屏,在荧光屏上产生的光斑便是针尖上原子分布的反映,这就构成了场发射显微镜. 我们知道,金属中的电子要从金属逸出,必须做逸出功. 按经典理论,在室温下,能克服金属与真空间的势垒从金属逸出的电子是很少的. 但实验发现,当处在真空中的两电极间的电压比较高时,无论真空度多高,都会产生电流. 在阴极不加热的条件下强电场使金属发射出电子,即把真空击穿的现象称为冷发射. 冷发射形成的电流可以相当大. 金属中有少数动能大的电子能克服逸出功而从金属逸出的观点,无法解释冷发射所产生的较大的击穿电流. 根据近代的观点,电子具有波粒二象性,服从量子力学的规律. 按照量子力学,电子射到势垒壁时,并不被势垒壁全部反射,而是有一定的概率贯穿势垒,从金属逸出进入真空;而且势垒越窄,电子贯穿势垒从金属逸出的概率就越大. 这就是量子力学中的隧道效应. 若金属外的势垒无限宽,则电子贯穿势垒的概率趋于零,如图 2.3-6 中的势垒曲线 a 所示. 加上外电场后,势垒曲线发生变化,它由原来的势垒曲线与外电场形成的势垒曲线叠加而成. 图 2.3-6 中曲线 b 是外电场电势比较低时的势垒形状,曲线 c 是外电场电势较高时势垒的形状. 所以,存在外电势后,势垒将降低、变窄,电子从金属逸出的概率增大,这就是冷发射的原因.

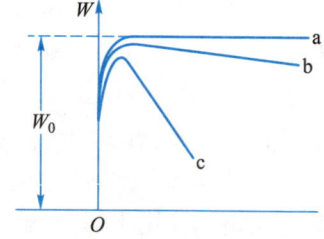

图 2.3-6 金属与真空边界的势垒

电子的隧道效应导致两电极即使没有接触亦可能因隧道效应而形成电流,这种电流称为隧道电流. 扫描隧穿显微技术就是在此基础上形成的. 扫描隧穿显微镜的主要部件有:(1) 探测针尖,通常用钨或铂铱合金制成,它可以沿平面上的两个相互垂直的方向来回移动,这种移动是依靠压电晶体制成的压电驱动器来完成的. 当加在压电晶体上的电压变化时,晶体的长度会随之变化,从而驱使针尖移动. (2) 两个压电驱动器,分别控制针尖沿 x 方向的运动和沿 y 方向的运动,从而使针尖在 xy 平面上逐点扫描. (3) 压电驱动器,控制针尖在垂直 xy 平面的方向上的运动,亦即调节针尖到 xy 平面的距离. 扫描隧穿显微镜结构如图 2.3-7 所示.

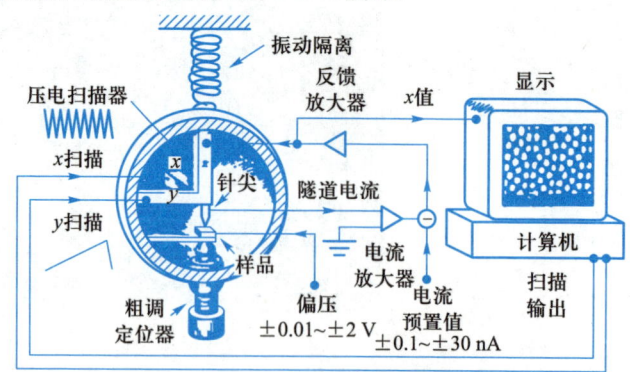

图 2.3-7 扫描隧穿显微镜示意图

测量时,将样品放在 xy 平面上,当针尖到样品的距离比较小但尚未接触样品时,由于隧道效应,将出现样品到针尖或针尖到样品的隧道电流. 考虑一种简单情形,设针尖和样品由同种材料制成,因而两者逸出功相同. 电子从样品贯穿的概率与从针尖贯穿的概率相等,有电子贯穿样品到达针尖,也有同数量的电子贯穿针尖到达样品,所以并无隧道电流. 若在样品与针尖间加一电压,当样品的电势低于针尖的电压时,样品中电子的势能便高于针尖中电子的势能,于是样品中电子贯穿的概率增大,出现从样品到针尖的净电子流,即隧道电流. 隧道电流与针尖到样品表面的距离有极敏感的依赖关系. 若以某一电流作为隧道电流的基准,当隧道电流大于基准值时,压电驱动器就启动,使针尖到样品表面的距离增大,当隧道电流小于基准值时,驱动器使针尖到样品的距离减小. 如果让针尖在样品表面沿两个相互垂直的方向来回扫描,同时保持隧道电流恒定不变,则当样品表面凹凸不平时,针尖在垂直样品表面的方向上便上下移动. 这样,通过上下移动针尖,我们就把样品表面凹凸不平的形貌探测出来了. 在 STM 中,针尖的直径可达十分之几纳米,针尖到样品的距离为 0.1~0.4 nm,因此探测到的样品表面的凹凸,实际上就是样品表面的原子与原子间的间隙,从而能在原子尺度(0.2 nm)上直接探测到各种材料的电子结构. STM 问世以来,在物理、化学、生物各领域得到了广泛的应用. 在医学上,用 STM 可以看到病毒入侵细胞引起的细胞变化以及病毒离开细胞后在细胞中留下的疤痕.

STM 技术不仅可用于原子级的放大操作,而且利用针尖对原子的作用,人们可以使原子搬移. 1990 年,美国国际商用机械公司(IBM)的曼格勒(D.Meigles)等人用 STM 技术实现了原子搬家. 他们用 35 个氙原子在镍的表面排成了英文字母 IBM,每个字母高为 5 nm. 可以预见,实现利用个别原子的搬移、构造出具有各种特殊性能的微型材料的日期已不远了. 到那时,原子犹如建筑工人手中的砖块,只需根据设计图纸,就可砌成各种漂亮的建筑物.

§2.4 电容和电容器

1. 孤立导体的电容

电荷在导体表面的分布必须保证满足导体的静电平衡条件. 对于孤立导体,电荷在导体表面的相对分布情况由导体的几何形状唯一地确定,因而带一定电荷量的导体外部空间的电场分布以及导体的电势亦完全确定. 根据叠加原理,当孤立导体的电荷量增加若干倍时,导体的电势也将增加若干倍,即孤立导体的电势与其电荷量成正比:

$$q = C\varphi \tag{2.4-1}$$

比例系数 C 称为孤立导体的电容. 在电容的单位确定以后,电容的值只取决于孤立导体的几何形状. 孤立导体电容的大小反映了该导体在给定电势的条件下储存电荷量能力的大小. 一半径为 R 的导体球,当带有电荷 q 时,其电势为

$$\varphi = \frac{1}{4\pi\varepsilon_0} \frac{q}{R}$$

故其电容为

$$C = 4\pi\varepsilon_0 R \tag{2.4-2}$$

由半径决定. 若把地球作为一个孤立导体球,其电容也可由上式决定.

在 SI 中,电容的单位是 F(法拉),

$$1\ \text{F} = 1\ \text{C/V}$$

F 是一个很大的单位,电容为 1 F 的孤立导体球的半径约为 9×10^9 m,而地球的半径只有 6.4×10^6 m. 由于法拉这一单位太大,使用不方便,通常取法拉的 10^{-6} 作为电容的单位,称为微法,记作 μF;有时取法拉的 10^{-12} 作为电容的单位,称为皮法,记作 pF,即

$$1\ \mu\text{F} = 10^{-6}\ \text{F}$$
$$1\ \text{pF} = 10^{-6}\ \mu\text{F} = 10^{-12}\ \text{F}$$

2. 电容器及其电容

当带电导体周围存在其他导体或者其他带电体时,该带电导体的电势不仅与自己所带的电荷有关,且与周围的导体以及带电体都有关. 不论其他导体是否带电,由于静电感应,这些导体上都会产生一定分布的感应电荷,而且这些感应电荷的分布将因其他带电体带电情况的改变而改变,从而改变所考察带电导体的电势. 因此,在一般情况下,非孤立导体的电荷与其电势并不成正比.

对于两个导体组成的导体组,当周围不存在其他导体或带电体,而其中一个导体所带电荷量为 q,另一导体所带电荷量为 $-q$ 时,这两个导体间的电势差($\varphi_1-\varphi_2$)与电荷量成正比,或者说,电荷量与电势差的比值是一常量. 我们通常把该比值称为这两个导体构成的导体组的电容. 但是,在一般情况下,当这两个导体附近存在其他带电体或导体时,电荷量与电势差之间的正比关系将被破坏. 如果采取某种特殊的措施,就能保证所考察的两导体间的电势差与电荷量间的正比关系不受周围其他带电体或导体的影响. 如图 2.4-1 所示,一个导体 B 围成一空腔,另一导体 A 被绝缘地固定在该空腔之中,这时若导体 A 带一定电荷量,导体 B 的内表面

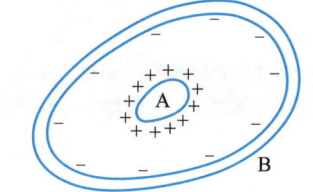

图 2.4-1 空腔导体 B 与包围在其中的导体 A 构成的电容器

必带等量异号的电荷,由于导体 B 的屏蔽作用,导体 A 和 B 之间的电势差将仅与导体 A 的电荷量成正比,与导体 B 周围的其他带电体或导体无关. 这种特殊的导体组称为电容器,组成电容器的两个导体分别称为电容器的两个极板. 若电容器的任一极板上的电荷量的绝对值为 q,则 q 与两极板间的电势差($\varphi_1-\varphi_2$)的比值称为电容器的电容.

$$C = \frac{q}{\varphi_1 - \varphi_2} \tag{2.4-3}$$

电容器的电容与电容器的带电状态无关,与周围的带电体也无关,由电容器的几何结构决定. 电容的大小反映了当电容器两极间存在一定电势差时,极板上储存

电荷量的大小.

3. 几种形状的电容器的电容

（1）平行板电容器　这是一种常见的电容器. 最简单的平行板电容器由两块平行放置的金属板组成,极板的面积 S 足够大,两板间的距离 d 足够小,即 $d \ll \sqrt{S}$,如图 2.4-2 所示. 电容器内部即两极板间的电场由极板上的电荷分布决定. 当电容带电时,两极板上的电荷等量异号,差不多均匀分布在极板的内侧. 从一个极板上发出的电场线几乎全部终止在另一极板上,除了极板的边缘外,电容器中的场是均匀的. 若极板 A 的电荷量为 q_A,在忽略边缘效应后,极板间的电场强度和两板边之间的电势差分别为

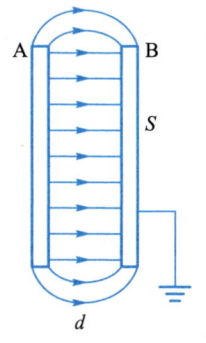

图 2.4-2　平行板电容器

$$E = \frac{1}{\varepsilon_0} \frac{q_A}{S}, \quad \varphi_A - \varphi_B = \frac{1}{\varepsilon_0} \frac{q_A}{S} d$$

故平行板电容器的电容为

$$C = \frac{q_A}{\varphi_A - \varphi_B} = \frac{\varepsilon_0 S}{d} \tag{2.4-4}$$

由此可见,增大极板面积、减少两极板间的距离可使电容器的电容增大. 电容和耐压是电容器的两个指标. 大部分电容器内部都充有绝缘材料（即电介质）,这不仅可使电容器的电容增大 ε_r 倍（ε_r 称为介质的相对介电常量,我们将在第七章中讨论这一问题）,而且能使电容器结构牢固. 严格地讲,平行板电容器并不是屏蔽得很好的导体组,它们的电势差或多或少受到周围导体和带电体的影响,以上的结论只有在其他导体或带电体远离平行板电容器时才严格成立. 实际使用中的平行板电容器往往加有屏蔽罩或卷成筒状,改善屏蔽效果.

（2）球形电容器　这是由两个同心金属球壳制成的电容器. 设内球壳 A 的外半径为 R_A,外球壳 B 的内半径为 R_B（$R_A < R_B$）,如图 2.4-3 所示. 当 A 带正电荷 q 时,B 的内壁带负电荷 $-q$,两球壳间的电场强度为

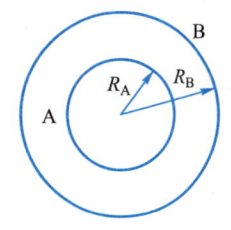

图 2.4-3　球形电容器

$$E = \frac{1}{4\pi\varepsilon_0} \frac{q}{r^2}$$

两球壳的电势差为

$$\varphi_A - \varphi_B = \int_{R_A}^{R_B} \frac{1}{4\pi\varepsilon_0} \frac{q}{r^2} dr = \frac{q}{4\pi\varepsilon_0} \frac{R_B - R_A}{R_A R_B}$$

其电容为

$$C = \frac{q}{\varphi_A - \varphi_B} = \frac{4\pi\varepsilon_0 R_A R_B}{R_B - R_A} \tag{2.4-5}$$

若 $R_B \gg R_A$，即外球壳 B 远离球壳 A，则

$$C \approx 4\pi\varepsilon_0 R_A$$

这便是孤立导体的电容，与前面得到的结果一致。若 R_A 和 R_B 都很大，而 $R_B - R_A = d$ 很小，则 $R_A R_B \approx R_A^2$，则有

$$C = \frac{\varepsilon_0 S}{d}$$

$S = 4\pi R_A^2$ 为球的面积，这就是平行板电容器的电容。

（3）圆柱形电容器 这是由两个同轴导体圆筒 A 和 B 组成的电容器（图 2.4-4）。设圆筒半径分别为 R_A 和 R_B，长为 L，当 $L \gg R_B - R_A$ 时，可近似认为圆筒是无限长的，边缘效应可忽略。若 η 为单位长度的内圆筒所带的电荷量，则两圆筒间的电场强度为

$$E = \frac{\eta}{2\pi\varepsilon_0 r}$$

电势差为

$$\varphi_A - \varphi_B = \int_{R_A}^{R_B} \frac{1}{2\pi\varepsilon_0} \frac{\eta}{r} dr = \frac{\eta}{2\pi\varepsilon_0} \ln \frac{R_B}{R_A}$$

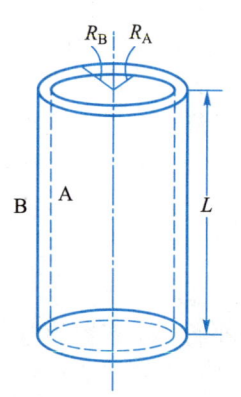

图 2.4-4 圆柱形电容器

因为电容器每个电极上的电荷量 $q = \eta L$，故电容为

$$C = \frac{q}{\varphi_A - \varphi_B} = \frac{2\pi\varepsilon_0 L}{\ln \dfrac{R_B}{R_A}} \tag{2.4-6}$$

4. 电容器的串联与并联

在实际使用电容器时，常常会遇到电容器的电容不合要求或电容器的耐压不合要求，这时可把几只电容器并联或串联起来使用。电容器串联的特点是各电容器极板上的电荷量的绝对值都相等。注意到串联电容器组两端的总电压等于各电容器两极板间的电压之和，电容分别为 $C_1, C_2, C_3, \cdots, C_n$ 的 n 个电容器串联后，其等值电容 C 与各电容器的电容有下面的关系：

$$\frac{1}{C} = \sum_{i=1}^{n} \frac{1}{C_i} \tag{2.4-7}$$

即串联电容器组的等值电容的倒数等于各电容器的电容的倒数之和。电容器串联时，各电容器两极间的电压小于总电压。

电容器并联的特点是各电容器两极间的电压都相等。电容分别为 $C_1, C_2, C_3, \cdots, C_n$ 的 n 个电容器并联后，其等值电容 C 与各电容器的电容有下面的关系：

$$C = \sum_{i=1}^{n} C_i \tag{2.4-8}$$

即若干电容器并联后，电容器组的等值电容等于各电容器的电容之和，电容器并联后可以获得较大的电容。

5. 几点说明

（1）电容器是一种特制的两导体系统，利用空腔导体的屏蔽作用使空腔内的电场分布仅由电容器的两电极的几何形状和相对位置决定，而两极板带的电荷量一定是等量异号的. 对电容器这一特殊的两导体系统，所谓导体的几何形状就是指两极板的几何形状，电容器的电荷量就是任一极板上的电荷量.

（2）任意导体组，当导体带电并达到静电平衡时，每个导体上有一定的电荷分布，有一定的总电荷量和一定的电势. 根据叠加原理，若各个导体的电荷量都增加若干倍，静电平衡条件并不破坏，这时空间的电场强度亦增加若干倍，各个导体的电势亦相应增加若干倍. 所以，其中任意两导体之间都有电容. 但任意两导体间的电容并不完全取决于自己的几何形状和相对位置，而是与周围其他导体都有关系. 在这种情况下，任意两导体之间都有电容，但一般不称这两个导体为电容器.

6. 例题

例 2.4-1 一球形电容器内、外薄球壳的半径分别为 R_1 和 R_4，今在两壳之间放一个内、外半径分别为 R_2 和 R_3 的同心导体球壳（如图所示）. 求半径为 R_1 与 R_4 两球面间的电容.

解：因静电感应，各球面带电情况如图所示，导体内部无电场.

$$\varphi_1 - \varphi_4 = \int_{R_1}^{R_2}\frac{Q}{4\pi\varepsilon_0 r^2}dr + \int_{R_3}^{R_4}\frac{Q}{4\pi\varepsilon_0 r^2}dr$$

$$=\frac{Q}{4\pi\varepsilon_0}\left(\frac{1}{R_1}-\frac{1}{R_2}+\frac{1}{R_3}-\frac{1}{R_4}\right)$$

$$C=\frac{Q}{\varphi_1-\varphi_4}=\frac{4\pi\varepsilon_0 R_1 R_2 R_3 R_4}{R_2 R_3 R_4 - R_1 R_3 R_4 + R_1 R_2 R_4 - R_1 R_2 R_3}$$

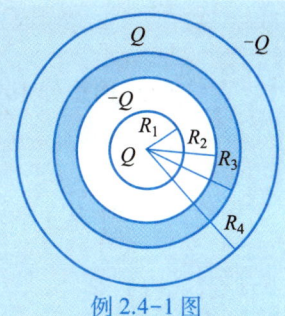

例 2.4-1 图

例 2.4-2 在图示的电路中，$C_1=C_3=2\ \mu\text{F}$，$C_2=C_4=C_5=1\ \mu\text{F}$，$\mathscr{E}=600\ \text{V}$，试求各个电容器上的电势差.

解：此电容组合并非简单的电容串、并联，但可利用静电场的基本方程式求解. 由静电场的环路定理 $\oint \boldsymbol{E}\cdot d\boldsymbol{l}=0$，对闭合回路 $AC_1C_2B\mathscr{E}A$、$AC_4C_5B\mathscr{E}A$ 及 $AC_1C_3C_4A$ 分别有

$$U_1+U_2-\mathscr{E}=0 \tag{1}$$
$$U_4+U_5-\mathscr{E}=0 \tag{2}$$
$$U_1+U_3-U_4=0 \tag{3}$$

把高斯定理应用于图中包围电容器 C_1、C_2、C_3 各一极板的封闭曲面（虚线），注意到各电容器原来未带电，故 $\oint \boldsymbol{E}\cdot d\boldsymbol{S}=0$，得

$$-\int\sigma_1 dS+\int\sigma_2 dS+\int\sigma_3 dS=0$$

即

$$Q_1=Q_2+Q_3 \tag{4}$$

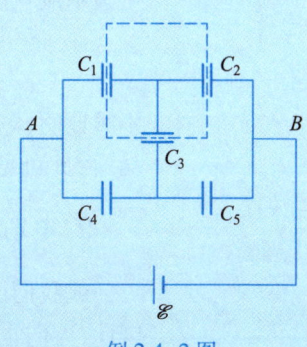

例 2.4-2 图

由电荷守恒定律亦可直接写出此式. 同理有
$$Q_5 = Q_3 + Q_4 \tag{5}$$
注意到 $Q = UC$,联立以上五式,得
$$U_1 = 225 \text{ V}, \quad U_2 = 375 \text{ V}, \quad U_3 = 37.5 \text{ V}, \quad U_4 = 262.5 \text{ V}, \quad U_5 = 337.5 \text{ V}$$

§2.5 静电场的能量

1. 带电导体的静电能

在第一章中,我们已求得电荷连续分布的带电系统的总能量的表达式(1.7-10). 若所考察的带电体是导体,因导体的电荷都分布在表面上,且整个导体是等势体,故有

$$\frac{1}{2}\int_S \sigma\varphi \mathrm{d}S = \frac{1}{2}\sum_i \int_{S_i} \sigma_i\varphi_i \mathrm{d}S = \frac{1}{2}\sum_i \varphi_i \int_{S_i} \sigma_i \mathrm{d}S$$

而积分 $\int \sigma_i \mathrm{d}S$ 就是第 i 个带电导体的总电荷量,即

$$Q_i = \int_{S_i} \sigma_i \mathrm{d}S$$

于是 n 个导体组成的导体系的总静电能为

$$W_e = \frac{1}{2}\sum_i \varphi_i Q_i \tag{2.5-1}$$

电容器是由两块导体极板组成的导体系,若电容器正极板的电荷量为 Q,电势为 φ_1,负极板的电荷量为 $-Q$,电势为 φ_2,则由(2.5-1)式,得电容器的能量

$$W_e = \frac{1}{2}(Q\varphi_1 - Q\varphi_2) = \frac{1}{2}Q(\varphi_1 - \varphi_2) \tag{2.5-2}$$

注意到 $(\varphi_1 - \varphi_2)$ 即为电容器两极板上的电势降低(或电压)U,因而电容器的能量还可表示成

$$W_e = \frac{1}{2}C(\varphi_1 - \varphi_2)^2 = \frac{1}{2}CU^2 = \frac{1}{2}\frac{Q^2}{C} \tag{2.5-3}$$

不难证明,电容器的能量在数值上等于电容器充电过程中外力反抗电场力所做的功. 由此可见电容器不但是电的容器,也是静电能的容器.

2. 电场的能量

就我们已遇到的各种静电能的表达式而言,能量都与带电体的电荷量相联系,因此,人们也许认为能量是集中在电荷上的. 其实,我们只是根据功能关系求得电荷系静电能,并未涉及能量的分布问题. 下面我们以平行板电容器为例,把电容器的储能表达式(2.5-3)改写成另一种形式. 设电容器极板的面积为 S,两极板间的距

离为 d,因为

$$C = \frac{\varepsilon_0 S}{d}, \qquad U = Ed$$

代入(2.5-3)式,得

$$W_e = \frac{1}{2}\frac{\varepsilon_0 S}{d}E^2 d^2 = \frac{1}{2}\varepsilon_0 E^2 Sd \tag{2.5-4}$$

(2.5-4)式表示,静电能不仅与电场强度有关,而且还与存在电场的空间体积 Sd 有关,这似乎表明静电能是分布在电场强度不为零的地方的,凡是有电场的地方便有静电能. 静电能究竟集中在电荷上,还是分布在电场中,这个问题需要用实验来回答. 但在静电范围内,因为电荷与电场总是联系在一起的,所以无法鉴定电能究竟是与电荷还是与电场联系在一起. 以后我们将会看到,当电场随时间迅速变化时,电场(还有磁场)可以脱离电荷而单独存在,并以有限的速度在空间传播,形成电磁波. 而电磁波携带能量早已被实践所证实. 所以我们说,电场是电能的携带者. (2.5-3)式仅给出电容器储能的值,而(2.5-4)式则反映了电能分布在电场中. 电能是电场的能量的观点与"近距作用"的看法是一致的.

单位体积的电场能量称为电场的能量密度,用 w_e 表示. 由(2.5-4)式,得

$$w_e = \frac{1}{2}\varepsilon_0 E^2 \tag{2.5-5}$$

它正比于电场强度的平方. (2.5-5)式虽然是在平行板电容器这一特殊条件下求得的,但可以证明,它具有普遍的意义. 若电场不均匀,则电场的能量密度是位置的函数,整个电场能量为

$$W_e = \int_V w_e \mathrm{d}V = \int_V \frac{1}{2}\varepsilon_0 E^2 \mathrm{d}V \tag{2.5-6}$$

V 是电场分布的空间体积.

由(2.5-5)式或(2.5-6)式可以看出,当用电场强度表示静电能时,静电能是恒正的,这是因为(2.5-6)式所表示的是总能量,其中包括固有能和相互作用能两部分. 固有能恒正,相互作用能有正有负. 总能量恒正意味着固有能大于相互作用能.

研究电荷量分别为 q_1、q_2 的两个带电体的电场的总能量. 设 q_1 单独产生的电场的电场强度为 $\boldsymbol{E}_1$,q_2 单独产生的电场强度为 $\boldsymbol{E}_2$,由叠加原理,总电场强度为

$$\boldsymbol{E} = \boldsymbol{E}_1 + \boldsymbol{E}_2$$

电场的能量密度为

$$w_e = \frac{1}{2}\varepsilon_0 E^2 = \frac{1}{2}\varepsilon_0 (\boldsymbol{E}_1 + \boldsymbol{E}_2)^2 = \frac{1}{2}\varepsilon_0 E_1^2 + \frac{1}{2}\varepsilon_0 E_2^2 + \varepsilon_0 \boldsymbol{E}_1 \cdot \boldsymbol{E}_2$$

电场的总能量

$$W_e = \int \frac{1}{2}\varepsilon_0 E^2 \mathrm{d}V = \int \frac{1}{2}\varepsilon_0 E_1^2 \mathrm{d}V + \int \frac{1}{2}\varepsilon_0 E_2^2 \mathrm{d}V + \int \varepsilon_0 \boldsymbol{E}_1 \cdot \boldsymbol{E}_2 \mathrm{d}V$$

或

$$W_e = W_{11} + W_{22} + W_{12}$$

其中

$$W_{11} = \int \frac{1}{2}\varepsilon_0 E_1^2 dV, \quad W_{22} = \int \frac{1}{2}\varepsilon_0 E_2^2 dV \tag{2.5-7}$$

分别为两个带电体的固有能,而

$$W_{12} = \int \varepsilon_0 \boldsymbol{E}_1 \cdot \boldsymbol{E}_2 dV \tag{2.5-8}$$

为两个带电体的相互作用能。由$(\boldsymbol{E}_1-\boldsymbol{E}_2)^2 \geq 0$,得$E_1^2+E_2^2 \geq 2\boldsymbol{E}_1 \cdot \boldsymbol{E}_2$,因此有

$$W_{11}+W_{22} \geq W_{12}$$

即带电体的固有能之和总大于它们的相互作用能。由于相互作用能的存在,电场能量不具有像电场强度那样的叠加性,即若场 $\boldsymbol{E}$ 是场 $\boldsymbol{E}_1$ 与 $\boldsymbol{E}_2$ 之和,但场 $\boldsymbol{E}$ 的能量并不等于场 $\boldsymbol{E}_1$ 的能量与场 $\boldsymbol{E}_2$ 的能量之和。

3. 几点说明

(1) 表达式(2.5-1)式与(1.7-5)式形式上相同,但含义不一样。(1.7-5)式中的 φ_i 是除 q_i 以外的点电荷在 q_i 处所产生的电势;而(2.5-1)式中的 φ_i 则是电荷量为 q_i 的那个导体的电势,其中包括 q_i 自己产生的电势。(1.7-5)式仅表示电荷系的相互作用能,而(2.5-1)式反映了使宏观上不带电的导体系带电过程中所做的功,其中已包括每个导体的固有能。每个带电导体的固有能不但取决于该导体的总电荷量,而且取决于电荷在导体上的分布情况。因此,导体的固有能与周围环境有关,如果导体很小,可以作为宏观上的点电荷,电荷在导体上的分布已失去意义,导体的固有能与周围其他带电导体的分布无关。在这种情况下,除了一个附加常量(此常量即各导体固有能之和)外,(2.5-1)式与(1.7-5)式等价。

(2) (2.5-6)式给出了整个电场的总能量,与(1.7-10)式给出的能量是相等的。因此,这两个表达式是等价的。但这一结论仅在静电范围内正确,若场随时间变化,则(1.7-10)式失去意义,而(2.5-6)式仍然正确。

(3) 电场能表达式可用于计算一孤立带电体的静电能,但是,如果孤立带电体是点电荷,就会出现场能发散的困难,即电场能量趋向无限大。虽然有许多克服点电荷场能发散的困难的尝试,但该困难至今尚未妥善解决。

4. 静电场对导体的作用力

根据电场强度的定义,电场作用于检测电荷的力为 $\boldsymbol{F}=q_0\boldsymbol{E}$,式中 $\boldsymbol{E}$ 并不包括检测电荷自身产生的电场,因此在研究静电场对带电体上任一电荷元 dq 的作用力时,必须从总电场强度 $\boldsymbol{E}$ 中减去电荷元 dq 自身产生的电场强度 $\boldsymbol{E}_s$,即

$$d\boldsymbol{F} = (\boldsymbol{E}-\boldsymbol{E}_s)dq \tag{2.5-9}$$

对上式积分,即得整个带电体所受的电场力。处于静电平衡状态的导体只可能有面电荷,电场对带电导体的作用力为

$$\boldsymbol{F} = \oint_S (\boldsymbol{E}-\boldsymbol{E}_s)\sigma dS \tag{2.5-10}$$

积分区域为整个导体的表面。

在§2.1中,我们已经证明,导体表面的电场强度与导体表面垂直,其大小为

$E = \sigma e_n/\varepsilon_0$. 严格讲,$E$ 在导体表面是不确定的,因为从导体内部趋向表面时,$E = 0$,从导体外部趋向表面时,$E = \sigma e_n/\varepsilon_0$,$e_n$ 为表面的外法向的单位矢量. 但是,E 在导体表面上的不确定性并未给计算静电场对导体的作用力带来困难,因为正如(2.5-9)式表明的,作用于导体表面上的面电荷元 σdS 上的力并非由 E 决定,在§2.1 中我们曾求得,在导体表面处,面元 dS 上的电荷单独产生的电场强度 E_s 为

$$E_s = \frac{1}{2\varepsilon_0}\sigma e_n \quad (\text{导体外侧})$$

$$E_s = -\frac{1}{2\varepsilon_0}\sigma e_n \quad (\text{导体内侧})$$

在导体表面附近,不论在导体内部还是导体外部,

$$E - E_s = \frac{1}{2}E \tag{2.5-11}$$

因此,导体表面上任一面元受到的静电场的作用力为

$$dF = \frac{1}{2}E\sigma dS = \frac{1}{2}\varepsilon_0 E^2 dS e_n$$

而单位面积所受到的力为

$$f = \frac{dF}{dS} = \frac{1}{2}\varepsilon_0 E^2 e_n = w_e e_n \tag{2.5-12}$$

即导体表面单位面积所受到的力在数值上与导体表面处电场的能量密度相等,力的方向与导体带电的符号无关,总是在外法线方向,是一种张力.

5. 例题

> **例 2.5-1** 试从电场的能量密度出发计算一均匀带电薄球壳的固有能. 设球壳半径为 R,带电荷量为 q.
> **解**:带电球壳的场分布在球外,离球心为 r 处的电场强度为
>
> $$E = \frac{1}{4\pi\varepsilon_0}\frac{q}{r^2} \quad (r \geq R)$$
>
> 电场的能量密度为
>
> $$w_e = \frac{1}{2}\varepsilon_0 E^2 = \frac{1}{32\pi^2\varepsilon_0}\frac{q^2}{r^4}$$
>
> 能量分布具有球对称性,取体元 $dV = 4\pi r^2 dr$,球壳的固有能为
>
> $$W_e = \int w_e dV = \frac{q^2}{8\pi\varepsilon_0}\int_R^\infty \frac{dr}{r^2} = \frac{1}{8\pi\varepsilon_0}\frac{q^2}{R}$$
>
> 当 $R \to 0$ 即带电球缩小成一点电荷时,固有能 $W_e \to \infty$,表示点电荷的固有能将趋向于无限大.

> **例 2.5-2** 一半径为 R、所带电荷量为 q 的球形导体,被切为两半,如图所示. 求两半球的相互排斥力.
> **解**:导体表面单位面积所受的力等于电场能量密度. 任选一面元 dS,其受力大小为
>
> $$dF = \frac{1}{2}\varepsilon_0 E^2 dS$$

方向垂直球面向外,即沿径向. 将 dF 分解,由于球对称,可知 $\int \mathrm{d}F_y = 0$,而

$$\mathrm{d}F_x = \frac{1}{2}\varepsilon_0 E^2 \cos\theta \mathrm{d}S$$

其中

$$\mathrm{d}S = 2\pi R^2 \sin\theta \mathrm{d}\theta, \quad E = \frac{q}{4\pi\varepsilon_0 R^2}$$

所以两半球相互排斥力为

$$F = F_x = \int \mathrm{d}F_x = \frac{q^2}{16\pi\varepsilon_0 R^2}\int_0^{\pi/2}\cos\theta\sin\theta \mathrm{d}\theta = \frac{q^2}{32\pi\varepsilon_0 R^2}$$

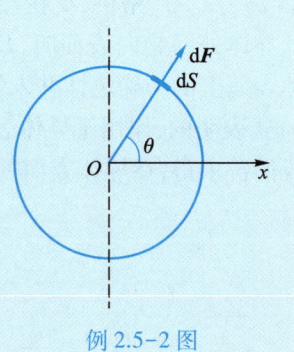

例 2.5-2 图

思考题

2.1 下列各叙述是否正确?在什么情况下正确?在什么情况下不正确?请举例说明之.
(1) 接地的导体都不带电;
(2) 一导体的电势为零,则该导体不带电;
(3) 任何导体,只要它所带的电荷量不变,则其电势就是不变的.

2.2 有人说,因为达到静电平衡时,导体内部不带电,所以利用高斯定理可以证明导体内部电场强度必为零,这种说法是否正确?

2.3 在例 2.1-3 中,若不是将 B 板接地而是将 A 板接地,则结果如何?

2.4 在例 2.1-4 中,我们运用了公式 $E = \sigma/\varepsilon_0$,这里的 E 是否包括点电荷 q 的电场强度在内?

2.5 在例 2.1-4 中,若已知金属表面上的感应电荷面密度,能够直接用高斯定理求出感应电荷单独产生的电场吗?

2.6 在一电中性的金属球内,挖一任意形状的空腔,腔内绝缘地放一电荷量为 q 的点电荷,如图所示,球外离开球心为 r 处的 P 点的电场强度怎样确定?根据是什么?

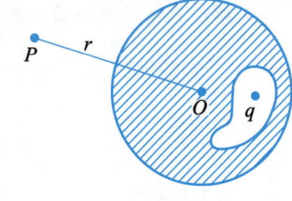

思考题 2.6 图

2.7 一导体处在静电场中,静电平衡后导体上的感应电荷分布如图所示.有人说,根据电场线的性质,必有一部分电场线从导体上的正电荷发出,并终止在导体的负电荷上,这种说法正确吗?为什么?

2.8 一封闭的带电金属盒中,内表面有许多针尖,如图所示,针尖附近的电场强度是否很大?

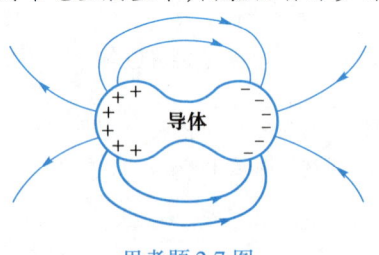

思考题 2.7 图

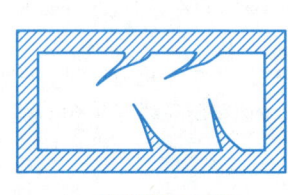

思考题 2.8 图

2.9 你认为孤立带电导体圆盘上的电荷是否应均匀分布在圆盘的两个圆面上？为什么？

2.10 A 是一绝缘的带正电的金属球，电势维持在 $2×10^5$ V，C 为一绝缘的空心金属球，也带正电，电势为 $2×10^7$ V，球上有一孔．装在绝缘柄上的金属小球 B，先与金属球 A 接触，然后把它移入空心金属球 C 的内部并与其内壁接触．问：接触时正电荷怎样运动？为什么？

2.11 若电荷间的相互作用不满足平方反比律，导体腔的屏蔽效应是否仍然存在？万有引力也服从平方反比律，你能否仿效静电屏蔽作用，设计出一种万有引力的屏蔽作用？为什么？

2.12 多个彼此绝缘的未带电导体处于无场的空间．试证明：若其中任一导体（如 A）带正电，则各个导体的电势都高于零，而且其余导体的电势都低于 A 的电势．

2.13 两个导体分别带有电荷量 $-q$ 和 $2q$，都放在同一个封闭的金属球壳内．证明：电荷为 $2q$ 的导体的电势高于金属球壳的电势．

2.14 用一个带电的导体小球与一个不带电的绝缘大导体球相接触，小球上的电荷会全部传到大球上去吗？

2.15 将一接地的导体 B 移近一带正电的孤立导体 A 时，A 的电势升高还是降低？（从能量角度分析．）

2.16 平行板电容器充电后两极板的电荷面密度分别为 $+\sigma$ 与 $-\sigma$，求极板上单位面积的受力．

习题

2-1 试证明：对于两个无限大带电的平行平面导体板来说，若周围无其他带电体存在，则：

(1) 相向两个面（图中 2 和 3）上，电荷的面密度总是大小相等而符号相反；

(2) 相背的两个面（图中 1 和 4）上，电荷的面密度总是大小相等而符号相同．

习题 2-1 图

2-2 三块平行的金属平板 A、B 和 C，面积都是 200 cm²，A、B 两极板相距 4.0 mm，A、C 两板相距 2.0 mm，B、C 两板都接地（如图所示），如果 A 板带 $3.0×10^{-7}$ C 的正电荷，边缘效应忽略不计，试求：

(1) B、C 两板上的感应电荷；

(2) 以地为零电势，A 板的电势．

2-3 面积均为 $S=10^{-2}$ m² 的三块导体薄板 A、B、C 平行排列，如图所示，间距 $d_1=1$ mm，$d_2=2$ mm．今在 A、C 两板接地的情况下，将 B 板充电至 3 000 V，然后拆去所有连线，再抽出 B 板．计算：

(1) A、C 两板上的电荷 q_A、q_C；

(2) A、C 两板间的电势差 $(\varphi_A-\varphi_C)$．

2-4 将两块薄导体平板 C 和 D，平行地插入平行板电容器的两极板 A、B 之间，其中距离 $l_{AC}=l_{CD}=l_{DB}=\dfrac{d}{3}$，如图所示．已知 C、D 未插入时，A、B 两极板间的电势差为 U_0．

(1) C、D 插入后，A 和 C、C 和 D、D 和 B 之间的电势差各为多少？各导体板之间的空间中的电场强度各为多少？

(2) 若 C 和 D 以导线相连接，然后除去导线，再讨论问题(1)．

(3) 在问题(2)之后,再用导线将 A 与 B 连接,然后除去导线,则问题(1)答案又将如何?

(4) 如果在上述(1)和(2)中,将 A 和 B 分别与电源的两电极连接使 A 和 B 之间的电势差保持不变,而在上述(3)中先与电源分离,然后再用导线连接 A 与 B,试问上述(1)、(2)、(3)各小题的答案将有何改变?

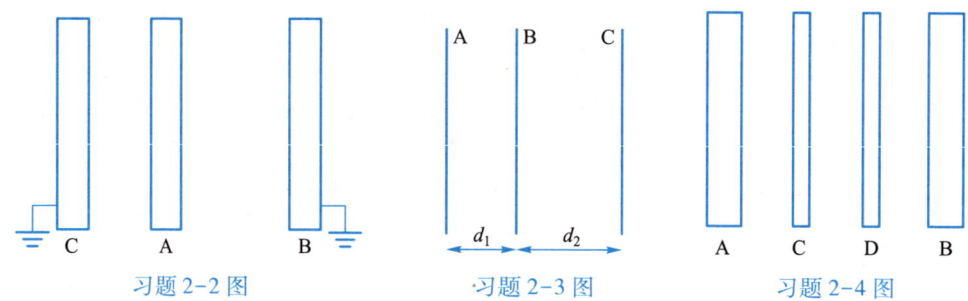

习题 2-2 图　　　　　习题 2-3 图　　　　　习题 2-4 图

2-5 如图所示,金属球壳的内外半径分别为 a 和 b,带电荷量为 Q,球壳腔内距球心 O 为 r 处放置一电荷量为 q 的点电荷,试求球心 O 点的电势.

2-6 在上题中,若在金属球壳外距球心 O 为 d 处再置一点电荷 q',试求球心 O 处电势的改变?

2-7 一半径 $R_1=0.05$ m,带电荷量 $q=\frac{2}{3}\times10^{-8}$ C 的金属球,被一同心的导体球壳包围(如图所示),球壳内半径 $R_2=0.07$ m,外半径 $R_3=0.09$ m,带电荷量 $Q=-2\times10^{-8}$ C. 求离球心分别为 0.03 m,0.06 m,0.08 m 和 0.10 m 的 A、B、C、D 四点处的电场强度和电势的值.

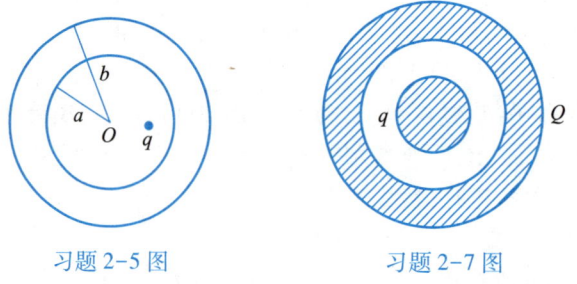

习题 2-5 图　　　　　习题 2-7 图

2-8 圆筒形静电除尘器是由一个金属筒和沿其轴线的金属丝构成的,两者分别接到高压电源的正、负极上,如图所示. 若金属丝的直径为 2.0 mm,圆筒的内半径为 20 cm,两者的电势差为 15 000 V,圆筒和金属丝均可近似视为无限长,试求离金属丝表面 0.010 mm 处的电场强度.

2-9 演示用的范德格拉夫静电起电机,它的铝球壳半径为 10 cm,试求该起电机能达到的最高的电势(设空气的击穿电场强度为 3×10^4 V/cm).

2-10 半径为 R_1 的导体球带有电荷 q,球外有一个内、外半径分别为 R_2,R_3 的同心导体球壳,壳上带有电荷 Q(如图所示). (1) 求两球的电势 φ_1 和 φ_2;(2) 求两球的电势差 $\Delta\varphi$;(3) 若用导线把内球和球壳连接起来后,则 φ_1、φ_2 和 $\Delta\varphi$ 分别为多少? (4) 在情形(1)和(2)中,若外球壳接地,则 φ_1、φ_2 和 $\Delta\varphi$ 各为多少? (5) 设外球离地面很远,且内球接地,则 φ_1、φ_2 和 $\Delta\varphi$ 各是多少?

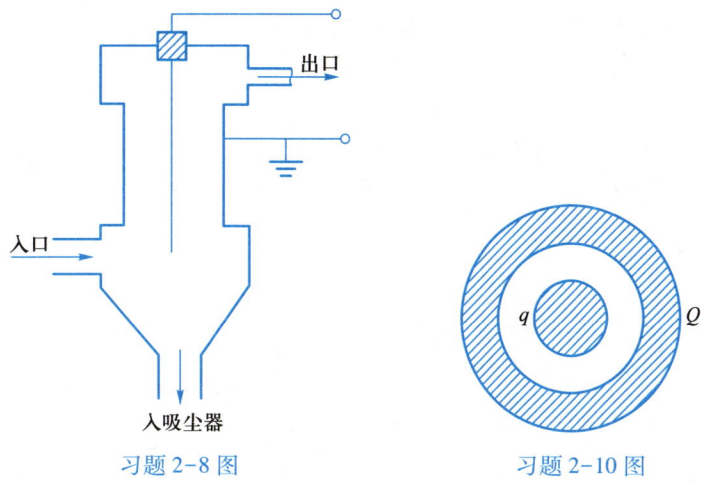

习题 2-8 图　　　　习题 2-10 图

2-11 如图所示,半径为 R_1 的导体球所带电荷量为 q,在它外面同心地罩一金属外壳,其内、外壁的半径分别为 R_2 与 R_3,已知 $R_2=2R_1$,$R_3=3R_1$,今在距球心为 $d=4R_1$ 处放一电荷量为 Q 的点电荷,并将导体球壳接地,试问:

(1) 球壳带的总电荷量是多大?

(2) 如果用导线将壳内导体球与壳相连,球壳带电荷量是多大?

2-12 如图所示,平行板电容器两极板的面积都是 S,相距为 d,其间有一厚度为 t 的金属板与极板平行放置,面积亦是 S. 略去边缘效应.

(1) 求系统的电容 C;

(2) 金属板离两极板的距离对系统的电容是否有影响?

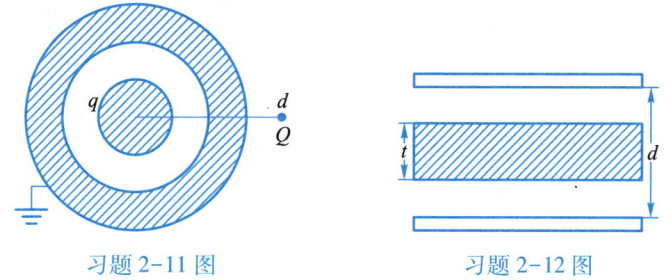

习题 2-11 图　　　　习题 2-12 图

2-13 两根平行长直导线,截面半径都是 a,中心轴线间的距离为 $d(d \gg a)$,求它们单位长度的电容.

2-14 半径分别为 a 和 b 的两个金属球,球心间距为 $r(r \gg a, r \gg b)$,今用一根电容可忽略的细导线将两球相连,试求:

(1) 该系统的电容;

(2) 当两球所带的总电荷量是 Q 时,每一个球上的电荷量.

2-15 一球形电容器内、外两壳的半径分别为 R_1 和 R_4(如图所示),今在两壳之间放一个内、外半径分别为 R_2 和 R_3 的同心导体球壳.

(1) 给内壳(R_1)以电荷量 Q,求半径分别为 R_1 和 R_4 的两壳的电势差;

(2) 求电容(即以半径分别为 R_1 和 R_4 两球面为两极的电容).

2–16 如图所示,电容 $C_1 = 10\ \mu\text{F}, C_2 = C_3 = 5.0\ \mu\text{F}$.

(1) 求 a、b 间电容;

(2) 若 a、b 间加上电压 100 V,求 C_2 上的电荷量;

(3) 若 C_1 被击穿,求 C_3 上的电荷量.

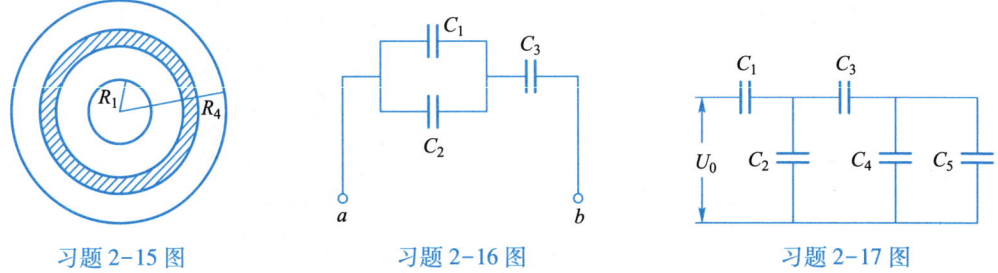

习题 2–15 图　　　习题 2–16 图　　　习题 2–17 图

2–17 如图所示电路,$C_1 = C_2 = C_3 = C_4 = C_5 = 2 \times 10^{-12}$ F,端电压 $U_0 = 1\ 000$ V,试求每一个电容器上的电荷量.

2–18 如图所示,有四个电容都相同的电容器 $C_1 = C_2 = C_3 = C_4 = C$,已知电源的端电压为 U,求下列情形下各个电容器上的电压.

(1) 起初 S_2 断开,接通 S_1,然后再接通 S_2,最后断开 S_1;

(2) 起初 S_2 断开,接通 S_1,然后断开 S_1 再接通 S_2.

2–19 四个电容器的电容分别为 C_1、C_2、C_3 和 C_4,连接如图所示,分别求:(1) A、B 间的电容;(2) D、E 间的电容;(3) A、E 间的电容.

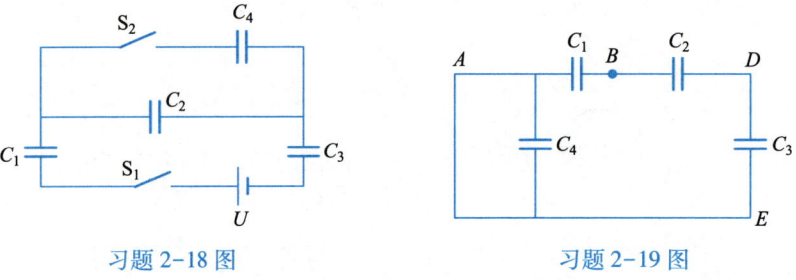

习题 2–18 图　　　习题 2–19 图

2–20 有一些相同的电容器,电容都是 2×10^{-6} F,击穿电压都是 200 V,现在要获得击穿电压为 1 000 V、电容分别为 $C = 0.40 \times 10^{-6}$ F 和 $C' = 1.2 \times 10^{-6}$ F 的电容器组,问各需这种电容器多少个?应怎样连接?

2–21 将一个 20×10^{-6} F 的电容器充电到 1 000 V,然后将它的两个极板与另一个不带电的、电容为 5×10^{-6} F 的电容器并联,试求连接过程中损失的能量.

2–22 有三个同心的薄金属球壳,它们的半径分别为 a、b、c($a<b<c$),所带电荷量分别为 q_1、q_2、q_3.

(1) 求这一带电系统的静电能;

(2) 若最外一个球壳接地(设球壳离地面较远),计算该系统静电能的损失.

2–23 金属小球 A 与金属球壳 B 原相距很远,小球 A 所带电荷量为 $+q_1$,电势为 φ_1;球壳 B 所带电荷量为$+q_2$,电势为φ_2.现设法将 A 球移入球壳 B 内,并使 A、B 两球的中心重合.

(1) 分别计算 A 和 B 的电势变化;

(2) 在 A 球移入球壳 B 内的过程中,外力共做了多少功?

2-24 如图所示,一半径为 R_c 的导体球,带电荷量为 Q,在距球心为 d 处挖一半径为 R_b($R_b<d$, $R_b<R_c-d$)的球形空腔,在此腔内置一半径为 R_a 的同心导体球($R_a<R_b$),此球带有电荷量 q,试求整个带电系统的静电能.

2-25 一平行板电容器极板面积为 S,间距为 d,两极板分别带有电荷量$\pm Q$,将两极板的距离拉至原来的两倍.

(1) 静电能改变了多少?

(2) 抵抗电场做了多少功?

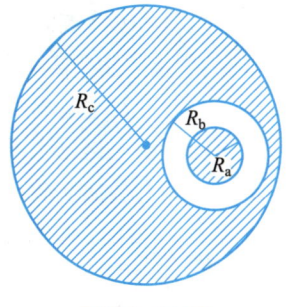

习题 2-24 图

2-26 一平行板电容器极板面积为 S,两极板间距为 d.将电容器接在电源上以保持电压为 U 不变,然后将两极板的距离拉至原来的两倍,计算:(1) 静电能的改变;(2) 电场对电源做的功;(3) 外力对极板做的功.

本章习题答案

第三章
恒定电流

前两章,我们讨论了与静止电荷有关的电现象. 从这一章开始,我们将讨论与运动电荷有关的现象. 带电质点的运动将伴随着电荷量的迁移,形成电流. 不随时间变化的电流称为恒定电流,通常亦称直流. 本章将以金属导体为例讨论导体中恒定电流的形成及其规律以及直流电路的计算.

§ 3.1 恒定电流的闭合性

1. 电流的形成

在宏观范围内,大量电荷的定向运动形成电流. 要产生电流,一方面必须存在可以自由运动的电荷,即载流子,另一方面必须有迫使电荷做定向运动的某种作用. 由于导体对载流子的定向运动具有阻力(这种阻力分别来自载流子与晶格或其他中性分子的碰撞),要维持电荷的定向运动,这种作用是必不可少的.

在多数情况中,载流子是电子或某种带电微粒,如正、负离子. 迫使电荷做定向运动的作用则是多种多样的,有机械作用、化学作用、电作用等. 我们着重讨论载流子在电场力作用下做定向运动所形成的电流,但也将涉及一些非电场力的作用,因为这种作用对形成恒定电流也是不可少的.

金属导体中电流的载流子是自由电子. 我们曾经指出,金属中存在大量自由电子,当金属处在电场中时,自由电子因受电场力作用而做定向运动,从而形成金属中的电流,如图 3.1-1 所示. 由于电子的质量很小,金属中的电流不会引起宏观上可观察到的质量迁移.

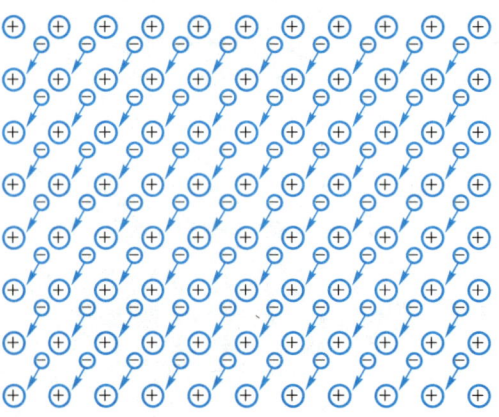

图 3.1-1　金属中自由电子的定向运动形成电流

§3.1 恒定电流的闭合性

酸、碱、盐等电解质溶液中电流的载流子是正离子和负离子. 当电解质溶液处在电场中时,正、负离子因受电场作用而分别向相反的方向做定向运动,从而形成电解质溶液中的电流. 从电荷量迁移的角度看,正电荷向某一方向运动与负电荷向相反方向的运动所产生的效果是相同的. 电解质溶液中的电流会引起质量迁移,一般还伴随着化学反应.

半导体材料中的载流子是电子(导带中)和带正电的空穴(满带中),电子或空穴在电场作用下形成半导体中的电流. 半导体中载流子的密度和定向运动的速度与温度、光照等因素密切相关.

通常,气体中没有可以自由移动的电荷,故气体没有导电性,是良好的绝缘体. 但是,紫外线、X 射线、宇宙线以及火焰等所谓电离剂会使气体分子电离,产生电子和正、负离子,从而使气体具有导电性. 在电场作用下,电子和离子的定向运动就形成气体中的电流. 电子在电场作用下可以获得很大的动能,当它们与中性分子碰撞时有可能使中性分子电离而产生新的载流子. 当电场足够强时,正离子在奔向阴极的过程中,也可能获得很大的动能,当它们撞击阴极时,能使阴极材料中的电子发射出来而产生二次电子发射. 这时在气体导电过程中,依靠电场作用,就能不断产生新的载流子,即使撤去电离剂,气体中的电流也会持续下去,于是原来不导电的气体就变成了良导体.

真空中没有自由电荷,故在一般情况下真空中不会有电流. 金属内部的自由电子可以在金属内部自由运动,但它们很难进入真空形成电流. 不过随着金属温度的升高,动能大的电子增多,当金属达到灼热时,动能大的电子会很多,从而有大量电子从金属中逸出,这就是热电子发射. 热电子发射使真空中出现大量载流子,在外电场作用下形成真空中的电流. 真空二极管中的电流就是由阴极发出的热电子形成的. 微观粒子具有贯穿势垒的隧道效应,即使金属的温度不高,电子仍有一定的概率贯穿势垒进入真空,从而可在特定的条件下在真空中形成微弱的隧道电流.

2. 电流和电流密度

因为电子服从量子力学的规律,即使处于绝对零度附近,金属中的自由电子仍必须分布在一系列能量不同的状态上,所以电子不规则运动的平均速率仍非常大,其数值约为 10^6 m/s. 但是,电子的平均速度为零,故电子的不规则运动并不引起宏观上的电流. 由负电荷向某一方向的定向运动所引起的电荷量迁移与等量的正电荷向相反方向做定向运动所引起的电荷量迁移等效,加之传统习惯,即使在很多情况下实际的载流子是带负电的电子,但在研究电流时都规定带正电的载流子的定向运动方向作为电流的方向.

考察某种导体材料,其载流子数密度(即单位体积内载流子数)为 N,载流子所带电荷量为 q,其定向运动的速度为 $\boldsymbol{u}$,则在 Δt 时间内,通过任一面元 ΔS 迁移的电荷量为

$$\Delta Q = (u\Delta t \Delta S \cos\theta) Nq$$

其中 θ 为 ΔS 的法线方向与 $\boldsymbol{u}$ 的夹角. 单位时间内通过任一面积迁移的电荷量表示

通过该面积的电流的大小，因此通过 dS 面的电流为

$$dI = \frac{dQ}{dt} = \frac{(udSdt\cos\theta)Nq}{dt} = Nqud S\cos\theta = Nq\boldsymbol{u}\cdot d\boldsymbol{S}$$

令

$$\boldsymbol{j} = Nq\boldsymbol{u} \tag{3.1-1}$$

则

$$dI = \boldsymbol{j}\cdot d\boldsymbol{S} \tag{3.1-2}$$

$\boldsymbol{j}$ 称为电流密度，它是矢量，方向与载流子定向运动速度的方向相同，大小等于单位时间内通过垂直于载流子定向速度方向的单位面积的电荷量.

如果电流是由几种载流子的定向运动形成的，则每一种载流子的定向运动对电流的贡献都由(3.1-1)式给出，故有

$$dI = \left(\sum_i N_i q_i \boldsymbol{u}_i\right)\cdot d\boldsymbol{S}$$

而电流密度为

$$\boldsymbol{j} = \sum_i N_i q_i \boldsymbol{u}_i \tag{3.1-3}$$

通过任意曲面的电流为

$$I = \int_S \boldsymbol{j}\cdot d\boldsymbol{S} = \int_S j\cos\theta dS \tag{3.1-4}$$

电流是单位时间内通过某一曲面的总电荷量，而电流密度则反映了空间各点电流的分布情况. 例如，在图 3.1-2 中，通过各截面的电流都相等，但各个截面上的电流密度却不同，同一截面上不同处的电流密度也不相同.

一般来讲，电流通过导体特别是大块导体时，导体内各点电流密度不同，即 $\boldsymbol{j}=\boldsymbol{j}(x,y,z)$. 各点的 $\boldsymbol{j}$ 组成一个矢量场，称为电流场. 正

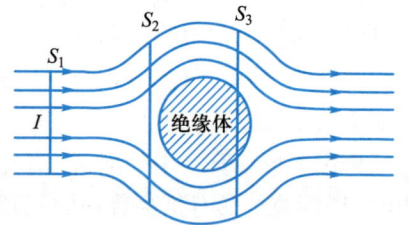

图 3.1-2 通过 S_1、S_2、S_3 三个截面的电流相等，但电流密度不同

如可以用电场线来描述空间各点的电场分布一样，我们可以用电流线来描述电流场的分布. 电流线上每一点的切线方向与该点电流密度的方向相同，曲线的疏密程度代表电流密度的大小.

电流的单位是 A(安培)，它是 SI 中的一个基本单位. 电流密度的单位是 A/m^2.

3. 电流的连续性方程　恒定电流的闭合性

设想在导体内任取一封闭曲面 S，根据(3.1-4)式，通过封闭曲面的电流为

$$I = \oint_S \boldsymbol{j}\cdot d\boldsymbol{S}$$

若 $I = \oint_S \boldsymbol{j}\cdot d\boldsymbol{S} > 0$，则表示有电荷通过封闭曲面向外迁移，单位时间内通过封闭曲面迁移的电荷量的大小为 I. 根据电荷守恒定律，单位时间内通过封闭曲面向外迁移的电荷量应等于该封闭曲面内单位时间所减少的电荷量. 反之，若 $I = \oint_S \boldsymbol{j}\cdot d\boldsymbol{S} < 0$，

则表示有电荷通过封闭曲面进入其内部,根据电荷守恒定律,单位时间内通过封闭曲面进入其内部的电荷量应等于该封闭曲面内单位时间所增加的电荷量. 若以 $\mathrm{d}q/\mathrm{d}t$ 表示封闭曲面内的电荷量随时间的变化率,则有

$$\oint_S \boldsymbol{j} \cdot \mathrm{d}\boldsymbol{S} = -\frac{\mathrm{d}q}{\mathrm{d}t} \tag{3.1-5}$$

负号表示"减少",这就是电流的连续性方程. 它是电荷守恒定律的数学表述. 电流的连续性方程告诉我们,电流场的电流线是有头有尾的,凡有电流线发出的地方,那里的正电荷的量必随时间减少;凡有电流线会聚的地方,那里的正电荷的量必随时间增加.

因为恒定电流的电流密度不随时间变化,如果存在电流线发出或会聚的地方,那么这些地方电荷的增加或减少的过程就将持续进行下去,这必将导致这些地方正电荷或负电荷的大量积聚,从而形成越来越强的电场,电场将阻碍电荷的继续积聚,电流将消失. 所以,对于真正的恒定电流,必须不存在这种电荷不断积聚的地方,亦即 $\boldsymbol{j}$ 对任何封闭曲面的通量必须等于零,即

$$\oint_S \boldsymbol{j} \cdot \mathrm{d}\boldsymbol{S} = 0 \tag{3.1-6}$$

这就是说,任何时刻进入封闭曲面的电流线的条数与穿出该封闭曲面的电流线条数相等,在电流场中既找不到电流线发出的地方,也找不到电流线会聚的地方,恒定电流的电流线只可能是无头无尾的闭合曲线. 这是恒定电流的一个重要特性,称为恒定电流的闭合性.

由(3.1-5)式和(3.1-6)式立即可得,对于恒定电流,空间任一封闭曲面内的电荷量保持不变. 这就是说,对于恒定电流,电荷的定向运动具有下面的特点:在任何地点,其流失的电荷必被别处流来的电荷所补充,电荷的流动过程是空间每一点的一些电荷被另一些电荷代替的过程. 正是这种代替,保证了电荷分布不随时间变化. 分布不随时间变化的电荷所产生的电场亦不随时间变化,这种电场称为恒定电场,它是一种静态电场. 恒定电场与静电场有相同的性质,服从相同的场方程式,电势的概念对恒定电场仍然有效. 在不引起混淆的地方,我们有时也把恒定电场称为静电场.

一般讲,处在恒定电场中的导体并未达到静电平衡,导体内部电场强度并不为零,这是导体中存在电流的不可缺少的条件(超导体除外),但是导体上的电荷分布是不随时间改变的.

§3.2 欧姆定律

1. 欧姆定律的微分形式

实验指出,当金属导体中存在电场时,导体中便出现电流. 当导体中的电场恒定时,形成的电流也是恒定的,一旦撤除电场,电流亦随之停止. 进一步的实验指

出:当保持金属的温度恒定时,金属中的电流密度 j 与该处的电场强度 E 成正比,即

$$j = \gamma E \quad (3.2-1)$$

比例系数 γ 称为金属的电导率. (3.2-1)式对大部分导体都是成立的,称为欧姆(Ohm)定律的微分形式,它反映了导体内部任一点的电流密度与该点的电场强度的关系. 电流密度 j 只取决于该点的电场强度与电导率,与其他地方的电场分布和电导率无关. 若导体是均匀的,则导体内各处的电导率都相等,若导体是非均匀的,则电导率是位置的函数.

在更加一般的情况下,电导率 γ 本身也可以是电场强度 E 的函数,这时(3.2-1)式应由下式代替:

$$j = \gamma(E) E$$

凡是(3.2-1)式成立的介质均称为线性介质或欧姆介质. 在我们的课程中着重讨论欧姆介质.

电导率 γ 的倒数称为电阻率,用 ρ 表示:

$$\rho = \frac{1}{\gamma} \quad (3.2-2)$$

在 SI 中,电阻率的单位是 $V \cdot m/A$ 或 $\Omega \cdot m$,这里 Ω 是电阻的单位,称为欧姆;电导率的单位是 $\Omega^{-1} \cdot m^{-1}$.

欧姆定律的微分形式(3.2-1)式对频率不是非常高的非恒定电流亦适用.

2. 一段电路的欧姆定律 电阻

下面我们研究在电场作用下导体中的恒定电流. 先考察一下恒定电流在导体中的形成过程. 考虑如图 3.2-1 所示的一段导体,假定在某一时刻电流流向导体与周围绝缘体的交界面,电流线将终止在交界面上,电荷便在该处堆积起来,使电场强度随时间变化,电流密度 j 也随时间变化,因而此电流是不恒定的. 堆积起来的电荷所产生的电场必使电流密度垂直于交界的分量减小,直至这一分量为零,电荷不再积累,电场不再变化,电流达到恒定. 所以,对于恒定电流,在导体和绝缘体的交界面附近,电流密度只能沿着交界面亦即在交界面上,电流密度 j 只有切向分量,没有法向分量.

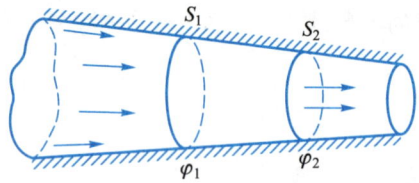

图 3.2-1 电流流过粗细不均匀的导体

若在没有分支的导体中任取两个截面 S_1 和 S_2,则通过每个截面的电流分别为

$$I_1 = \int_{S_1} j \cdot dS, \quad I_2 = \int_{S_2} j \cdot dS$$

恒定电流的闭合性要求 $I_1 = I_2$,即通过导体任一截面的电流相等.

考虑电流流过一段粗细均匀、材料均匀的导线,导线的截面积为 S,电导率为

γ,如图 3.2-2 所示. 显然,导线的每一横截面都是等势面. 相距为 l 的两个横截面间的电势差为

$$\varphi_1 - \varphi_2 = \int \boldsymbol{E} \cdot \mathrm{d}\boldsymbol{l} = \int \rho \boldsymbol{j} \cdot \mathrm{d}\boldsymbol{l} = \int \rho j \mathrm{d}l = I \int \frac{\rho \mathrm{d}l}{S}$$

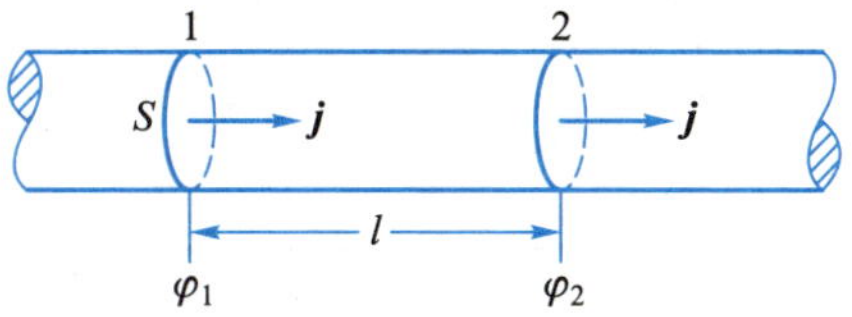

图 3.2-2　电流流过一段粗细均匀的导线

设

$$R = \int \frac{\rho \mathrm{d}l}{S} = \rho \frac{l}{S} \tag{3.2-3}$$

为所考察的两等势面间的导体的电阻,它与导体材料的性质、导体的形状等因素有关,将其代入上式,得

$$\varphi_1 - \varphi_2 = IR \tag{3.2-4}$$

或

$$U = IR \tag{3.2-5}$$

(3.2-4)式或(3.2-5)式就是大家熟知的一段导体的欧姆定律.

当电流流过任意形状的导体时,(3.2-4)式或(3.2-5)式形式的欧姆定律仍然成立. 如恒定电流流过如图 3.2-1 所示的导体,尽管导体内各点的电流密度并不相同,但通过导体上任一截面的电流 I 仍相等. 在导体上任取两个等势面,它们的电势差即电压 U 与电流 I 的比值为某量 R. 若设想让空间各点的电场强度都增大至原先的 λ 倍,则上述两等势面间的电压也增大至原先的 λ 倍,从而电流也增大至原先的 λ 倍,故电压与电流之比仍为 R. 这表明导体上任意两个等势面间的电压与通过导体的电流的比值是一个与电流和电压都无关的量,它反映了导体本身的性质,该比值称为该两等势面间的导体的电阻,即

$$R = \frac{U}{I} \tag{3.2-6}$$

粗细不均匀的导体的电阻不能写成(3.2-3)式那样简单的形式,它只能用(3.2-6)式来定义. 实际上即使同一导体,当电流流动的方式不同时,对应的电阻也不同. 如圆筒形导体,电流沿筒的轴向流动时的电阻与电流沿筒的径向流动时的电阻就是完全不同的.

尽管电阻与导体形状及电流流动方式有关,但电阻率却与这些因素无关,仅由材料性质决定. 表 3.2-1 给出了几种材料的电阻率.

表 3.2-1　几种材料的电阻率

材料	电阻率/($\Omega \cdot m$)	材料	电阻率/($\Omega \cdot m$)
铝	2.65×10^{-8}	锗	0.64

续表

材料	电阻率/(Ω·m)	材料	电阻率/(Ω·m)
铜	1.67×10^{-8}	石墨	1.4×10^{-5}
金	2.35×10^{-8}	食盐的饱和溶液	4.4×10^{-2}
铁、镍	9.71×10^{-8}	氧化铝	1×10^{14}
锡	1.59×10^{-8}	玻璃	$10^{10} \sim 10^{14}$
汞	9.58×10^{-8}	碘	1.3×10^{7}
钨	5.51×10^{-8}	石英	1×10^{13}
康铜	49.0×10^{-8}	硫	2×10^{19}
镍铬合金	100.0×10^{-8}	木材	$10^{8} \sim 10^{11}$

3. 电阻率与温度的关系 超导电性

材料的电阻率与温度有关. 实验测量表明, 纯金属的电阻率随温度的变化较有规律, 当温度变化的范围不太大时, 电阻率与温度成线性关系, 即

$$\rho = \rho_0(1+\alpha t) \tag{3.2-7}$$

式中, ρ 是温度为 t 时的电阻率, ρ_0 是 0 ℃时的电阻率, α 称为电阻的温度系数. 大部分金属的电阻温度系数在 0.4% 左右. 通常, 电阻随温度变化的关系可以用下式表示:

$$R_t = R_0(1+\alpha t) \tag{3.2-8}$$

电阻随温度变化的较精确的关系式为

$$R_t = R_0(1+0.003\ 985t - 0.000\ 000\ 586t^2) \tag{3.2-9}$$

上面两式中, R_t 是温度为 t(单位为℃)时导体的电阻(单位为 Ω), R_0 是 0 ℃时导体的电阻(单位为 Ω).

某些金属或合金的温度降到接近绝对零度时, 其电阻会突然变为零或接近零, 这种现象称为超导现象. 它首先由荷兰物理学家昂内斯(H.K.Onnes)于 1911 年发现. 昂内斯长期从事低温物理的研究. 他第一个实现了氢气的液化, 接着又实现了氦气的液化. 1911 年, 他发现纯的水银样品在温度 4.22~4.27 K 时电阻消失, 接着他又发现其他一些金属也有这种现象. 昂内斯因在低温的获得和低温下物性的研究中的贡献而获得 1913 年诺贝尔物理学奖. 超导的发现, 引起了人们极大的兴趣, 一门新兴的物理学科——超导物理学由此诞生. 正常导体转变成超导体的温度称为转变温度. 大量的研究表明, 除汞外有几十种元素、数千种合金和化合物都具有超导性. 由于处在超导态的导体的电阻接近零, 电流在超导体中一旦形成, 便能经久不衰地持续下去, 而无需电场的作用. 电流在超导环中无衰减流动可达一年以上. 超导现象发现后, 人们立即研究超导在科学技术、现代工业和人们的日常生活中的应用. 但由于转变温度太低, 超导的应用受到极大的限制. 1957 年美国物理学家巴

丁(J.Bardeen)、库珀(L.V.Cooper)和施里弗(J.R.Schrieffer)三位理论物理学家提出了超导的微观理论,简称 BCS 理论(以三人名字第一个字母命名的理论),他们三人因此而获得 1972 年诺贝尔物理学奖. 按照这一理论,超导的转变温度不会高于 30 K,这一结论使本来已经萧条的超导物理变得更加沉闷. 1986 年,德国物理学家贝德诺尔茨(J.G.Bednorz)和缪勒教授发现了新的超导材料——氧化物超导体,能在较高的温度下获得超导性,打破了 BCS 理论的禁锢. 1987 年,由美国休斯敦大学朱经武领导的小组和由中国科学院赵忠贤领导的小组分别独立地研制成钇钡铜氧化物超导体,其转变温度可达 90 K,超过液氮温度. 这一成果震惊了世界,迅速形成全世界的超导热,而贝德诺尔茨和缪勒因此获得了诺贝尔物理学奖. 关于超导的电磁学性质,我们将在以后有关章节中做进一步的介绍.

4. 电流的功率　焦耳定律

电流通过导体时,正电荷从高电势处向低电势处运动,在此过程中,电场对电荷做功. 单位时间内,由电势为 φ_1 处向 φ_2 处搬运的电荷量在数值上等于电流 I 的数值. 故单位时间内电场做的功即电流的功率为

$$P = I(\varphi_1 - \varphi_2) = IU \qquad (3.2\text{-}10)$$

电场做的功将转化成其他形式的能量. 若这一段电路是一台电动机,则电能转化成机械能. 若这一段电路是一电池或电解槽,则电能转化成化学能. 当这一段电路是电阻为 R 的欧姆介质时,根据一段电路的欧姆定律 $U=IR$,电流的功率可表示为

$$P = I^2 R \qquad (3.2\text{-}11)$$

实验表明,电流通过欧姆介质时,电能将以发热的形式释放出来,I^2R 就是熟知的焦耳热功率,(3.2-11)式称为焦耳定律. 它表明:任一电阻为 R 的欧姆介质,只要通过其中的电流为 I,则介质在单位时间内发出的焦耳热即为 I^2R. 若电阻两端的电压为 U,根据欧姆定律,焦耳定律也可表示成

$$P = \frac{U^2}{R} \qquad (3.2\text{-}12)$$

(3.2-10)式与(3.2-11)式的含义是不同的,(3.2-10)式表明,任一用电器,若其两端的电压为 U,进入用电器的电流为 I,则用电器吸收的功率为 $P=IU$,与用电器的性质无关,至于吸收的能量转化成何种形式的其他能量,则取决于用电器的性质. 而(3.2-11)式则表示通过一欧姆介质的电流为 I 时,单位时间内电阻上释放出的焦耳热;当整个用电器是电阻 R 的欧姆介质时,用电器吸收的功率全部转化成焦耳热功率 I^2R,这时电功率与焦耳热功率相等. 如果用电器不是欧姆电阻,则无焦耳热功率可言,但电功率仍有意义. 如果用电器有一部分是电阻为 R 的欧姆介质,如电动机,只要通过电阻的电流为 I,则电阻上发出的焦耳热就仍为 I^2R,但它不等于用电器吸收的电功率.

单位体积的导体内的电功率称为电功率密度. 若用 p 表示电功率密度,则

$$p = \boldsymbol{j} \cdot \boldsymbol{E} \qquad (3.2\text{-}13)$$

当考察点仅存在欧姆介质时,由欧姆定律的微分形式 $\boldsymbol{j} = \gamma \boldsymbol{E}$,可得

$$p = \frac{j^2}{\gamma} \qquad (3.2\text{-}14)$$

这就是焦耳定律的微分形式,j^2/γ 称为热功率密度,它表示电流通过欧姆介质时,单位体积的导体中产生的焦耳热.

5. 例题

例 3.2-1 两同轴铜质圆柱形套管的长为 L,内圆柱的半径为 a,外圆柱的半径为 b,两圆柱间充以电阻率为 ρ 的石墨,如图所示. 若以内圆筒作为一电极,外圆筒作为另一电极,求石墨的电阻.

解 1:由于铜的电阻率非常小,两个铜管可以分别作为一个等势面,电流沿着径向由一个圆柱面流向另一个圆柱面. 根据对称性,石墨中的电流密度 j 是与轴距离 r 的函数,通过半径为 r、长度为 L 的圆柱的电流为

$$I = \int_{S(r)} \boldsymbol{j}(r) \cdot \mathrm{d}\boldsymbol{S} = j(r) \cdot 2\pi r L$$

根据恒定电流的闭合性,通过各柱面的电流是相等的,由此得

$$j = \frac{I}{2\pi L} \cdot \frac{1}{r}$$

或

$$E = j\rho = \frac{I\rho}{2\pi L} \cdot \frac{1}{r}$$

两极间的电势差为

$$\varphi_1 - \varphi_2 = \int \boldsymbol{E} \cdot \mathrm{d}\boldsymbol{l} = \int_a^b \frac{I\rho}{2\pi L} \cdot \frac{\mathrm{d}r}{r} = \frac{\rho I}{2\pi L} \ln \frac{b}{a}$$

于是电阻为

$$R = \frac{\varphi_1 - \varphi_2}{I} = \frac{\rho}{2\pi L} \ln \frac{b}{a}$$

解 2:(3.2-3)式描述了一段截面相同的均匀导体电阻,当导线的截面或电阻率 ρ 不均匀时,其电阻应写为

$$R = \int \frac{\rho \mathrm{d}l}{S}$$

在此题中,内、外柱面间的电阻为

$$R = \int_a^b \frac{\rho \mathrm{d}r}{2\pi r L} = \frac{\rho}{2\pi L} \ln \frac{b}{a}$$

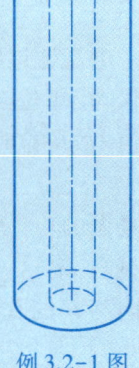

例 3.2-1 图

§3.3 固体导电机理简介

1. 金属导电性的经典微观解释

我们可以简单地把金属看成是位于晶格点阵上带正电的原子实与自由电子的集合. 原子实虽然被固定在晶格上,但可以在各自的平衡位置附近做微小的振动;自由电子则在晶格间做激烈的不规则运动,但不规则的运动一般并不形成宏观上

的电流或电荷迁移. 所谓没有宏观上的电荷迁移是指统计平均的结果,实际上不可避免地存在着随机涨落,有时向某一方向迁移的电荷可能略多于向相反方向迁移的电荷,有时则出现相反的情形,这就是自然涨落的电流. 在一般情况下,涨落形成的电流很弱,可以忽略不计. 但在某些弱电流问题中,涨落电流往往不能忽略,它成为决定测量弱电信号仪器灵敏度的极限. 在无线电电路中,涨落电流是一种"噪声"的来源. 下面的讨论中,我们认为涨落电流都可以忽略.

按照经典物理的观点,金属中电子的不规则运动与气体分子的运动一样,服从麦克斯韦速度分布,电子的平均动能与热力学温度 T 成正比. 当导体中存在电场时,自由电子除了固有的不规则运动外,还因电场的作用而获得与电场强度方向相反的加速度,并做有规则的定向运动. 电子的运动是这两种运动的叠加. 另一方面,电子与晶格上原子实的频繁碰撞又不断破坏定向运动,使规则运动退化为不规则运动. 作为一种近似,我们假定电子与原子实只要碰撞一次,它所获得的定向速度就消失殆尽,接着又重新开始做定向初速度为零的加速运动. 图 3.3-1 给出了一个电子运动轨道的示意图.

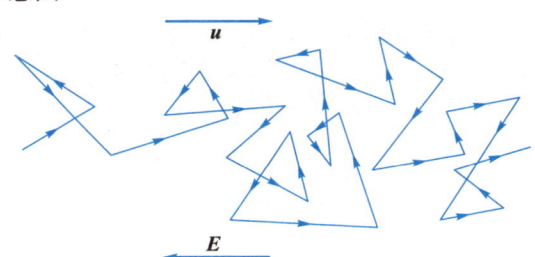

图 3.3-1　存在电场时金属中自由电子运动的轨道

电子与晶格上的原子实连续两次碰撞所经历的时间称为自由时间. 由于电子的运动是无规则的,故自由时间有长有短,没有规律. 在研究大量自由电子的集体行为时,重要的是平均自由时间 τ. 在电场作用下,电子的速度由不规则运动的速度 v 和定向运动的速度 u 叠加而成,后者与电场强度有关. 通常,金属中自由电子定向运动的速率 u 比不规则运动的速率 v 小得多,平均自由时间 τ 实际上与外电场无关. 不过对有些导体,如电离气体,载流子的定向速度可能很大,平均自由时间与定向速度有关,因而也与电场强度有关.

因为电子与晶格上原子实的碰撞,电子的最大定向速度是在一个自由时间内被电场加速所得到的速度,故在一定的电场作用下,定向速度不可能无限增大.

考察某一载流子,其电荷量为 q,质量为 m,若作用于载流子的电场为 $\boldsymbol{E}$,则由牛顿运动定律得

$$m\boldsymbol{a} = q\boldsymbol{E}$$

若该载流子在 $t=0$ 的时刻正好发生一次碰撞,碰撞后的速度为 $\boldsymbol{v}_0$,则在下一次碰撞前,载流子的位移为

$$\boldsymbol{s} = \boldsymbol{v}_0 t + \frac{1}{2}\boldsymbol{a}t^2 = \boldsymbol{v}_0 t + \frac{1}{2}\frac{q}{m}\boldsymbol{E}t^2$$

t 就是连续两次碰撞之间所经历的时间即自由时间. 不同的电子,在碰撞后所具有

的速度 v_0 各不相同,自由时间 t 也各不相同. 对大量的电子求平均,我们有

$$\langle s \rangle = \frac{1}{2}\left(\frac{q}{m}\right)\boldsymbol{E}\langle t^2 \rangle$$

因为 v_0 是完全随机的,t 也是随机的,$v_0 t$ 的平均值为零.(3.1-1)式中及以后数次提到的载流子的定向运动速度 $\boldsymbol{u}$(确切地讲应该是电子定向运动的平均速度)也称为漂移速度,它应为

$$\boldsymbol{u} = \frac{\langle s \rangle}{\tau} = \frac{1}{2}\frac{q}{m}\boldsymbol{E}\frac{\langle t^2 \rangle}{\tau}$$

对不同的载流子,自由时间 t 是不同的,要求得自由时间 t 的平方的平均值,就得知道电子按自由时间的分布律. 若已知自由时间为 t_1 的载流子有 N_1 个,自由时间为 t_2 的载流子为 N_2 个,自由时间为 t_3 的载流子为 N_3 个等,则

$$\langle t^2 \rangle = \frac{N_1 t_1^2 + N_2 t_2^2 + N_3 t_3^2 + \cdots}{N_1 + N_2 + N_3 + \cdots}$$

我们知道,平均自由时间是 τ 并不表示每个电子的自由时间都是 τ,自由时间可以大于 τ,也可以小于 τ,由分子物理学可知,在 N 个载流子中,自由时间为 t 到 $(t+dt)$ 间隔内的粒子数与 $e^{-t/\tau}dt$ 成正比,通过计算平均值,不难求得

$$\langle t^2 \rangle = 2\tau^2$$

由此得漂移速度

$$\boldsymbol{u} = \frac{q\tau}{m}\boldsymbol{E} \tag{3.3-1}$$

即漂移速度与电场强度 $\boldsymbol{E}$、平均自由时间 τ 成正比. 当载流子的电荷量 q 为负时,漂移速度的方向与电场强度的方向相反. 由(3.1-1)式,导体中的电流密度为

$$\boldsymbol{j} = Nq\boldsymbol{u} = N\frac{q^2}{m}\tau\boldsymbol{E} \tag{3.3-2}$$

这就是欧姆定律的微分形式,而电导率 γ 为

$$\gamma = N\frac{q^2}{m}\tau \tag{3.3-3}$$

这样,我们用经典电子论解释了欧姆定律,并导出了电导率与微观量自由时间的统计平均值——平均自由时间的关系. $\boldsymbol{j}$ 和 γ 都与载流子的电荷量的平方有关,因而与载流子所带电荷量的符号无关.

由气体分子动理论可知,平均自由时间 τ、平均速率 v 和平均自由程 λ 三者有下面的关系:

$$\lambda = v\tau$$

因此(3.3-3)式可改写成

$$\gamma = \frac{Nq^2}{m}\frac{\lambda}{v} \tag{3.3-4}$$

按照经典电子论,λ 与温度无关,$v \propto \sqrt{T}$,这样 $\gamma \propto \frac{1}{\sqrt{T}}$,可惜这与实验结果不相符,所

以经典电子论对金属的导电性的解释在定量方面并不成功.

若平均自由时间 τ 与电场无关,则电流密度与电场强度成线性关系,这种导电介质就是欧姆介质;而当 τ 与电场有关时,电导率 γ 本身与电场强度有关,欧姆定律失效.

如果测得金属的电导率 γ,知道电子的电荷量 q、电子数密度 N 和电子质量 m,就可以估算电子平均自由时间. 对于一般金属,电子平均自由时间 τ 在 $10^{-14} \sim 10^{-13}$ s 的范围内. 我们曾指出,欧姆定律的微分形式 $\bm{j}=\gamma\bm{E}$ 对随时间变化的电流也是成立的. 在上面的讨论中,我们假定了连续两次碰撞的时间内,自由电子做匀加速运动,亦即假定在这段时间内,电场强度 $\bm{E}$ 不随时间变化,这就要求在一个平均自由时间内电场强度的变化可以忽略不计. 因此,欧姆定律的微分形式对随时间变化的电流也成立的条件是电场强度变化的周期 T 应比 τ 大得多,即

$$T \gg \tau$$

因为 τ 的值约为 10^{-14} s,故要求电场强度的周期 $T \gg 10^{-14}$ s 或频率 $\nu \ll 10^{14}$ Hz. 10^{14} Hz 已属可见光的频率,而一般电场强度变化的频率比可见光的频率小得多,所以,直到频率达到微波段($\nu \leqslant 10^{11}$ Hz),欧姆定律仍成立. 但频率再高(红外或红外以上),欧姆定律就不再成立了. 这时电导率与频率有关,且电流与电场强度不再同相位. 此外,若电场非常强,例如电场强度达到 $10^3 \sim 10^4$ V/m 时,u 与 v 的大小接近,平均自由时间便与电场强度有关,$\bm{j}$ 与 $\bm{E}$ 不再成线性关系,这时欧姆定律也将失效.

2. 费米电子气 导电和导热的量子理论

如前所述,经典电子论认为金属中的自由电子服从麦克斯韦-玻耳兹曼统计,因此电子的平均动能具有 kT 的数量级,当接近绝对零度时,电子的平均动能趋向于零. 但按照量子理论,电子应服从泡利不相容原理,金属中的自由电子气服从费米-狄拉克统计. 服从费米-狄拉克统计的电子气称为费米电子气. 对于费米电子气,即使 $T=0$ K,N 个电子也只能处在从最低能级数起的前 $N/2$ 个能级上,其中最高能级的能量为费米能. 金属的费米能很大,如铜的费米能 $\varepsilon_\mathrm{F}=7.03$ eV,若把与费米能相当的温度称为费米温度 T_F,则由

$$kT_\mathrm{F}=\varepsilon_\mathrm{F}$$

可求得铜的费米温度 $T_\mathrm{F}=81\,000$ K. 这就是说,按经典理论,只有当金属的温度达到几万摄氏度时,电子的能量才能达到费米能,而这时金属早就熔化了. 按量子理论,即使在绝对零度,电子的平均动能也很大,其平均动能 $\varepsilon=3\varepsilon_\mathrm{F}/5$.

在 $T=0$ K 时,费米电子气占满费米能级以下的所有的能级,而费米能级以上的能级全空着,无电子占有. 当 $T>0$ 时,晶格上的原子实具有的动能为 kT 的数量级,在一般情况下比 ε_F 小得多. 如 $T=300$ K 时,$kT=0.026$ eV. 电子通过与晶格的碰撞从原子实取得的能量不可能超过 kT,所以处在能量较费米能小得较多的能级上的电子不可能从原子实取得能量而激发到费米能级上方的空能级上,只有能量接近费米能的能级上的电子,才可能通过碰撞从原子实取得能量而激发到费米能级上方的空能级上. 当存在外电场时,全部电子都获得加速度,但对金属导电有贡献的只是费米能级附近的能级上的电子. 这些电子可以从电场获得能量,进入能量较高的激发态能级上去,能量比费米能低得较多的能级上的电子,因为附近的能级都被电子占满,没有可接受它的空位置,而电场向它提供的能量又不足以改变它的状态,使它进入到能量更大的空能级上,所以这种电子并不参与金属的导电. 这也就是说,远离费米能级的电子不参与导电,只有处在费米能级

附近的电子才参与导电. 所以金属的导电性与费米能级附近的能级的多少即能级的密度密切有关. 作为修正, γ 的表达式(3.3-4)中电子的平均速度 v 可用与费米能对应的费米速度 v_F 代替, 而

$$v_F = \sqrt{\frac{2\varepsilon_F}{m}}$$

另外, 电子平均自由程的概念也要修正. 按经典的概念, 电子的平均自由程是电子与位于晶格上的原子实连续两次碰撞间所通过路程的平均值, 在计算时把电子视为质点, 原子实固定不动. 然而, 电子是微观粒子, 具有波粒二象性, 所谓电子与晶格上原子实的碰撞实际上是电子波被晶格散射. 量子力学证明, 若晶体是完整的, 即原子实严格固定在周期性的晶格上, 电子波是不会被晶格散射的, 电子的平均自由程将为无限大, 因而金属的电导率为无限大, 即完整的晶体是没有电阻的. 实际的晶体都有某种不完整性, 它一方面来自原子实在晶格上的热振动, 另一方面是因晶体中不可避免地含有杂质. 原子实的振动相当于严格的周期性排列遭到某种偏离, 在常温下, 原子实振动的振幅的均方根值与热力学温度成正比, 从而导致电子波被原子实散射的次数与热力学温度成正比, 因而自由时间与热力学温度成反比. 因为费米能几乎与温度无关, 故电导率与热力学温度成反比, 这正是实验结果所要求的. 另外, 严格的计算表明, 按电子波散射求得的平均自由程正好是经典理论求得的 100 倍, 而 v_F 是 v 的 16 倍, 两者结合恰好使电导率的理论值与实验值相等, 解决了经典理论值偏小的问题. 杂质造成的不完整性与温度无关, 所以在极低温度下, 杂质是引起电阻的主要原因.

§3.4 电动势和全电路欧姆定律

1. 非静电起源的电场力

一段电路的欧姆定律给出了当导体中存在恒定电流时, 电流与导体的电阻以及导体两端电压之间的关系. 但怎样才能在导体中产生恒定电流呢? 产生电流的条件是存在可以自由运动的电荷和迫使电荷做定向运动的作用力, 但电流产生后不一定稳定, 也不一定能持久. 考虑两块金属 A 和 B, A 带正电, B 带负电, 它们在空间产生一静电场, 电场线如图 3.4-1 中虚线所示. 若用一导体 C 把 A、B 连接起来, 则导体 C 中的"正电荷"在静电力作用下, 由高电势的 A 流向低电势的 B, 导体 C 中

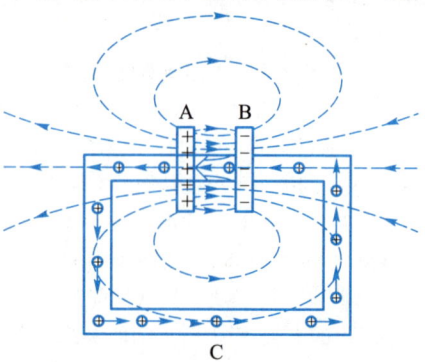

图 3.4-1　在带异号电荷的两导体 A、B 间只能形成短暂的电流

出现电流.电流使导体 A 上的正电荷减少,B 上的负电荷减少,空间的电场不断减弱,A、B 间的电势差逐渐消失,最后 A、B 和 C 成为一等势体,电流消失.而这一过程实际上仅发生在瞬息之间,在此过程中,原来的静电能量全部转化为焦耳热.

由此可见,仅在静电场作用下形成的电流是一种不稳定的短暂的电流,这种电流的电流线是不闭合的,因为在静电场作用下,正电荷只能从高电势处向低电势处运动,负电荷只能从低电势处向高电势处运动,不能向相反方向运动. 要保持电流恒定,就得保证电荷分布不因电荷的定向运动而改变,这就要求把由 A 经 C 到达 B 的"正电荷"不折不扣地送回到 A,使"正电荷"从低电势的 B 回到高电势的 A,让电流线闭合起来. 当然,依靠静电场是无法实现这一要求的. 这就是说,要形成恒定的电流,就必须存在一种本质上不同于静电力的作用力,它能使"正电荷"反抗静电力的作用,从低电势处向高电势处运动. 我们把这种作用力称为非静电起源的作用力,或简称非静电力. 作用于单位正电荷的非静电力称为非静电场的电场强度,用 E_K 表示. 凡能产生这类非静电力的装置称为电源. 非静电力的来源有多种,在不同的电源中非静电力的起源是不同的. 例如,范德格拉夫起电机中的皮带就是一种电源,作用于附着在皮带上的正电荷的机械力把正电荷从低电势的 B 处送到高电势的 A 处,皮带的这种机械力就是一种非静电起源的力,它分布在 A、B 之间的皮带上(图3.4-2).

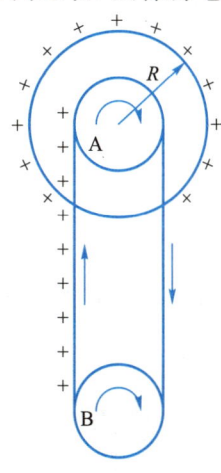

图 3.4-2 范德格拉夫起电机中的皮带就是一种电源

常见的电源有化学电源、温差电源和发电机等,我们将在后面做简单介绍.

2. 电动势　全电路欧姆定律

为了讨论方便,我们把实际电源简化为一种具有两个电极的装置,把非静电起源的作用力视为存在于两个电极之间的整个区域中,用 E_K 表示非静电起源的电场强度,其方向由电源的负极指向正极. 实际上,正是依靠非静电场的作用,电源的正极才带正电、负极才带负电. 电极上的正、负电荷在空间产生的电场不仅分布在电源内部,还分布在电源外部,它是静电起源的电场,电场线由正极发出终止于负极,如图 3.4-3 所示.

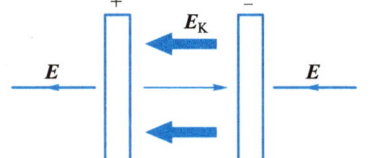

图 3.4-3　电源电极附近的静电与非静电场示意图

考虑到非静电场 E_K 的作用,欧姆定律的微分形式应为

$$j=\gamma(E+E_K) \tag{3.4-1}$$

因为当存在非静电力时,电流是由静电力和非静电力共同产生的. 设想用长为 l 的粗细均匀的导线把电源的两极相连,正电荷由电源正极出发经过导线到负极,又从负极经过电源内部回到正极. 沿此闭合路径,静电力和非静电力对单位正电荷做的功为

$$\oint (E+E_K)\cdot dl = \oint E\cdot dl + \oint E_K\cdot dl = \oint \frac{j}{\gamma}\cdot dl = \int_{外}\frac{j}{\gamma}\cdot dl + \int_{内}\frac{j}{\gamma}\cdot dl$$

注意到恒定电场是保守场,其环流为零,但非静电场的环流不为零,可用 $\mathscr{E}$ 表示,即

$$\mathscr{E} = \oint E_K \cdot dl \tag{3.4-2}$$

$\mathscr{E}$ 就是绕闭合路径一周非静电场对单位正电荷所做的功,称为电源的电动势. 实际上,许多电源的非静电场并非分布在整个闭合路径上而仅分布在极小的范围内(例如分布在电源内部或电源内的电极附近),这时在上面积分的大部分路径上 $E_K = 0$. 注意到 $I = jS$,得

$$\int_{外}\frac{j}{\gamma}\cdot dl = \int_{外}\frac{jdl}{\gamma} = I\int_{外}\frac{dl}{\gamma S} = IR$$

$$\int_{内}\frac{j}{\gamma}\cdot dl = \int_{内}\frac{jdl}{\gamma} = I\int_{内}\frac{dl}{\gamma S} = IR_{内}$$

式中 R 是整个外电路上的电阻, $R_{内}$ 是电源内部的电阻,即电源的内阻. 由以上各式及(3.4-2)式得

$$\mathscr{E} = I(R+R_{内}) \tag{3.4-3}$$

这就是大家熟知的全电路欧姆定律. 它说明在一完全电路中,电流取决于电源的电动势.

3. 恒定电场在恒定电路中的作用

从全电路欧姆定律(3.4-3)式看,电流由电动势决定,而电动势来自非静电起源的电场 E_K,似乎电流的形成与静电起源的电场 E 无关. 这是因为欧姆定律(3.4-3)式实质上是积分形式,它给出的仅是一个总结果. 欧姆定律的微分形式(3.4-1)式则清楚地表明,导体中任一点的电流密度 j 由该点的恒定电场(静电场) E 和非静电场 E_K 共同决定. 而在 $E_K = 0$ 处,则 j 完全由 E 决定. 可见电流密度与 E 有密切的关系. 下面,我们进一步分析这一问题.

考虑一电源,设非静电起源的电场 E_K 分布在电源内部的两电极之间. 非静电场 E_K 把正电荷从一个电极迁移到另一个电极,使一个电极成为正极、另一电极成为负极,所以,非静电场的方向从负极指向正极. 正、负电极上的电荷在空间产生的静电场 E 在电源内部,其方向与 E_K 的方向相反. 达到平衡时, $E + E_K = 0$,正极 a 处于高电势,负极 b 处于低电势,正负电极间存在一定的电势差,其值恰等于电源的电动势,即

$$\varphi_a - \varphi_b = \int_a^b E\cdot dl = -\int_a^b E_K \cdot dl = \mathscr{E}$$

电极周围的电场分布如图 3.4-4(a)所示,其中虚线表示 E_K. 若将各段导线分别接在每一电极上,则导线与相连的电极成为一个等势体. 导线的形状不同,周围电场的分布也将不同,但两导线间的电势差仍等于电源的电动势,如图 3.4-4(b)所示. 当两导线的端点相距很近时,端点间的电场比较强. 可见,接在电极上的导线的作用是把本来集中在电极附近的较强的静电场引到离电极较远的地方. 导线的两端

非常靠近时,端点间的电场甚至能使空气击穿,产生火花放电.若用导线将两端点连接,导线中便产生电流,如图3.4-4(c)所示,使正极上的正电荷和负极上的负电荷都减少,从而打破了电源内部静电场与非静电场的平衡.于是在电源内部,正电荷在非静电场作用下,反抗静电场的作用由负极向正极移动;在电源外部,正电荷在静电场作用下由正极向负极移动,电路中获得持续的电流.但在接通电路的瞬间,电流并不稳定,因为在导线表面附近的电流密度并不沿着表面的切线方向,导线表面上的电荷要重新分布.电荷的重新分布将改变空间的电场分布,也改变导线内部的电场分布,最终使导线内部表面附近的电场沿着表面的切线方向,从而使恒定电流的条件得到满足,电流达到稳定.

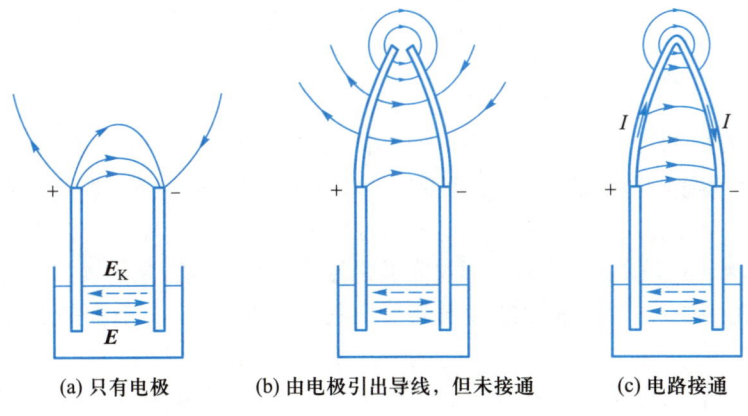

(a) 只有电极　　(b) 由电极引出导线,但未接通　　(c) 电路接通

图 3.4-4　全电路中的静电场与非静电场分布

如上所述,在恒定电路中,静电场的作用是非常重要的,因为非静电场通常只分布在电源内部某些区域中,在没有非静电场的地方,电荷是在静电场的作用下做定向运动的.在电流达到恒定的过程中,静电场又担负着重要的调节作用,这种调节作用不仅表现在导线表面上的电荷分布的变化,还包括非均匀导体内部体电荷分布的变化,以及在两种不同导体交界面上电荷分布的变化.当电路中的电流已经达到稳定后,回路形状的变化又会破坏电流的稳定性,但导线上电荷分布的变化能调节电场分布,使电流重新达到稳定.当然调节作用仅发生在非常短的时间内,实际上很难觉察出来.

从能量的转化看,静电场的作用也是不可忽视的,尽管在整个闭合电路中静电场做的总功为零.我们知道,在电源外部以及电源内部不存在非静电场的地方,静电场在把正电荷从高电势处送到低电势处的过程中做正功,以消耗电场能为代价,若外电路是一电阻 R,内电路具有电阻 $R_内$,则静电场做的功转化为电阻上放出的焦耳热.存在非静电场的地方,非静电场把正电荷从低电势处送到高电势处的过程中,反抗静电场做功,消耗非静电能,使电场能增加,在绕闭合电路一周的过程中,静电场做的总功为零,静电能变化的总和等于零.电路上消耗的能量归根到底是非静电场提供的.但是,静电场起着能量的中转作用,它把电源内部的非静电能转送到外电路上.

单位时间内,外电阻 R 和内电阻 $R_内$ 上消耗的总能量为 $(I^2R+I^2R_内)$,I 是电路

中的电流,非静电场做的功为 $\mathscr{E}I$,因此有

$$\mathscr{E}I = I^2R + I^2R_内$$

或

$$\mathscr{E} = IR + IR_内$$

这也就是全电路欧姆定律. 由此可见,全电路欧姆定律也反映了电路中能量的转化关系.

在恒定电路中,静电场搬运电荷的结果将使电路上各点的电势差减少,有使之成为等势体的趋势,而非静电场搬运电荷的结果将使电路上各点间的电势差增大,有阻碍它成为等势体的趋势. 正是这种矛盾和对立,才保证了电路中既存在电荷的定向运动,又保持各点电势恒定不变,使电路中形成持久的恒定电流.

4. 接触电势差　温差电动势

实验发现,两种不同的金属紧密接触在一起时,两金属间会出现一定的电势差. 这种现象称为接触电现象,两金属间的电势差称为接触电势差. 对于一般金属,接触电势差为十分之几伏到几伏,视金属的种类而定. 接触电现象早在 18 世纪末就被伏打(A.Volta)发现了. 伏打还通过实验总结出了接触电现象的规律,如确定了一个金属的排列序号,位于前面的金属与后面的金属相接触时,前面的金属带正电,电势较高.

前面曾指出,金属中自由电子处在势阱之中,故在通常情况下,自由电子并不能从金属中逸出,电子要从金属中逸出,必须具有足够的能量,用以克服逸出功后才能跑到金属外面. 若费米能级的能量为 ε_F,逸出功即功函数为 W,则势阱的深度

$$E_0 = \varepsilon_F + W$$

金属中电子气的势阱和逸出功如图 3.4-5 所示. 随着金属温度升高,电子动能增大,从而能克服逸出功从金属逸出. 温度越高,逸出的电子越多. 当金属达到灼热时,便有大量电子从金属逸出,这就是热电子发射. 而金属的逸出功越小,在同样温度下从金属逸出的电子越多.

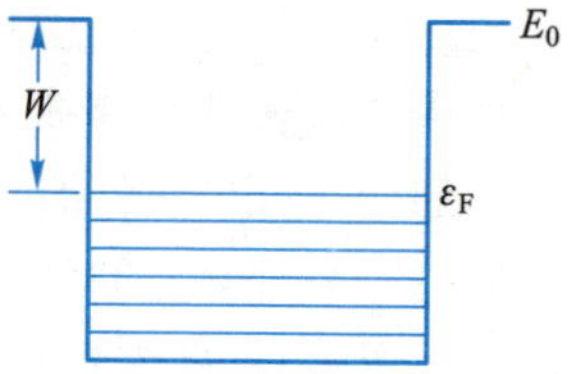

考虑 A 和 B 两种金属,当尚未接触时,它们的势阱如图 3.4-6 所示,其中金属 A 的逸出功小,金属 B 的逸出功大,即 $W_A < W_B$. 如果这两种金属的自由电子的数密度相等,则在相同温度下,从金属 A 逸出的电子多,从金属 B 逸出的电子少. 若让两种金属紧密接触,则从金属 A 进入金属 B 的电子多于从金属 B 进入金属 A 的电子,结果金属 A 因缺少电子而带正电,金属 B 则带负电,A、B 间出现电势差 $(\varphi_A - \varphi_B)$,A 的电势高于 B,这就是接触电势差(图 3.4-7). 接触电势差要阻止电子由 A 向 B 的迁移. 当电子在两金属间的静电势能差正好等于两金属的逸出功之差,即

$$W_B - W_A = e(\varphi_A - \varphi_B)$$

图 3.4-5　金属中电子气的势阱和逸出功

电子的迁移达到平衡,由此得接触电势差为

$$\varphi_A - \varphi_B = \frac{1}{e}(W_B - W_A) \tag{3.4-4}$$

它表明接触电势差来自两金属的逸出功不同.

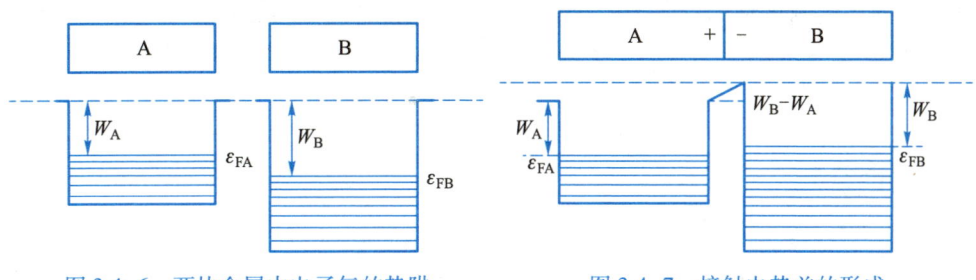

图 3.4-6　两块金属中电子气的势阱　　　　图 3.4-7　接触电势差的形成

因逸出功不同引起电子从逸出功小的金属向逸出功大的金属的迁移可以看成是一种非静电场作用的结果. 这种非静电场分布在两金属接触处的极薄的接触层中,其电场强度 E_K 由逸出功大的金属指向逸出功小的金属. 电子迁移使两种金属分别带异号电荷,接触层中静电场 E 与非静电场 E_K 方向相反,达到平衡时,$E + E_K = 0$. 非静电场产生的电动势,称为接触电动势,接触电势差在数值上等于接触电动势.

当几种导体接成闭合回路时,回路中的总接触电动势是各接触层中的接触电动势之和. 若构成回路的导体都是第一类导体,所有的不同导体间的接触点又都处于相同的温度,则回路中的总接触电动势为零.

当紧密接触的两种金属中的自由电子的数密度不同时,因电子从数密度大的金属向数密度小的金属扩散而造成电荷的迁移,使两金属间出现电势差,这也是一种接触电势差. 这种接触电势差与两种金属中自由电子数密度有关,与接触处的温度也有关. 因扩散导致的电荷迁移也可视为非静电力作用的结果.

当构成回路的两种不同金属 A、B 的连接点处于不同的温度时,回路中有不为零的电动势. 这种电动势称为温差电动势,如图 3.4-8 所示. 若回路不闭合,两端便有电势差,其数值等于电动势. 温差电动势 $\mathscr{E}$ 与温度差 $(T_2 - T_1)$ 的关系可以用 $(T_2 - T_1)$ 的幂级数表示,当温差不是很大时,温差电动势可表示成

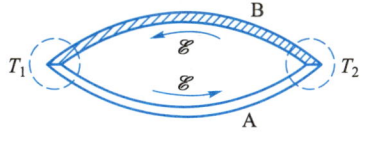

图 3.4-8　温差电动势

$$\mathscr{E} = a(T_2 - T_1) + \frac{1}{2}b(T_2 - T_1)^2 \tag{3.4-5}$$

常量 a 和 b 与两种金属的性质有关. 金属的温差电动势一般都很小,某些半导体材料的温差电动势比较大.

当两种金属材料确定以后,常量 a 和 b 便确定了. 如果保持一个接触点在已知的固定温度,则通过测量回路中的电动势或开路两端的电势差,就可求得另一接触点的温度,从而制成一种温度计. 这就是温差电偶温度计或热电偶.

当回路中接有第三种金属 C 时,只要该金属两端的温度保持相同,电路中的电

动势就不因存在第三种金属而改变. 具体的测量温度的热电偶的线路如图 3.4-9 所示. 通常热电偶的固定温度端插在冰水混合液中, 保持温度为 0 ℃. 热电偶测温有灵敏度高、测温范围大、受热面积和热容小等优点. 灵敏度高的原因是热电偶是通过电动势的测量来测量温度的, 而电动势的测量精度是非常高的.

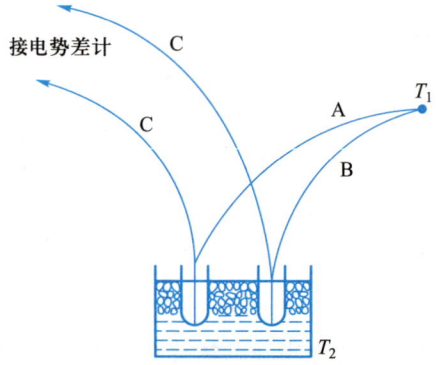

图 3.4-9　温差电偶温度计

常用的热电偶有康铜-铜(测 300 ℃以下的温度)、镍铬-镍镁(测量 1 100 ℃以下的温度)、铂-铂铑(测量范围为-200 ℃到 1 700 ℃)和钨-钛(可测量高达 2 000 ℃的温度)等. 各种热电偶的温差电动势中的两个常量 a 和 b 的值如表 3.4-1 所示. 表中系数 a 和 b 的正、负与选取电动势的方向有关. 如果在热接头处, 电流由后一种金属流进前一种金属, 则电动势取正, 反之取负.

表 3.4-1

热电偶	$a/(V \cdot K^{-1})$	$b/(V \cdot K^{-2})$
铜-铁	-13.403×10^{-6}	$+0.027\ 5 \times 10^{-6}$
铜-镍	$+20.390 \times 10^{-6}$	$-0.045\ 3 \times 10^{-6}$
铂-铁	-19.272×10^{-6}	$-0.028\ 9 \times 10^{-6}$
铂-金	-5.991×10^{-6}	$-0.036\ 0 \times 10^{-6}$

5. 化学电源

通过化学反应直接把化学能转化成电能的装置称为化学电源, 如常见的锌锰干电池、铅酸电池等. 化学电源的电动势一般来源于第一类导体与第二类导体接触层中的化学反应. 下面以丹尼尔电池为例来说明化学电源的原理.

丹尼尔电池由两个相邻的液池组成, 一个池中盛有硫酸锌溶液, 其中插有锌棒, 另一个池中盛有硫酸铜溶液, 其中插有铜棒. 两池之间用多孔的陶瓷板隔开, 但离子仍可自由通过陶瓷板(图 3.4-10). 其中发生的过程大致是: 锌棒上的锌离子通过化学作用而自动溶入溶液, 使锌棒带负电, 溶液带正电, 在锌棒和溶液之间形成一个电偶层, 电偶层的电场阻止锌棒上的锌离子继续向溶液溶解, 最后, 化学作用和电场作用达到平衡, 这时溶液和锌棒之间保持约 0.766 3 V 的电势差. 在铜棒附近, 溶液中的铜离子因化学作用而被吸附到铜棒上, 使铜棒带正电, 溶液带负电, 在铜棒与溶液间也形成电偶层, 电偶层的静电场阻止铜离子继续移向铜棒, 平衡时铜和溶液之间保持约 0.337 V 的电势差. 而两池的溶液之间由于离子的交换而保持等电势, 最后形成如图 3.4-11 所示的电势分布, 铜棒为正极, 锌棒为负极, 两者之间的电势差约为 1.11 V.

当用导线将正、负极相连时, 在导线中就有电流产生, 电流使正极电势降落、负极电势升高. 溶液中, 负极一边的溶液电势升高, 正极一边的溶液电势降低, 正离子从负极流向正极, 负离子从正极流向负极. 电极与溶液间的电场减弱, 化学作用 (非静电作用) 占优势, 锌离子的溶解、铜离子的吸附过程继续进行, 从而在回路中形成闭合的电流. 这时的电势分布如图 3.4-12 所示. 这种过程可以一直持续到锌棒全部溶于溶液成为硫酸锌或硫酸铜溶液降低到一定浓度为止. 由图不难看出

$$IR + IR_{内} = \mathscr{E}_1 + \mathscr{E}_2 = \mathscr{E}$$

此即全电路的欧姆定律.

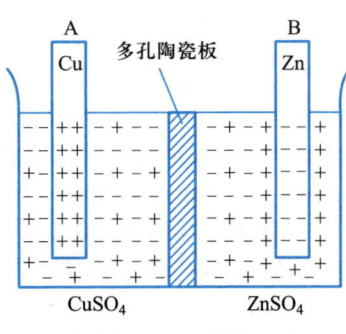

图 3.4-10　丹尼尔电池

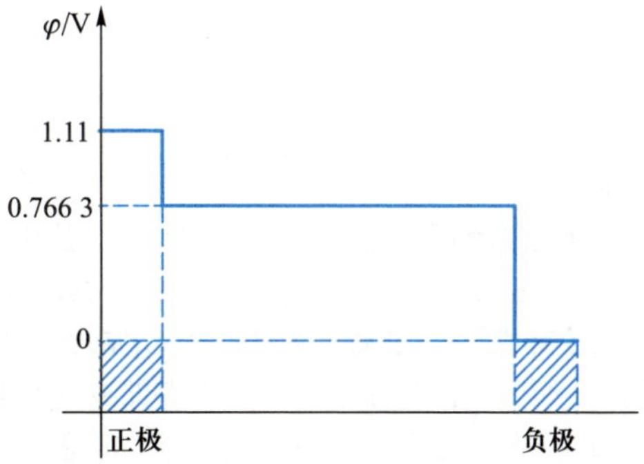

图 3.4-11　丹尼尔电池空载时的电势分布

干电池是一种常用的化学电池, 其结构示意于图 3.4-13 中. 外壳通常用锌皮制成, 壳内是氯化铵 (NH_4Cl) 和氯化锌 ($ZnCl_2$) 与淀粉组成的糊状物, 作为电解液. 中间是一根碳棒, 碳棒周围紧裹有二氧化锰 (MnO_2 作为去极剂)、石墨粉及乙炔黑等混合物. 在锌皮与电解液接触处, 化学作用促使锌皮中的锌原子失去电子而成锌离子进入电解液, 使锌皮带负电, 而在碳棒与电解液接触处, 电解液中的铵离子在与 MnO_2 的化学反应过程中, 从碳棒取得电子, 结果碳棒因失去电子而带正电. 这样, 在碳棒 (正极) 和锌皮 (负极) 之间就可维持一定的电势差 (约为 1.5 V).

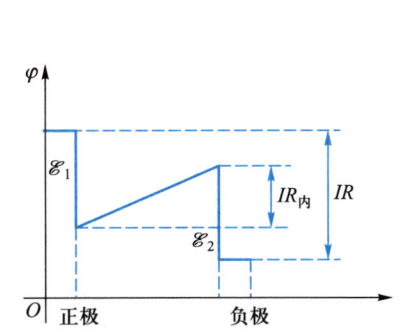

图 3.4-12　丹尼尔电池有负载时的电势分布

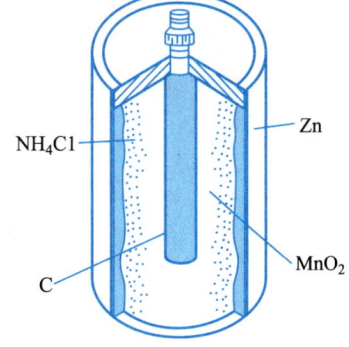

图 3.4-13　干电池结构示意图

化学电池按其工作性质及储存方式可分为以下四类:

(1) 一次电池, 又称原电池. 这类电池在放电后不能再用充电方法使它复原后再次使用, 因为放电过程中进行的化学反应是不可逆的. 常见的一次电池有:

　　锌锰干电池　$Zn \mid NH_4Cl\text{-}ZnCl_2 \mid MnO_2(C)$　　锌汞电池　$Zn \mid KOH \mid HgO$

镉汞电池　Cd｜KOH｜HgO　　　　　　锌银电池　Zn｜KOH｜Ag$_2$O
锂亚硫酰氯电池　Li｜SOCl$_2$｜(C)

(2) 二次电池,又称蓄电池. 这类电池放电后可用充电的方法使活性物质复原后再放电,因为放电过程中的化学反应是可逆的,故可放电、充电多次循环使用. 常见的有:

铅酸电池　Pb｜H$_2$SO$_4$｜PbO$_2$　　　　镉镍电池　Cd｜KOH｜NiOOH
锌银电池　Zn｜KOH｜AgO　　　　　　锌氧(空)电池　Zn｜KOH｜O$_2$(空气)
氢镍电池　H$_2$｜KOH｜NiOOH

(3) 储备电池,又称激活电池. 这类电池的正负极活性物质和电解液在储存期间不直接接触,在使用前临时让电解液与电极接触,故电池可长时间储存. 常见的有:

镁银电池　Mg｜MgCl$_2$｜AgCl　　　　　锌银电池　Zn｜KOH｜AgO
铅高氯酸电池　Pb｜HClO$_4$｜PbO$_2$　　钙热电池　Ca｜LiCl-KCl｜CaCrO$_4$(Ni)

(4) 燃料电池,又称连续电池. 这类电池可把活性物质连续注入电池,从而使电池能长期不断进行放电. 常见的有:

氢氧燃料电池　H$_2$｜KOH｜O$_2$　　　　肼空燃料电池　N$_2$H$_4$｜KOH｜O$_2$(空气)

一次电池常用于低功率到中功率放电,使用方便,相对价廉,外形以扁形、扣式和圆柱形为主. 二次电池及其电池组可用于较大功率的放电,在人造地球卫星、宇宙飞船、空间站和潜艇方面的应用很有成效,在电动车辆方面的应用正显示出新的生命力. 储备电池的储存寿命或工作寿命特别长,可用作心脏起搏器和计算器存储系统的电源. 燃料电池已用于"阿波罗"飞船等登月飞行器和载人航天器中,下一步将用于燃料电池电站,并为公用电网供电.

6. 例题

例 3.4-1　试求电源向负载输出的功率为最大的条件.

解：设一闭合电路,电源的电动势为 $\mathscr{E}$, 内电阻为 $R_内$, 负载电阻为 R, 如图所示. 电路中的电流为

$$I = \frac{\mathscr{E}}{R+R_内}$$

可以看出,当 $R \to \infty$, 即所谓开路或断路时, $I=0$, 此时电源输出功率为 0；当 $R=0$, 即短路时,

$$I = I_{max} = \frac{\mathscr{E}}{R_内}$$

虽然电源输出电流达到最大,但负载电阻为 0, 此时零负载电阻上的功率为 0. 电源向负载输出的功率为

$$P = I^2 R = \frac{\mathscr{E}^2}{(R+R_内)^2} R$$

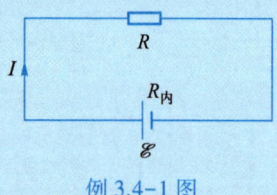

例 3.4-1 图

当 R 很大或很小时,输出功率都不很大. 只有 R 取恰当的值,才能使输出功率为最大. 根据求极值的方法,

$$\frac{dP}{dR} = \mathscr{E}^2 \frac{R_内 - R}{(R+R_内)^3} = 0$$

由此得到向负载输出的功率为最大的条件是

$$R = R_内$$

此式称为匹配条件. 应当注意,一般的化学电源的内阻 $R_内$ 都很小,当满足匹配条件时,电路总电阻很小,会使电流超过额定值,因而一般不能在匹配条件下使用化学电源. 但在电子技术中的某些"电源",其内阻很大,考虑匹配条件是很重要的.

§3.5 电路定理

1. 一段含源电路的欧姆定律

前面,我们分别讨论了一段(均匀)电路的欧姆定律和全电路欧姆定律.一段均匀电路的欧姆定律给出了一段不含电源的电路两端的电势差和通过电路的电流的关系,全电路欧姆定律则给出了闭合电路中的电流与电源电动势的关系.在这一节中,我们将研究一段含有电源的电路两端的电势差问题.

一个电源具有一定的电动势 $\mathscr{E}$ 和内电阻 $R_内$,为了分析问题的方便,我们把实际电源视为由电动势为 $\mathscr{E}$、内阻为零的理想电源与一大小等于其内电阻的电阻 $R_内$ 串联而成,如图 3.5-1 所示.任何导线都有电阻,为了讨论方便,我们假定导线的电阻率为零.因此,当电流通过导线时,导线上并无电势降低,即导线是等势的.考虑一由实际电源(电动势为 $\mathscr{E}$、内电阻为 $R_内$)与电阻 R 串联的电路,如图3.5-2所示,从电路上的 a 点出发,顺着电流方向,研究电路上电势的变化:设 a 点的电势为 φ_a,由 a 点经过 R 到 c 点,正电荷在静电力的作用下由高电势处向低电势处运动,经过电阻 R,电势降低一定的量,其值为 IR;由 c 点经过 $R_内$ 到 d 点,正电荷在静电力作用下由高电势处向低电势处运动,经过电阻 $R_内$,电势降低为 $IR_内$;由 d 点起,从电源的负极进入电源,由正极离开电源到 b 点,在此过程中,正电荷在非静电力作用下反抗静电力由低电势处向高电势处运动,电势升高一定量,其值等于电源的电动势 $\mathscr{E}$. b 点的电势为 φ_b,于是

$$\varphi_a - IR - IR_内 + \mathscr{E} = \varphi_b$$

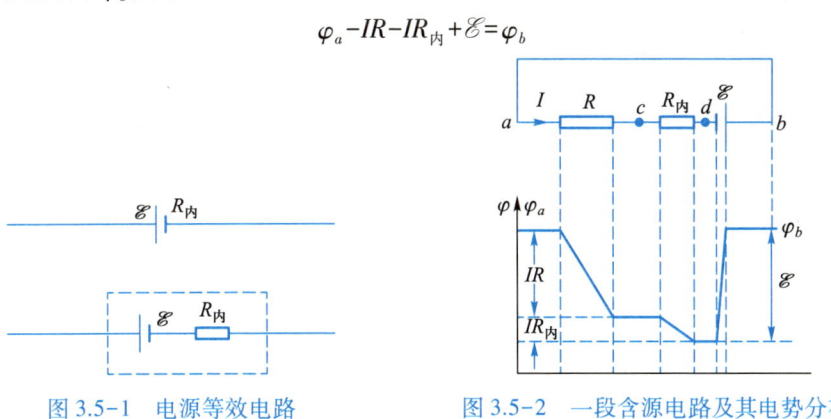

图 3.5-1 电源等效电路   图 3.5-2 一段含源电路及其电势分布

电流流过电阻,电阻两端的电势差为 IR.当顺着电流方向经过电阻时,电势降低;当逆着电流方向经过电阻时,电势升高.对于后一情形,我们仍然可以看成是电势降低,不过降低的值是 $-IR$,于是我们约定:经过电阻,电势总是降低.若通过电阻的走向与电流方向一致,则电势降低 IR;若通过电阻的走向与电流方向相反,则电势降低 $-IR$.

对于任何理想电源,当从电源的负极经电源内部到电源的正极,因电动势的作用,电势将升高,升高的值为电源的电动势 $\mathscr{E}$. 当从电源的正极经电源内部到电源的负极,因电动势作用,电势将降低,降低的值也是 $\mathscr{E}$. 对于后一情形,我们仍然可视为电势升高,但升高的值为 $-\mathscr{E}$. 我们约定:凡经过电源,电动势的作用总是引起电势升高. 若经过电源的走向由电源的负极到正极,则电势升高 $\mathscr{E}$;若经过电源的走向由电源的正极到负极,则电势升高 $-\mathscr{E}$. 习惯上,我们把从电源的负极经电源内部到正极的方向作为电动势的"方向",它也就是理想电源中非静电场的方向,于是,当通过电源的走向与电源电动势的方向相同时,电势升高 $\mathscr{E}$,当走向与电动势的方向相反时,电势升高 $-\mathscr{E}$.

因此,电路上任意两点 a 和 b 之间的电势差等于从 a 到 b 的路径上,各电阻上电势降低的代数和减去各电源的电动势所产生的电势升高的代数和,即

$$\varphi_a - \varphi_b = \sum IR - \sum \mathscr{E} \tag{3.5-1}$$

式中凡是与走向(从 a 到 b 的路径方向)一致的电流,取正号,与走向相反的电流则取负号;凡与走向一致的电动势取正号,与走向相反的电动势取负号. 这就是一段含源电路的欧姆定律,亦称一段非均匀电路的欧姆定律.

例如,在图 3.5-3 中,电源的电动势为 $\mathscr{E}$,内阻为 $R_{内}$,电源两端的电势差

$$\varphi_a - \varphi_b = \sum IR - \sum \mathscr{E} = -IR_{内} - (-\mathscr{E}) = \mathscr{E} - IR_{内}$$

在图 3.5-4 中,电源两端的电势差

$$\varphi_a - \varphi_b = IR_{内} - (-\mathscr{E}) = \mathscr{E} + IR_{内}$$

图 3.5-3 的电路表示电源对外界负载 R 供电,这时,电源两端的电势差(即路端电压)低于电动势. 图 3.5-4 的电路表示外电源对电源充电,这时,电源两端的电势差大于电源的电动势.

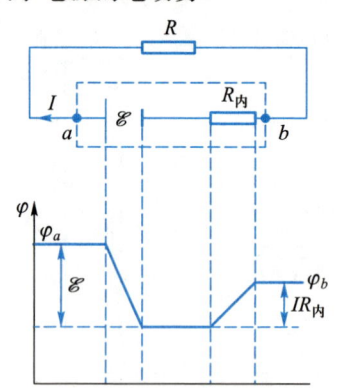

图 3.5-3 电源放电时电源两端的电势差

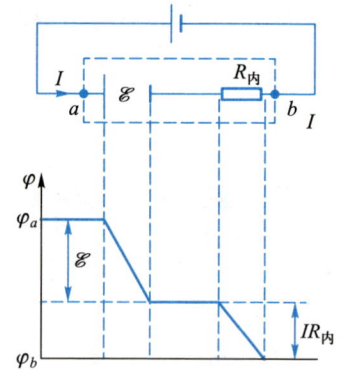

图 3.5-4 电源充电时电源两端的电势差

显然,在更为复杂的实际电路中,任选的一条从 a 到 b 的路径上各电阻之间有电路分岔的存在,导致从 a 到 b 的路径上流过各电阻的电流的方向和大小都不相同,但对这种非均匀电路的欧姆定律仍然成立. 因此,(3.5-1)式中的 $\sum IR$ 应理解为 $\sum_i I_i R_i$,前面对电流正、负号的规定仍可沿用.

2. 基尔霍夫方程及其应用

欧姆定律只能用于求解比较简单的电路. 复杂的电路,往往有许多条导线交会于一点,整个电路由若干个闭合回路组成,同一回路的各段电路中的电流并不相同. 对于这类复杂电路,欧姆定律无法解决. 基尔霍夫(Kirchhoff)方程可用于求解复杂的电路.

(1) 基尔霍夫第一方程.

在复杂电路中,往往有几条支路交会于一点. 凡是三条或三条以上支路的交会点,称为分支点. 对于每一个分支点,有的电流流入分支点,有的电流自分支点流出. 根据电荷守恒定律和恒定电流条件,流入分支点的电流应等于流出分支点的电流,因此,对于每一个分支点,有

$$\sum_k I_k = 0 \quad (3.5\text{-}2)$$

I_k 是通过分支点的各支路中的电流. 在求和时,若流入分支点的电流用加号连接,则流出分支点的电流应用减号连接,反过来也可以. (3.5-2)式就是基尔霍夫第一方程,其实质就是恒定电流情况下的电荷守恒定律.

(2) 基尔霍夫第二方程.

对于复杂电路中任一闭合回路,我们可以用非均匀电路欧姆定律计算回路上任意两点的电势差,若计算电势差的 a、b 两点重合,则有

$$\varphi_a - \varphi_b = \sum IR - \sum \mathscr{E} = 0$$

或

$$\sum IR = \sum \mathscr{E} \quad (3.5\text{-}3)$$

即沿任意闭合回路绕行一周,回路中各电阻上电势降低的代数和等于各电源的电动势造成的电势升高的代数和,这一结论称为基尔霍夫第二方程. 式中凡与绕行的方向一致的电流取正号,反之取负号;凡方向与绕行方向一致的电动势取正号,反之取负号.

对于任意复杂的电路,原则上都可以用基尔霍夫方程求解. 对于各分支点,可用基尔霍夫第一方程,对于各分回路,可以用基尔霍夫第二方程. 在应用基尔霍夫方程解题时,应注意以下几点:

(1) 在复杂电路的各条支路上,先用箭头标出该支路中电流的方向. 在实际问题中,电流方向不一定已知,但我们可以假定一个方向,若最后求得的电流为正,则表示所标的方向与实际方向相同,若求得的电流为负,则表示所标的方向与实际电流的方向相反.

(2) 根据基尔霍夫第一方程,对每一个分支点,可列出一个方程,但 n 个分支点,只有 $(n-1)$ 个基尔霍夫第一方程是独立的. 在列基尔霍夫第一方程时,流入分支点的电流和流出分支点的电流应用异号连接.

(3) 选定分回路,并规定分回路的绕行方向. 对每一个闭合回路,可以列一个基尔霍夫第二方程. 要注意方程式的独立性. 若所列的方程式中,至少有一条支路

在已列出的方程式中未用过,则此回路的方程式必定是独立的. 但又要注意有足够的方程,以使方程数与未知量的数目相等. 一个可行的方法是,从列第二个回路方程开始,使每个方程中都至少含有一段未用过的支路,又至少含有一段已用过的支路. 在列基尔霍夫第二方程时,凡与绕行方向一致的电流和电动势都取正号,凡与绕行方向相反的电流和电动势都取负号.

(4) 要检查方程式的数目与未知量的数目是否相等. 若方程式多于未知量,则要检查各方程的独立性,划去不独立的方程;若方程式少于未知量,则应补充漏列的方程或根据其他已知条件找到补充方程.

3. 例题

例 3.5-1 电阻均为 R 的导线,组成一立方框架,求其对角线两端 a、b 间的电阻.

解:设想在 a、b 两点间加一电压 U,则由对称性,立方框架各边的电流如图所示,故有

$$I_1 = 2I_2$$
$$I = 3I_1$$
$$I_1 R + I_2 R + I_1 R = U$$
$$I R_{ab} = U$$

由此解得

$$R_{ab} = 5R/6$$

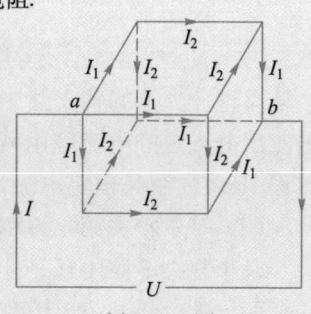

例 3.5-1 图

例 3.5-2 求不平衡电桥通过检流计 G 的电流 I_g,已知电桥四个臂的电阻分别为 R_1,R_2,R_3 和 R_4,电源的电动势为 $\mathscr{E}$,内阻为零,检流计的内阻为 R_g.

解:由基尔霍夫方程求解. 标定各支路中电流的方向如图所示. 对回路 ABDA 有

$$I_1 R_1 + I_g R_g - I_2 R_2 = 0$$

对回路 BCDB 有

$$(I_1 - I_g) R_3 - (I_2 + I_g) R_4 - I_g R_g = 0$$

对回路 ABC$\mathscr{E}$A 有

$$I_1 R_1 + (I_1 - I_g) R_3 - \mathscr{E} = 0$$

解以上方程,得

$$I_g = \frac{(R_2 R_3 - R_1 R_4) \mathscr{E}}{R_1 R_2 R_3 + R_2 R_3 R_4 + R_3 R_4 R_1 + R_4 R_2 R_1 + R_g (R_1 + R_3)(R_2 + R_4)}$$

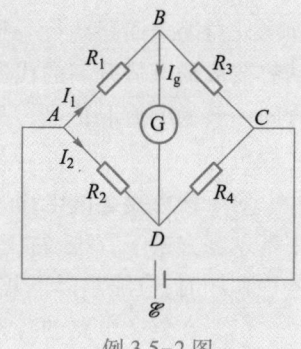

例 3.5-2 图

例 3.5-3 四个完全相同的电池,电动势为 $\mathscr{E}$,内阻为 $R_内$,求按图(a)所示连接和按图(b)所示连接时,A、B 两点间的电压 U_{AB} 和 B、C 两点间的电压 U_{BC}.(连线的电阻可忽略.)

解:对图(a)的情况,有

$$I = \frac{\sum \mathscr{E}}{\sum R_内} = \frac{4\mathscr{E}}{4R_内} = \frac{\mathscr{E}}{R_内}$$

$$U_{AB} = 2R_{内}I - 2\mathscr{E} = 2\mathscr{E} - 2\mathscr{E} = 0$$
$$U_{BC} = -U_{CB} = -(IR_{内} - \mathscr{E}) = 0$$

此时虽有电流,电源两端的端电压为零.

对图(b)的情况,有

$$I = \frac{\sum \mathscr{E}}{\sum R_{内}} = 0$$
$$U_{AB} = \mathscr{E} - \mathscr{E} = 0$$
$$U_{BC} = \mathscr{E}$$

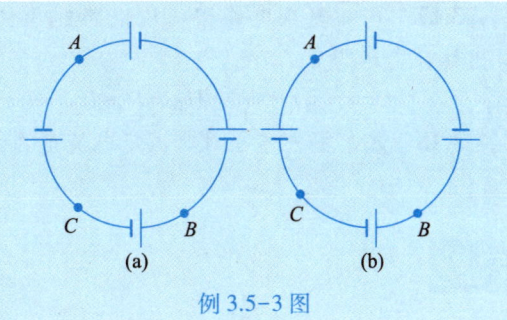

例3.5-3 图

思考题

3.1 若导体内部有电流,即导体内电流密度 $j \neq 0$,问导体内部电荷体密度 ρ 是否一定也不等于零?在电中性的导体中能否有电流?

3.2 通过某一截面的电流 $I = 0$,截面上的电流密度是否必为零?反过来又怎样?

3.3 设通过铜导线的电流密度 $j = 2.4 \text{ A/mm}^2$,铜的自由电子密度为 $8.4 \times 10^{28} \text{ m}^{-3}$,电子的定向运动速度 u 有多大?若电源到用电器的距离为 1 km,则一个给定的电子从电源运动到用电器要经历多少时间?如何理解这个时间?

3.4 在电解液中,正、负离子均可运动导电,此时的电流密度将如何描述?

3.5 可用哪些参量描述材料的导电性能?用电阻可否?

3.6 一长方体铜块,其长、宽、高均已知,此铜块的电阻是唯一确定的吗?

3.7 静电平衡时,导体表面的电场强度与表面垂直.若导体中有恒定电流,导体表面的电场强度是否仍然与导体表面垂直?为什么?

3.8 在金属导体中电流线是否与电场线重合?

3.9 试比较 $P = IU$ 与 $P = I^2 R$ 两式意义的异同,举例说明之.

3.10 一恒定电流通过两不同导体材料的交界面,试推出电流密度在交界面上必须满足的边界条件.(设两材料的电导率分别为 γ_1 与 γ_2.)

3.11 把一恒定不变的电势差加于一导线的两端,使导线中产生一恒定电流.若突然改变导线的形状(如折屈导线),在此瞬间会发生什么现象?是什么因素使电流保持恒定?

3.12 在全电路中,电流的方向是否总是沿着电势降低的方向?在任何情况下,j 和 E 是否总是同方向?

3.13 一个电池内的电流是否会超过其短路电流?电池的路端电压是否可以超过电动势?

3.14 试证明:在 A、B 两种金属构成的温差电偶回路中串联金属 C,只要 C 两端温度相同,就不会影响回路的温差电动势.

3.15 为了测量电路两点间的电压,必须将电压表并联在电路上所要测的两点上,这是否会改变原电路中的电流和电压分配?为了做出较为准确的测量,对电压表有什么要求?

3.16 测量电路中的电流时,必须将电路断开,将电流表接入,这是否会影响原电路的电流?对电流表有何要求?

3.17 已知复杂电路中一段电路的几种情况如图所示,分别写出这段电路的

$$U_{AB} = U_A - U_B$$

3.18 基尔霍夫方程对非恒定电流是否适用?为什么?

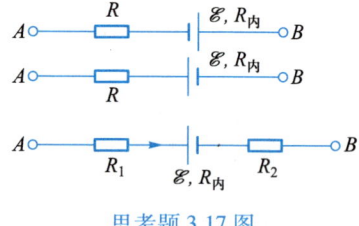

思考题 3.17 图

习题

3-1 有一真空二极管,其内阴极和阳极为一对平行导体片,面积都是 2.0 cm²,它们之间的电流 I 完全是由电子从阴极飞向阳极形成的. 若电流 I = 50 mA,电子达到阳极时的速率是 1.2×10^7 m/s,电子电荷量 $-e = -1.6 \times 10^{-19}$ C,求阳极外表面每立方毫米内的电子数 n.

3-2 用 X 射线使空气电离时,在平衡情况下,每立方厘米内有 1.0×10^7 对离子,已知每个正、负离子的电荷量绝对值都是 1.6×10^{-19} C,正离子的平均定向速度为 1.27 cm/s,负离子的平均定向速度为 1.84 cm/s. 求这时空气中电流密度的大小 j.

3-3 在范德格拉夫静电起电机里,一宽为 30 cm 的橡皮带以 20 m/s 的速度运动,在下边的滚轴处给橡皮带表面输电,橡皮带上的电荷面密度可以产生 40 V/cm 的静电场,问运动的橡皮带所产生的相应电流是多少(单位:mA)?

3-4 导线中的电流随时间变化的关系是 $i = 4 + 2t^2$,式中 i 的单位为 A,t 的单位为 s. 问:(1) 从 $t = 5$ s 到 $t = 10$ s 的时间间隔内,通过此导线横截面的电荷是多少(单位:C)? (2) 在相同的时间内,输运相同的电荷量所需的恒定电流为多少(单位:A)?

3-5 已知铜的相对原子质量(旧称原子量)为 63.75,密度为 8.9 g/cm³,在铜导线里,每一个铜原子都有一个自由电子,电子电荷量的绝对值为 1.6×10^{-19} C,阿伏伽德罗常量 $N_A = 6.022 \times 10^{23}$ mol⁻¹. (1) 技术上为了安全,铜线内电流密度不能超过 $j_{max} = 6$ A/mm²,求电流密度为 j_{max} 时,铜内电子的漂移速率 u;(2) 按下列公式求 $T = 300$ K 时铜内电子热运动的平均速率 $\bar{v}$,$\bar{v} = \sqrt{\dfrac{8kT}{\pi m}}$,式中 $m = 9.11 \times 10^{-31}$ kg 是电子质量,$k = 1.38 \times 10^{-23}$ J/K 是玻耳兹曼常量,T 是热力学温度,问 $\bar{v}$ 是 u 的多少倍?

3-6 大地可看成均匀的导电介质,设其电阻率为 ρ,用一半径为 a 的球形电极与大地表面相接,半个球体埋在地面下(见图),电极本身的电阻可以忽略. 证明此电极的接地电阻为

$$R = \dfrac{\rho}{2\pi a}$$

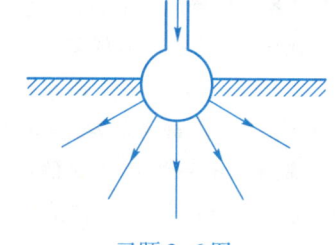

习题 3-6 图

3-7 两个同心的导体薄球壳,半径分别为 r_a 和 r_b,其间充满电阻率为 ρ 的均匀介质. (1) 求两球壳之间的电阻;(2) 若两球壳之间的电压是 U,求电流密度.

3-8 如图所示,一电阻器形状如平截头正圆锥体,两端面的半径分别为 a 和 b,高是 l,材料的电阻率为 ρ,如果锥度很小,我们可假定,穿过任一截面的电流密度是均匀的. (1) 试计算这

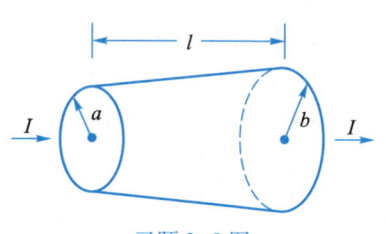

习题 3-8 图

种电阻器的电阻;(2) 试证明,对于锥度为零($a=b$)的特殊情况,答案将简化为 $\rho \dfrac{l}{S}$,其中 S 为圆柱形的截面积.

3-9 图示为一块内半径为 R_1、外半径为 R_2、厚度为 h 的金属板,它对曲率中心所张的圆心角为 θ,假设电导率为 γ,两端面间所加的直流电压为 U,试求:(1) 金属板内的电流密度;(2) 金属板的电阻.

3-10 图中两边为电导率极大的良导体,中间两层是电导率分别为 γ_1、γ_2 的均匀导电介质,其厚度分别为 d_1、d_2,导体的截面积为 S,通过导体的恒定电流为 I,电流方向如图所示. 试求 A、B、C 三个界面上的电荷面密度.

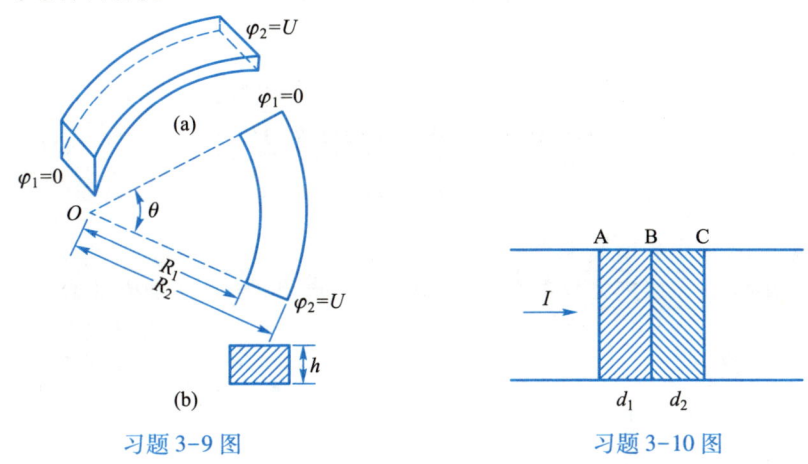

习题 3-9 图   习题 3-10 图

3-11 一半径为 R 的理想导体球浸没在无限大的介质中,介质的电导率 $\gamma = kr$(k 为常量,r 是介质中任一点到球心的距离),若使导体球的电压维持在 U,试求介质中的电场强度.

3-12 铜电阻的温度系数为 $4.3 \times 10^{-3}/℃$,若 $0℃$ 时,铜的电阻率为 $1.60 \times 10^{-8}\ \Omega \cdot m$. 求直径为 $5.00\ mm$、长为 $160\ km$ 的铜制电话线在 $25℃$ 时的电阻.

3-13 一铂电阻温度计在 $0℃$ 时的阻值为 $200.0\ \Omega$,把它浸入正在熔化的三氯化锑($SbCl_3$)中后,阻值变为 $257.6\ \Omega$,求三氯化锑的熔点 t(已知铂电阻的温度系数为 $\alpha = 3.92 \times 10^{-3}\ ℃^{-1}$).

3-14 $220\ V$、$50\ W$ 的钨丝灯泡中钨丝的直径为 $25\ \mu m$,求钨丝的长度. 已知在 $18℃$ 时,钨丝的电阻率为 $5.5 \times 10^{-8}\ \Omega \cdot m$,假定钨丝的电阻和热力学温度成正比,灯泡在使用时,钨丝温度达 $2\,500\ K$,问在电路初通时($18℃$)电流的数值比烧热后大多少倍?

3-15 一个功率为 $45\ W$ 的电烙铁,额定电压是 $220/110\ V$,其电阻丝有中心抽头[如图(a)所示]. 当电源是 $220\ V$ 时,用 A、B 两点接电源;当电源是 $110\ V$ 时,则将电阻丝并联后接电源[如图

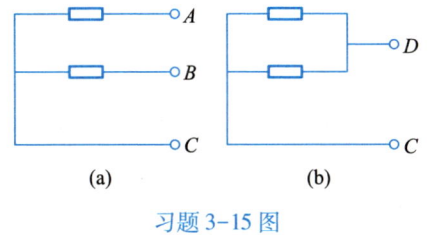

习题 3-15 图

(b)所示]. 问:(1) 电阻丝串联时的总电阻是多少?(2) 接上 110 V 的电压时,电烙铁的功率是否仍是 45 W?(3) 两种接法中流过电阻丝的电流是否相同?电源供应的电流是否相同?

3-16 电子直线加速器产生电子束脉冲. 脉冲电流是 0.50 A,脉冲宽度为 0.10 μs. (1) 每一个脉冲有多少电子被加速?(2) 问机器工作于 500 脉冲/s 时,其平均电流是多少?(3) 如电子被加速到能量为 50 MeV,问加速器输出的平均功率是多大?

3-17 蓄电池在充电时通过的电流为 3 A,此时其端电压为 4.25 V. 当此蓄电池放电时,流出的电流为 4 A,此时端电压为 3.9 V. 试求此蓄电池的电动势和内阻.

3-18 如图所示的由电阻组成的回路,求 A、B 间的等值电阻.

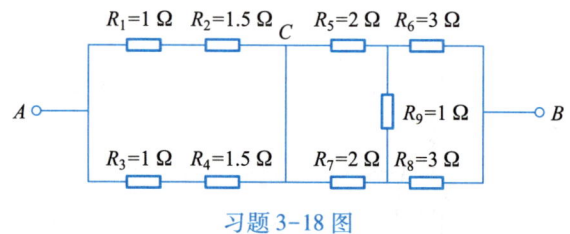

习题 3-18 图

3-19 如图所示,图中各电阻大小均为 R,求 R_{AB}.

3-20 如图所示,在一立方体框架上,每一边有一个电阻,阻值均为 $R=1\ \Omega$,求 R_{AB}.

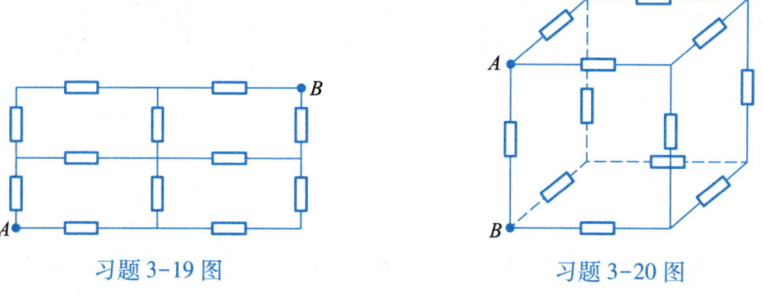

习题 3-19 图   习题 3-20 图

3-21 一电路如图所示,已知 $\mathscr{E}_1=12$ V,$\mathscr{E}_2=9$ V,$\mathscr{E}_3=8$ V,$R_{内1}=R_{内2}=R_{内3}=1\ \Omega$,$R_1=R_3=R_4=R_5=2\ \Omega$,$R_2=3\ \Omega$. 求:(1) a、b 断开时的 U_{ab};(2) a、b 短路时通过 $\mathscr{E}_2$ 的电流的大小和方向.

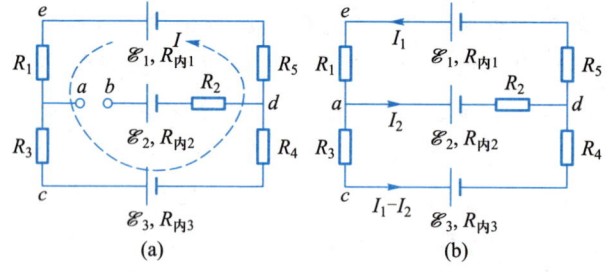

习题 3-21 图

3-22 如图所示,当开关 S 断开时,开关两端的电势差为多少?哪一端电势高?当 S 闭合后开关处的最终电势是多少?S 闭合后,流经 S 的电荷量是多少?

3-23 如图所示,当开关 S 断开时,开关两端的电势差是多少?哪一端电势高?S 闭合后,开关处的电势为多少?S 闭合后,每一个电容器的电荷量变化了多少?

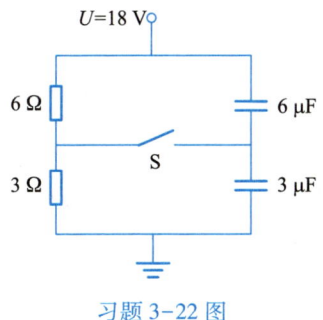

习题 3-22 图

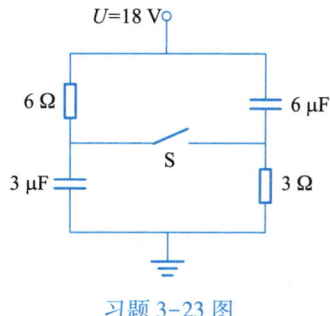

习题 3-23 图

3-24 在如图所示的电路中,$\mathscr{E}_1=4$ V,$\mathscr{E}_2=12$ V,$R_1=6$ Ω,$R_2=4$ Ω,$R_3=2$ Ω,电流表的读数为 0.5 A,试求:(1) 电源电动势 $\mathscr{E}_3$ 的大小;(2) 电源 $\mathscr{E}_2$ 的输出功率(设 R_2 是该电源的内阻);(3) B、F 两点间的电势差.

3-25 电路如图所示,$\mathscr{E}_1=6.0$ V,$\mathscr{E}_2=4.5$ V,$\mathscr{E}_3=2.5$ V,$R_{内1}=0.2$ Ω,$R_{内2}=0.1$ Ω,$R_{内3}=0.1$ Ω,$R_1=R_2=0.5$ Ω,$R_3=2.5$ Ω,求各支路电流.

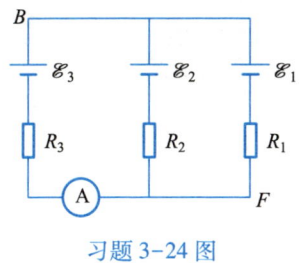

习题 3-24 图

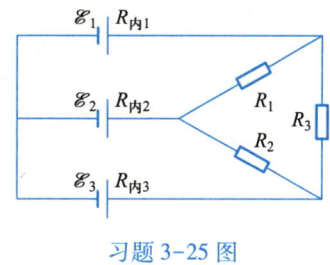

习题 3-25 图

3-26 在如图所示的电路中,求 $\mathscr{E}_1$、$\mathscr{E}_2$ 及 U_{ab}.

3-27 在如图所示的电路中,已知 $\mathscr{E}_1=1$ V,$\mathscr{E}_2=2$ V,$\mathscr{E}_3=3$ V,$R_{内1}=R_{内2}=R_{内3}=1$ Ω,$R_1=1$ Ω,$R_2=3$ Ω,求:(1) 通过 $\mathscr{E}_3$ 的电流;(2) R_2 消耗的功率.

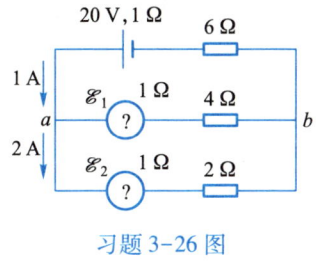

习题 3-26 图

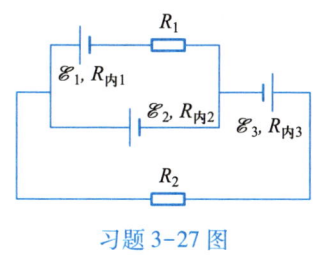

习题 3-27 图

3-28 在图示电路中,各电源均为零内阻,O 点接地,求:(1) A 点电势;(2) 10 μF 电容器与 O 点相接的极板上的电荷量.

3-29 为了找出电缆在某处损坏而接地的地方,可用如图所示装置:AB 是一条长为 100 cm 的均匀电阻线,接触点 S 可在它上面滑动. 已知电缆长 7.8 km,设当 S 滑到与 B 端的距离 $x=41$ cm 时,通过电流计 G 的电流为零. 求电缆损坏处到 B 的距离.

3-30 如图所示是一个可以测量电容的电桥,试证明:当电桥平衡时,待测电容 $C_x=\dfrac{R_1}{R_2}C_1$.

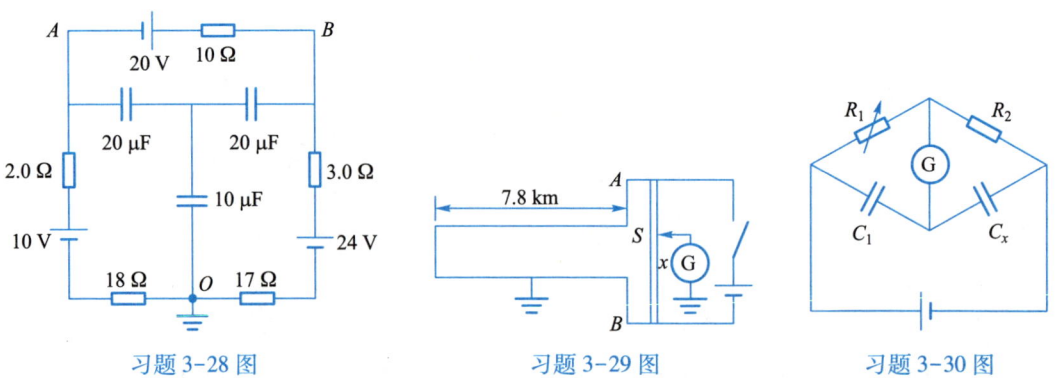

习题 3-28 图　　　　　习题 3-29 图　　　　　习题 3-30 图

3-31 由一对铜-康铜线所组成的热电偶,其温差电动势 $\mathscr{E}=0.04$ mV/℃.在测量温度差时,热电偶与一电流计 G 相连.试由下列数据求热电偶两接头处的温度差:热电偶及连接导线的电阻 $R_1=40$ Ω,电流计的电阻 $R_2=320$ Ω,电流计中的电流 $I=7.8\times10^{-8}$ A.

本章习题答案

第四章
恒定电流的磁场

电流通过导体时,除了产生热效应外,还产生磁效应:电流产生磁场,磁场对处在场内的电流有力的作用.本章将讨论真空中恒定电流产生的磁场的性质,建立恒定电流磁场的基本方程式.

§4.1 基本磁现象 安培定律

1. 磁现象

早在远古时代,人们就发现某些天然矿石(Fe_3O_4)具有吸引铁屑的本领,这种矿石称为天然磁铁.若把天然磁铁制成磁针,使之可在水平面内自由转动,则磁针的一端总是指向地球的南极,另一端总是指向地球的北极,这就是指南针(罗盘),如图4.1-1所示.我国是世界上最早发现并应用磁现象的国家,指南针是我国古代的四大发明之一.历史上把磁针或磁棒指南的一端称为磁南极,用S表示,指北的一端称为磁北极,用N表示.

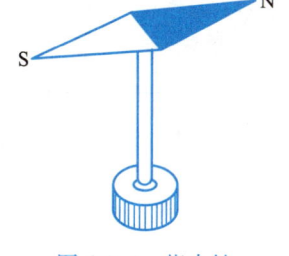

图4.1-1 指南针

磁铁间也存在相互作用:同种磁极相互排斥,异种磁极相互吸引.将一根磁棒分为两段,磁南极和磁北极并不能相互分离,而是成为两根各有两极的磁棒,这表明单个磁极不存在.除此之外,直到19世纪前,人们对磁现象及其本质了解甚少.

丹麦物理学家奥斯特(H.C.Oersted)发现了电流的磁效应:在载流直导线附近,平行放置的磁针受力向垂直于导线的方向偏转,这就是电流的磁效应.奥斯特发现电流的磁效应以后,人们对磁的认识和利用才得到了较快的发展,改变了把电与磁截然分开的看法,开始了探索电、磁内在联系的新时期.另外,奥斯特发现的电流对磁针的作用力是一种横向力,而在这以前人们认为全部作用力都是有心力.

下面,我们介绍一些典型的磁现象.在图4.1-2中,N、S是一对磁极,AB和CD是两根金属导轨,EF是可以在导轨上滚动的铜棒.当铜棒中通以直流电时,铜棒发生滚动,这表明通电流的铜棒(即载流导体)受到了磁铁的作用力.在图4.1-3中,AB是一根很长的竖直放置的直导线,周围的小磁针位于水平面上.当导线中通以直流电时,各小磁针差不多都转向以导线为中心的圆周的切线方向,这表明磁针受到了电流的作用力.进一步的实验还表明载流长导线对磁极的作用力与磁极到长导线的距离成反比.将导线绕成一螺线管用细线悬挂起来,使它可在水平面内绕竖直的轴自由转动,如图4.1-4所示,当螺线管内通以直流电时,螺线管表现出的许多特性与一条形磁铁相似,一端指向地球的南极,另一端指向北极;指南端与条形磁铁的磁南极相互排斥,指北端与条形磁铁的磁北极相互排斥. 图 4.1-5 是两根通直流电的直导线. 当导线中的电流方向相同时,两导线相互吸引;电流方向相反时,两导线相互排斥.

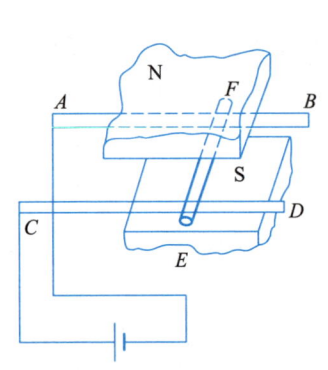

图 4.1-2　磁铁对载流导体的作用

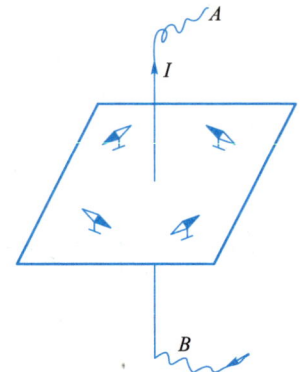

图 4.1-3　载流直导线的磁效应

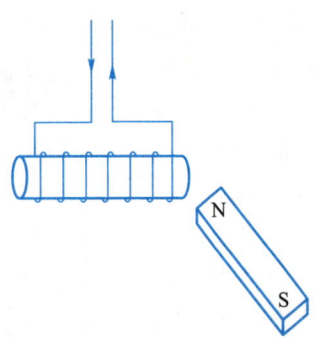

图 4.1-4　载流螺线管的磁效应

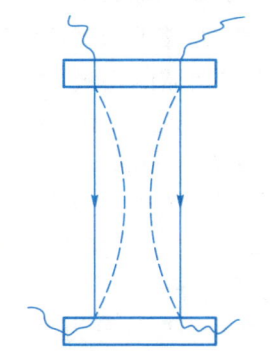

图 4.1-5　两根载流直导线的磁效应

分析以上各种磁现象,我们得到以下的结论:电流与磁铁之间,电流与电流之间以及磁铁与磁铁之间都存在相互作用力. 我们把这些相互作用称为磁相互作用.

2. 电流间的相互作用力　安培定律

安培(A.M.Ampère)从载流螺线管与条形磁铁的等效性实验中认识到磁可以还原为电流,从平行载流直导线相互作用的实验中认识到电流之间的相互作用是一种支配电磁现象的基本作用. 两个载流回路间的作用力与这两个回路的形状、相对位置、回路中电流的方向和电流的大小等因素都密切有关,此情形与带电体间的相互作用相似. 在研究带电体间的相互作用时,我们先引进点电荷这一理想模型,再研究描述点电荷之间相互作用力的库仑定律,然后,根据叠加原理,把任意形状的带电体视为点电荷的集合,就可计算出带电体间的相互作用力. 安培在研究电流之间的相互作用时,首先把全部注意力放在探索电流元间的相互作用规律上. 我们可以把载流回路视为大量无限短的载流线元的集合,每一线元的长度 Δl 与其中电流

I 的乘积称为电流元,只要找到一对电流元之间的相互作用力的规律,就可计算出任意两个载流回路间的作用力. 然而,与点电荷不同的是,通有恒定电流的孤立电流元在原则上无法获得,因而根本无法通过测量它们之间的作用力来研究电流元之间的相互作用规律. 为此,安培在 1821 年以后,设计了许多精巧新颖的实验,得到了一些重要的结论. 例如:当导线中的电流反向时,电流产生的作用也反向;把电流元连接成折线与连接成直线产生的效应是相同的,表明电流元具有矢量性质;作用于电流元的力与电流元垂直;若两电流元的长度都增加若干倍,而两电流元间的距离增加同样倍数,则作用力不变等. 安培在其实验工作的基础上首先导出了电流元相互作用的公式,被称为安培定律. 经过修正,安培定律的现代形式是

$$d\boldsymbol{F}_{21} = k \frac{I_2 d\boldsymbol{l}_2 \times (I_1 d\boldsymbol{l}_1 \times \boldsymbol{e}_{21})}{r_{21}^2} \tag{4.1-1}$$

式中 I_1 和 I_2 分别是两个回路中的电流,dl_1 和 dl_2 分别为这两个回路上的线元. 通常把电流元表示成矢量 Idl,其中 I 是该载流线元中的电流,dl 为线元的长度,电流元的方向规定为载流线元中电流的方向. r_{21} 是电流元 $I_1 d\boldsymbol{l}_1$ 到电流元 $I_2 d\boldsymbol{l}_2$ 的距离,$\boldsymbol{e}_{21}$ 是沿 $\boldsymbol{r}_{21}$ 的单位矢量,方向从 $I_1 d\boldsymbol{l}_1$ 指向 $I_2 d\boldsymbol{l}_2$,如图 4.1-6 所示. k 为比例系数,其值取决于单位制的选择,$d\boldsymbol{F}_{21}$ 则表示电流元 $I_1 d\boldsymbol{l}_1$ 对电流元 $I_2 d\boldsymbol{l}_2$ 的作用力.

电流元之间的作用力 $d\boldsymbol{F}_{21}$ 的方向并不是显而易见的. 若称 $I_1 d\boldsymbol{l}_1$ 与 $\boldsymbol{r}_{21}$ 组成的平面为 S_1 平面,则 $I_1 d\boldsymbol{l}_1 \times \boldsymbol{e}_{21}$ 垂直于 S_1 平面,即在 S_1 平面的法线方向. 若称电流元 $I_2 d\boldsymbol{l}_2$ 与 $I_1 d\boldsymbol{l}_1 \times \boldsymbol{e}_{21}$ 所组成的平面为 S_2 平面,则 S_2 平面与 S_1 平面垂直(见图 4.1-7). 按照矢积的定义,$d\boldsymbol{F}_{21}$ 垂直于 S_2 平面,即既垂直于平面 S_1 的法线又垂直于电流元 $I_2 d\boldsymbol{l}_2$.

若 θ_1 为 $I_1 d\boldsymbol{l}_1$ 与 $\boldsymbol{e}_{21}$ 间的夹角,θ_2 为 $I_2 d\boldsymbol{l}_2$ 与 $I_1 d\boldsymbol{l}_1 \times \boldsymbol{e}_{21}$ 间的夹角,则 $d\boldsymbol{F}_{21}$ 的大小为

$$dF_{21} = k \frac{I_1 I_2 \sin \theta_1 \sin \theta_2 dl_1 dl_2}{r_{21}^2} \tag{4.1-2}$$

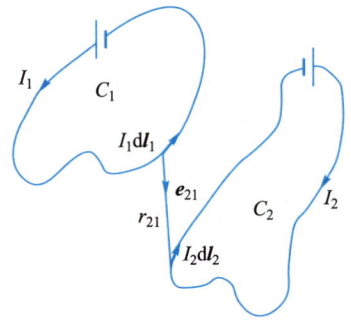

图 4.1-6 两个载流回路上的电流元之间的相互作用

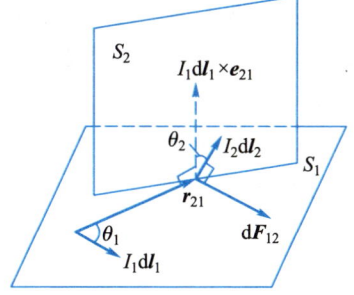

图 4.1-7 两个电流元之间的作用力

由此可以看出,当 $\boldsymbol{r}_{21}$ 与 $I_2 d\boldsymbol{l}_2$ 给定后,只要 S_1 平面不变,$I_1 d\boldsymbol{l}_1$ 的方向的变化就表现为 θ_1 大小的变化,此变化只改变 $d\boldsymbol{F}_{21}$ 的大小,不改变 $d\boldsymbol{F}_{21}$ 的方向. 当 $\theta_1 = 0$ 即 $I_1 d\boldsymbol{l}_1$ 平行于 $\boldsymbol{r}_{21}$ 时,$d\boldsymbol{F}_{21}$ 的值为零;而当 $\theta_1 = \pi/2$ 即 $I_1 d\boldsymbol{l}_1$ 与 $\boldsymbol{r}_{21}$ 垂直时,$d\boldsymbol{F}_{21}$ 的值达到最大.

此外，当 $I_1 d l_1$ 和 r_{21} 确定后，只要 $I_2 d l_2$ 始终在 S_2 平面内，$I_2 d l_2$ 方向的变化就表现为 θ_2 大小的变化，这种变化同样只改变 dF_{21} 的大小而不改变其方向。当 $\theta_2 = 0$ 即 $I_2 d l_2$ 沿平面的法线方向时，$dF_{21} = 0$，而当 $\theta_2 = \pi/2$，即 $I_2 d l_2$ 在 S_1 平面内时，dF_{21} 的值达到最大。

把(4.1-1)式对回路 C_1 积分，便得回路 C_1 作用于电流元 $I_2 d l_2$ 的作用力

$$d\boldsymbol{F}_{C_1 \to C_2} = k I_2 d\boldsymbol{l} \times \oint_{C_1} \frac{I_1 d\boldsymbol{l}_1 \times \boldsymbol{e}_{21}}{r_{21}^2}$$

把上式再对回路 C_2 积分，便得回路 C_1 对回路 C_2 的作用力

$$\boldsymbol{F}_{C_1 \to C_2} = k \oint_{C_2} \oint_{C_1} \frac{I_2 d\boldsymbol{l}_2 \times (I_1 d\boldsymbol{l}_1 \times \boldsymbol{e}_{21})}{r_{21}^2} \tag{4.1-3}$$

由上式计算得到的两个载流回路间的作用力与实验结果一致。

在 SI 中，电流的单位是 A，长度的单位是 m，力的单位是 N，这时比例系数 k 为

$$k = \frac{\mu_0}{4\pi} = 10^{-7} \text{ N/A}^2 \tag{4.1-4}$$

μ_0 称为真空磁导率。在 SI 中，安培定律的表达式为

$$d\boldsymbol{F}_{21} = \frac{\mu_0}{4\pi} \frac{I_2 d\boldsymbol{l}_2 \times (I_1 d\boldsymbol{l}_1 \times \boldsymbol{e}_{21})}{r_{21}^2} \tag{4.1-5}$$

3. 几点说明

(1) 表示电流元之间相互作用力的安培定律(4.1-5)式的正确性无法直接通过实验验证，因为无法获得通有恒定电流的电流元。但是用它计算两个载流回路间的磁相互作用力所得到的结果与实验是符合的。如果在(4.1-5)式中增加一附加项，只要它对闭合路径的积分为零，附加项的存在就不影响积分所得的结果。这说明，电流元间相互作用力的公式(4.1-5)式并不是唯一的，它仅是最简单又比较合理的一种形式。

(2) 若将(4.1-5)式应用于两个孤立的电流元，则将得出两电流元之间的作用力一般不满足牛顿第三定律的结论。例如，在图 4.1-8 中，电流元 $I_1 d l_1$ 与 $I_2 d l_2$ 都在纸面上，但 $I_1 d l_1$ 沿 r_{21}，$I_2 d l_2$ 垂直于 r_{21}，由(4.1-5)式，得

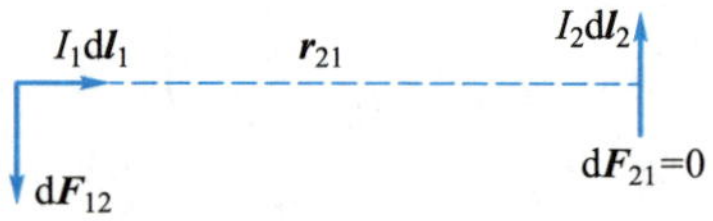

图 4.1-8 电流元间的相互作用不满足牛顿第三定律

$$d\boldsymbol{F}_{21} = \frac{\mu_0}{4\pi} \frac{I_2 d\boldsymbol{l}_2 \times (I_1 d\boldsymbol{l}_1 \times \boldsymbol{e}_{21})}{r_{21}^2} = 0$$

$$d\boldsymbol{F}_{12} = \frac{\mu_0}{4\pi} \frac{I_1 d\boldsymbol{l}_1 \times (I_2 d\boldsymbol{l}_2 \times \boldsymbol{e}_{12})}{r_{12}^2} \neq 0$$

即电流元 $I_1 d l_1$ 虽受到来自 $I_2 d l_2$ 的作用力，却没有力作用于 $I_2 d l_2$。但是，在恒定电流的情况下，通有电流的回路是闭合的，可以证明两闭合载流回路间的作用力完全符合牛顿第三定律。电流元之间的相互作用力不符合牛顿第三定律并不与动量守

恒定律相悖,因为孤立的恒定电流元根本不存在,能存在的孤立电流元不可能是恒定的,而非恒定的电流元会产生随时间变化的场,场具有能量,还具有动量.随时间变化的场的动量也是随时间变化的. 可以证明,如果计及场的动量的变化,把电流元与场作为一个系统,那么系统的总动量仍是守恒的. 在经典力学范围内,牛顿第三定律与动量守恒定律是等价的. 但在涉及场的问题中,如果计及场的动量,则封闭系统的动量守恒定律仍然成立,而牛顿第三定律则失效. 这是超距作用观念与场的观念的重要区别.

(3)(4.1-5)式中的电流元应理解为线电流元,即载流导线的任一截面的线度比两电流元之间的距离要小得多,因而可以认为载流导线是没有粗细的几何线. 当线电流的条件不满足时,就必须考虑电流在导线中的实际分布. 若电流密度为j,则有关公式中的$Id\boldsymbol{l}$应换成$\boldsymbol{j}dV$.

4. 例题

例 4.1-1 分析两平行的无限长载流直导线间的相互作用力.

解:设两平行直导线中的电流分别为I_1和I_2,导线间的距离为a,如图所示. 所谓无限长的直导线实际上可视为一个很大的回路上的一部分,不过回路的其他部分都在很远的地方,它们对所研究问题的影响可以忽略. 采用柱面坐标研究这一问题是方便的. 取z轴与电流为I_1的导线重合. 在两导线上分别任取一电流元$I_1d\boldsymbol{l}_1$和$I_2d\boldsymbol{l}_2$,它们之间的距离为r_{21}. $I_1d\boldsymbol{l}_1$到原点的距离为z_1,$I_2d\boldsymbol{l}_2$到原点的距离为R,在z轴上的坐标为z_2,由图得

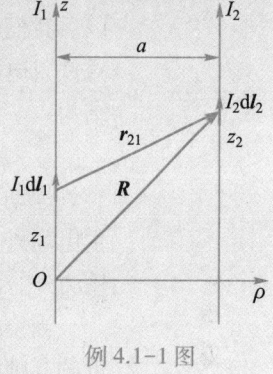

例 4.1-1 图

$$\boldsymbol{r}_{21}=\boldsymbol{R}-z_1\boldsymbol{e}_z=a\boldsymbol{e}_\rho+z_2\boldsymbol{e}_z-z_1\boldsymbol{e}_z$$
$$=a\boldsymbol{e}_\rho+(z_2-z_1)\boldsymbol{e}_z$$
$$r_{21}^2=a^2+(z_2-z_1)^2$$

而

$$d\boldsymbol{l}_1=dz_1\boldsymbol{e}_z$$
$$d\boldsymbol{l}_2=dz_2\boldsymbol{e}_z$$

电流元$I_1d\boldsymbol{l}_1$对电流元$I_2d\boldsymbol{l}_2$的作用力

$$d\boldsymbol{F}_{21}=\frac{\mu_0}{4\pi}\frac{I_1I_2dz_1dz_2\boldsymbol{e}_z\times\{\boldsymbol{e}_z\times[a\boldsymbol{e}_\rho+(z_2-z_1)\boldsymbol{e}_z]\}}{[a^2+(z_2-z_1)^2]^{3/2}}$$
$$=-\frac{\mu_0}{4\pi}\frac{I_1I_2adz_1dz_2\boldsymbol{e}_\rho}{[a^2+(z_2-z_1)^2]^{3/2}}$$

电流为I_1的载流导线作用于电流元$I_2d\boldsymbol{l}_2$的力为

$$\boldsymbol{F}_{21}=-\frac{\mu_0}{4\pi}\int_{-\infty}^{\infty}\frac{I_1I_2adz_1dz_2\boldsymbol{e}_\rho}{[a^2+(z_2-z_1)^2]^{3/2}}=-\frac{\mu_0I_1I_2dz_2}{2\pi a}\boldsymbol{e}_\rho$$

电流为I_2的载流导线受到的合力为

$$\boldsymbol{F}_{C1\to C2}=-\frac{\mu_0I_1I_2}{2\pi a}\boldsymbol{e}_\rho\int_{-\infty}^{\infty}dz_2$$

显然上面的积分为无限大. 但是载流导线1作用于载流导线2的单位长度上的力$\boldsymbol{f}$还是有意义的:

$$f = \frac{F}{\mathrm{d}z_2} = -\frac{\mu_0 I_1 I_2}{2\pi a} e_\rho$$

负号表示当电流 I_1 与 I_2 同方向时，f 是吸引力，当 I_1 与 I_2 反方向时，f 为排斥力.

此式是以前用来定义电流单位的基础. 在真空中，截面积可忽略的两根相距 1 m 的无限长平行圆直导线内通以等量恒定电流时，若导线间相互作用力在每米长度上为 2×10^{-7} N，则每根导线中的电流为 1 A.

§4.2 电流的磁场 磁感强度

1. 磁场及其描述

与电相互作用一样，磁相互作用也不是超距作用，它们也是通过场来传递的，这种场就是磁场. 这就是说，电流或磁铁在其周围空间产生磁场，磁场对处在场内的电流或磁铁有力的作用. 磁相互作用可表示为

电流（磁铁）⇔磁场⇔电流（磁铁）

以后我们将进一步说明，磁铁或电流所产生的磁场都是由运动电荷产生的；磁场对磁铁或电流的作用归根到底都是磁场对运动电荷的作用. 因此，磁相互作用可以归结为

运动电荷⇔磁场⇔运动电荷

运动电荷与静止电荷的性质很不一样. 静止电荷只产生电场，运动电荷除了产生电场外，还产生磁场. 静止的电荷只受电场的作用力，运动的电荷除了受电场作用力外，还受磁场的作用力.

当空间存在电流时，做定向运动的载流子不仅产生磁场，还产生电场. 处在附近的其他电流中的载流子将同时受到磁场和电场的作用，两种相互作用总是"混杂"在一起的. 当导线中通有传导电流时，做定向运动的电子游弋在静止的正电荷之间，它既产生电场，又产生磁场，而静止的正电荷只产生电场、不产生磁场，故载流导线间的相互作用就表现为磁相互作用.

在研究电场时，我们用电场强度描述电场，它是通过电场对静止的检测电荷的作用而引入的. 与此相似，我们将引入一个描述磁场的物理量，它是通过磁场对电流的作用力而引入的. 但是通过直接测量磁场对电流的作用力来引入描述磁场的物理量将会遇到困难，因为作为检测磁场的电流必须是脱离载流回路而单独存在的无限小的电流元，但这种孤立的恒定电流元又是不存在的.

在研究电场时，根据库仑定律和叠加原理，任意分布的电荷所产生的电场对检测电荷 q_0 的作用力为

$$F = \frac{1}{4\pi\varepsilon_0} q_0 \int \frac{\mathrm{d}q}{r^2} e_r$$

源电荷产生的电场在检测电荷所在处的电场强度为

$$E = \frac{1}{4\pi\varepsilon_0}\int\frac{\mathrm{d}q}{r^2}\boldsymbol{e}_r$$

根据(4.1-5)式,电流为 I 的载流回路 C 所产生的磁场对电流元 $I_0\mathrm{d}\boldsymbol{l}_0$ 的作用力为

$$\boldsymbol{F} = \frac{\mu_0}{4\pi}I_0\mathrm{d}\boldsymbol{l}_0\times\oint_C\frac{I\mathrm{d}\boldsymbol{l}\times\boldsymbol{e}_r}{r^2}$$

式中 r 是从回路 C 上的电流元 $I\mathrm{d}\boldsymbol{l}$ 指向电流元 $I_0\mathrm{d}\boldsymbol{l}_0$ 的径矢大小,$\boldsymbol{e}_r$ 是沿 r 方向的单位矢量. 对确定的载流回路,式中的积分值与 $I_0\mathrm{d}\boldsymbol{l}_0$ 的大小和方向都无关,但与 $I_0\mathrm{d}\boldsymbol{l}_0$ 所在的位置有关. 如果用 $\boldsymbol{B}$ 表示这一积分所确定的值,即

$$\boldsymbol{B} = \frac{\mu_0}{4\pi}\oint\frac{I\mathrm{d}\boldsymbol{l}\times\boldsymbol{e}_r}{r^2} \tag{4.2-1}$$

那么 $\boldsymbol{B}$ 就反映了 $I_0\mathrm{d}\boldsymbol{l}_0$ 所在处的磁场的强弱,这个磁场是由载流回路 C 所产生的. 我们把 $\boldsymbol{B}$ 称为磁场的磁感强度. 引入磁感强度后,磁场对电流元的作用力可表示为

$$\boldsymbol{F} = I_0\mathrm{d}\boldsymbol{l}_0\times\boldsymbol{B} \tag{4.2-2}$$

(4.2-2)式有时亦称为安培公式. 磁场对电流元的作用力比电场对点电荷的作用力复杂,因为它不仅与磁感强度的大小和方向有关,而且与电流元的大小和方向有关. 根据矢积的定义,$\boldsymbol{F}$ 的大小 $F = I_0 B\mathrm{d}l_0\sin\theta$,$\theta$ 为 $I_0\mathrm{d}\boldsymbol{l}_0$ 与 $\boldsymbol{B}$ 之间的夹角,$\boldsymbol{F}$ 的方向垂直于电流元和磁感强度所组成的平面,并满足右手螺旋定则. 当电流元与磁感强度所组成的平面确定以后,作用力 $\boldsymbol{F}$ 仍与电流元 $I_0\mathrm{d}\boldsymbol{l}_0$ 的方向密切有关. 电流元平行于磁感强度时,$F = 0$,电流元垂直于磁感强度时,$F = F_{\max} = BI_0\mathrm{d}l_0$. 利用这些特性,我们可以把电流元作为"检测"磁场的工具,用它来检测磁场内各点磁感强度的大小和方向. 例如,如果电流元取某一方向时,作用于电流元的磁场力为零,则电流元的指向就给出电流元所在处 $\boldsymbol{B}$ 的方向[这样给出的 $\boldsymbol{B}$ 仍可有两个指向,具体指向应借助(4.2-2)式由右手螺旋定则确定]. 若电流元取某一方向时,受到的作用力为最大,则最大作用力 $F_{\max}$ 与电流元 $I_0\mathrm{d}\boldsymbol{l}_0$ 的比值就是电流元所在处 $\boldsymbol{B}$ 的大小.

以上的讨论表明,磁感强度 $\boldsymbol{B}$ 在磁场中的地位与电场强度 $\boldsymbol{E}$ 在电场中的地位相当,因此,把 $\boldsymbol{B}$ 称为磁场强度是适宜的,然而,由于历史原因,却把 $\boldsymbol{B}$ 称为磁感强度,而把磁场强度的名称给了另一物理量,这一物理量留待以后讨论.

在 SI 中,磁感强度的单位称为特斯拉,用 T 表示:

$$1\text{ T} = 1\text{ N}\cdot\text{A}^{-1}\cdot\text{m}^{-1}$$

此外,在高斯单位制中,还常用 Gs(高斯)作为磁感强度的单位:$1\text{ T} = 10^4\text{ Gs}$.

2. 毕奥-萨伐尔定律

载流回路产生的磁场可以看成是回路上各电流元产生的磁场的叠加,(4.2-1)式中的被积函数可以视为电流元所产生的磁场的磁感强度. 若 $I\mathrm{d}\boldsymbol{l}$ 是闭合回路上任一电流元,则在离电流元的距离为 r 处,该电流元产生的磁感强度 $\mathrm{d}\boldsymbol{B}$ 为

$$\mathrm{d}\boldsymbol{B} = \frac{\mu_0}{4\pi}\frac{I\mathrm{d}\boldsymbol{l}\times\boldsymbol{e}_r}{r^2} \tag{4.2-3}$$

其中 $\boldsymbol{e}_r$ 是从电流元指向考察点方向的单位矢量,这一公式称为毕奥-萨伐尔(Biot-

Savart)定律. 电流元产生的磁场的磁感强度 $d\boldsymbol{B}$ 垂直于 $Id\boldsymbol{l}$ 与 $\boldsymbol{e}_r$ 组成的平面,并满足右手螺旋定则. 若沿 $Id\boldsymbol{l}$ 方向画一条直线作为轴,则电流元 $Id\boldsymbol{l}$ 产生的磁场的磁感强度都沿圆心位于此轴线的圆周的切线方向,如图 4.2-1 所示. 用毕奥-萨伐尔定律计算磁感强度时,首先应把(4.2-3)式写成分量形式,分别求出磁感强度的分量,然后再求出磁感强度的大小和方向.

3. 几点说明

(1) 根据电场对检测电荷的作用力引入电场强度的方法原则上也提供了一种测量电场强度的方法,但根据磁场对电流元的作用力引入磁感强

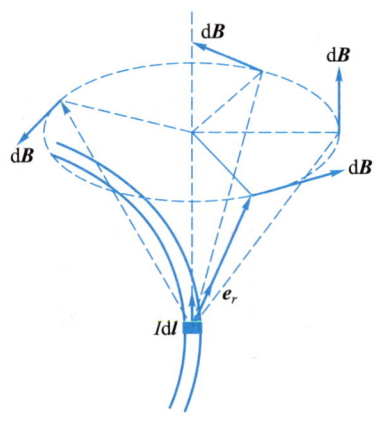

图 4.2-1 电流元产生的磁场的磁感强度

度的方法却无法提供测量磁感强度的方法. 引入磁感强度的方法并非只有一种,在后面的讨论中我们将看到,通过磁场对运动电荷的作用力以及磁场作用于载流小线圈的力矩,都可引入磁感强度.

(2) 用毕奥-萨伐尔定律求得的载流回路产生的磁场与实验测量是一致的. 但是,一般来讲,(4.2-3)式是否代表一个孤立的恒定电流元单独产生的磁场,在物理上是无法判断的,因为这样的电流元并不存在. 对于一个载有恒定电流的闭合回路所产生的总磁场来说,我们可以把(4.2-3)式视为该回路上一个电流元单独产生的磁场中对总磁场最终有贡献的那部分磁感强度,也就是说,即使每个孤立电流元产生的磁场并不等于(4.2-3)式给出的结果,但这并不影响整个闭合回路产生的总磁场. 因此,在计算整个载流回路的总磁场时,我们就把(4.2-3)式视为每个电流元单独产生的磁场.

(3) 若产生磁场的电流不能视为线电流,则必须考虑电流的实际分布,并用 $\boldsymbol{j}dV$ 代替线电流元 $Id\boldsymbol{l}$,于是(4.2-3)式改写为

$$\boldsymbol{B}(x,y,z) = \frac{\mu_0}{4\pi} \int_V \frac{\boldsymbol{j} \times \boldsymbol{e}_r dV}{r^2} \tag{4.2-4}$$

4. 平面载流回路在磁场中受到的力和力矩

一边长为 l 的正方形平面回路,其中通有电流为 I 的恒定电流,处在磁感强度为 $\boldsymbol{B}$ 的均匀磁场中,$\boldsymbol{B}$ 的方向垂直于回路平面向里,如图 4.2-2 所示. 假设回路是刚性的,根据安培公式,四条边受到的磁场力都是 $F=BIl$. 这四个力的合力为零,但回路因受到张力作用而处在扩张状态. 若回路中的电流反向或磁场方向反转,则力的方向也反转,回路处在压缩状态.

若回路平面的法线与磁场方向的夹角为 θ,如图 4.2-3 所示,根据安培公式,尽管 ab 边和 cd 边受到的磁场力 $\boldsymbol{F}_1$ 和 $\boldsymbol{F}_1'$ 大小相等、方向相反,但不在同一直线上,而 bc 和 da 两边受到的作用力 $\boldsymbol{F}_2$ 和 $\boldsymbol{F}_2'$ 大小相等、方向相反,且沿同一直线. 因此,磁场

作用于回路四条边上的合力仍为零,但因 F_1 和 F'_1 是一对力偶,因而有一力矩作用于载流回路,力偶的力矩为

$$M = BIl^2 \sin \theta$$

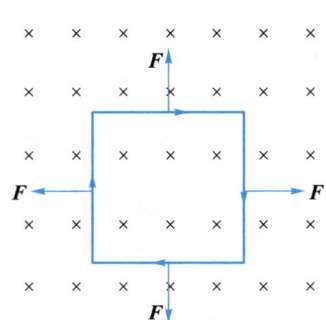

图 4.2-2 均匀磁场对载流回路的作用力
（回路平面与磁场方向垂直）

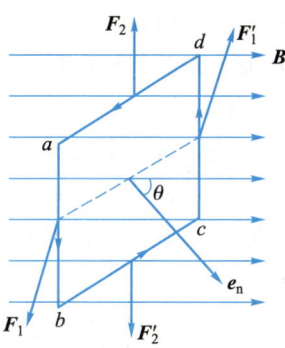

图 4.2-3 均匀磁场作用于载流回路的力矩

式中 l^2 为载流回路的面积 S. 回路面积 S 与回路中电流 I 的乘积称为载流回路的磁矩 m,磁矩 m 的方向由电流按右手螺旋定则确定的 S 面的法线方向确定. 任何一闭合载流回路的磁矩都可表示为

$$m = IS \tag{4.2-5}$$

引入磁矩后,磁场对载流回路的力矩可表示成

$$M = mB \sin \theta$$

写成矢量形式,为

$$M = m \times B \tag{4.2-6}$$

上式虽然是对正方形特殊回路求得的,但可以证明,它对任意形状的平面载流回路都是适用的. 磁场作用于载流回路的力矩提供了另一种定义磁感强度 B 的大小和方向的方法. 用于定义 B 的载流回路的线度和磁矩应尽可能小,这种小线圈称为探测线圈.

磁场作用于载流回路的力矩有使 m 转向与 B 平行方向的趋势,一旦 m 与 B 平行, $M = 0$,对应于稳定平衡. 当 m 与 B 反平行时, M 亦为零,但对应于不稳定的平衡. 磁场对载流回路作用的这种特征启示我们可以用某种相互作用能来描述磁场对载流回路的作用,这一情况与电偶极子处在电场中有相似之处. 如果取 m 与 B 相互垂直(即 $\theta = \pi/2$)时的相互作用能为零,则载流回路的稳定平衡状态对应于相互作用能为负值(极小值),非稳定平衡状态对应于相互作用能为正值(极大值). 相互作用能的变化可以用磁力矩做的功来量度,由此求得载流回路处在外磁场中的相互作用能为

$$W_p = -m \cdot B \tag{4.2-7}$$

磁矩为 m 的载流小回路在外磁场中的行为与电偶极矩为 p 的电偶极子在电场中的行为相似,故常常把这种载流回路称为磁偶极子. 我们在引入磁矩时是把磁矩的概念与闭合的电流联系在一起的,没有闭合电流,磁矩也就失去了意义. 但如果

强调磁矩在磁场中要受到力矩作用和具有相互作用能量,则即使没有一个确定的回路,磁矩的概念仍然有效,在微观领域中就是如此.

若载流回路处在不均匀的磁场中,则它除了受到磁场力矩的作用外,还将受到不等于零的合力的作用,因此回路将发生移动. 设一矩形平面载流回路长为 a、宽为 b,位于 Oxy 平面内,回路中的电流为 I,磁矩 $\boldsymbol{m}=Iab\boldsymbol{k}$ 沿 z 轴方向,如图 4.2-4 所示. 若磁感强度 $\boldsymbol{B}$ 在 z 方向的分量 B_z 随 x 变化,即 $B_z=B_z(x)$,则载流段 PQ 与 RO 受到的作用力分别为

$$\boldsymbol{F}_{PQ}=IbB_z(a)\boldsymbol{i}$$
$$\boldsymbol{F}_{RO}=-IbB_z(0)\boldsymbol{i}$$

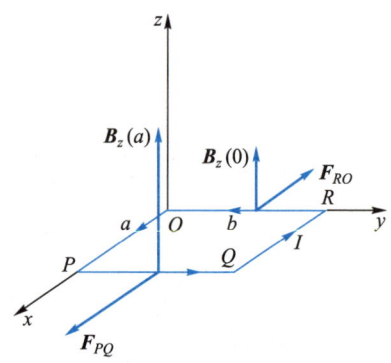

图 4.2-4　非均匀磁场对载流回路的作用

合力为

$$F_x=F_{RO}+F_{PQ}=Ib[B_z(a)-B_z(0)]=m\frac{\partial B_z}{\partial x} \tag{4.2-8}$$

可见在沿 x 方向不均匀的磁场中,载流回路将在 x 方向受到作用力,力的大小正比于 B 在 x 方向的导数,方向指向 B 增加的方向.

(4.2-7)式并不代表载流回路在磁场中的能量,因为当载流导体在磁场中移动时,除了磁场对载流导线的作用力(包括力矩)做功外,正如在下一章中将要讨论的那样,运动导体中产生的感应电动势也要做功,因此,磁场能量的变化不能只由磁场力所做的功来决定. 但是,因为 W_p 对磁场力或力矩的依赖关系与保守场的势能对保守力的依赖关系相同,故仅在这一意义上,我们才把 W_p 视为相互作用能.

5. 例题

例 4.2-1　求无限长载流直导线的磁场.

解:设无限长直导线中的电流为 I,考察点与导线的距离为 R,在导线上任取一电流元 Idl,它与考察点的距离为 r,如图所示,电流元在考察点处产生的磁场垂直于纸面向里,其大小为

$$dB=\frac{\mu_0}{4\pi}\frac{Idl\sin\theta}{r^2}$$

由图可知,

$$l=R\tan\varphi, \quad R=r\cos\varphi, \quad \sin\theta=\cos\varphi$$

代入上式并进行积分得

$$B=\frac{\mu_0 I}{4\pi R}\int_{\varphi_1}^{\varphi_2}\cos\varphi d\varphi=\frac{\mu_0 I}{4\pi R}(\sin\varphi_2-\sin\varphi_1)$$

其中 φ_1 和 φ_2 分别为从考察点到导线两端的连线与 R 的夹角. 对于无限长的直导线,$\varphi_1\to-\frac{\pi}{2}$,$\varphi_2\to\frac{\pi}{2}$,于是得

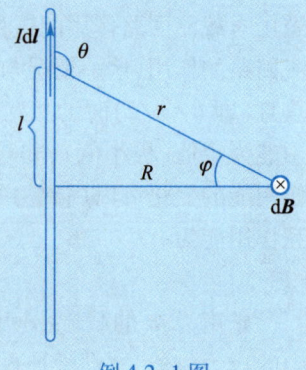

例 4.2-1 图

$$B = \frac{\mu_0}{2\pi} \frac{I}{R}$$

即磁感强度 **B** 的大小与导线中的电流成正比,与离开导线的距离成反比,方向沿以导线为中心的圆周的切线,与电流方向组成右手螺旋.

例 4.2-2 求圆电流轴线上的磁场.

解:一半径为 R 的导线圆环,流过的恒定电流为 I,考察过圆心垂直于圆环平面的轴线上任一点的磁场. 设考察点到圆面的距离为 z,如图所示. 圆电流上任一电流元 Idl 在考察点的磁场为

$$d\boldsymbol{B} = \frac{\mu_0}{4\pi} \frac{Id\boldsymbol{l} \times \boldsymbol{e}_r}{r^2}$$

把 d**B** 分解成沿着 z 轴的分量 dB_z 和垂直于 z 轴的分量 $dB_\perp$,

$$dB_z = dB\sin\alpha = \frac{\mu_0}{4\pi} \frac{Idl\sin\alpha}{r^2}$$

$$dB_\perp = dB\cos\alpha = \frac{\mu_0}{4\pi} \frac{Idl}{r^2}\cos\alpha$$

由对称性可知,所有 $dB_\perp$ 叠加的结果为零,于是

$$B = \int dB_z = \frac{\mu_0}{4\pi} \int \frac{Idl}{r^2}\sin\alpha$$

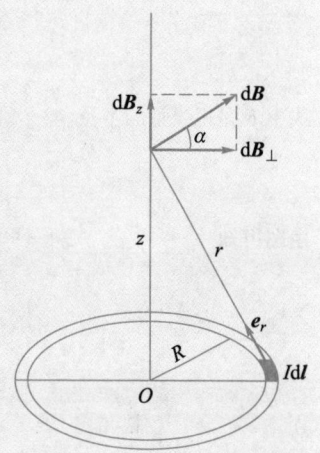

例 4.2-2 图　计算圆电流轴线上磁场

由于 r 和 α 与电流元的位置无关,而 $\int dl$ 即圆电流的周长为 $2\pi R$,注意到 $\sin\alpha = R/r$,得

$$B = \frac{\mu_0}{2} \frac{IR^2}{r^3} = \frac{\mu_0 IR^2}{2(R^2+z^2)^{3/2}}$$

即圆电流轴线上的磁场与该点离开圆心的距离有关,当考察点远离圆电流即 $z \gg R$ 时,上式简化为

$$B = \frac{\mu_0 iR^2}{2z^3} = \frac{\mu_0 m}{2\pi z^3}$$

式中 $m = \pi R^2 I$,为圆电流的磁矩. 引入磁矩后,在圆电流轴线上远处一点的磁感强度为

$$\boldsymbol{B} = \frac{\mu_0 \boldsymbol{m}}{2\pi z^3}$$

而圆心处的磁场为

$$B = \frac{\mu_0 I}{2R} = \frac{\mu_0 m}{2\pi R^3}$$

例 4.2-3 求载流螺线管内部的磁场.

解:在圆柱体表面按螺旋线的方式绕上导线,便制成了螺线管. 设有一密绕的螺线管,总长度为 L,绕有 N 匝导线. 导线绕得非常密,作为一种近似的处理,我们可以把螺线管视为由许多圆电流密排而成,如图(a)所示. 因此,螺线管轴线上的磁场由各圆电流在轴线上的磁场叠加而成. 考察螺线管轴线上的一点 P,其坐标为 z_P. 位于 z 到 $(z+dz)$ 间隔内的圆电流的匝数为 $dzN/L = ndz$,n 为单位长度上的匝数,这些圆电流在 P 点的磁场可由例 4.2-2 求得,即

$$dB = \frac{\mu_0 R^2 nI dz}{2[R^2+(z_P-z)^2]^{3/2}}$$

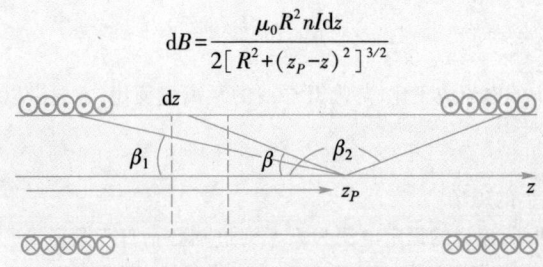

例 4.2-3 图(a) 密绕螺线管的磁场可视为紧密排列圆电流的磁场的叠加

式中 R 是螺线管的半径. 整个螺线管的电流在 P 点的磁场为

$$B = \int_0^L \frac{\mu_0 R^2 nI dz}{2[R^2+(z_P-z)^2]^{3/2}}$$

由图可知

$$\sin\beta = \frac{R}{\sqrt{R^2+(z_P-z)^2}}$$

$$\cot\beta = \frac{z_P-z}{R}$$

故

$$\frac{d\beta}{\sin^2\beta} = \frac{dz}{R}$$

把积分号中的变量 z 换成 β,得

$$B = \frac{\mu_0 nI}{2}\int_{\beta_1}^{\beta_2} \sin\beta d\beta = \frac{1}{2}\mu_0 nI(\cos\beta_1 - \cos\beta_2)$$

式中 β_1 和 β_2 分别为 $z=0$ 和 $z=L$ 时的 β 值.

下面,我们讨论几种特殊情况:

(1) 螺线管为无限长,即 $L\to\infty$,$\beta_1=0$,$\beta_2=\pi$,因而

$$B = \mu_0 nI$$

即无限长的密绕螺线管轴线上的磁感强度是一个常量,与考察点的位置无关. 方向沿螺线管的轴线,与电流组成右手螺旋.

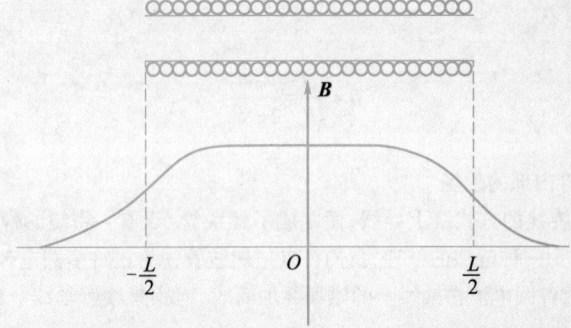

例 4.2-3 图(b) 螺线管轴线上的磁场分布

（2）半无限长螺线管端点的磁场. 由 $\beta_1=0$、$\beta_2=\pi/2$ 和 $\beta_1=\dfrac{\pi}{2}$、$\beta_2=\pi$ 都可得出

$$B=\frac{1}{2}\mu_0 nI$$

即长螺线管轴线的端点的磁感强度正好为中心处的一半. 螺线管轴线上磁场的分布如图（b）所示.

例 4.2-4 电流均匀地通过无限长的平面导体薄板，求到薄板的距离为 x 处的磁感强度.

解：设导体薄板的宽度为 $2a$，通过宽为单位长度的细条的电流为 i. 取 Oyz 平面与板重合，x 轴与板垂直，如图（a）所示. 在板上任取一宽度为 $\mathrm{d}y$、位于 y 到 $(y+\mathrm{d}y)$ 之间的细条. 这个细条可作为无限长的直导线处理，其中的电流为 $i\mathrm{d}y$，它在考察点 P 的磁场为

$$\mathrm{d}B=\frac{\mu_0}{2\pi}\frac{i\mathrm{d}y}{R}$$

其方向与 R 垂直. 把 $\mathrm{d}B$ 分解成沿 x 和 y 方向的两个分量

$$\mathrm{d}B_x=\mathrm{d}B\sin\beta$$
$$\mathrm{d}B_y=\mathrm{d}B\cos\beta$$

因为对称性，与 z 轴对称的任意两细条在 P 点的磁场 $\mathrm{d}\boldsymbol{B}$ 和 $\mathrm{d}\boldsymbol{B}'$ 的 x 分量相互抵消，如图（b）所示. 所以，P 点的磁感强度由各细条在 P 点产生的磁场的 y 分量叠加而成，即

$$B=\int \mathrm{d}B=\int \frac{\mu_0 i}{2\pi}\frac{\cos\beta}{R}\mathrm{d}y$$

由图知 $R\cos\beta=x$，$y=x\tan\beta$，因此 $\mathrm{d}y=x\mathrm{d}\beta/\cos^2\beta$，代入上式得

$$B=\frac{\mu_0 i}{2\pi}\int_{-\beta_0}^{\beta_0}\mathrm{d}\beta=\frac{\mu_0 i}{\pi}\beta_0$$

因为

$$\beta_0=\arctan\frac{a}{x}$$

故有

$$B=\frac{\mu_0 i}{\pi}\arctan\frac{a}{x}$$

即 x 轴上任一点的磁场与该点到薄板的距离有关. 若薄板是无限宽的，即 $a\to\infty$，则 $\beta=\pi/2$，由此得

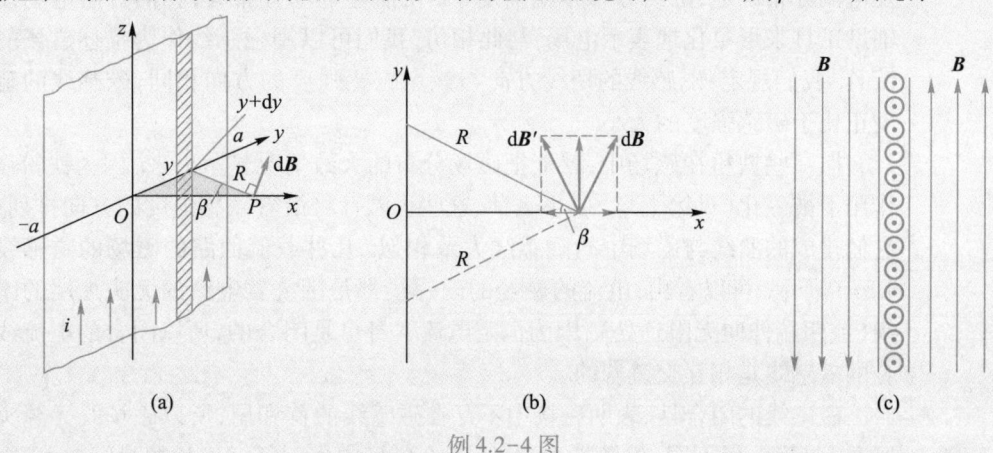

例 4.2-4 图

$$B = \frac{1}{2}\mu_0 i$$

无限大的载流导体板产生的磁场是均匀磁场,与考察点的位置无关. 磁感强度 **B** 与载流平面平行,其方向与板中的电流方向垂直,板两侧的磁感强度 **B** 的方向相反,如图(c)所示.

例 4.2-5 半径为 R 的薄圆盘均匀带电,电荷面密度为 σ. 若盘绕自身的中心轴线以角速度 ω 旋转,求轴线上与盘心距离为 z 处的 P 点的磁感强度.

解:在半径为 r、宽度为 dr 的圆形环带上(如图所示)所形成的等效电流为

$$dI = \frac{\omega dq}{2\pi} = \frac{2\pi r dr \sigma \omega}{2\pi} = \omega\sigma r dr$$

dI 在 P 点所产生的磁感强度为

$$dB = \frac{\mu_0 dI}{2} \frac{r^2}{(r^2+z^2)^{3/2}}$$

方向沿 z 轴的方向. 整个旋转圆盘产生的磁感强度为

$$B = \frac{\mu_0}{2}\int_0^R \frac{\sigma\omega r^3 dr}{(r^2+z^2)^{3/2}} = \frac{\mu_0}{2}\omega\left(\frac{R^2+2z^2}{\sqrt{R^2+z^2}} - 2z\right)\sigma$$

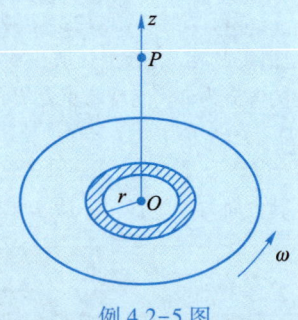

例 4.2-5 图

在盘心处

$$B = \frac{\mu_0}{2}\omega\sigma R$$

§4.3 恒定电流磁场的基本方程式

1. 磁场的高斯定理 寻找磁单极

电流的磁场原则上可通过毕奥-萨伐尔定律求出. 尽管计算比较复杂,就各种具体的电流分布来说,往往无法得出该电流所产生的磁场的一般解析表达式,但只要电流分布确定,磁场分布亦就确定了. 在描述电场分布时,我们曾用电场线这一辅助工具来形象化地表示电场,与此相仿,我们可以用磁感线作为描述磁场的辅助工具. 我们规定:磁感线的切线方向与该点磁感强度的方向相同,磁感线的疏密程度正比于磁感强度的大小.

撒一些铁粉在磁场中,就能把磁场分布的大致情况显示出来. 因为铁粉在磁场作用下被磁化(见第七章)成小磁针,这些小磁针将沿着磁感强度的方向排列起来,它们排成的曲线与磁场中的磁感线大致相似. 几种载流回路的磁场的磁感线如图 4.3-1 所示. 可以看出,电流的磁场的磁感线都是围绕着电流的无头无尾的闭合曲线(或两端伸向无限远处),因为恒定电流本身也是闭合的,所以闭合的电流线与闭合的磁感线是相互交链着的.

磁感线的闭合性,表明磁场中不存在磁感线的首和尾,所以磁场既无源头又无尾闾. 与静电场不同,磁场是无源场. 若在磁场中作一任意形状的封闭曲面,则根据

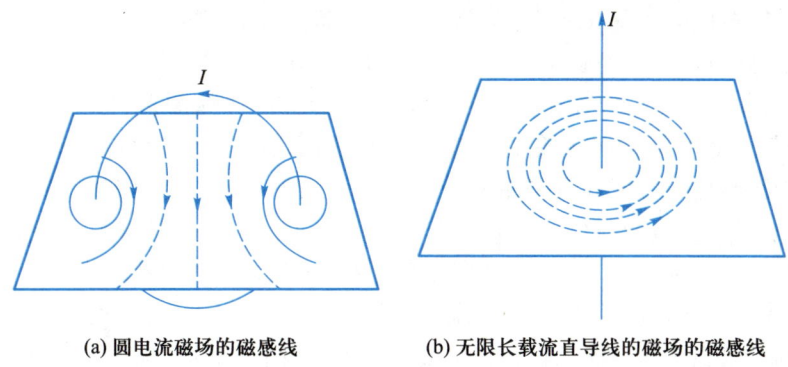

(a) 圆电流磁场的磁感线　　(b) 无限长载流直导线的磁场的磁感线

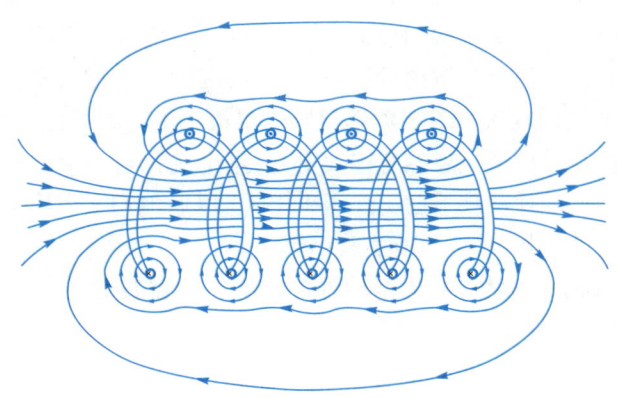

(c) 绕得很稀疏的短螺线管的磁场的磁感线

图 4.3-1　磁感线

磁感线的闭合特性,进入封闭曲面的磁感线的条数必须等于离开该封闭曲面的磁感线的条数. 这一结论在数学上可表示为

$$\oint_S \boldsymbol{B} \cdot \mathrm{d}\boldsymbol{S} = 0 \qquad (4.3\text{-}1)$$

这就是磁场的高斯定理,它是磁感线闭合性的数学表述,也是自然界中不存在磁荷(单个磁极)的数学表述. 磁场的高斯定理可以从毕奥-萨伐尔定律出发加以严格证明.

电场的高斯定理与磁场的高斯定理在形式上并不对称,这是因为自然界存在电荷却不存在磁荷(磁单极),我们所讨论的磁场都不是单个磁极所产生的. 自然界中是否存在单个磁极即磁单极呢? 英国物理学家狄拉克最早提出了磁单极的概念. 他提出磁单极最根本的原因是试图为电荷的量子化寻找理论根据,而不完全是为了使电场高斯定理与磁场高斯定理更对称. 狄拉克从理论上证明,如果存在磁单极,就可对电荷的分立性(量子化)提供一种解释,而物理世界中存在电荷的最小单元的概念又是相当深刻的. 在磁单极概念提出后的几十年中,与磁单极有关的理论有了很大的发展. 但不幸的是,迄今为止还没有充分的证据可以证明磁单极确实存在. 探索微观领域中是否存在磁单极是物理学家感兴趣的一个课题. 物理学家在理论上预言磁单极的质量很大,约为 $10^{16}\ \text{GeV}/c^2$,远大于目前的加速器所能产生的粒子的质量,磁单极穿透物质时的穿透能力很强,在宇宙形成过程中产生了许多磁单极,因此目前的宇宙中应存在一些磁单极.问题是怎样去探测它们?宇宙空间的磁单极,因其能量很大,在它们射向地球时,会在岩石、海底留下痕迹,特别在来自地球外的陨石碎片中可能找到磁单极或它们留下的痕迹,于是人们便首先在这些地方寻找磁单极,但检测的结果却没有发现磁单极的踪影.地球上未找到磁单极可能是因为磁单极来到地球时受到了大气层的干扰,于是人们便想到月球上去找. 20 世纪 60 年代,美国通过阿波罗计划实现了登月飞行,先后从月球运回许多月球岩石,但检测的结果表明从月球上找到磁单极的希望也很小. 20 世纪 70 年代美国加州大学的一个科研小组宣布,他们用一个装有探测宇宙射线仪器的气球在距地面 40 km 的高空,记录到一条电离性很强的粒子留下的径迹,认为这是磁单极的痕迹.这件事曾轰动了物理界,但不久一些物理学家提出疑问,认为这条径迹可能是一个很重的原子核留下的,也可能是很重的反粒子留下的,因此这个结果没有得到物理界的承认.斯坦福大学长时期进行着一项用超导磁单极探测器寻找磁单极的实验,1982 年的一天,他们测得的磁通量突然有很大变化,这个变化与一个磁单极引起的变化相当,在这以前他们的探测仪器已工作了 151 天.以后他们又启用了一个新的探测器,但经过 5 个月的工作,未能重复实验结果.

如果真的找到了磁单极,物理学的许多领域将会获得新的突破,因此,寻找磁单极的工作仍在继续进行.

2. 磁场的环流 安培环路定理

电场强度对任意闭合路径的线积分称为电场的环流.静电场的环流为零,它反映了静电场的重要性质——保守场.与此相似,磁感强度对任意闭合路径的线积分称为磁场的环流,它也将反映磁场的重要性质.我们先讨论一种简单的情况.假定磁场是由无限长的载流直导线产生的,电流周围的磁场为

$$B = \frac{\mu_0 I}{2\pi R}$$

磁场的磁感线是以导线为圆心的一系列同心圆,若以闭合的磁感线作为计算磁场环流的积分路径,并取积分的绕行方向与磁感线的方向相同,即与导线中的电流组成右手螺旋,如图 4.3-2 所示,则

$$\oint_C \boldsymbol{B} \cdot \mathrm{d}\boldsymbol{l} = \oint_C \frac{\mu_0 I}{2\pi R} R \mathrm{d}\varphi = \mu_0 I$$

若计算环流的闭合路径 C 与磁感线不重合,如图 4.3-3 所示,则因

$$\boldsymbol{B} \cdot \mathrm{d}\boldsymbol{l} = B\cos\theta \mathrm{d}l = \frac{\mu_0 I}{2\pi R} R \mathrm{d}\varphi = \frac{\mu_0 I}{2\pi} \mathrm{d}\varphi$$

因此,磁感强度 $\boldsymbol{B}$ 对闭合路径 C 的积分

$$\oint_C \boldsymbol{B} \cdot \mathrm{d}\boldsymbol{l} = \frac{\mu_0 I}{2\pi} \int_0^{2\pi} \mathrm{d}\varphi = \mu_0 I$$

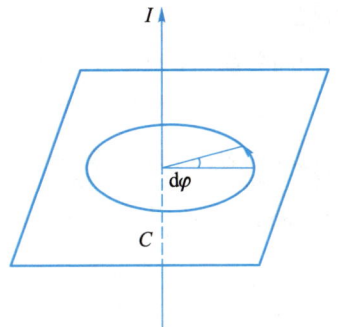
图 4.3-2 计算磁场对一圆形
闭合磁感线的环流

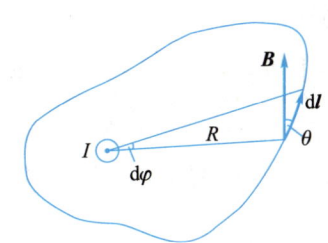
图 4.3-3 计算磁场对任意形状的包
围电流的闭合路径 C 的环流

不难证明,只要闭合的积分路径包围电流,不论路径的形状如何,甚至不论路径是否在一个平面上,磁场的环流就等于 $\mu_0 I$,而当积分的绕行方向与电流组成左手螺旋时,磁场的环流为 $-\mu_0 I$. 若闭合积分路径 C 不包围电流,则可从载流导线出发作两条直线,它们的夹角为 $\mathrm{d}\varphi$,两直线与闭合路径相割,并从路径上割下两条线段 $\mathrm{d}l$ 和 $\mathrm{d}l'$,如图 4.3-4 所示,于是,

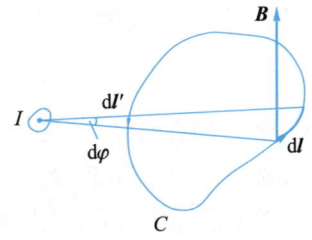
图 4.3-4 磁场对不包围电流的
闭合路径的环流的计算

$$\boldsymbol{B} \cdot \mathrm{d}\boldsymbol{l} = B\cos\theta \mathrm{d}l = BR\mathrm{d}\varphi$$
$$\boldsymbol{B}' \cdot \mathrm{d}\boldsymbol{l}' = B'\cos\theta' \mathrm{d}l' = -B'R'\mathrm{d}\varphi$$

因无限长的直电流的磁场与 R 成反比,$\boldsymbol{B} \cdot \mathrm{d}\boldsymbol{l} = -\boldsymbol{B}' \cdot \mathrm{d}\boldsymbol{l}'$,故它们对环流的贡献相互抵消. 由此可推知磁场对不包围电流的闭合路径的积分为零,即

$$\oint_C \boldsymbol{B} \cdot \mathrm{d}\boldsymbol{l} = 0$$

可以证明,此结论对任意不包围电流的闭合路径都成立.

总结以上的讨论,我们有

$$\oint_C \boldsymbol{B} \cdot \mathrm{d}\boldsymbol{l} = \pm\mu_0 I \quad (C \text{ 包围电流}) \tag{4.3-2a}$$

$$\oint_C \boldsymbol{B} \cdot \mathrm{d}\boldsymbol{l} = 0 \quad (C \text{ 不包围电流}) \tag{4.3-2b}$$

其中正、负号分别对应于积分路径的绕行方向与电流组成右手螺旋和左手螺旋.

若磁场是由 5 条平行的无限长载流直导线产生的,各导线中的电流分别为 I_1、I_2、I_3、I_4 和 I_5,如图 4.3-5 所示,其中有的电流进入纸面,有的电流自纸面流出. 用 $\boldsymbol{B}_1$、$\boldsymbol{B}_2$、$\boldsymbol{B}_3$、$\boldsymbol{B}_4$ 和 $\boldsymbol{B}_5$ 分别表示各电流单独产生的磁场的磁感强度,则由叠加原理,空间任一点的磁感强度

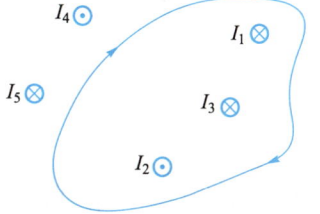
图 4.3-5 5 条直线电流磁场
的环流的计算

$$B = B_1 + B_2 + B_3 + B_4 + B_5$$

取一任意形状的闭合的积分路径 C，计算 B 对这一闭合路径的积分，绕行方向如图所示，则有

$$\oint_C B \cdot dl = \oint_C B_1 \cdot dl + \oint_C B_2 \cdot dl + \oint_C B_3 \cdot dl + \oint_C B_4 \cdot dl + \oint_C B_5 \cdot dl$$

由于电流 I_1、I_2、I_3 被积分路径包围，I_4、I_5 未被积分路径包围，注意到 I_1、I_2 和 I_3 的方向，根据(4.3-2)式，B_4、B_5 对 C 的环流为零，故得

$$\oint_C B \cdot dl = \mu_0 (I_1 - I_2 + I_3)$$

即磁场的环流只取决于被积分路径所包围的电流．可以把这一结论推广到一般情况，在恒定电流的磁场中，不管载流回路的形状如何，磁场对任意闭合路径的线积分即环流仅取决于被闭合路径所包围的电流的代数和：

$$\oint_C B \cdot dl = \mu_0 \sum_k I_k \tag{4.3-3}$$

其中 I_k 是被闭合路径 C 所包围的电流．当电流的方向与积分路径的绕行方向组成右手螺旋时，该电流取正号，否则取负号．这一结论就是安培环路定理．关于安培环路定理的一般证明，读者可参阅有关参考书．

尽管未被闭合路径包围的电流对磁场的环流没有贡献，但它们对空间各点的磁场是有贡献的，空间任一点的磁场是由所有的电流共同产生的．

安培环路定理表明，恒定电流的磁场的性质与静电场的性质很不相同．磁场的环流不为零，表明磁场是非保守场，是有旋场，不能引入像电势那样的标量函数来描述磁场．有旋场这一名称是从流体力学中借过来的．磁场中并不存在像流水那样的东西在打旋，但磁场的磁感线都是闭合曲线，这些闭合的磁感线都围绕着电流，因此，电流犹如旋涡的中心，闭合的磁感线犹如打旋的流水，故我们称磁场是涡旋场，电流是涡旋中心．如果说静电场的高斯定理反映了电荷以发散的方式激发电场，凡是存在电荷的地方必有电场线发出（或在那里会聚），那么安培环路定理则反映了电流以涡旋的方式激发磁场，凡是有电流的地方其周围必围绕着闭合的磁感线．

3. 恒定电流的磁场的基本方程式

磁场的高斯定理和安培环路定理的数学形式为

$$\oint_S B \cdot dS = 0$$

$$\oint_C B \cdot dl = \mu_0 \sum_k I_k$$

第一式说明磁场是无源场，磁感线具有闭合性，它是自然界中不存在磁荷的数学表述．第二式表示磁场是涡旋场，电流以涡旋的方式激发磁场．静电场的特性是有源无旋，而恒定电流的磁场的特性是有旋无源．磁场的两个方程式各从一个方面反映了恒定电流的磁场的性质，两者结合在一起，给出恒定电流磁场的全部特性，故通

常称它们是恒定电流磁场的基本方程式.

当电流分布给定后,电流的磁场即可通过这两个方程式求得. 但是,对某些特殊问题,利用安培环路定理一个方程式就能从电流分布求得磁场分布. 我们知道,安培环路定理并未给出磁感强度与产生这个磁场的电流之间的直接联系,因而在一般情况下已知电流分布,并不能直接从安培环路定理求得磁场分布. 但是,如果我们能根据电流分布预先确定磁场的某些特征,例如,场分布的某种对称性,然后把这种对称性与安培环路定理相结合,就可求出磁场分布. 这是因为在对称性的分析中已包含了磁场高斯定理的某些信息. 这一情况与用高斯定理求电场分布相似.

4. 例题

例 4.3-1　一圆柱形的长直导线,截面半径为 R,恒定电流均匀通过导线的截面,电流为 I,求导线内和导线外的磁场分布.

解：假定导线是无限长的,根据对称性,可以断定磁感强度 $\boldsymbol{B}$ 的大小只与观察点到圆柱体轴线的距离有关,方向沿圆周的切线,如图所示.

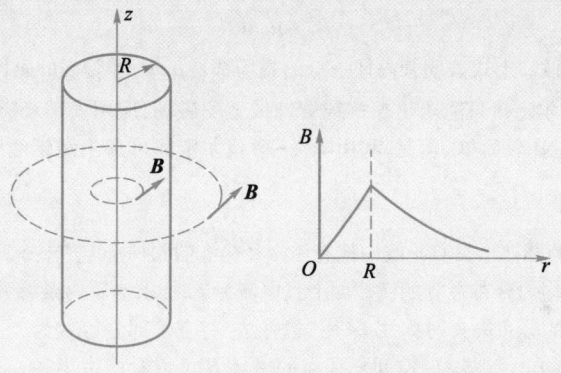

例 4.3-1 图　用安培环路定理计算载流圆柱体内外磁场

在圆柱体内部,以 $r<R$ 为半径作一圆,圆心位于轴线上,圆面与轴线垂直. 把安培环路定理用于此圆周,有

$$\oint_C \boldsymbol{B} \cdot \mathrm{d}\boldsymbol{l} = 2\pi r B = \mu_0 \frac{I}{\pi R^2}\pi r^2$$

由此得

$$B = \frac{\mu_0}{2\pi} \frac{I}{R^2} r \qquad (r<R)$$

在圆柱体外部作一半径 $r>R$ 的圆周,圆心亦位于轴线上,把安培环路定理用于这一圆周,有

$$\oint_C \boldsymbol{B} \cdot \mathrm{d}\boldsymbol{l} = 2\pi r \cdot B = \mu_0 I$$

由此得

$$B = \frac{\mu_0}{2\pi} \frac{I}{r} \qquad (r>R)$$

即在圆柱体内部,磁感强度 B 与 r 成正比,在圆柱体外部,磁感强度 B 与 r 成反比.

$$B = \begin{cases} \dfrac{\mu_0}{2\pi}\dfrac{I}{R^2}r & (r<R) \\ \dfrac{\mu_0}{2\pi}\dfrac{I}{r} & (r>R) \end{cases}$$

例 4.3-2 用安培环路定理计算载流长螺线管内部的磁场.

解：设密绕螺线管单位长度的匝数为 n，导线中的电流为 I. 如果螺线管很长，管内每一点的磁场几乎都平行于轴线. 作矩形闭合路径，使两条边与轴线平行，并分别位于管内外，另两条边与轴线垂直，如图所示. 磁场对这一闭合路径的环流为

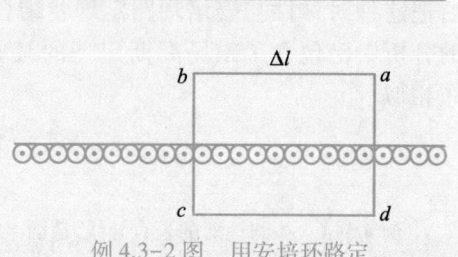

$$\oint_C \boldsymbol{B} \cdot \mathrm{d}\boldsymbol{l} = \int_{ab} \boldsymbol{B} \cdot \mathrm{d}\boldsymbol{l} + \int_{bc} \boldsymbol{B} \cdot \mathrm{d}\boldsymbol{l} + \int_{cd} \boldsymbol{B} \cdot \mathrm{d}\boldsymbol{l} + \int_{da} \boldsymbol{B} \cdot \mathrm{d}\boldsymbol{l}$$

上式右边第二、第四项为零. 若 cd 在螺线管外，则根据安培环路定理，有

$$B_内 \Delta l + B_外 \Delta l = \mu_0 n \Delta l I$$

例 4.3-2 图　用安培环路定理计算长螺线管的磁场

对于无限长的密绕螺线管，管外的磁场实际上可视为零，至少不会有平行于轴线方向的磁场分量，由此得

$$B_内 = \mu_0 n I$$

既然 ab 是平行轴线的任一直线，上式表明管内任一点的磁场都是 $\mu_0 n I$，即管内的磁场是均匀的. 我们知道，由于数学上的困难，用毕奥-萨伐尔定律只能求出长螺线管轴线上的磁场，应用安培环路定理则可求得长螺线管内任一点的磁场，且计算过程也比较简单. 但是，利用毕奥-萨伐尔定律可求出短螺线管轴线上的磁场，用安培环路定理却不能求出这个磁场.

例 4.3-3 在半径为 a 的圆柱形长直导线中挖有一半径为 b 的圆柱形空管($a>2b$)，空管的轴线与柱体的轴线平行，相距为 d. 当电流仍均匀分布在管的横截面上且电流为 I 时，求空管内磁感强度 $\boldsymbol{B}$ 的分布.

解：空管的存在使电流的分布失去对称性，采用"填补法"将空管部分等效为同时存在电流密度为 $\boldsymbol{j}$ 和 $-\boldsymbol{j}$ 的电流. 这样，空间任一点的磁场 $\boldsymbol{B}$ 可以看成由半径为 a、电流密度为 $\boldsymbol{j}$ 的长圆柱导体产生的磁场 $\boldsymbol{B}_1$ 和半径为 b、电流密度为 $-\boldsymbol{j}$ 的长圆柱导体产生的磁场 $\boldsymbol{B}_2$ 的矢量和，即

$$\boldsymbol{B} = \boldsymbol{B}_1 + \boldsymbol{B}_2$$

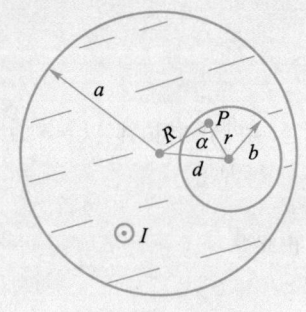

由安培环路定理不难求出

$$B_1 = \frac{\mu_0}{2} j R, \quad B_2 = \frac{\mu_0}{2} j r$$

式中 R 为由圆柱的轴线到考察点 P 的距离，r 是由圆管的轴线到考察点 P 的距离. 注意到 B_1 与 R 垂直，B_2 与 r 垂直，可得

例 4.3-3 图

$$B^2 = B_1^2 + B_2^2 - 2B_1 B_2 \cos\alpha$$

$$= \frac{\mu_0^2 R^2 j^2}{4} + \frac{\mu_0^2 r^2 j^2}{4} - \frac{2\mu_0^2 R r j^2}{4} \cdot \frac{R^2 + r^2 - d^2}{2Rr}$$

由此得空管内的磁感强度的大小为

$$B = \frac{\mu_0 d}{2} j = \frac{\mu_0 I d}{2\pi (a^2 - b^2)}$$

因 B_1 和 B_2 在两轴线连线上的分量大小相等、方向相反,故 B 的方向与两轴线连线相垂直,故此时空管内为一均匀场.

§4.4 带电粒子在电场和磁场中的运动

1. 洛伦兹力

实验发现,静止的电荷在磁场中不受力的作用,当电荷运动时,才受到磁场的作用力. 例如,把一阴极射线管置于磁场中,电子射线在磁场作用下运动轨道发生偏转,如图 4.4-1 所示. 磁场对运动的离子也有力的作用. 取一圆筒状玻璃器皿,内盛硫酸铜溶液,器皿的侧面贴一层铜片作为一个电极. 器皿中央插一金属杆,作为另一电极. 当两电极间加上电压时,正、负离子都沿径向运动,若将该装置放在磁极上,如图 4.4-2 所示,做径向运动的正、负电荷将因受磁场的作用而引起液体旋转.

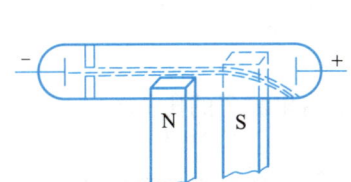

图 4.4-1 磁场对阴极射线的作用

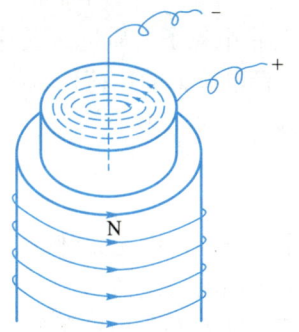

图 4.4-2 磁场对导电液体中做径向运动的离子的作用

测量结果表明,在磁场内同一点,运动电荷受到的作用力与运动电荷的电荷量 q、运动速度 v 的大小和方向都密切相关,力的大小为

$$F = qBv\sin\theta$$

式中 B 是电荷所在处的磁感强度大小,θ 是 v 与 B 的夹角,力的方向垂直于 v 和 B 组成的平面,$q>0$ 时,F、v、B 三个量的方向构成右手螺旋关系,如图 4.4-3 所示. 利用矢积的特性,可以把磁场对运动电荷的作用力表示为

$$F = qv \times B \quad (4.4-1)$$

磁场对运动电荷的作用力亦称洛伦兹力. 洛伦兹力垂直于电荷的速度,因而不做功,它只改变电荷速度的方向,不改变速度的大小.

若空间除了存在磁场外,还存在电场,则运动电荷不仅受到磁场的作用力,而且还受到电场的作用

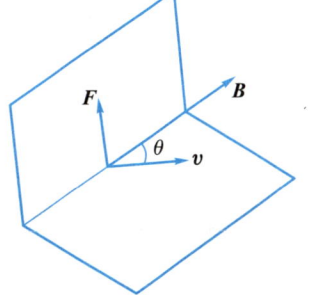

图 4.4-3 洛伦兹力的方向

力. 这时,电场与磁场对运动电荷的作用力为

$$F = q(E + v \times B) \quad (4.4-2)$$

(4.4-2)式称为洛伦兹公式,有的文献和参考书也把(4.4-2)式中的 F 称为洛伦兹力,它由电场力与磁场力两部分组成.

2. 带电粒子在均匀磁场中的运动

当空间只存在磁场时,处在该空间的运动电荷只受磁场力作用. 下面我们分三种情况讨论.

（1）横向均匀磁场

磁感强度 B 与带电粒子的速度 v 互相垂直的磁场称为横向磁场,如图 4.4-4 所示. 处在横向均匀磁场中的带电粒子在洛伦兹力作用下做圆周运动,不难求得圆周的半径为

$$R = \frac{v}{Bq/m} \quad (4.4-3)$$

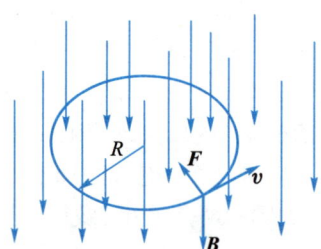

图 4.4-4 带正电的粒子在横向均匀磁场中做圆周运动

式中 m 为带电粒子的质量,q 为带电粒子的电荷量,q/m 称为带电粒子的比荷(又称荷质比). 圆周运动的周期为

$$T = \frac{2\pi R}{v} = \frac{2\pi}{Bq/m} \quad (4.4-4)$$

它与带电粒子的速度无关,仅取决于磁感强度和带电粒子的比荷.

（2）纵向均匀磁场

磁感强度 B 与带电粒子的速度 v 互相平行的磁场称为纵向磁场. 因为速度方向与磁场方向平行,洛伦兹力为零,故带电粒子在纵向磁场中做匀速直线运动.

（3）任意方向的均匀磁场

若磁感强度 B 与粒子的速度 v 成任意 θ 角,如图 4.4-5 所示,则 v 可分解成平行于 B 的分量 $v_{/\!/} = v\cos\theta$ 和垂直于 B 的分量 $v_{\perp} = v\sin\theta$,对于 $v_{/\!/}$,磁场是纵向的,故质点将以 $v_{/\!/}$ 为速度沿着磁场方向做匀速直线运动;对于 $v_{\perp}$,磁场是横向的,因而粒子做圆周运动. 这两种运动的合运动是螺旋运动.

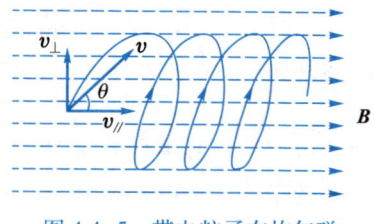

图 4.4-5 带电粒子在均匀磁场中做螺旋运动

3. 回旋加速器的基本原理

回旋加速器是研究粒子物理的最基本的实验设备之一,它可用于加速带电粒子. 这种设备尽管非常庞大和复杂,但基本原理却较简单,其结构示意图如图 4.4-6 所示. D_1 和 D_2 是两个半圆形的金属扁盒,分别接在振荡器的两个电极上,因而两扁盒间的狭缝中存在一交变的电场. 两扁盒放在由一对大电磁铁产生的磁场中,磁场方向

与扁盒垂直.当带电粒子进入狭缝时,因电场的作用,粒子被加速,并进入扁盒 D_1(见图 4.4-7).粒子在扁盒中不受电场力作用,但在磁场作用下做圆周运动,其半径由(4.4-3)式决定.当粒子在扁盒内完成半个圆周运动之后,又来到狭缝,相隔的时间为

$$\tau = \frac{1}{2}T = \frac{\pi}{Bq/m}$$

τ 与质点的速度无关,若狭缝中的电场每经过时间 τ 便改变一次方向,就能保证粒子进入狭缝,便得到加速,使粒子以更大的速度进入另一扁盒,做半径较大的半圆运动,这样经一次又一次的加速,最后粒子便以很大的速度离开扁盒.

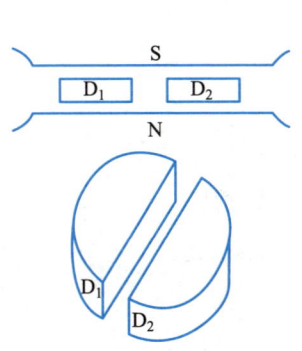

图 4.4-6　回旋加速器的 D 形扁盒

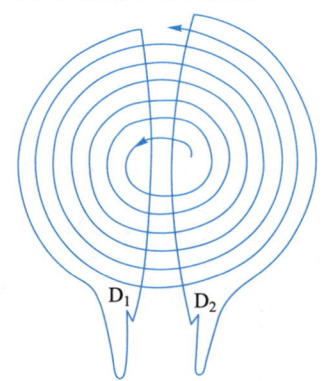

图 4.4-7　带电质点在回旋加速器中的运动

从以上的讨论可知,带电粒子在横向磁场中做圆周运动的周期与粒子的速度无关是回旋加速器工作原理的主要根据.但是,当粒子的速度 v 很大时,相对论效应不能忽略,粒子的质量将与速度有关,即 $m = m_0/\sqrt{1-v^2/c^2}$,其中 m_0 为粒子静止时的质量.这时周期亦将与速度有关.如果电场振荡的周期仍保持不变,粒子进入狭缝时并不能被电场加速,故回旋加速器加速粒子时,粒子获得的最大动能是有限制的.不过,我们可以根据相对论效应调节振荡电源的频率,使之与粒子在扁盒中运动所经历的时间同步,从而制成同步回旋加速器.用同步回旋加速器加速粒子,可使粒子的能量大大提高.但粒子在做圆周运动的过程中,有很大的向心加速度,正如我们在下一章中将要讨论的,做加速运动的电荷要辐射电磁波,而当粒子的速度很大时,粒子在同步加速过程中辐射损失的能量非常可观,实际上限制了粒子可能获得的最大能量.同步回旋加速器中粒子辐射电磁波对加速粒子来说是一种损耗,但这种辐射(称为同步辐射)却成为一种极有使用价值的光源,我们将在下一章中做简单介绍.回旋加速器中的强磁场,是由很大的电磁铁产生的.例如,一台使质子获得 100 MeV 能量的回旋加速器的电磁铁质量达 4 000 t.

4. 汤姆孙实验

利用电场和磁场对带电粒子作用的特性,汤姆孙在 1897 年测量了电子的比荷.汤姆孙在剑桥卡文迪什实验室从事 X 射线和稀薄气体放电的研究工作时,对当时

已经发现的阴极射线进行了研究.通过电场和磁场对阴极射线的作用,他得出了这种射线不是以太波而是物质粒子的结论.他利用图 4.4-8 所示的装置测量了这些粒子的比荷.图中 K 是阴极射线的发射源(一种热阴极),在阳极 A_1 的电压 U_A 的作用下,射线经过 A_1 和 A_2 的小孔形成粒子束并进入区域 C,最后打在荧光屏 S 上的 O 点.在区域 C 中,设置一相互垂直的电场和磁场,使二者都与粒子速度的方向垂直.在电极 P_1、P_2 上加一电压,极板间电场强度为 E,在没有磁场的条件下,电子因受电场力作用而偏转,并打在荧光屏 S 上的 O_1 点处,测得偏转距离 d,已知电场区域的长度 a、极板到荧光屏的距离 L,若粒子的质量为 m,电荷量为 q,初速度为 v_0,则有

$$\frac{qEa}{mv_0^2}=\frac{d}{L}$$

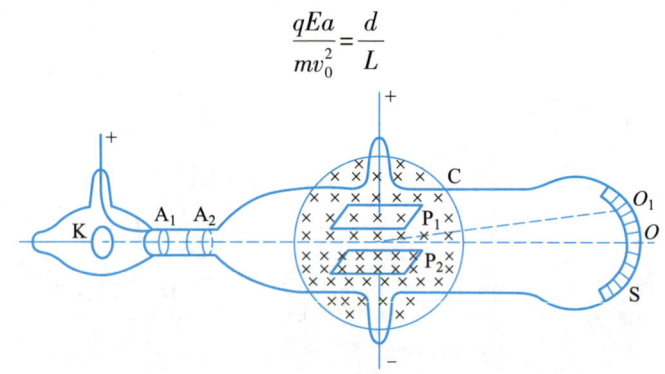

图 4.4-8 测量电子比荷的汤姆孙实验

若在区域 C 中加一磁感强度为 B 的横向均匀磁场,使电子反向偏转,并回到荧光屏上的 O 点,则有 $v_0=E/B$,这样,我们得

$$\frac{q}{m}=\frac{Ed}{B^2La}$$

汤姆孙通过实验测得阴极射线中粒子的比荷绝对值为 1.7×10^{11} C/kg.在这以前,人们还未确切知道电子的存在,误认为原子是最小的不可分割的粒子.汤姆孙实验测得阴极射线粒子的比荷很大,说明这种粒子是比原子更小的粒子,后来这种粒子被称为电子.因此,汤姆孙实验被称为第一次发现电子的实验.汤姆孙实验并没有测得电子的电荷量或质量.若干年以后,密立根用油滴实验测得了电子的电荷量后,才通过比荷求出电子的质量.现代实验测得电子的比荷绝对值为

$$\frac{e}{m}=1.758\ 819\ 62\times10^{11}\ \text{C/kg}$$

5. 质谱仪

质谱仪是一种将物质电离成离子,然后通过电场与磁场对离子的作用达到把不同质量的离子分离的目的,并对离子的质量进行定性或定量分析的仪器. 20 世纪 20 年代,科学家通过磁偏转的方法发现同一种化学元素的原子的质量不一定相等,这些质量不等的原子称为同位素,它们的原子核中含有不同数量的中子.质谱仪成为寻找同位素的主要设备,而同位素的研究又促进了质谱仪的发展.

图 4.4-9 是当今常用的一种磁偏转质谱仪的示意图,它包括三部分:离子源、磁

偏转器和接收系统. 离子源把液体状或固体状的待测物质加热成气体,然后用阴极射线将气体电离成离子. 也可用激光蒸发、快速粒子轰击及火花放电等方法使待测物质变成离子. 经加速电场对离子的加速、速度分析器对离子的选择,最终得到速度相同的离子束. 将离子束射入磁偏转器,在横向均匀磁场作用下做圆周运动而发生偏转,圆周运动的半径为

$$R = \frac{mv}{qB}$$

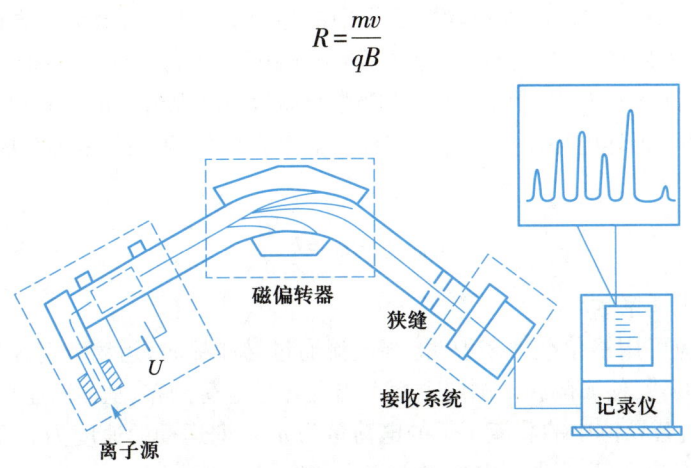

图 4.4-9　磁偏转质谱仪示意图

粒子的质量不同,偏转的程度亦不同. 离子的接收系统有多种. 最简单和古老的是照相底板,不同质量的离子因轨道半径不同而落在照相底板上不同的位置并成像,通过测量像的位置就能确定离子的质量. 照相法的灵敏度不高,而且不能即时得到测量结果. 现代大多采用静电式电子倍增接收系统,其原理是:让偏转后的离子打在转换板上并产生二次电子,再经过倍增极放大形成电流信号,因为测量电流信号的精度很高,故这种接收系统的灵敏度很高. 在实际的接收系统前面安置一狭缝,使只有沿某一确定半径的轨道运动的离子才能进入狭缝,但在测量过程中改变磁偏转器中磁场的磁感强度,使之在一定的数值范围内连续变化,即进行扫描,这样所测得的一个又一个的电流信号就是离子质量按磁感强度大小的分布谱. 因为离子的速度 v 取决于加速电场的电压 U,即

$$\frac{1}{2}mv^2 = qU$$

离子的偏转半径为

$$R = \frac{1}{B}\sqrt{\frac{2mU}{q}}$$

故也可固定磁偏转器中的磁场,连续地改变加速电压 U,即让加速电压扫描,这样接收系统测得的电流信号就是离子质量按加速电压的分布谱.

若待测粒子的质量很大,如大分子,欲使质量很大的粒子偏转,磁偏转器的磁场应非常强,而太强的磁场实际上很难获得,故磁偏转质谱仪只适用于测量原子或小分子的质量. 近年来人们发展了一种新的质谱仪,称为飞行时间质谱仪,它没有磁偏转

器. 当离子经加速电场加速后,便获得相等的动能,而不同质量的离子的速度不同,因而通过同一固定路程经历的时间 t 亦不同,不同质量的离子将在不同时刻到达接收系统,离子质量便按飞行时间不同而区分开来,从而得到离子质量按飞行时间的分布谱.

6. 霍耳效应

霍耳(E.H.Hall)发现,处在均匀磁场中的通电导体板,当电流的方向垂直于磁场时,在垂直于磁场和电流方向的导体板的两端面之间会出现电势差. 这一现象称为霍耳效应,如图 4.4-10 所示,出现的电势差称为霍耳电势差或霍耳电压.

实验指出,霍耳电势差与通过导体板的电流 I、磁场的磁感强度 B 成正比,与板的厚度 d 成反比,

$$U_H = \varphi_a - \varphi_b = k\frac{BI}{d} \tag{4.4-5}$$

式中 k 称为霍耳系数.

霍耳效应可用洛伦兹力来说明. 当电流通过导体板时,运动电荷在磁场的洛伦兹力作用下偏转,使 a 侧和 b 侧两个面上出现异号电荷分布,从而产生电势差,如图 4.4-11 所示. 若导体中的载流子带的电荷量为 q,定向运动的速度为 u,则载流子受到的洛伦兹力为 quB,而霍耳电场对载流子的作用力为

$$qE = q\frac{U_H}{l}$$

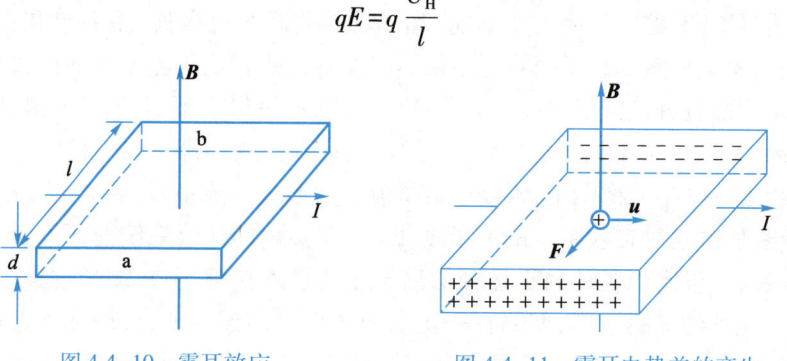

图 4.4-10 霍耳效应　　图 4.4-11 霍耳电势差的产生

达到平衡时,载流子不再偏转,这时洛伦兹力与霍耳电场力平衡. 注意到电流 $I = ldnqu$,其中 n 为载流子数密度,于是得

$$U_H = \varphi_a - \varphi_b = \frac{1}{nq}\frac{BI}{d} \tag{4.4-6}$$

与(4.4-5)式比较,得

$$k = \frac{1}{nq} \tag{4.4-7}$$

即霍耳系数与载流子的密度成反比. 通过测量霍耳系数,就可测得导体中载流子的密度. 因为金属的载流子数密度都很大,故金属的霍耳系数都很小. 半导体的霍耳系数比较大,因为半导体的载流子数密度比较小. 霍耳效应可用于测量磁场的磁感强度,亦可用于测量电流,特别是测量较大的电流.

7. 洛伦兹力与安培力

磁场作用于载流导体的安培力与磁场作用于运动电荷的洛伦兹力在形式上很相似,这种相似性正好反映了两者间的内在联系.所谓载流导体,就是固定在晶格上的原子实和大量做定向运动的电子的集合体,磁场对做定向运动的电子的洛伦兹力是磁场对载流导体的安培力的根本起因.考察一段载流导体,其中通有电流 I,若导体的截面积为 S,则 $I=nquS$,n 为单位体积中的载流子数,q 为载流子的电荷量,u 为载流子的定向速度或漂移速度.金属导体的载流子是自由电子,带负电,漂移速度的方向与电流方向相反.设有一磁场作用于载流导线,磁场的磁感强度为 B,方向垂直纸面向里,如图 4.4-12 所示,电子受到洛伦兹力 $F=qu \times B$,方向向左,因为电子是自由的,在 F 作用下电子发生偏转,并积聚在导体的左侧,导体的右侧因缺少电子而出现正电荷分布,如图 4.4-13 所示.导体表面上的电荷分布将产生电场——霍耳电场.霍耳电场对电子的作用力 F_H 与洛伦兹力 F 的方向相反.最后 $F_H+F=0$,两力平衡,电子仍以速度 u 做漂移运动.由此可见,当载流导体处在磁场中时,磁场以洛伦兹力作用于做漂移运动的载流子,载流子以电场力作用于分布在导体表面上的电荷,这些电荷既受载流子(电子)的作用,又受晶格正离子的作用,合力为零,而它们对正离子的作用力就表现为载流导体受到的安培力.载流子受到的合力为零,因此并无加速度,其结果就像静力学中力的传递那样,磁场作用于载流子的洛伦兹力最终传递给导体.至于半导体,特别是霍耳系数为零的半导体,载流子受洛伦兹力作用后,通过与晶格的碰撞,将动量传递给晶格,从而成为半导体受到的安培力.

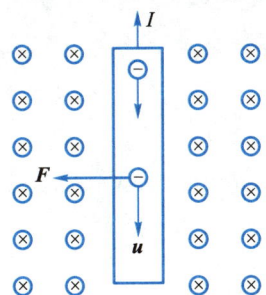

图 4.4-12 载流导体中的
运动电子受到洛伦兹力

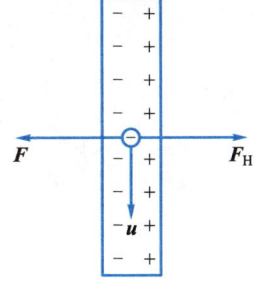

图 4.4-13 导体表面上的电荷分布
及其产生的电场对电子的作用力

我们知道,磁场作用于运动电荷的洛伦兹力与电荷的速度相垂直,因而洛伦兹力是不做功的.但是磁场对载流导体的安培力是可做功的,这似乎与安培力归根到底是洛伦兹力的说法相矛盾,其实不然.一旦导体在安培力的作用下运动,导体中的载流子除了其原有的漂移速度 u 以外,还将跟随导体一起运动.若导体在磁场中运动的速度为 v,如图 4.4-14 所示,则 F_u 是与载流子的漂移速度 u 相联系的那部分洛伦兹力,F_v 是与载流子跟随导体运动的速度相联系的那部分洛伦兹力.很明显,F_u 的方向与 v 的方向一致,因而 F_u 对电子做正功,此功最终表现为磁场的安培力对载流导体做的功.F_v 的方向与 u 的方向相反,因而对电子做负功,结果将使电子的漂移速度减小,从而使电流变小.如果导体在运

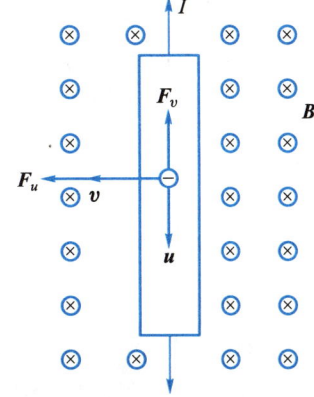

图 4.4-14 载流导体在安培力作用下
运动时,洛伦兹力的合力做的功为零

动过程中始终接在电源上并保持电流恒定,则保持电流恒定的电源将反抗 F_0 的作用而做功. 在载流导体运动过程中,两部分洛伦兹力所做功之和为零,洛伦兹力的合力不做功. 而安培力做功的能量归根到底来自保持电流恒定的电源. 虽然洛伦兹力做的总功为零,但在从电源取得能量、将能量转化成对载流导体做的功并使导体获得动能的过程中,洛伦兹力起到了传递和转化能量的作用.

8. 例题

例 4.4-1 回旋加速器 D 形盒圆周的最大半径 $R=0.6$ m,若用它加速质子,可将质子从静止加速到 4.0 MeV 的能量,(1) 问磁场的磁感强度 B 应为多大?(2) 若两个 D 形盒电极间距离很小,极间的电场可视为均匀电场,两极的电势差为 2×10^4 V,求加速到上述能量所需的时间.

解:(1) 质子在 D 形盒中做圆周运动,有

$$qvB = \frac{mv^2}{r}$$

若质子被加速获得最大能量时的速度为 v_m,则

$$E_m = \frac{1}{2}mv_m^2, \quad 即 \quad v_m = \sqrt{\frac{2E_m}{m}}$$

如质子在回旋半径达到最大时 ($r=R$),速度正好达到 v_m,则所需的最小磁感强度 B 为

$$B = \frac{\sqrt{2mE_m}}{qR} = \frac{\sqrt{2\times1.67\times10^{-27}\times4\times10^6\times1.6\times10^{-19}}}{1.6\times10^{-19}\times0.6} \text{ T} = 0.48 \text{ T}$$

(2) 质子每旋转一周增加能量 $2q\Delta\varphi$,为达到最大能量需要旋转 $\frac{E_m}{2q\Delta\varphi}$ 次,每转一次需要 $T=\frac{2\pi m}{qB}$,故总时间

$$t = \frac{E_m}{2q\Delta\varphi} \cdot \frac{2\pi m}{qB} = \frac{4\times10^6}{2\times2\times10^4} \cdot \frac{2\pi\times1.67\times10^{-27}}{1.6\times10^{-19}\times0.48} \text{ s} = 1.4\times10^{-5} \text{ s}$$

§4.5 磁场的矢势 AB 效应

1. 磁场矢势的引入

在静电学中,除了用电场强度描述电场外,还可以用电势描述电场. 电势是标量函数,知道了电荷分布便可求得电势,即

$$\varphi = \frac{1}{4\pi\varepsilon_0}\int\frac{\rho dV}{r}$$

知道电势分布,便可通过求导(即求电势梯度)求得电场强度:

$$E = -\left(\frac{\partial\varphi}{\partial x}i + \frac{\partial\varphi}{\partial y}j + \frac{\partial\varphi}{\partial z}k\right)$$

我们知道,电场强度反映了电场对电荷的作用,只要空间存在电场,处于该空间的电荷就受到电场力作用. 电势并不反映电场对电荷的作用,空间存在电势,只要没有电势梯度,处在该空间的电荷就是不会受到力的作用的.

与此相似,在磁场中,除了用磁感强度 B 描述磁场外,还可以用矢势 A 描述磁场. 知道电流

分布后,便可得矢势. 因为电流分布是用电流密度来表示的,而电流密度是矢量,故由电流分布决定的矢势是矢量函数. 可以证明,矢势 A 与电流密度 j 的关系为

$$A = \frac{\mu_0}{4\pi} \int \frac{j \mathrm{d}V}{r} \tag{4.5-1}$$

式中 r 是考察点到电流元 $j\mathrm{d}V$ 的距离,积分遍及电流分布的整个区域,A 是考察点位置的函数. 知道了矢势的分布,也可以用求导的方法求得磁感强度 B. 从矢势 A 求磁感强度的计算称为 A 的旋度的计算,在直角坐标系中,旋度的计算为

$$B = \left(\frac{\partial A_z}{\partial y} - \frac{\partial A_y}{\partial z} \right) i + \left(\frac{\partial A_x}{\partial z} - \frac{\partial A_z}{\partial x} \right) j + \left(\frac{\partial A_y}{\partial x} - \frac{\partial A_x}{\partial y} \right) k$$

与电场相似,B 反映了磁场对运动电荷的作用,矢势 A 并不反映磁场对运动电荷的作用. 在经典物理中,B 代表物理的真实,而 A 仅是为了计算 B 而引入的辅助量.

我们知道,平行板电容器充电后电容器内部存在电场,处于电容器内部的电荷将受电场力作用. 在电容器外部,存在电势,且电容器两侧的电势并不相等,但电容器外电场强度几乎处处为零,处在电容器外的电荷不受力作用. 无限长的载流螺线管的磁场仅分布在管内,管外磁感强度几乎处处为零,故运动电荷在管外不受力作用. 而由(4.5-1)式的计算可知,无限长载流螺线管外有矢势分布,其方向顺着电流方向,大小为

$$A_{外} = \frac{1}{2} \mu_0 nI \frac{a^2}{\rho}$$

即无限长螺线管外的矢势随离开轴线的距离 ρ 的增加而减少. 在管外磁感强度虽处处等于零,但矢势并不为零.

2. AB 效应及其实验验证

在经典电磁理论中,表示电磁场的基本物理量是电场强度和磁感强度,它们表现为对处在场内的带电粒子有力的作用,从而能改变粒子的运动状态,这一点已表现在洛伦兹公式中,即

$$F = q(E + v \times B)$$

尽管我们引入了电势 φ 和矢势 A,但这两个量都是作为计算电场强度的辅助量而引入的,并不代表物理的实在. 例如在带电平行板电容器外,虽存在电势,但处在该区域内的带电粒子是不会感受到该区域中有什么东西存在的,因为粒子没有受到作用或干扰. 在通电无限长螺线管外,虽存在矢势,但处在该区域内的运动的带电粒子是不会感受到该区域中有什么东西存在的,因为它没有受到作用或干扰.

1959 年阿哈罗诺夫(Y.Aharonov)和玻姆(D.Bohm)提出,在量子力学中,电磁场的势具有直接的可观察的物理效应,因此在量子力学意义上磁场仅用磁感强度 B 来描述是不够的. 这就是 Aharonov-Bohm 效应,简称 AB 效应. AB 效应于 1960 年被实验所证实. 阿哈罗诺夫和玻姆认为,按照量子力学,在电子的运动路径上,若不存在电场 E 和磁场 B,只要存在电势 φ 和矢势 A,电子的德布罗意波的相位就会发生变化. 因此他们设想使电子束射到图 4.5-1 中的 G 点后分解为 1 与 2 两相干电子束,然后沿两条路径到达荧光屏上,因这两束电子有相位差,在荧光屏上将产生一定的干涉图像. 如果在图中两电子束的路径处放一长螺线管,当螺线管中通以直流电后,管外 $B=0$,但 $A \neq 0$,因为 A 对电子的作用,两电子束的相位差将发生改变,所以荧光屏上的电子干涉图像应改变,从而能观察到干涉条纹的移动.

钱伯斯(R.G.Chambers)首先取得了实验结果. 他的实验与杨氏双缝干涉实验相类似,但使用的不是两束相干光而是两相干电子束,如图 4.5-2 所示. 由于要实现电子束干涉,实验中将用到一些电子光学技术. 这是一个十分难做的实验,由于电子的波长很短,该仪器必须放在微小尺度

上才能观察到干涉现象. 两狭缝必须靠得很近,这意味着置于缝后的螺线管必须很细. 钱伯斯用了一直径为 1 μm、长为 0.5 mm 的铁晶须作为产生磁场的螺线管,因为铁晶体会生长成十分长又只能在显微镜下才能看到的细丝,即所谓晶须,它被磁化后就像一个螺线管. 实验发现了干涉条纹峰与谷的移动,从而证实了 AB 效应. 但在他人重复钱伯斯实验的过程中,对铁晶须是否有漏磁提出怀疑,尽管又有人对实验做了各种改进,但漏磁问题始终是个疑问. 直到 Akira Tonomura 等人按照著名物理学家杨振宁的建议,对实验进行了重大改进,才得出了令人信服的结果.

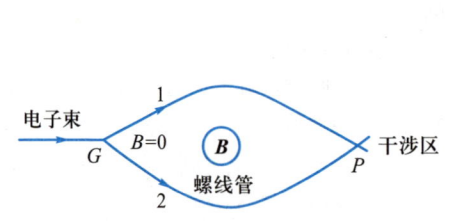

图 4.5-1　两相干电子束通过存在矢势区域造成相位差

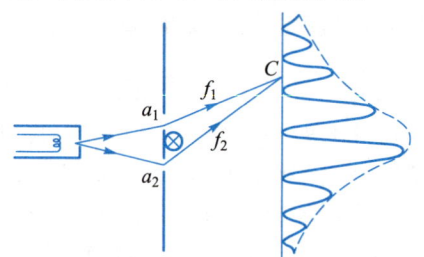

图 4.5-2　验证 A-B 效应的实验示意图

AB 效应是一种纯粹的量子效应,经典粒子无此效应. 因为 AB 效应是按量子力学理论提出来的关于电磁场的量子效应,所以 AB 效应的实验结果将是对量子力学的严峻考验. 如果实验得出否定的结果,整个量子力学的理论将要重新考虑. AB 效应的实验证实,表明仅用电场强度和磁感强度描述电磁场是不够的,矢势并不是为了计算磁场方便而引进的数学工具而是物理的实在.

在验证 AB 效应的实验中,用到的样品的尺寸为微米级甚至更小,但其中包含 $10^{11} \sim 10^{18}$ 个原子,仍属宏观范围,是在宏观条件下研究量子行为. 这种小体系称为介观体系. 当今的光刻技术已能造出样品尺寸进入介观体系的器件,这样就可以通过控制电势或矢势来控制电子波的相位,从而控制电子波的相干效应以及器件的电阻和电压. 目前基于 AB 效应的新型量子器件正受到各方面的重视.

思考题

4.1 在安培定律的表达式中,若 $r_{21} \to 0$,则 $dF_{12} \to \infty$,这一结论是否正确? 怎样解释?

4.2 比较库仑定律在静电学中的地位与安培定律在静磁学中的地位.

4.3 设想用一电流元作为检测磁场的工具. 若沿某一方向,给定的电流元 $I_0 dl$ 在空间任一点都不受力的作用,你能否由此断定该空间不存在磁场? 为什么?

4.4 我们可以用一个很小的载流线圈作为定义磁场的检测工具,这种小线圈就是探测线圈. 怎样用探测线圈来定义 **B** 的大小和方向?

4.5 通电线圈中任一电流元 Idl 均处于线圈的其余部分所产生的磁场中,试证明通电圆环线圈中每一小段所受的磁场力均为背离圆心的径向力,线圈所受的合力为零.

4.6 把一电流元依次放置在无限长的载流直导线附近的两点 A 和 B,如果 A 点和 B 点到导线的距离相等,问电流元所受的磁场力大小是否一定相等?

4.7 一载流小回路可以用磁矩 $m = IS$ 来表示,我们亦可称其为磁偶极子. 试从产生场和受外场作用两方面比较电偶极子和磁偶极子的异同.

4.8 一长螺线管通有电流 I,若导线均匀密绕,则螺线管中部的磁感强度为 $\mu_0 nI$,端面处的磁感强度约为 $\frac{1}{2}\mu_0 nI$,这是否说明螺线管中部的磁感线到端部时有二分之一中断了?

4.9 把一根柔软的螺旋形弹簧挂起来,使它的下端和盛在杯里的水银刚好接触形成串联回路,再把它们接到直流电源上通以电流(如图),问弹簧将发生什么现象?怎样解释?

4.10 在均匀磁场中放置两个面积相等而且通有相同电流的线圈,一个是三角形,另一个呈矩形.问两者所受到的磁场力是否相等?所受到的最大磁矩是否相等?

4.11 对于横截面为正方形的长螺线管,其内部的磁感强度是否仍可用 $B = \mu_0 nI$ 表示?

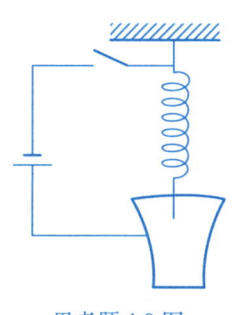

思考题 4.9 图

4.12 一长方形的通电闭合导线回路,电流为 I,其四条边分别为 ab、bc、cd、da,如图所示.设 B_1、B_2、B_3 及 B_4 分别是以上各边中电流单独产生的磁场的磁感强度,试判断下列各式的正确性:

(1) $\oint_{C_1} \boldsymbol{B}_1 \cdot \mathrm{d}\boldsymbol{l} = \mu_0 I$;   (2) $\oint_{C_2} \boldsymbol{B}_1 \cdot \mathrm{d}\boldsymbol{l} = \mu_0 I$;

(3) $\oint_{C_1} (\boldsymbol{B}_1 + \boldsymbol{B}_2) \cdot \mathrm{d}\boldsymbol{l} = \mu_0 I$;

(4) $\oint_{C_2} (\boldsymbol{B}_1 + \boldsymbol{B}_2) \cdot \mathrm{d}\boldsymbol{l} = \mu_0 I$;

(5) $\oint_{C_1} (\boldsymbol{B}_1 + \boldsymbol{B}_2 + \boldsymbol{B}_3 + \boldsymbol{B}_4) \cdot \mathrm{d}\boldsymbol{l} = \mu_0 I$;

(6) $\oint_{C_2} (\boldsymbol{B}_1 + \boldsymbol{B}_2 + \boldsymbol{B}_3 + \boldsymbol{B}_4) \cdot \mathrm{d}\boldsymbol{l} = \mu_0 I$;

(7) $\oint_{C_2} (\boldsymbol{B}_1 + \boldsymbol{B}_2 + \boldsymbol{B}_3 + \boldsymbol{B}_4) \cdot \mathrm{d}\boldsymbol{l} = 0$.

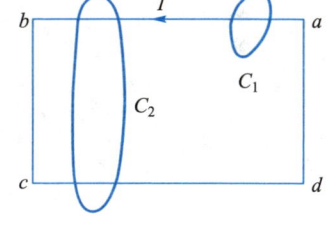

思考题 4.12 图

4.13 根据毕奥-萨伐尔定律,对于长度为 l 的载流导线来说,在与导线垂直的平面内,与导线等距离的各点的磁感强度 $\boldsymbol{B}$ 的大小都相等,方向沿以导线为中心的圆周的切线,因而我们可以直接用安培定理求得此平面上各点的 $\boldsymbol{B}$.这种看法是否正确?

4.14 两个载流回路内电流分别为 I_1 和 I_2.设电流 I_1 单独产生的磁场为 $\boldsymbol{B}_1$,电流 I_2 单独产生的磁场为 $\boldsymbol{B}_2$,试判断下列各式的正确性:

(1) $\oint_{C_1} \boldsymbol{B}_1 \cdot \mathrm{d}\boldsymbol{l} = \mu_0 I_1$;   (2) $\oint_{C_2} \boldsymbol{B}_1 \cdot \mathrm{d}\boldsymbol{l} = \mu_0 I_1$;

(3) $\oint_{C_2} \boldsymbol{B}_2 \cdot \mathrm{d}\boldsymbol{l} = \mu_0 I_2$;   (4) $\oint_{C_1} (\boldsymbol{B}_1 + \boldsymbol{B}_2) \cdot \mathrm{d}\boldsymbol{l} = \mu_0 I_1$;

(5) $\oint_{C_1} (\boldsymbol{B}_1 + \boldsymbol{B}_2) \cdot \mathrm{d}\boldsymbol{l} = \mu_0 (I_1 + I_2)$.

4.15 半径为 R 的均匀导体球壳内部沿球的直径方向有一载流直导线,电流 I 从 A 流向 B 后,再沿球面返回 A 点,如图所示,试分析球壳内、外磁感强度的分布.

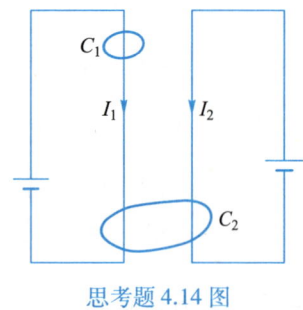
思考题 4.14 图

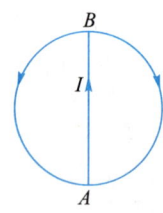
思考题 4.15 图

4.16 如图所示,在载流螺线管的外面环绕闭合回路一周的积分 $\oint_L \boldsymbol{B} \cdot \mathrm{d}\boldsymbol{l}$ 等于多少?

4.17 一电荷量为 q 的点电荷在均匀磁场中运动,判断下列说法是否正确,并说明理由.

(1) 只要速度大小相同,所受的洛伦兹力就相同;

(2) 在速度不变的前提下,电荷 q 改变为 $-q$,受力的方向反向,数值不变;

(3) 电荷 q 改变为 $-q$,速度方向相反,力的方向反向,数值不变;

(4) $\boldsymbol{v}$、$\boldsymbol{B}$、$\boldsymbol{F}$ 三个矢量,已知任意两个量的大小和方向,就能判断第三个量的方向与大小;

(5) 质量为 m 的运动电荷,受到洛伦兹力后,其动能与动量不变.

4.18 在测量霍耳电势差时,为什么两测量点必须是霍耳导体两侧相对处,如图中 A、A' 两点? 如不是相对处则可能带来什么问题?

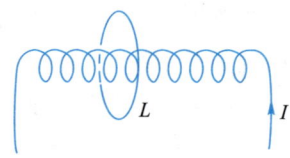
思考题 4.16 图

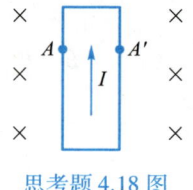
思考题 4.18 图

习题

4-1 求图(a)、(b)、(c)、(d)、(e)、(f)中,圆弧中心 O 处的磁感强度 B.(图中虚线表示通向无限远处的直导线.)

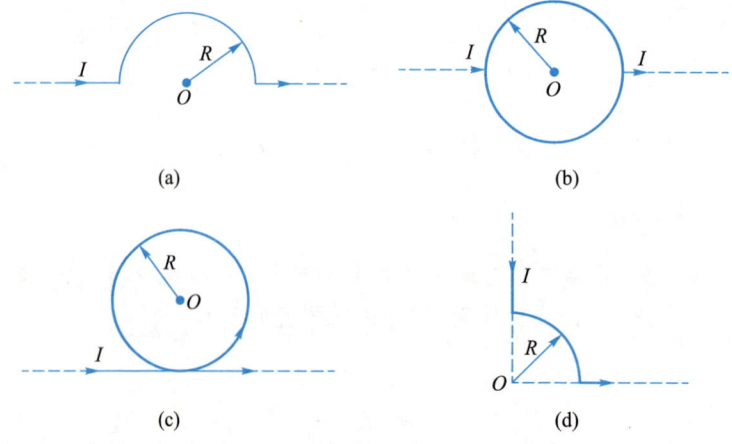

习题 4-1 图

4-2 载流正方形线圈的边长为 $2a$,通以电流 I。(1) 求线圈轴线上距其中心 O 为 r_0 处的磁感强度;(2) 当 $a=1.0$ cm,$I=5.0$ A,$r_0=0$ 和 10 cm 时,磁感强度 B 等于多少?

4-3 两条无限长的平行直导线相距为 $2a$,分别载有电流 I_1 和 I_2,空间中任一点 P 到两条导线的距离分别为 x_1 和 x_2(如图所示),当两电流同向及反向时,P 点的磁感强度各为多少?

4-4 边长为 $2a$ 的等边三角形载流回路中电流为 I。求过三角形中心且与三角形平面垂直的轴线上与中心距离为 r_0 处的磁感强度。

4-5 以相同的几根导线焊成立方体(如图),在 A、B 两端接上一电源。在立方体中心的磁感强度 B 等于多少?

4-6 氢原子处在基态时,它的电子可视为在半径为 $a_0=0.53\times10^{-8}$ cm 的轨道(玻尔轨道)上做匀速圆周运动,速率为 $v=2.2\times10^8$ cm/s。已知电子电荷的绝对值 $e=1.6\times10^{-19}$ C,求电子的这种运动在轨道中心处产生的磁感强度 B 的值。

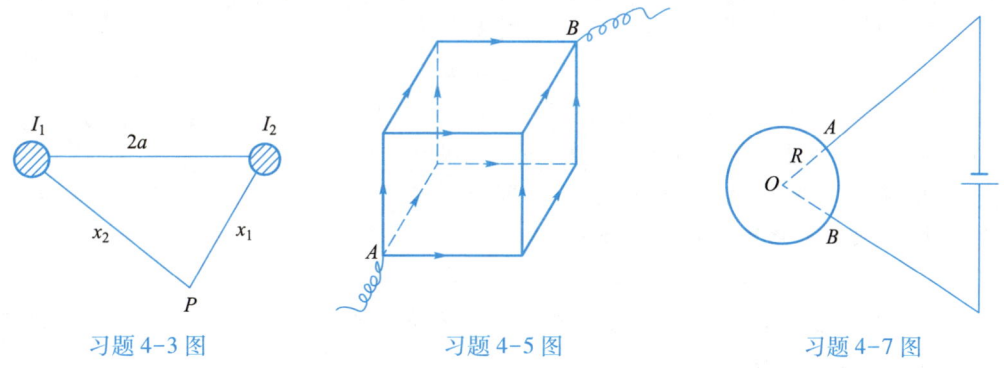

习题 4-3 图   习题 4-5 图   习题 4-7 图

4-7 与环的半径 OA、OB 的延长线相重合的两根长直导线与均匀铁环上的 A、B 两点相连(如图所示),并且与很远处的电源相连,求环中心的磁感强度。

4-8 一多层密绕螺线管内半径为 R_1、外半径为 R_2,长为 $2l$。设总匝数为 N,导线中通过的电流为 I,求此螺线管中心 O 点的磁感强度。

4-9 长直螺线管中点的磁感强度为 B_1,若用无限长螺线管的公式计算,要求结果的误差不超过 5%,求长直螺线管长度与其直径之比。

4-10 在半径为 R 的木球上紧密地绕有细导线,相邻线圈可视为相互平行,以单层线圈盖住半个球面(如图所示)。沿导线流过的电流为 I,总匝数为 N。求此电流在球心处 O 产生的磁感强度。

4-11 一半径为 R 的无限长直圆筒,表面均匀带电,电荷面密度为 σ,若圆筒绕其轴线匀速旋转,角速度是 ω,试求轴线上任一点处的磁感强度。

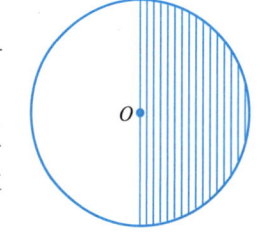

习题 4-10 图

4-12 在顶角为 2θ 的圆锥面上密绕 N 匝线圈,通入电流 I,圆锥台的上、下底半径分别为 r 和 R,求圆锥顶点处的磁感强度.

4-13 横截面积 $S = 2.0 \text{ mm}^2$ 的铜线弯成如图所示形状,其中 OA 和 DO' 段固定在水平方向上,$ABCD$ 段是边长为 a 的正方形的三边,可以绕 OO' 转动;整个装置放在均匀磁场 B 中,B 的方向竖直向上. 已知铜的密度 $\rho = 8.9 \text{ g/cm}^3$,当此铜线中的电流 $I = 10 \text{ A}$ 时,在平衡情况下,AB 段和 CD 段与竖直方向的夹角 $\theta = 15°$,求磁感强度 B 的大小.

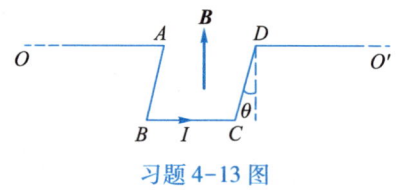

习题 4-13 图

4-14 安培秤(如图所示)一臂挂一个矩形线圈,线圈共有 9 匝,线圈的下部处于均匀磁场 B 内,下边一段长为 L,方向与秤底座平面平行,且与 B 垂直,当线圈中通有电流 I 时,调节砝码使两臂达到平衡,然后再使电流反向,这时需要在一臂上添加质量为 m 的砝码才能使两臂重新达到平衡. (1) 求磁感强度 B 的大小;(2) 当 $L = 100 \text{ cm}$、$I = 0.100 \text{ A}$、$m = 9.18 \text{ g}$ 时,求 B 的大小(取 $g = 9.8 \text{ m/s}^2$);(3) 在上述使用安培秤的操作程序中,为什么要使电流反向?(4) 利用这种装置是否能测量电流?

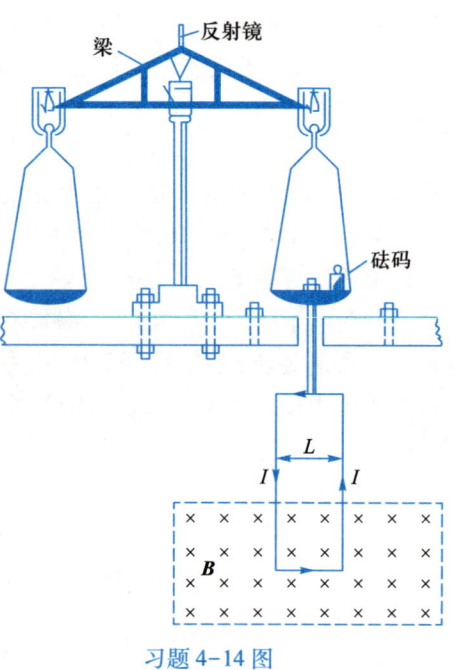

4-15 如图所示,一半径为 R 的导线圆环同一个径向对称的发散磁场处处正交,环上各点的磁感强度 B 的大小相同,方向都与环平面的法向成 θ 角,设导线圆环载有电流 I,试求磁场作用在此环上的合力的大小和方向.

4-16 半径为 R 的圆形回路中有电流 I_2,另一无限长直载流导线 AB 中有电流 I_1. AB 通过圆心,且与圆形回路在同一平面内,求圆形回路所受 I_1 的磁场力.

习题 4-14 图

4-17 一边长为 a 的正方形线圈载有电流 I,处在均匀而沿水平方向的外磁场 B 中,线圈可以绕通过中心的竖直轴 OO' 转动,转动惯量为 J,求线圈在平衡位置附近做微小摆动的周期 T.

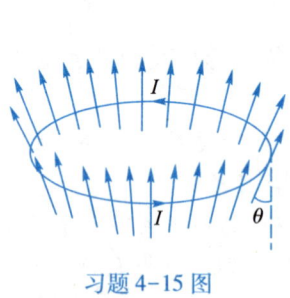

习题 4-15 图

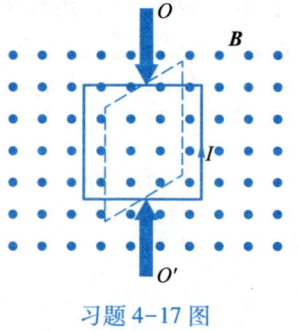

习题 4-17 图

4-18 一圆线圈的半径为 R,载有电流 I,放在均匀外磁场中,线圈的右旋法线方向与 B 的方向相同,求线圈导线上的张力.

4-19 一段导线弯成如图所示的形状,它的质量为 m,上面水平一段长为 l,处于均匀磁场中,磁感强度为 B,B 与导线垂直;导线下面两端分别插在两个浅水银槽里,两槽水银与一带开关 S 的外电源连接. S 一接通,导线便从水银槽里跳起来. 设跳起来的高度为 h,求通过导线的电荷量 q.

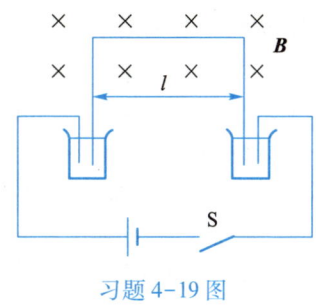

习题 4-19 图

4-20 两无限大平行板上都载有均匀分布的面电流,电流面密度均为 i,两电流平行且同向. 求:(1) 空间各点的磁感强度;(2) 平板上单位面积所受到的磁场力.

4-21 同轴电缆由一导体圆柱和一与它同轴的导体圆筒所构成. 使用时,电流 I 从一导体流入,从另一导体流出,设导体中的电流均匀地分布在横截面上. 圆柱的半径为 r_1,圆筒的内、外半径分别为 r_2 和 r_3,试求空间各处的磁感强度.

4-22 长直导线中流过电流为 I,在它的径向剖面中,有两个回路 abcd 和 EFMN,求通过这两个回路的磁通量. 尺寸如图所示,ab 边距轴 $R/4$,cd 边距直导线表面也为 $R/4$.

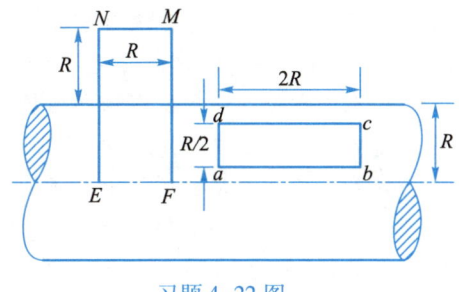

习题 4-22 图

4-23 一密绕的螺线环,其横截面为矩形,尺寸如图.
(1) 求环内磁感强度的分布;(2) 证明通过螺线环截面的磁通量为

$$\Phi_m = \frac{\mu_0 N I h}{2\pi} \ln \frac{D_1}{D_2}$$

式中 N 为螺线环的总匝数,I 是其中的电流.

4-24 试证明:在没有电流的空间区域里,如果磁感线是一些平行直线,则该空间区域里的磁场一定均匀.

4-25 试证明:在实际磁场中边缘效应总是存在的,即在一个均匀磁场的边缘处,磁感强度 B 不可能突然降为零(如图所示).

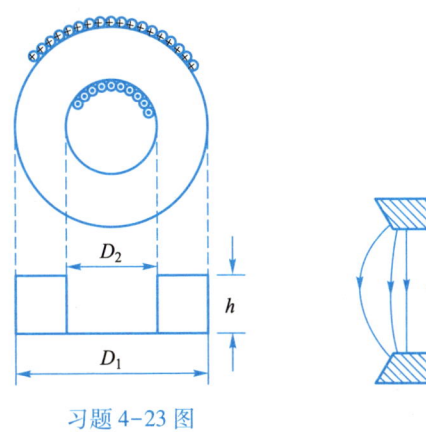

习题 4-23 图

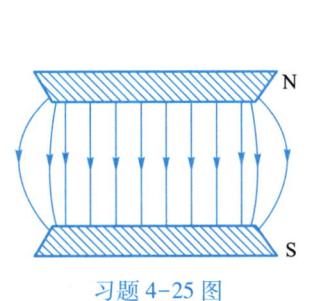

习题 4-25 图

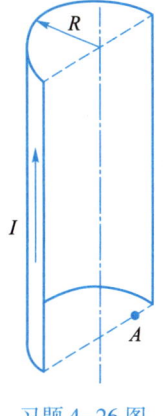

习题 4-26 图

4-26 在一半径为 R 的无限长半圆筒状的金属薄片中,电流 I 沿圆筒的轴向从下向上流动,若 A 为该金属薄片的两条竖边所确定的平面上的一点(A 点在两竖边之间),试证明 A 点的磁感强

度 B 的方向一定平行于该平面.

4-27 厚度为 $2d$ 的无限大导体平板,电流密度 j 沿 z 方向均匀流过导体,求空间磁感强度 B 的分布.

4-28 在空间中有互相垂直的均匀电场 E 和均匀磁场 B,电场方向沿 y 轴方向,磁场方向沿 x 轴方向. 一电子从原点 O 静止释放,求电子在 y 轴方向前进的最大距离.

4-29 回旋加速器 D 形电极圆周的最大半径 $R=0.6$ m,用它来加速质子,要把质子从静止加速到 4.0 MeV 的能量. (1) 求所需的磁感强度 B;(2) 设两 D 形电极间的距离为 1.0 cm,电压为 2.0×10^4 V,其间电场是均匀的. 求加速到上述能量所需的时间.

4-30 在空间中有互相垂直的均匀电场 E 和均匀磁场 B,B 沿 x 轴方向,E 沿 z 轴方向. 一电子开始以速度 v 沿 y 轴方向前进,求电子运动的轨迹.

4-31 霍耳效应高斯计的探头采用 n 型锗半导体薄片,其厚度为 0.18 mm,材料的载流子数密度 $n=4.4\times10^{15}$ cm^{-3}. 若薄片内电流为 10 mA,与薄片垂直的磁场 $B=1.0\times10^{-3}$ T,(1) 求霍耳电势差;(2) 若探头换用铜,铜的自由电子数密度为 $n=8.5\times10^{22}$ cm^{-3},其霍耳电势差又为多少?

4-32 在方向一致的电场和磁场中运动着的电子,其法向和切向加速度是怎样的? (1) 电子的速度 v 沿着场的方向;(2) 电子的速度垂直于场的方向.

4-33 已知氘核的质量比质子大一倍,电荷与质子相同;α 粒子的质量是质子的四倍,电荷是质子的两倍. 试问:(1) 静止的质子、氘核及 α 粒子经相同的电压加速后,它们的动能之比是多少? (2) 当它们经过这样的加速后、进入同一均匀磁场时,测得质子圆轨道的半径是 10 cm,则氘核和 α 粒子轨道的半径各为多大?

4-34 一电子在 $B=2.0\times10^{-3}$ T 的磁场里沿半径 $R=20$ cm 的螺旋线运动,螺距 $h=5.0$ cm,已知电子比荷绝对值 $e/m=1.76\times10^{11}$ C/kg,求此电子的速度和 v 与 B 之间的夹角.

本章习题答案

第五章
随时间变化的电磁场 麦克斯韦方程

　　静止电荷的电场与恒定电流的磁场都不随时间变化,电场与磁场彼此独立,服从各自的基本方程.本章中我们要讨论随时间变化的磁场与电场.当场的矢量随时间变化时,电场与磁场将不可分割地联系在一起.随时间变化的电磁场服从麦克斯韦方程.麦克斯韦方程是电磁理论的基本方程,是在继承和发展法拉第的场线和场的思想的基础上建立起来的.法拉第-麦克斯韦电磁理论是19世纪物理学的最高成就,它使人类生活进入了电气化的时代.

§5.1　电磁感应现象与电磁感应定律

1. 基本的电磁感应现象

　　自从奥斯特发现电流的磁效应后,人们一直设法寻找其逆效应,即由磁产生电流的效应. 历史上物理学家们曾进行过许多实验. 例如,有人将两根导线平行排列,当电流通过其中一根时,希望能在另一根导线中也找到电流;有人把大块的磁铁放在导线旁边,希望能在导线中观察到电流. 尽管在实验中利用了当时可能产生的最大电流和最灵敏的电流计,但结果均未达到预期. 1821年,法拉第(M.Faraday)在奥斯特的启发下发现了通电导线绕磁铁转动的现象,这实际上就是原始的电动机,从此他开始对电学研究产生兴趣. 他经常在自己的口袋里放一个小线圈,提醒自己要不断思考磁变为电的问题. 经过10年的艰苦探索,经过许多次的实验,在记录本上记录了多次失败,直到1831年他才找到了正确的实验方法. 法拉第发现:磁的电效应仅在某种东西变动的时刻才发生. 例如让两根导线中的一根通有电流,当电流变化时,在另一根导线中将出现电流;令一块磁铁位于导线旁边,当磁铁运动时,导线中将出现电流. 这种电流称为感应电流. 这就是法拉第发现的电磁感应现象. 下面我们简要介绍一些典型的电磁感应实验现象.

　　(1) 一闭合的导线回路和永久磁铁之间发生相对运动时,回路中将出现感应电流,实验装置如图 5.1-1 所示. 实验结果表明:只有当磁铁移近或离开闭合回路时,回路中才有感应电流,一旦磁铁的运动停止,感应电流就会消失,即产生感应电流的关键是磁铁的运动. 感应电流的大小取决于磁铁运动的快慢,运动越快,感应电流越大. 感应电流的方向与磁铁运动方向有关,磁铁移近回路时感应电流的方向与磁铁离开回路时感应电流的方向相反. 若磁铁固定不动,让回路移近或远离磁铁,亦发生类似的现象.

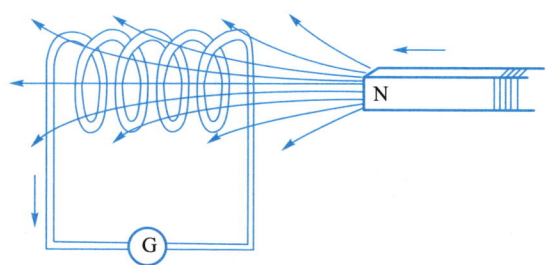

图 5.1-1　当磁铁与闭合导线回路发生相对
运动时,回路中将出现电流

(2) 一闭合的导线回路与一载流线圈之间发生相对运动时,回路中也将出现电流,如图 5.1-2 所示. 结果与上一实验相同,唯一的差别是载流线圈代替了永久磁铁.

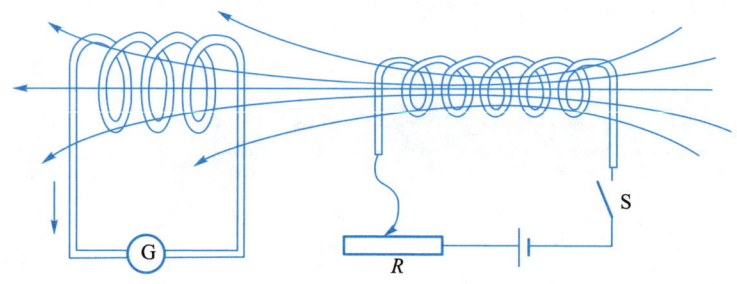

图 5.1-2　当载流线圈与闭合导线回路发生相对
运动或线圈中电流变化时,回路中将出现电流

(3) 闭合回路和载流线圈间虽无相对运动,但载流线圈中电流的大小发生变化,如在图 5.1-2 中,断开或闭合开关 S 和改变变阻器 R 的值,都会使回路中出现感应电流. 感应电流的大小取决于载流线圈中电流变化的速率.

(4) 处在磁场中的闭合导线回路中的一部分导体在磁场中运动时,有感应电流产生. 如在图 5.1-3 中,导线回路上的一段导线 AB 在磁场中运动,回路中亦会产生感应电流. 感应电流的大小取决于导线 AB 运动的速率.

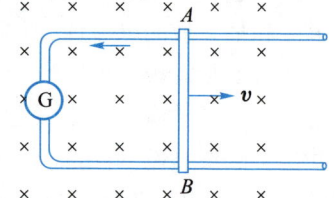

图 5.1-3　当导线回路上的一段
导线 AB 在磁场中运动时,
回路中出现电流

2. 感应电动势及其大小和方向

以上是几种比较典型而且较为简单的电磁感应现象,我们还可以列举出更多的、更为复杂的电磁感应现象. 然而概括起来,电磁感应现象可分为两大类:一类是导线回路或回路上的部分导体在恒定不变的磁场中运动时,回路中将出现电流. 至于磁场,它可以是由磁铁产生的,也可以是由电流产生的. 另一类是固定不动的闭合导线回路所在处或其附近的磁场发生变化时,回路中将出现电流. 磁场变化的原

因是多种多样的,可以是产生磁场的载流线圈或磁铁的位置发生变化,也可以是电流发生变化或电流的分布情况发生变化.

如果我们把注意力集中在两类电磁感应现象的共性方面,暂时撇开它们的差异性,则不难看出,以上列举的各类电磁感应现象的共同点是通过闭合导线回路所包围面积的磁通量发生了变化.磁通量的变化可能是磁场的变化引起的,也可能是回路本身在磁场中运动引起的.不管是哪一种原因,只要通过闭合导线回路所包围面积的磁通量发生变化,回路中就将产生感应电流.法拉第还发现,在相同条件下,不同金属导体中的感应电流与导体的导电能力成正比.由此他意识到感应电流是由与导体性质无关的电动势产生的,他相信即使不形成闭合回路也会有电动势产生,这种电动势称为感应电动势.这表明法拉第没有停留在对现象的发现上,而是透过现象掌握事物的本质,把对电磁感应现象的认识从感性认识提升至理性认识.对于给定的导线回路,感应电流与感应电动势成正比.电磁感应现象就是磁通量的变化在回路中产生感应电动势的现象.德国物理学家诺埃曼(F.Neumann)和韦伯(W.Weber)在建立电磁感应定律的表达式方面进行了富有成效的工作,他们得出以下结论:对于任一给定回路,其中感应电动势的大小正比于回路所包围面积的磁通量的变化率.

为了弄清感应电流的方向,我们再观察和分析一些实验现象.一具有铁芯的线圈 a 与一直流电源连接,一很轻的铝环 b 套在铁芯上,如图 5.1-4 所示.实验表明,在接通线圈中电流的瞬间,铝环被斥离线圈,而在切断线圈中电流的瞬间,铝环被吸向线圈.铝环的运动是铝环中的感应电流与载流线圈中电流的磁场相互作用的结果.在接通线圈电路的瞬间,线圈中的电流从无到有,增加的电流产生一增强的磁场,从而使通过铝环面的磁通量增加.根据铝环被线圈斥离这一现象,我们可以判定感应电流可使感应电流产生的磁场与载流线圈的磁场反向,如图 5.1-5 所示.这就是说,由于磁通量的增加,环中产生感应电流,感应电流产生的磁场可抵消增加的磁通量.在切断线圈电流的瞬间,线圈中的电流从有到无,逐渐消失,磁场及通过铝环的磁通量也逐渐消失.铝环被吸向线圈这一现象表

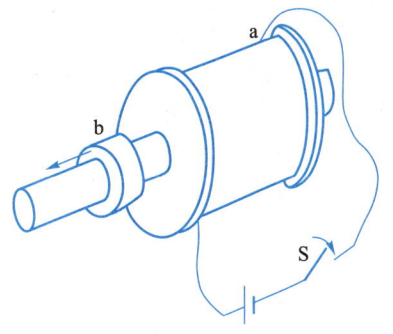

图 5.1-4　在线圈 a 中的电流接通或切断的瞬间,铝环 b 被斥离或吸向线圈

明,环中感应电流可使感应电流产生的磁场与线圈中电流产生的磁场(原磁场)同向,如图 5.1-6 所示.这就是说,由于磁通量的减小而在环中产生的感应电流可使感应电流产生的磁场补偿减小的磁通量.无论线圈是接通还是切断的,它所产生的磁场变化率方向(如图 5.1-5、图 5.1-6 中虚线箭头所示,表示磁场增加的方向)总是与感应电流产生的磁场(如两图中实线箭头所示)方向相反,即感应电流所产生的磁场总是抵抗外界磁场的变化.

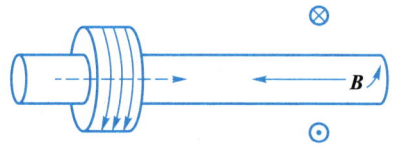

图 5.1-5 当磁场增大时,感应电流产生的磁场与原磁场反向

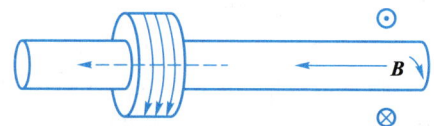

图 5.1-6 当磁场减小时,感应电流产生的磁场与原磁场同向

总之,大量的实验结果表明,闭合回路中感应电流的方向,总是试图使感应电流产生的磁场阻碍引起该感应电流的磁通量的变化,这一结论称为楞次定律[楞次(Lenz)是俄国物理学家].因为感应电流是在感应电动势作用下产生的,故实验中铝环内感应电流的方向也就显示了感应电动势的方向,因此,楞次定律指出了感应电动势的"方向"①.

3. 法拉第电磁感应定律

以上的实验结果和分析,已经指明了感应电动势产生的原因以及决定感应电动势大小和"方向"的因素.下面我们用数学公式把这些结论表示出来.用 $\mathscr{E}$ 表示导线回路中的感应电动势,Φ_m 表示通过回路包围面积的磁通量,因感应电动势的大小正比于磁通量的变化率,故有

$$\mathscr{E} \propto \frac{d\Phi_m}{dt}$$

感应电动势的方向由楞次定律给出.为了找到楞次定律的数学表述,我们分析任一回路中感应电动势的方向.对于给定的回路,我们可以规定一个方向为绕行的正方向,如以顺时针方向或逆时针方向为正方向,因此就可以用正和负来区分两种不同方向的电动势.当电动势方向与回路绕行方向一致时感应电动势为正,与绕行方向相反时感应电动势为负.电流(包括感应电流)的正或负也可根据它与绕行方向是否一致确定.磁场对回路包围面积的磁通量也可以为正或为负.磁通量 Φ_m 的正负固然与磁场的方向有关,但亦与回路包围面积的正法线方向的取向有关.当磁场方向一定后,Φ_m 的正负由法线方向决定.而一个回路所包围面积的法线也有两种不同的方向.谨慎起见,进行以下人为规定:对于任一给定的回路,其绕行的方向与该回路所包围面积的正法线方向成右手螺旋关系.

(1)若磁通量 $\Phi_m > 0$,如图 5.1-7 所示,当磁通量随时间增加,即 $d\Phi_m/dt > 0$ 时,回路中感应电流的方向总是使其产生的磁场去抵消磁通量的增加,即感应电流的磁场对回路的磁通量必须是负的,如图中虚线所示.因此感应电流的方向与回路的绕行方向相反,感应电流是负的,因而感应电动势亦是负的.这就是说,当 $d\Phi_m/dt > 0$ 时,$\mathscr{E} < 0$.

---

① 感应电动势是标量.所谓感应电动势的方向确切地讲是指非静电起源的电场强度(或等效电场强度)的方向.在一般情况下,回路中电流的方向与外加电动势的方向未必相同.但如果回路中只含有电阻,则感应电流的方向与感应电动势的方向相同.

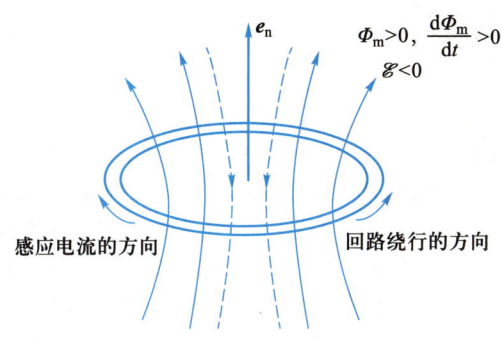

图 5.1-7 当 $\Phi_m>0, d\Phi_m/dt>0$ 时，感应电流和感应电动势为负

（2）若磁通量 $\Phi_m>0$，但随时间减少，即 $d\Phi_m/dt<0$，如图 5.1-8 所示，此时回路中感应电流的方向总是使其产生的磁场去补偿磁通量的减少，即感应电流的磁场对回路的磁通量应该是正的，如图中虚线所示. 因此，感应电流的方向与回路绕行方向一致，感应电流是正的，因而感应电动势也是正的. 这就是说，当 $d\Phi_m/dt<0$ 时，$\mathscr{E}>0$.

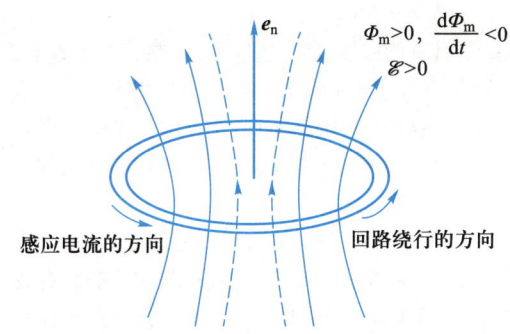

图 5.1-8 当 $\Phi_m>0, d\Phi_m/dt<0$ 时，感应电流和感应电动势为正

当然，我们还可以进一步分析 $\Phi_m<0, d\Phi_m/dt>0$ 和 $d\Phi_m/dt<0$ 两种情况，所得的结论仍然是 $\mathscr{E}$ 与 $d\Phi_m/dt$ 异号. 总之，不管磁通量是正还是负，按照我们制定的回路绕行方向和回路包围面积的正法线方向的规定，楞次定律要求 $\mathscr{E}$ 与 $d\Phi_m/dt$ 异号，即

$$\mathscr{E}=-k\frac{d\Phi_m}{dt} \tag{5.1-1}$$

这就是法拉第电磁感应定律，负号可以视为楞次定律的数学表述. 在 SI 中，电动势的单位是 V（伏特），磁通量的单位是 Wb（韦伯），这时比例系数 $k=1$，故在 SI 中，法拉第电磁感应定律为

$$\mathscr{E}=-\frac{d\Phi_m}{dt} \tag{5.1-2}$$

若回路由 N 匝导线组成，当磁场对每一匝导线回路所包围面积的磁通量都是 Φ_m 时，N 匝回路中的感应电动势为

$$\mathscr{E}=-N\frac{d\Phi_m}{dt} \tag{5.1-3}$$

有时,我们把 $N\Phi_m$ 称为磁通匝链数.

4. 关于法拉第

法拉第电磁感应定律是法拉第一生中最伟大的发现. 法拉第的科学成就非常丰富,研究的课题十分广泛,在化学方面的成就也非常突出. 以法拉第命名的各种发现除法拉第电磁感应定律外,还有法拉第电解定律、法拉第圆筒、法拉第笼、法拉第暗区、法拉第效应、法拉第旋转、法拉第常量等. 电容的单位以法拉第命名,电磁场理论亦被称为法拉第-麦克斯韦电磁理论.

法拉第出生在伦敦地区一个贫苦铁匠之家,迫于生活,小学尚未毕业,13 岁的法拉第就在伦敦一家小书店当勤杂工,学习书籍装订,这使他有机会阅读许多科学读物. 在 21 岁那年,法拉第的生活发生了转折. 那年他有机会旁听了英国化学家戴维在伦敦皇家研究所做的最后四次讲演. 法拉第把听讲演的笔记整理成文,并配上插图,连同陈述自己有志于科学的迫切心情的信一起寄给了戴维. 戴维收到信后,十分赏识法拉第的才华,立即写了一封热情洋溢的回信. 次年,正好皇家研究所有一个实验室助理员的空缺职位,戴维立即推荐法拉第为自己的助手. 以后法拉第作为戴维的秘书、助手甚至男仆,跟随戴维到欧洲各国进行学术活动. 在这个过程中,法拉第结识了许多欧洲的著名科学家,丰富了科学知识,增强了实验才干. 由于法拉第在化学方面取得的一系列重大成就,1824 年他被正式选为英国皇家学会会员.

法拉第的思想非常深刻,具有创造性,富有想象力. 他能够不用数学语言而洞察出客观事物的本质. 麦克斯韦说:"法拉第的思想本身是数学化的,可以用数学语言表示出来." 19 世纪欧洲著名的数学物理学大家亥姆霍兹(H.von Helmholtz)说:"法拉第的不少理论,必须用高深的数学分析方法才能推导出来,然而他并未求助于数学公式,仅仅依靠直觉就发现了它们,这是极其令人惊奇的." 因而有人说法拉第能闻出真理.

法拉第从一个学徒成长为一个伟大的科学家,这个过程绝不是偶然的. 19 世纪前半叶,正好是电磁学方兴未艾的时期,许多新的现象和事实尚待发现,实验研究有着广阔的天地,法拉第生逢其时,能在这方面大显身手. 但更重要的是他具有为追求科学真理而刻苦努力、锲而不舍、勤奋不懈、苦学苦干的精神. 他数十年如一日,献身于化学和电磁学的实验研究,潜心探索自然界的奥秘,做出了一系列重大的发明. 当然法拉第能取得如此重大的科学成就,与戴维对人才的珍惜也是分不开的. 在戴维的晚年,有人问他一生中最大的发现是什么,作为英国皇家学会会长的戴维毫不犹豫地回答:"法拉第." 足见法拉第在戴维心目中所占据的地位和分量.

法拉第一生淡泊明志,不慕荣华富贵,拒绝一切优厚待遇,拒绝出任皇家学会会长,拒绝接受爵士称号,甚至在逝世前还拒绝安葬于威斯敏斯特教堂牛顿墓旁之荣,宁可以一个平民的身份终其一生.

5. 例题

例 5.1-1 一矩形闭合导线回路放在均匀磁场中,磁场方向与回路平面垂直,如图所示,回路的一条边 ab 可以在另外的两条边上滑动,在滑动过程中,保持良好的电接触. 若可动边的长度为 l,滑动速度为 v,求回路中的感应电动势.

解: 取回路面积的正法线方向与磁场的方向一致,则磁场对回路包围面积的磁通量为

$$\Phi_m = Blx$$

由法拉第电磁感应定律,有

$$\mathscr{E}=-\frac{\mathrm{d}\varPhi_\mathrm{m}}{\mathrm{d}t}=-Bl\frac{\mathrm{d}x}{\mathrm{d}t}=-Blv$$

因为电动势的正方向由 a 到 b, 上式的负号表示滑动边中电流的方向由 b 到 a.

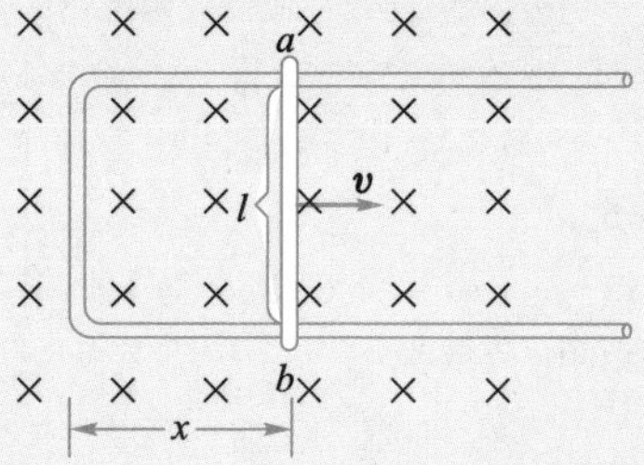

例 5.1-1 图

例 5.1-2 一根无限长的直导线中通有变化的电流,电流以恒定的速率 J_0 增长. 一长为 a、宽为 b 的矩形导线框,与直线电流位于同一平面,平行于直导线的两条边到直导线的距离分别为 R 和 $(R+b)$,如图所示. 试求导线框中的感应电动势.

解: 直导线中电流产生的磁场的磁感强度为

$$B=\frac{\mu_0}{2\pi}\frac{I}{r}$$

因 $I=I(t)$, 故 $B=B(t)$. 磁场对导线框所包围面积中一宽为 $\mathrm{d}r$ 的细条的磁通量为

$$\mathrm{d}\varPhi_\mathrm{m}=Ba\mathrm{d}r=\frac{\mu_0}{2\pi}\frac{I}{r}a\mathrm{d}r$$

于是

$$\varPhi_\mathrm{m}=\frac{\mu_0 aI}{2\pi}\int_R^{R+b}\frac{\mathrm{d}r}{r}=\frac{\mu_0 aI}{2\pi}\ln\frac{R+b}{R}$$

由法拉第电磁感应定律,导线框中的感应电动势为

$$\mathscr{E}=-\frac{\mathrm{d}\varPhi_\mathrm{m}}{\mathrm{d}t}=-\frac{\mu_0 a}{2\pi}\ln\frac{R+b}{R}\frac{\mathrm{d}I}{\mathrm{d}t}=-\frac{\mu_0 aJ_0}{2\pi}\ln\frac{R+b}{R}=\frac{\mu_0 aJ_0}{2\pi}\ln\frac{R}{R+b}$$

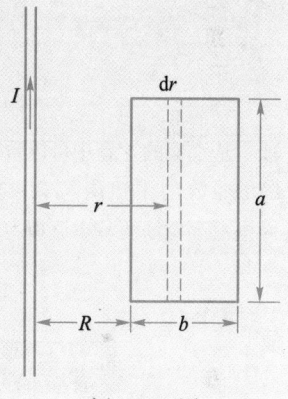

例 5.1-2 图

$\mathscr{E}$ 的正方向为逆时针方向.

例 5.1-3 一长螺线管,长度 $l=1$ m,截面积 $S=1$ cm^2,绕有 $N_1=1\,200$ 匝导线,通有直流电流 $I=2$ A. 螺线管外绕有 $N_2=200$ 匝的线圈,线圈的总电阻 $R=100\,\Omega$,如图所示. 问当螺线管中的电流反向时,通过螺线管外线圈导线截面上的总电荷量为多少?

解: 当螺线管中的电流反向时,其磁场亦反向,于是通过线圈的磁通量发生变化,导线中产生感应电动势. 螺线管中磁场的磁感强度为

$$B=\mu_0\frac{N_1}{l}I$$

该磁场对螺线管外线圈每匝的磁通量为

$$\varPhi_\mathrm{m}=BS=\mu_0\frac{N_1}{l}IS$$

对整个螺线管外线圈的磁通匝链数为

$$N_2\Phi_m = \mu_0 \frac{N_1 N_2}{l} IS$$

螺线管外线圈中的感应电动势为

$$\mathscr{E} = -\frac{d(N_2\Phi_m)}{dt} = -N_2 \frac{d\Phi_m}{dt}$$

螺线管外线圈中感应电流为

$$i = \frac{\mathscr{E}}{R} = -\frac{N_2}{R} \frac{d\Phi_m}{dt}$$

在 dt 时间内通过螺线管外线圈导线截面的电荷量为

$$dq = idt = \frac{N_2}{R} d\Phi_m$$

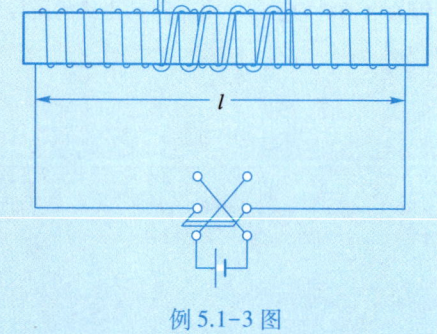

例5.1-3 图

通过导线截面的总电荷量为

$$q = \int dq = -\frac{N_2}{R} \int_{\Phi_{m1}}^{\Phi_{m2}} d\Phi_m = -\frac{N_2}{R}(\Phi_{m2} - \Phi_{m1})$$

在这一问题中,$\Phi_{m1} = \Phi_m$,$\Phi_{m2} = -\Phi_m$,故

$$q = \frac{2N_2}{R}\Phi_m = \frac{2N_2 N_1 \mu_0}{Rl} IS$$

$$= \frac{2 \times 200 \times 1 \ 200 \times 4\pi \times 10^{-7} \times 2 \times 10^{-4}}{100 \times 1} \text{C} = 1.21 \times 10^{-6} \text{ C}$$

从上面的计算中可以看出,若用一种电流计(称为冲击电流计)测得通过线圈导线截面的电荷量 q,已知线圈的匝数 N_2 和电阻 R,就可求得 Φ_m. 如果再知道螺线管的截面积 S,就可求得螺线管内的磁感强度 B. 这就是用冲击法测磁场的基本原理.

§5.2 电磁感应现象的物理实质

1. 动生电动势

  法拉第电磁感应定律是对大量实验事实的总结,该定律把产生感应电动势的原因归于磁通量的变化. 我们知道,电动势起源于一种非静电力的作用. 回路中存在电动势表示回路中存在某种非静电力的作用. 磁通量是对一个回路所包围的面积而言的,如果该回路不是由导体制成的,甚至是任意想象的几何曲线所包围的回路,磁通量仍然是有意义的,磁通量的变化亦是有意义的. 在这样的回路中当然不会产生感应电流,但是感应电动势是否存在?或者,那种非静电力的作用是否存在?要弄清这些问题,就得进一步讨论电磁感应现象的物理实质. 如果我们对电磁感应规律的认识仅停留在法拉第电磁感应定律(5.1-2)式的形式上,则对许多电磁感应现象,就会感到迷惑不解.

  磁通量变化的各种不同情况,归纳起来不外乎两种:一种是磁场本身恒定不变,但导体回路或回路上的一部分导体在磁场中运动,这种运动将引起磁通量的变化. 另一种是导体回路本身固定不动(当然是相对某一确定的参考系而言的),但磁场发生变化,即磁感强度 B 的大小和方向发生变化,从而引起磁通量的变化. 磁场变化的原因又有两种:产生磁场的磁铁或载流线圈的运动和载流线圈中电流的变化. 下面我们先讨论导体回路或回路上一部分导体在恒定不变的磁场中运动所产生的电磁感应现象.

我们知道,磁场对运动电荷有力的作用. 当导体在恒定磁场中运动时,跟随导体一起运动的自由电子将受到磁场的作用力. 当导体杆 ab 以速度 v 相对实验室参考系运动时,磁场作用于 ab 中的自由电子的洛伦兹力沿着导体杆的分力为

$$F = qv \times B$$

方向由 a 指向 b,它使电子趋向 b 端,如图 5.2-1 所示. 结果导体杆靠近 a 端一侧有较多的正电荷分布,靠近 b 端一侧有较多的负电荷分布,这一过程一直进行到分布在导体杆上的电荷在杆内产生的电场 E 对电子的作用力与磁场的洛伦兹力相平衡,即当

$$E = -v \times B$$

时,自由电子沿导体杆的定向运动才停止,这时导体杆上出现稳定的电荷分布,并在杆内外产生电场. 电荷在导体杆上的分布情况必须保证在导体杆内存在一均匀的沿着导体杆的电场. 任何时刻,导体杆内外的电场分布如图 5.2-2 所示. 当导体杆的运动速度较小时,每一时刻的电场分布都可视为静电场,杆的两端出现一定的电势差. 当导体杆两端与固定不动的导线连接成回路时(如图 5.2-1 中的虚线所示),电路中便出现感应电流. 产生感应电流的非静电力的电场起源于磁场的洛伦兹力. 若用 E_K^* 表示非静电力的电场强度,则有

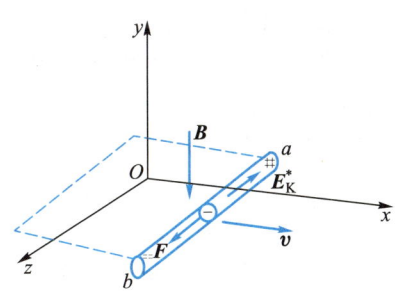

图 5.2-1 当导体杆在磁场中运动时,杆中自由电子受洛伦兹力作用,从而在杆两端积累电荷

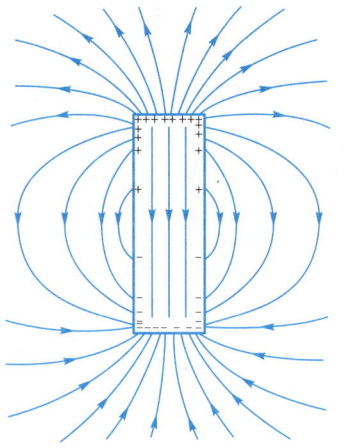

图 5.2-2 在均匀磁场中做匀速运动的导体杆上的电荷分布及其产生的电场

$$E_K^* = v \times B \tag{5.2-1}$$

其方向由 b 指向 a,于是回路中的感应电动势为

$$\mathscr{E} = \oint E_K^* \cdot dl = \oint (v \times B) \cdot dl \tag{5.2-2}$$

若取回路的正法线方向使磁通量为正,回路的绕行方向与正法线方向构成右手螺旋关系,则 $v \times B$ 与 dl 方向相反. 注意到在我们的问题中, E_K^* 只存在于导体杆之中,若 ab 长为 l,则感应电动势的大小为

$$\mathscr{E} = \int vB dl = vBl$$

方向由 b 指向 a. 因为电动势实际上只存在于导线 ab 之中,故可用图 5.2-3 中的等效电路来表示图 5.2-1.

当任意形状的回路在任意分布的恒定磁场中运动时,不难证明,(5.2-2)式等号右边总可以用通过回路所包围面积的磁通量的变化率的负值来表示,即

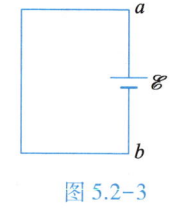

图 5.2-3
图 5.2-1 的等效电路

$$\oint (v \times B) \cdot dl = -\lim_{\Delta t \to 0} \frac{\Phi_m(t+\Delta t) - \Phi_m(t)}{\Delta t}$$

导体在恒定磁场中运动时产生的感应电动势又称动生电动势. 由于动生电动势源于磁场对运动电荷的洛伦兹力,导线是否构成闭合回路就不是一个本质问题了. 如果回路是闭合的,那么动生电动势将在回路中引起电流;如果回路不闭合,当然不会引起电流,但运动导体中动生电动势依然存在.

2. 感生电场及其性质

在固定不动的导体回路中因磁场变化而产生的感应电动势是不能用洛伦兹力来解释的,因为磁场对静止电荷是没有作用力的,图 5.2-4 所示的实验可以进一步说明这一点. 有一个密绕的螺绕环,当导线中通以电流时,电流的磁场都集中在环内,环外无磁场. 今用一导线回路与环交链,根据法拉第电磁感应定律,当螺绕环中的电流变化时,通过回路所包围面积的磁通量将发生变化,回路中应出现感应电流. 实验证实了这一点. 然而,在这一实验中,导线回路没有运动,而且它所在处连磁场都不存在,因而根本谈不上磁场的作用力问题. 但是,回路中存在感应电流是事实,这表示导线中的自由电子必定受到某种非静电力. 作用于电荷的力无非是电场力和磁场力两类,今磁场力不存在,那么唯一的可能是导线中存在着电场. 为了解释这一类电磁感应现象,麦克斯韦假设:除了电荷产生电场外,变化的磁场也产生电场. 变化的磁场在固定不动的导线回路中产生的感应电流,就是由变化的磁场产生的电场引起的. 大量实验证明了麦克斯韦假设的正确性. 在图 5.2-4 所示的实验中,导线回路中虽无磁场,却存在由变化的磁场产生的电场. 我们可以用图 5.2-5 所示的实验形象化地把由变化的磁场产生的电场显示出来. 在一长螺线管内通以交变电流,于是管外便有由变化的磁场产生的电场,把一串联着许多小灯泡的闭合导线回路放在图示的位置,电场迫使回路中的电子做定向运动,形成电流,灯泡发亮. 显然,电场是否存在与闭合导线回路的有无没有关系,不过串有小灯泡的回路中被点亮的灯泡显示了电场的存在.

由变化的磁场产生的电场称为感生电场,由感生电场引起的电动势称为感生电动势. 若用 E_K 表示感生电场,则感生电动势为

$$\mathscr{E} = \oint_C \boldsymbol{E}_K \cdot \mathrm{d}\boldsymbol{l}$$

根据法拉第电磁感应定律,有

$$\oint_C \boldsymbol{E}_K \cdot \mathrm{d}\boldsymbol{l} = -\frac{\mathrm{d}\Phi_m}{\mathrm{d}t} = -\frac{\mathrm{d}}{\mathrm{d}t}\int_S \boldsymbol{B} \cdot \mathrm{d}\boldsymbol{S}$$

式中 C 是任一闭合路径,它可以是某一导线回路,也可以是任一想象的闭合积分路径,S 是以闭合路径 C 为周界的任意曲面. 因为回路是固定不动的,故上式可写成

$$\oint_C \boldsymbol{E}_K \cdot \mathrm{d}\boldsymbol{l} = -\int_S \frac{\partial \boldsymbol{B}}{\partial t} \cdot \mathrm{d}\boldsymbol{S} \qquad (5.2\text{-}3)$$

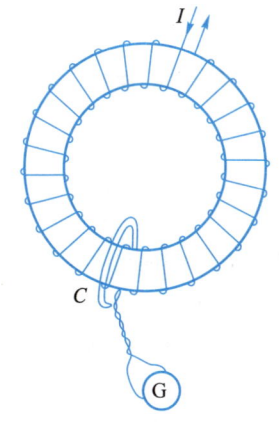

图 5.2-4 螺绕环内磁场变化在回路中产生感应电流

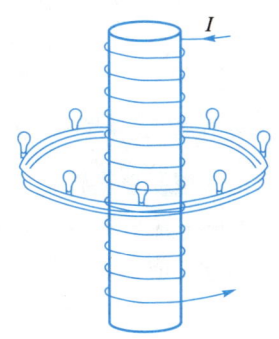

图 5.2-5 演示螺线管外的感应电场

即感生电场对任意闭合路径的线积分取决于磁感强度的变化率对这一闭合路径所包围面积的通量. (5.2-3)式表明,感生电场是有旋场. 感生电场的性质与恒定电流的磁场的性质十分相似. 如果说,电流是磁场的涡旋中心,那么,变化的磁场就是感生电场的涡旋中心. 因为自然界中不存在磁荷,故磁场是无源场,磁感线是闭合的. 在只有感生电场分布的空间中亦无电荷存在,因而感生电场也是无源场,感生电场的电场线也是闭合的. 正如电流周围有一圈圈闭合的磁感线围绕着那样,在变化的磁场周围有一圈圈闭合的感生电场的电场线围绕着. 这里磁感强度的变化率与电流密度相当,所不同的是 $\boldsymbol{B}$ 与 $\boldsymbol{j}$ 组成右手螺旋,而 $\boldsymbol{E}_K$ 与 $\partial \boldsymbol{B}/\partial t$ 组成左手螺旋. 图 5.2-6 给出了涡旋磁场和涡旋电场的示意图.

与恒定电流的磁场的基本方程式相似,感生电场的基本方程为

$$\oint_C \boldsymbol{E}_K \cdot \mathrm{d}\boldsymbol{l} = -\int_S \frac{\partial \boldsymbol{B}}{\partial t} \cdot \mathrm{d}\boldsymbol{S} \qquad (5.2\text{-}4a)$$

$$\oint_S \boldsymbol{E}_K \cdot \mathrm{d}\boldsymbol{S} = 0 \qquad (5.2\text{-}4b)$$

以上讨论表明,导体在恒定磁场中的运动所产生的电磁感应现象和变化的磁场在固定不动的回路中所产生的电磁感应现象是两种物理性质不同的现象,引起

感应电动势的非静电力的作用是完全不同的,前者起源于 $v \times B$,后者则起源于 $\partial B/\partial t$ 产生的 E_K,但两种现象却都服从统一的法拉第电磁感应定律,这一点是颇引人深思的.

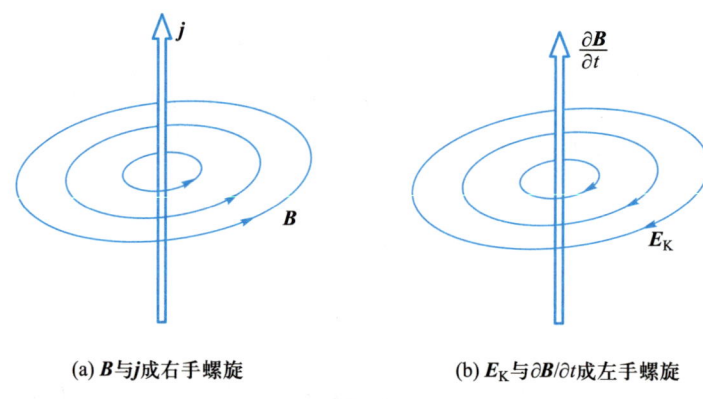

(a) B 与 j 成右手螺旋　　　　　　(b) E_K 与 $\partial B/\partial t$ 成左手螺旋

图 5.2-6　涡旋磁场与涡旋电场

3. 涡电流与电磁阻尼

由于变化的磁场总是伴随着涡旋的电场,金属内部的自由电子在涡旋电场的作用下可以形成电流,即使在未构成回路的大块金属内部亦会产生闭合的电流,这种电流称为涡电流或涡流. 傅科(J-B-L.Foucault)首先发现了这种电流,故又把涡电流称为傅科电流. 图 5.2-7 所示为放在螺线管内的大块金属导体,当螺线管中通有交变电流时,交变的磁场产生涡旋的电场,电场在导体中产生涡电流. 因为涡电流的截面积很大,导体的电阻又较小,所以涡电流非常大,结果产生大量的焦耳热,造成能量的损耗.

在变压器、电机等设备中,产生磁场的部件都具有铁芯,变化的磁场在铁芯中产生强大的涡电流,不但损耗了许多能量,而且使设备发热,甚至把设备烧坏. 因此,在应用电工、无线电技术的设备中,减少铁芯的涡电流损耗是一个极为重要的问题. 减少涡电流损耗的主要途径是增加铁芯的电阻. 例如,我们可选用高电阻率的材料做铁芯,以硅钢做铁芯就是一例. 我们知道,铁是一种磁导率很大的磁性材料(见第七章),但电阻率比较小,若在铁中增加一些硅,制成合金硅钢,其电阻率比纯铁大得多,但磁导率却与纯铁接近. 铁氧体是一种电阻率非常高、磁导率又很高的磁性材料,现已用作许多无线电元件的铁芯. 增加铁芯电阻的另一种方法是用彼此绝缘的铁片叠成的铁芯代替整块铁,并使铁片的绝缘层与涡电流垂直,从而使通过涡电流的导体的截面积减小,如图 5.2-8 所示.

在某些情况下,涡电流的热效应是可以利用的. 例如,利用涡电流的热效应制成的感应电炉,可用于真空中提纯金属或加热处在真空中的金属等.

涡电流除了有热效应外,还有机械效应. 利用涡电流的机械效应,可以做成电磁阻尼装置. 大块的金属导体在磁场中运动时会受到很大的阻力. 例如在图 5.2-9 所示的装置中,N、S 是一对电磁铁的磁极,一金属板制成的摆在两磁极间运动时,因涡电流受到阻力作用,摆很快停止摆动.图 5.2-10 给出了摆在即将离开磁场的瞬间金属板中涡电流分布的大致情况,而磁场对涡电流的作用表现为阻力.

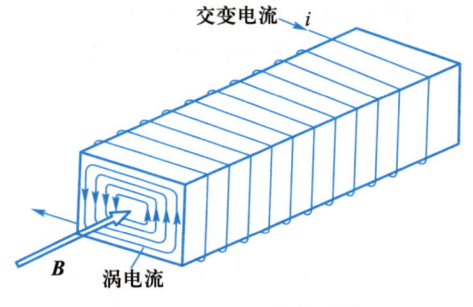

图 5.2-7　涡电流的形成

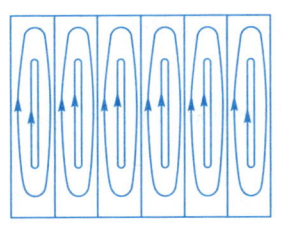

图 5.2-8　用铁片叠成的铁芯
可减小涡电流

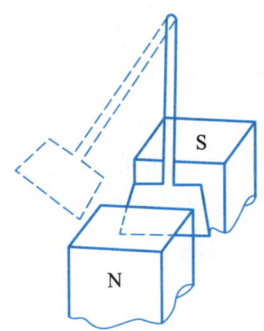

图 5.2-9　演示电磁阻尼的金属摆

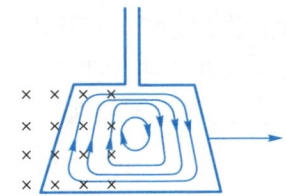

图 5.2-10　摆在即将离开磁场的
瞬间涡电流的分布

4. 几点说明

(1) 当导体在随时间变化的磁场中运动时,变化的磁场产生的感生电场和磁场对运动电荷的洛伦兹力都是产生感应电动势的非静电起源的作用,故运动导体回路 C 中的感应电动势为

$$\mathscr{E}=\oint_C (\boldsymbol{E}_K+\boldsymbol{v}\times\boldsymbol{B})\cdot\mathrm{d}\boldsymbol{l} \tag{5.2-5}$$

读者不难证明,上式中的感应电动势仍可用磁通量的变化率来表示,即仍可表示成 (5.1-2) 式,不过式中的 $\mathrm{d}\Phi_m/\mathrm{d}t$ 包括两部分,分别是仅由磁场变化产生的磁通量的变化率和仅由回路的运动引起的磁通量的变化率,即

$$\frac{\mathrm{d}\Phi_m}{\mathrm{d}t}=\left(\frac{\mathrm{d}\Phi_m}{\mathrm{d}t}\right)_{v=0}+\left(\frac{\mathrm{d}\Phi_m}{\mathrm{d}t}\right)_{B=\text{常量}} \tag{5.2-6}$$

(2) 若空间除了存在涡旋的感生电场 $\boldsymbol{E}_K$ 外还存在静止电荷产生的无旋电场 $\boldsymbol{E}_S$,则任一点的电场为这两种电场的叠加,即

$$\boldsymbol{E}=\boldsymbol{E}_K+\boldsymbol{E}_S \tag{5.2-7}$$

因为无旋电场的环流为零,故电场 $\boldsymbol{E}$ 仍满足

$$\oint \boldsymbol{E} \cdot \mathrm{d}\boldsymbol{l} = -\int \frac{\partial \boldsymbol{B}}{\partial t} \cdot \mathrm{d}\boldsymbol{S} \tag{5.2-8}$$

当导体在变化的磁场中运动时，$\boldsymbol{E}_\mathrm{S}$、$\boldsymbol{E}_\mathrm{K}$ 以及磁场 $\boldsymbol{B}$ 都会产生力作用于跟随导体运动的电荷，因此对于运动导体，我们必须修正欧姆定律的微分形式. 在一级近似的条件下，欧姆定律的微分形式为①

$$\boldsymbol{j} = \gamma(\boldsymbol{E} + \boldsymbol{v} \times \boldsymbol{B}) \tag{5.2-9}$$

式中 $\boldsymbol{E}$ 应理解为总电场强度.

（3）法拉第电磁感应定律的表达式(5.1-2)既简单又普遍，它概括了物理实质不同的现象. 由感生电场产生的感生电动势并不需要与真实的导体相联系；动生电动势虽不要求导体构成回路，但在磁场中运动的必须为真实的导体. 因此，在理解法拉第电磁感应定律时，我们必须对它所包含的两种不同现象的物理实质进行分析，确定磁通量及其变化率的含义，否则就会出现所谓"通量法则的佯谬". 例如，在研究运动导体的电磁感应现象时，计算磁通量的回路必须是物质（导体）的回路，且必须把组成闭合回路的全部导体质元都考虑在内. 换言之，尽管回路在运动过程中可能产生形变，但是在计算通过此回路的磁通量的变化率时，在 $(t+\Delta t)$ 时刻所考察的组成此回路的运动的导体质元与 t 时刻所考察的组成此回路的质元必须相同. 如果回路在运动过程中发生折断，不再闭合，为了使磁通量及其变化率有确定的含义，我们还是必须把回路在运动过程中折断点所描绘的轨迹以适当的方式补到回路上去，使回路闭合. 法拉第圆盘发电机就用到了这种方法，在金属圆盘的旋转过程中，t 时刻和 $(t+\Delta t)$ 时刻的回路分别如图 5.2-11(a)、(b) 所示，其中 CC' 就是折断点在 Δt 时间内描绘的轨迹.

（4）我们知道，洛伦兹力是不做功的，而动生电动势却是重要的电源. 这一矛盾并不难解决. 因为与动生电动势相联系的非静电起源的力是由与导体的运动相联系的洛伦兹力引起的，导体中一旦出现电流，载流子相对导体的漂移运动就会引起另一种洛伦兹力，此力最终表现为磁场对载流导体的安培力，它将阻碍导体在磁场中的运动. 因此，要保持导体在磁场中的运动，反抗安培力的外力必做正功，而两个洛伦兹力做的总功为零. 动生电动势提供的能量最终来自外力所做的功.

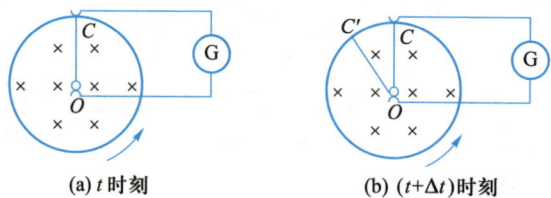

图 5.2-11　法拉第圆盘发电机中不同时刻的导线回路

（5）磁场的"源"（磁体或载流线圈）与闭合导线回路的相对运动所产生的感应电动势由两种产生原因不同的感应电动势组成. 场源静止时，运动导线回路中的感应电动势属于动生电动势；场源运动导致磁场变化时，静止回路中产生的感应电动

---

① 这里我们略去电子做漂移运动时所受的洛伦兹力（霍耳效应），因为通常漂移速度比导体运动的速度小得多.

势属于感生电动势. 这里的静止和运动都是相对观察者或实验室参考系而言的. 有人根据运动的相对性, 忽略此处"静止"与"运动"的区别是不妥当的. 因此,"运动的场源产生的磁场对静止导线中的电荷有洛伦兹力作用""静止的磁场在运动导体中引起感生电场"之类的说法都是不正确的. 这就是说, 对于一个给定的参考系, 动生电动势和感生电动势是两种不同的感应电动势. 同样, 把回路相对实验室参考系 (或场源) 的运动说成是回路相对磁场的运动, 或把场源相对实验室参考系的运动说成是场相对导线回路的运动也都是不妥当的. 因为场一旦被场源激发, 就是一种独立于场源的客观实体, 不论相对什么参考系, 它在真空中总是以光速运动. 场的运动与场源的运动不是一回事. 因此"磁场的源运动时, 磁感线也跟着运动, 从而使通过回路的磁感线发生变化或运动的磁感线切割导线"等说法都是不妥当的.

(6) 在感生电场中, 电场强度的线积分与路径有关, 因此, 在有感生电场存在的空间, 任意两点间的电势差或者电压都是无意义的. 但我们有时把

$$\int_{\substack{(1)\\ \text{给定路径}}}^{(2)} \boldsymbol{E} \cdot \mathrm{d}\boldsymbol{l}$$

称为在感生电场中存在于两点间沿给定路径的电压, 这一点是感生电场与静态电场的重要区别, 不能将感生电场与静态电场混淆. 但是, 当导体处在感生电场中时, 感生电场使导体上出现一定的电荷分布, 如果这种电荷分布是恒定的或者变化是非常缓慢的, 那么分布在导线上的电荷所激发的电场是静态电场, 属于有势场, 对于这部分电场, 电势和电势差的概念仍然有效. 同样, 当导线在恒定不变的磁场中运动时, 作用于电荷的洛伦兹力会使导体上出现一定的电荷分布, 如果导体的运动比较缓慢, 那么这些电荷产生的电场也可视为有势场.

5. 例题

例 5.2-1 在与磁感强度为 $\boldsymbol{B}$ 的均匀恒定磁场垂直的平面内, 有一长为 L 的直导线 ab, 导线绕 a 点以匀角速度 ω 转动, 转轴与 $\boldsymbol{B}$ 平行, 求 ab 上的动生电动势及 a、b 之间的电压.

解: 本例题可以用两种方法求解.

解法一: 在 ab 上取任一线元 $\mathrm{d}\boldsymbol{l}$, 其速度 $\boldsymbol{v}$ 与 $\boldsymbol{B}$ 垂直, 且 $\boldsymbol{v}\times\boldsymbol{B}$ 与 $\mathrm{d}\boldsymbol{l}$ 同向, 如图 (a) 所示, 故

$$\mathscr{E}_{ab} = \int_a^b (\boldsymbol{v}\times\boldsymbol{B}) \cdot \mathrm{d}\boldsymbol{l} = \int_a^b vB\mathrm{d}l = \int_a^b \omega Bl\mathrm{d}l = \omega B \int_a^b l\mathrm{d}l = \frac{1}{2}\omega BL^2$$

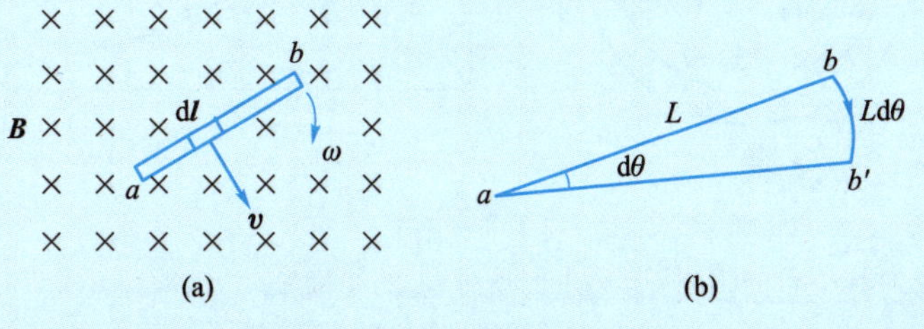

例 5.2-1 图

$\mathscr{E}_{ab} > 0$ 说明动生电动势由 a 向 b, 它使导线出现电荷积累 (靠近 b 的一侧为正, 靠近 a 的一侧为负), 直至电荷产生的电场对导线中电子的作用力与洛伦兹力抵消为止. 这时, ab 相当于一个处于开路状态的电源, b 为正极、a 为

负极. 由一段含源电路的欧姆定律(并注意到开路时电流为零), ab 间的电势差为

$$U_{ba} = \mathscr{E}_{ab} = \frac{1}{2}\omega BL^2$$

解法二:用法拉第电磁感应定律求解. 设 ab 在 dt 时间内转过 $d\theta$ 角,则它扫过的面积为 $\frac{1}{2}L^2 d\theta$,如图(b)所示,磁场对此面积的磁通量为

$$d\Phi_m = \frac{1}{2}BL^2 d\theta$$

由法拉第电磁感应定律得

$$|\mathscr{E}| = \left|\frac{d\Phi_m}{dt}\right| = \frac{1}{2}BL^2\frac{d\theta}{dt} = \frac{1}{2}\omega BL^2$$

例 5.2-2 有一无限长的圆柱形区域,圆柱的半径为 a,已知在圆柱形区域内充满均匀且大小随时间做低频简谐变化的磁场,磁场与圆柱轴线平行,在圆柱形区域外,没有磁场,即

$$\boldsymbol{B} = \begin{cases} B_0 \cos(\omega t + \alpha)\boldsymbol{e}_z & (r \leq a) \\ 0 & (r > a) \end{cases}$$

其中 B_0、ω 和 α 都是常量. 试求空间各处的电场强度.

解:这样的磁场可以用通有交变电流的无限长的螺线管来产生. 由于变化的磁场分布在无限长的圆柱形区域内,感生电场的分布关于圆柱轴线对称. 在圆柱区域内,作一半径为 $r(r \leq a)$ 的圆周 C_1,如图(a)所示,感生电场对 C_1 的环流为

$$\oint_{C_1} \boldsymbol{E} \cdot d\boldsymbol{l} = -\int_{S_1} \frac{\partial \boldsymbol{B}}{\partial t} \cdot d\boldsymbol{S}$$

即

$$2\pi r E = -\frac{\partial B}{\partial t}\pi r^2$$

$$E = -\frac{1}{2}\frac{\partial B}{\partial t}r = \frac{1}{2}B_0 \omega r \sin(\omega t + \alpha) \quad (r \leq a)$$

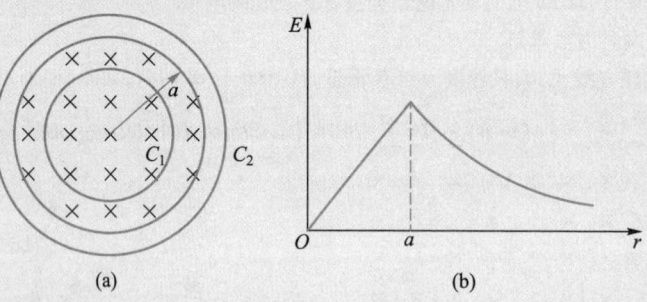

例 5.2-2 图

在圆柱外作一半径为 $r(r>a)$ 的圆周 C_2,感生电场对 C_2 的环流为

$$\oint_{C_2} \boldsymbol{E} \cdot d\boldsymbol{l} = -\int_{S_2} \frac{\partial \boldsymbol{B}}{\partial t} \cdot d\boldsymbol{S}$$

$$2\pi r E = -\frac{\partial B}{\partial t}\pi a^2$$

$$E = -\frac{1}{2}\frac{\partial B}{\partial t}\frac{a^2}{r} = \frac{1}{2}B_0\omega\frac{a^2}{r}\sin(\omega t+\alpha) \quad (r>a)$$

于是

$$E = \begin{cases} \dfrac{1}{2}B_0\omega r\sin(\omega t+\alpha) & (r\leq a) \\ \dfrac{1}{2}B_0\omega\dfrac{a^2}{r}\sin(\omega t+\alpha) & (r>a) \end{cases}$$

方向沿柱坐标的 e_θ 方向(顺时针方向). 任一时刻,电场强度与 r 的关系如图(b)所示.

例 5.2-3 一金属棒 MN 长为 L,被放在如图所示的磁场中,磁感应强度大小为 $B=B_0\cos(\omega t+\alpha)$,金属棒位于垂直于磁场的平面内,圆形区域的中心到棒的距离为 h,如图所示,求棒的电动势.

解:本例可用两种方法计算.

解法一:沿金属 MN 求积分,有

$$\mathscr{E} = \int_{M\to N}\boldsymbol{E}_K\cdot \mathrm{d}\boldsymbol{l}$$

将例 5.2-2 的结果代入上式,并注意 $\boldsymbol{E}_K$ 沿着圆的切线方向,得

$$\mathscr{E} = \int_{M\to N}\frac{r}{2}\frac{\mathrm{d}B}{\mathrm{d}t}\cos\theta\mathrm{d}l = \int_0^L\frac{h}{2}\frac{\mathrm{d}B}{\mathrm{d}t}\mathrm{d}l = \frac{h}{2}L\frac{\mathrm{d}B}{\mathrm{d}t}$$

$$= -\frac{h}{2}L\omega B_0\sin(\omega t+\alpha)$$

电动势的方向以 M 指向 N 为正.

解法二:用法拉第电磁感应定律计算. 为此作辅助线 OM 与 ON,因电场强度 $\boldsymbol{E}_K$ 与 OM 及 ON 垂直,故 OM 段及 ON 段的感应电动势等于零. 可见闭合曲线 $OMNO$ 的感应电动势即为 MN 段的电动势. $OMNO$ 所围面积为

$$S = \frac{1}{2}hL$$

取电动势的参考方向为逆时针方向,于是穿过闭合曲线 $OMNO$ 的磁通量为

$$\Phi_m = -\frac{1}{2}hLB$$

得

例 5.2-3 图

$$\mathscr{E} = -\frac{\mathrm{d}\Phi_m}{\mathrm{d}t} = \frac{1}{2}hL\frac{\mathrm{d}B}{\mathrm{d}t}$$

这也就是 MN 段的感应电动势. $\mathscr{E}$ 为正值,表示电动势的方向为自 M 指向 N. 所得结果与第一种方法相同.

例 5.2-4 在电子感应加速器中,电子被磁场控制在一个环形真空室的圆周轨道上,同时受到变化磁场产生的感生电场的作用而加速. 证明:轨道平面上的磁场的平均磁感强度必须是轨道上的磁感强度的两倍,才能使电子轨道半径在电子能量增加的过程中保持恒定.

解:电子感应加速器是加速电子的设备,其结构原理如图所示. N、S 为两个磁极,间隙中放一环形真空室,环面与磁场垂直. 磁场用低频强电流激励. 工作时感生电场使电子加速,磁场的洛伦兹力使电子沿确定的圆周运动.

设电子轨道的半径是 R,则在电子轨道上的电场强度可用如下方法计算:

$$\oint \boldsymbol{E} \cdot \mathrm{d}\boldsymbol{l} = -\frac{\mathrm{d}\Phi_\mathrm{m}}{\mathrm{d}t}$$

$$2\pi R E = -\frac{\mathrm{d}\Phi_\mathrm{m}}{\mathrm{d}t}$$

$$E = -\frac{1}{2\pi}\frac{\mathrm{d}\Phi_\mathrm{m}}{\mathrm{d}t} \cdot \frac{1}{R}$$

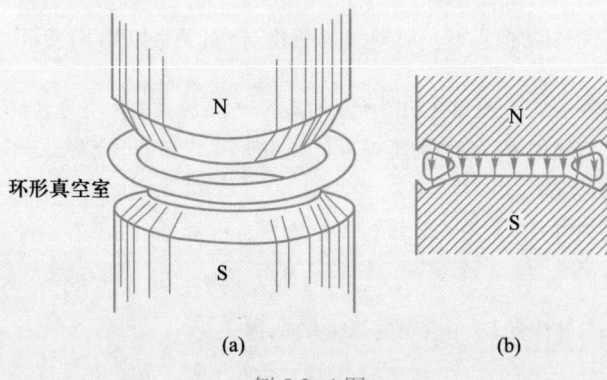

例 5.2-4 图

作用于电子的切向力为

$$F_\mathrm{t} = -eE = \frac{e}{2\pi}\frac{\mathrm{d}\Phi_\mathrm{m}}{\mathrm{d}t}\frac{1}{R}$$

该力使电子加速.根据牛顿第二定律,有

$$\frac{\mathrm{d}(mv)}{\mathrm{d}t} = F_\mathrm{t} = \frac{e}{2\pi}\frac{\mathrm{d}\Phi_\mathrm{m}}{\mathrm{d}t}\frac{1}{R}$$

$$\mathrm{d}(mv) = \frac{e}{2\pi R}\mathrm{d}\Phi_\mathrm{m}$$

若电子的速度从零增加到 v 的过程对应于磁通量从零变化到 Φ_m 的过程,则对上式积分得

$$mv = \frac{e}{2\pi R}\Phi_\mathrm{m} = \frac{e}{2\pi R}\cdot \pi R^2 \overline{B} = \frac{1}{2}eR\overline{B}$$

$\overline{B}$ 为电子轨道平面上的平均磁感强度. 电子沿半径为 R 的轨道做圆周运动的向心力为磁场的洛伦兹力,即

$$evB_R = \frac{mv^2}{R}$$

B_R 为电子轨道上的磁感强度. 与上式比较,得

$$B_R = \frac{1}{2}\overline{B}$$

这就是维持电子在恒定轨道上运动的条件.

例 5.2-5 一非常长的同轴电缆,内圆筒的半径为 R_1,外圆筒的半径为 R_2. 今在电缆中通以随时间变化的电流 I,I 的变化率为常量 b,试求圆筒轴线上的感生电场的强度.

解:根据 $\partial B/\partial t$ 的分布情况和对称性,可知轴线上感生电场的分布与无限长多层螺线管的轴线上磁场的分布相似. 在电缆外面,即 $r>R_2$ 处不存在电场. 作一矩形闭合路径,如图所示,计算感生电场对此路径的环流.

$$\oint \boldsymbol{E}_K \cdot \mathrm{d}\boldsymbol{l} = E_K \Delta l = -\int \frac{\partial \boldsymbol{B}}{\partial t} \cdot \mathrm{d}\boldsymbol{S} = -\Delta l \int_{R_1}^{R_2} \frac{\partial B}{\partial t} \mathrm{d}r$$

因为

$$B = \frac{\mu_0}{2\pi} \frac{I}{r}$$

$$\frac{\partial B}{\partial t} = \frac{\mu_0}{2\pi} \frac{1}{r} \frac{\mathrm{d}I}{\mathrm{d}t} = \frac{\mu_0}{2\pi} \frac{b}{r}$$

所以有

$$E_K = -\int_{R_1}^{R_2} \frac{\mu_0}{2\pi} \frac{b}{r} \mathrm{d}r = -\frac{\mu_0}{2\pi} b \ln \frac{R_2}{R_1}$$

方向沿轴线向下.

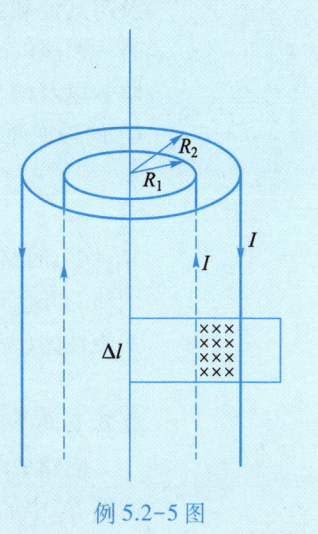

例 5.2-5 图

§5.3 互感与自感

1. 互感现象与互感系数

考虑两个任意形状的载流回路 C_1 和 C_2，回路中的电流分别为 I_1 和 I_2，如图 5.3-1 所示. 回路 C_1 中的电流 I_1 产生的磁场 $\boldsymbol{B}_1$ 对电路 C_2 有一定的磁通量，同样，回路 C_2 中的电流 I_2 产生的磁场 $\boldsymbol{B}_2$ 对回路 C_1 也有一定的磁通量. 当 C_1 中的电流随时间变化时，$\boldsymbol{B}_1$ 亦变化，因而在 C_2 中引起感应电动势和感应电流；同样，当 C_2 中的电流随时间变化时，$\boldsymbol{B}_2$ 亦变化，因而在 C_1 中亦引起感应电动势和感应电流. 这种现象称为互感现象.

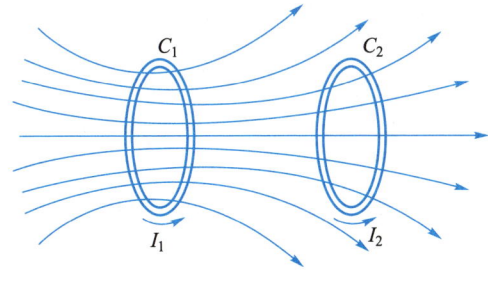

图 5.3-1 互感现象

我们知道，一个载流回路在空间各点产生的磁场与该回路的几何形状、考察点与载流回路的相对位置等因素有关（以后我们将看到它还与周围磁介质有关）. 当这些条件确定后，磁感强度与回路中的电流成正比. 磁场对某一回路的磁通量或磁通匝链数除了与空间各点的磁感强度有关外，还与该回路本身的几何形状、匝数以及与其他载流回路的相对位置等因素有关. 因此, 一个电路中的电流产生的磁场对另一回路的磁通匝链数不仅与这个回路中的电流有关, 还与两个回路的几何形状、匝数以及两个回路的相对位置和周围磁介质的性质都有关. 设 Ψ_{12} 是 C_2 的磁场对 C_1 的磁通匝链数, Ψ_{21} 是 C_1 的磁场对 C_2 的磁通匝链数, 则

$$\Psi_{12} = M_{12} I_2 \tag{5.3-1}$$

$$\Psi_{21} = M_{21} I_1 \tag{5.3-2}$$

M_{12} 称为回路 C_2 对 C_1 的互感系数, M_{21} 称为回路 C_1 对 C_2 的互感系数, 它们由两个回路的几何形状、相对位置以及周围磁介质的性质决定. 若回路周围的磁介质是非铁磁性的 (见第七章), 则互感系数与电流无关. 可以证明,

$$M_{12} = M_{21} = M \tag{5.3-3}$$

M 称为两个回路间的互感系数, 简称互感.

回路 C_2 中的电流变化在回路 C_1 中产生的感应电动势 (即互感电动势 $\mathscr{E}_{12}$) 和回路 C_1 中的电流变化在回路 C_2 中产生的感应电动势 (即互感电动势 $\mathscr{E}_{21}$) 都可由法拉第电磁感应定律求得:

$$\mathscr{E}_{12} = -\frac{d\Psi_{12}}{dt} = -M_{12} \frac{dI_2}{dt} = -M \frac{dI_2}{dt} \tag{5.3-4}$$

$$\mathscr{E}_{21} = -\frac{d\Psi_{21}}{dt} = -M_{21} \frac{dI_1}{dt} = -M \frac{dI_1}{dt} \tag{5.3-5}$$

两个回路的互感系数 M 可以从理论上进行计算, 也可以用实验方法进行测量. 但一般情况下, 计算非常复杂, 若算得磁场对回路 C_1 的磁通匝链数, 知道回路 C_2 中的电流 I_2, 便可求得两个回路的互感系数. 若测得回路 C_1 中的互感电动势 $\mathscr{E}_{12}$, 并已知回路 C_2 中的电流的变化率, 互感系数也可求得.

在 SI 中, 互感系数的单位是 H (亨利),

$$1\ \text{H} = 1\ \text{V} \cdot \text{s/A}$$

在电工技术和无线电工程中, 变压器以及某些测量仪器就是利用互感现象制成的.

2. 自感现象与自感系数

载流回路中的电流产生的磁场对回路本身所包围的面积也有磁通量, 当回路中的电流随时间变化时, 磁通量也发生变化, 因而也会在回路中产生感应电动势和感应电流, 这种现象称为自感现象. 许多实验可以演示自感现象. 在图 5.3-2 所示的电路中, 1 和 2 是两个完全相同的灯泡, 灯 1 与一变阻器 R 串联, 灯 2 与一具有铁芯的线圈 L 串联. 两灯并联在电源上, 变阻器的阻值应保证电路接通并达到稳定后, 通过两个灯泡的电流相等. 实验结果表明, 在接通此电路的瞬间, 灯 1 在瞬间即达到最大亮度, 灯 2 则要稍晚一些才达到最大亮度. 也就是说, 通过灯 2 的电流比通过灯 1 的电流增长得慢些.

我们知道, 接通电路后, 回路中的电流由零增长到稳定值. 在灯 2 所在的支路中, 线圈中的电流产生一较强的磁场, 磁场对线圈的磁通量在电流增长的过程中增

大,因而线圈中将产生较大的自感电动势,其作用是阻碍电流增大,因而电流增长较慢.但在灯1所在的支路中,因为没有线圈,所以几乎没有自感电动势出现.

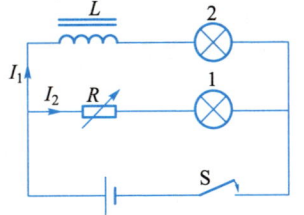
图 5.3-2　一个自感现象的演示实验

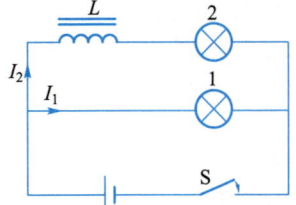
图 5.3-3　另一个自感现象的演示实验

图 5.3-3 也是演示自感现象的实验,其中灯2与线圈串联.适当选择线圈的电阻和灯泡的内阻,使得电流达到稳定时,通过灯2的电流 I_2 比通过灯1的电流 I_1 大得多,即 $I_2 \gg I_1$.实验表明,在切断电路的瞬间,灯1在熄灭前变得更亮,这是因为在切断电路时,I_1 立即趋于零,但 I_2 的变化在线圈中产生自感电动势,其作用是抵制电流 I_2 的变化,因此 I_2 并不会立即消失,而是慢慢趋于零.但这时总电路已切断,只有灯1和灯2组成一回路,慢慢减小着的电流 I_2 将经过灯1,因为 $I_2 \gg I_1$,所以在切断电路时,灯1先比原来亮,然后熄灭.

以上的实验都表明,当线圈中通过变化的电流时,在线圈中将产生自感电动势.对于一个给定的线圈,其磁场与线圈中的电流、线圈的形状、匝数、周围磁介质的性质等都有关.磁场对线圈的磁通匝链数又与线圈本身的形状、匝数有关.当线圈的形状、周围的介质(设介质是非铁磁性的)都一定后,线圈中的电流所产生的磁场对线圈本身的磁通匝链数与线圈中的电流成正比,即①

$$\Psi = LI \tag{5.3-6}$$

比例系数 L 由线圈的形状、匝数和磁介质的性质决定,称为该线圈的自感系数,简称自感或电感.当线圈中的电流随时间变化时,自感电动势为

$$\mathscr{E}_L = -L \frac{dI}{dt} \tag{5.3-7}$$

可以看出,对于相同的电流变化率,线圈回路的自感系数 L 越大,回路中的自感电动势越大,因自感电动势有阻碍回路中电流变化的作用,故这种阻碍电流变化的作用也越大.阻碍电流变化相当于使电流保持不变,因此回路的自感系数的大小反映了一个回路保持其中电流不变本领的大小,犹如力学中物体的惯性,因而可把回路自感系数作为电路"惯性"大小的量度.

若已知回路产生的磁场对回路自身的磁通匝链数,并知道回路中的电流,或测得回路中的自感电动势和电流的变化率,回路的自感系数就可以求得.

---

① 这里已假设回路的绕行方向与电流方向一致,若两者方向相反,(5.3-6)式右边应有负号.

3. 例题

例 5.3-1 计算一长螺线管的自感系数.

解：设一长螺线管的长度为 l，绕有 N 匝导线，螺线管的半径 r 比其长度小得多，想象在螺线管中通有电流 I，如果忽略端部效应，则管内磁场的磁感强度为

$$B = \mu_0 \frac{N}{l} I$$

磁场对螺线管每匝线圈的磁通量为

$$\Phi_m = \boldsymbol{B} \cdot \boldsymbol{S} = \mu_0 \frac{N}{l} I \pi r^2$$

磁通匝链数为

$$\Psi = N\Phi_m = \mu_0 \frac{N^2}{l} I \pi r^2$$

自感系数为

$$L = \frac{\Psi}{I} = \mu_0 n^2 l \pi r^2 = \mu_0 n^2 V$$

式中 n 为单位长度螺线管上的匝数，V 为螺线管的体积.

例 5.3-2 求两同轴螺线管之间的互感系数（如图所示）.

解：设一长螺线管长为 l_1、半径为 $r(l_1 \gg r)$，单位长度上有 n_1 匝导线.在螺线管外部再密绕一螺线管，长为 l_2、单位长度上有 n_2 匝导线.

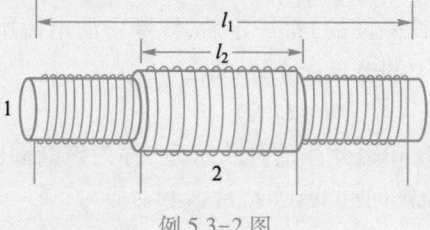

例 5.3-2 图

假定在螺线管 1 中通以电流 I_1，则磁场为

$$B_1 = \mu_0 n_1 I_1$$

对螺线管 2 每一匝导线的磁通量为

$$\Phi_{21} = B_1 S_2 = \mu_0 n_1 I_1 \pi r^2$$

螺线管 1 的磁场对螺线管 2 的磁通匝链数为

$$\Psi_{21} = n_2 l_2 \Phi_{21} = \mu_0 n_1 n_2 l_2 \pi r^2 I_1$$

互感系数为

$$M_{21} = \frac{\Psi_{21}}{I_1} = \mu_0 n_1 n_2 l_2 \pi r^2 = \mu_0 n_1 n_2 V_2$$

式中 V_2 是螺线管 2 的体积.

例 5.3-3 计算耦合系数.

解：设有两个线圈，如图所示，线圈 C_1 中的电流 I_1 的磁场对线圈 C_1 本身的磁通量为

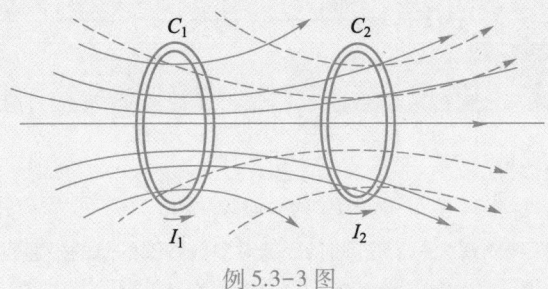

例 5.3-3 图

$$\Phi_1 = L_1 I_1$$

对线圈 C_2 的磁通量 Φ_{21} 与 Φ_1 成正比，即

$$\Phi_{21} = k_1 \Phi_1 = k_1 L_1 I_1 = M_{21} I_1$$

线圈 C_2 中的电流 I_2 对线圈 C_2 本身的磁通量为

$$\Phi_2 = L_2 I_2$$

对线圈 C_1 的磁通量为

$$\Phi_{12} = k_2 \Phi_2 = k_2 L_2 I_2 = M_{12} I_2$$

由此得

$$M_{21} = k_1 L_1$$
$$M_{21} = k_2 L_2$$

注意到 $M_{12} = M_{21} = M$，且 k_1 和 k_2 虽可正可负但 k_1 和 k_2 必同号，得

$$M^2 = k_1 k_2 L_1 L_2$$

两边开方，有

$$M = \pm k \sqrt{L_1 L_2}$$

其中

$$k = \sqrt{k_1 k_2}$$

称为两个线圈的耦合系数，其值不大于 1. 如果两个线圈中每个线圈所产生的磁通量对每一匝线圈都相等，并且全部通过另一线圈的每一匝，这种情况称为无漏磁，例如当两个线圈密绕在一起时就是这样. 这时 $k_1 k_2 = 1$，即耦合系数 k 的值为 1，于是

$$M = \pm \sqrt{L_1 L_2}$$

在有漏磁的情况下，耦合系数小于 1.

例 5.3-4 计算两个串联线圈的自感系数.

解：设有两个线圈，自感系数分别为 L_1 和 L_2，它们被这样串联放置，使两个线圈产生的磁场彼此加强，如图（a）所示.

我们可以通过计算磁通匝链数来计算串联线圈的自感系数. 通过线圈 1 的磁通匝链数来自两方面：线圈 1 的磁场对线圈 1 本身的磁通匝链数 Ψ_{11} 和线圈 2 的磁场对线圈 1 的磁通匝链数 Ψ_{12}，因为磁场的方向是彼此加强的，这两种磁通匝链数同号，于是

$$\Psi_1 = \Psi_{11} + \Psi_{12} = L_1 I_1 + M I_2$$

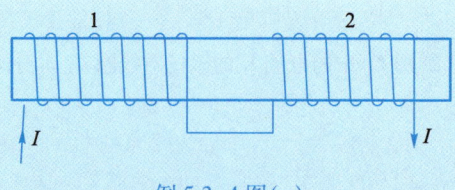

例 5.3-4 图(a)

同理,通过线圈 2 的磁通匝链数为

$$\Psi_2 = \Psi_{22} + \Psi_{21} = L_2 I_2 + M I_1$$

注意到 $I_1 = I_2 = I$,当把两个串联线圈视为一个线圈时,磁场对串联线圈的总的磁通匝链数为

$$\Psi = \Psi_1 + \Psi_2 = L_1 I + MI + L_2 I + MI = LI$$

由此得

$$L = L_1 + L_2 + 2M$$

可见,两个线圈串联后的自感并不等于每个线圈自感之和.

上述结果也可通过计算感应电动势求得. 这时,每个线圈中不仅有自感电动势,还有互感电动势,两个线圈中总的感应电动势由这四个电动势串联而成,如图(b)所示.

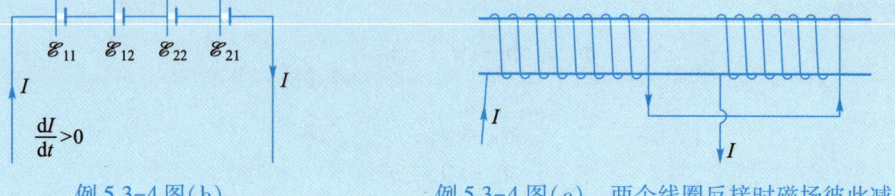

例 5.3-4 图(b)　　　　例 5.3-4 图(c)　两个线圈反接时磁场彼此减弱

若上述两个线圈的相对位置保持不变,但连接线圈的方式使两个线圈的磁场彼此减弱,如图(c)所示,不难看出,这时线圈的总自感仍可用上式表示,只要认为互感系数 $M<0$.

§5.4　LR 电路中的暂态过程　磁场的能量

1. 似稳电流　可变电流的电路方程

电磁感应现象表明:不仅电荷周围存在电场,变化的磁场也产生电场,后者即涡旋场. 不论是无旋场还是涡旋场,它们对静止电荷都施以作用力,当导体处在电场中时,导体中将出现电流. 一般来讲,与变化的磁场相伴的电场可以是随时间变化的,在变化的电场作用下形成的电流亦是随时间变化的,是非恒定电流. 我们曾指出,欧姆定律的微分形式对非恒定电流仍然成立,即

$$\boldsymbol{j} = \gamma \boldsymbol{E}$$

式中 $\boldsymbol{E}$ 代表总电场强度. 在一般情况下,它由静电性质的无旋场、变化的磁场产生的感生电场——涡旋场以及可能存在的由物理或化学性质不均匀等非电磁学原因产生的非静电起源的等效电场强度叠加而成. 应该指出,感生电场亦是一种非电磁起源的电场,但它是由电磁学原因引起的非静电起源的电场,是电磁学研究的对象

之一. 如果用 E_s 表示无旋电场, E_k 表示涡旋电场, E_K 表示非电磁学原因引起的非静电起源的电场, 则欧姆定律的微分形式可写成

$$j = \gamma(E_s + E_k + E_K) \tag{5.4-1}$$

恒定电流的闭合性要求在没有分支的电路中, 通过导线的任何截面的电流都相等. 然而一般来讲, 这一结论对可变电流不再成立. 我们知道, 电场和磁场是以有限速度传播的, 当空间某处的电荷分布和电流分布随时间变化时, 离该处近的地方的电场、磁场首先变化, 离该处远的地方的电场、磁场稍晚一些才变化. 这就是说, 在同一时刻, 电路上各点的场, 并不对应于同一时刻场源的电荷分布和电流分布. 若某一无分支电路上的点 P_1 离场源较近, 点 P_2 离场源稍远, 当场源变化时, P_1 处的场先变化, 因而该处的电流先发生变化, 而 P_2 处的场则要晚一些时间才变化, 因而 P_1 处的电流与 P_2 处的电流不相等. 若 t_0 代表场在电路上相距最远的两点间传播所需的时间, 当其中一点的场与 $t(>t_0)$ 时刻的场源分布相对应时, 另一点的场则与 $(t-t_0)$ 时刻的场源分布相对应. 若在 t_0 时间内, 场源的变化很小, 以至 t 时刻的场源与 $(t-t_0)$ 时刻的场源的差别几乎可以忽略不计, 这样, 任何时刻 t, 电路上各点的电场和磁场可以认为与同一时刻的场源分布相对应, 或者说, 电路上各点的场分布几乎同时随场源的变化而变化, 以至在每一时刻的场源与场分布等效于一个恒定的场源与场分布, 不同时刻的场源与场分布对应于不同的恒定场源和场分布. 由于这种变化缓慢的电场、磁场在任何时刻的分布都可视为一恒定的电场、磁场的分布, 我们称这样的场为似稳场. 在似稳场作用下形成的电流称为似稳电流. 一个电路中的电流能否视为似稳电流, 不仅要看场源变化是否缓慢, 而且要看电路尺寸是否过大. 若场随时间变化的周期为 T, 场在电路上相距最远两点间传播所需的时间为 t_0, 则似稳场的条件, 即似稳条件为

$$t_0 \ll T \tag{5.4-2}$$

电工技术中遇到的电流大部分属于似稳电流. 例如, 我们常用的频率为 50 Hz 的交流电, 即所谓市电, 其周期为 10^{-2} s, 在一个周期内, 场传播的距离 $cT = 3 \times 10^6$ m, 当电路的线度远小于 3×10^6 m 时, 似稳条件就得到满足. 但对无线电技术中遇到的高频电流, 似稳条件就不一定满足了.

对于似稳电流, 虽然流经电路的电流随时间变化, 但在任何时刻, 通过无分支的电路的各个截面的电流相等, 亦即通过各截面的电流的瞬时值相等. 实际上, 也只有在这种条件下, 流经电路的电流的瞬时值才有意义, 电路概念才有效. 因为似稳电流在每一时刻可视为恒定电流, 所以, 对于似稳电流的瞬时值, 有关直流电路的基本概念、电路定律都是有效的. 这就是说, 似稳电流与恒定电流一样, 任何时刻无分支的电路上各个截面的电流相等, 电流线连续地通过导体内部, 不会在导体的表面上终止. 似稳电流与恒定电流一样, 以同样的方式激发磁场, 可以用毕奥-萨伐尔定律计算磁场; 似稳电流的磁场也服从安培环路定理. 在似稳条件下, 随时间变化的电荷激发的电场是随时间变化的, 它是一种随时间变化的 "静态场", 在任何时刻, 这种电场的旋度为零, 因此仍然是一种有势场, 不过是随时间变化的有势场. 但是, 由于所谓趋肤效应的存在, 电流密度在导体截面上的分布并不均匀, 导线表面

的电流密度较大,导线中心处的电流密度则较小,这一点与恒定电流是不同的. 当似稳电流随时间的变化比较缓慢、导线又比较细时,趋肤效应可以忽略. 关于趋肤效应的起因,我们将在以后做简单介绍.

把(5.4-1)式沿整个可变电流的电路积分,注意到无分支电路中电流处处相等,无旋场的积分为零,有旋的感生电场的积分即回路中的感应电动势 $\mathscr{E}_L$,其他非静电场的积分为回路中其他电源的电动势 $\mathscr{E}$,若用 i 表示电路中电流的瞬时值,我们可知

$$iR = \mathscr{E}_L + \mathscr{E} \tag{5.4-3}$$

对于一个孤立电路,$\mathscr{E}_L$ 即回路中的自感电动势,故有

$$iR = -L\frac{\mathrm{d}i}{\mathrm{d}t} + \mathscr{E} \tag{5.4-4}$$

这就是可变电流的电路方程式,也就是可变电流的欧姆定律.

2. LR 电路中的暂态过程

对于一个由电感和电阻组成的电路,在接通电路或切断电路的瞬间,由于自感的作用电路中的电流并不立即达到恒定值或立即消失,而要经历一定的时间,持续一个过程,这就是暂态过程. 在图 5.4-1 中,当开关 S 打向 a 点时,电路接通,电路中出现电流 i,则在任何时刻,电路的方程式为

$$iR = \mathscr{E}_L + \mathscr{E}$$

这里已假定自感线圈的电阻为零,电源的内阻亦为零. 若自感线圈的电感为 L,则

$$iR = -L\frac{\mathrm{d}i}{\mathrm{d}t} + \mathscr{E}$$

这是一个微分方程,其解为

$$i = \frac{\mathscr{E}}{R} + K_1 \mathrm{e}^{-\frac{R}{L}t}$$

K_1 为积分常量. 注意到 $t=0$ 时 $i=0$,就可定出常量 K_1,因而有

$$i = \frac{\mathscr{E}}{R}(1 - \mathrm{e}^{-\frac{R}{L}t}) \tag{5.4-5}$$

即接通电路后,电流随时间而增大,其最大值 $I_0 = \mathscr{E}/R$ 就是电流达到恒定时的值. 图 5.4-2 给出了 i 随 t 的变化曲线(实线).

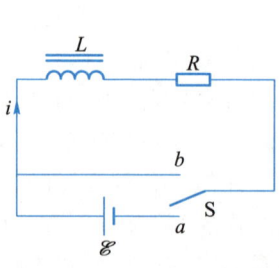

图 5.4-1 LR 电路

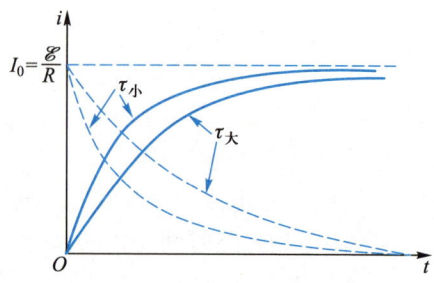

图 5.4-2 LR 电路暂态电流与时间的关系

从数学上看,接通电路后,要经历无限长的时间,电流才达到其恒定值. 但实际上,当

$$t = \frac{L}{R} = \tau \tag{5.4-6}$$

时,电流为

$$i = \frac{\mathscr{E}}{R}(1-\mathrm{e}^{-1}) = 0.63\frac{\mathscr{E}}{R} = 0.63 I_0$$

即经历 τ 时间,电流已达到其恒定值 I_0 的 63%;当 $t=5\tau$ 时,$i=0.994I_0$. 所以,只要 $t \gg \tau$,电流实际上就已达到恒定值. 通常用 $\tau = L/R$ 作为 LR 电路中暂态过程持续时间长短的标志,称为 LR 电路的时间常量. L 越大,R 越小,时间常量越大,电流增长得越慢,暂态过程持续得越久.

当 LR 电路中的电流已达到恒定后,若把电源拆除,并让电路形成闭合回路,即在图 5.4-1 中将开关 S 从 a 打向 b,这时,电路中虽无外接电源,但由于电流消失时自感线圈中产生自感电动势,回路中电流将持续一定时间后才达到零值. 在这个过程中,电路方程式为

$$iR = \mathscr{E}_L = -L\frac{\mathrm{d}i}{\mathrm{d}t}$$

或

$$L\frac{\mathrm{d}i}{\mathrm{d}t} + iR = 0$$

注意到初始条件 $t=0$ 时,$I=I_0=\mathscr{E}/R$,得

$$i = \frac{\mathscr{E}}{R}\mathrm{e}^{-\frac{R}{L}t} \tag{5.4-7}$$

即拆除外电源后,LR 电路中的电流并不立即变为零,而是按指数递减,递减快慢的程度也可以用时间常量 τ 表示. 电流的递减过程如图 5.4-2 中虚线所示.

3. 可变电流电路中的能量转化 自感能

在接通 LR 电路时的暂态过程中,电阻的功率为 i^2R,外接电源的功率为 $\mathscr{E}i$. 由电路方程(5.4-4)式可知,在电流增大的过程中,$\mathrm{d}i/\mathrm{d}t>0$,因此电源的功率大于电阻上消耗的功率. 在整个暂态过程中,电源做的功与电阻消耗的能量之差为

$$\int_0^\infty \mathscr{E}i\,\mathrm{d}t - \int_0^\infty Ri^2\,\mathrm{d}t = \int_0^\infty iL\frac{\mathrm{d}i}{\mathrm{d}t}\mathrm{d}t = \int_0^{I_0} Li\,\mathrm{d}i = \frac{1}{2}LI_0^2$$

它与回路的自感系数成正比,与回路中建立起的恒定电流的平方成正比. 这就是说,在电路中建立恒定电流的过程中,电源除了因提供电阻放出的焦耳热做功外,还要做一定量的额外功,其大小为 $LI_0^2/2$. 虽然 LR 电路中的恒定电流取决于回路的电阻,与自感系数无关,但电源在建立恒定电流的过程中所做的额外功与回路的自感系数有关,它与暂态过程中电流随时间的变化相联系. 我们知道,在暂态过程中,电路中会出现自感电动势,它将阻碍电流的增大,电源所做的额外功就是电源克服

自感电动势过程中所做的功,即

$$A = \int_0^\infty -\mathscr{E}_L i\,\mathrm{d}t = \int_0^\infty Li\frac{\mathrm{d}i}{\mathrm{d}t}\mathrm{d}t = \int_0^{I_0} Li\,\mathrm{d}i = \frac{1}{2}LI_0^2$$

因为任何一个实际电路总有一定的自感系数,要在这一电路中建立恒定电流,都要经历暂态过程,所以克服自感电动势做功是不可避免的. 建立恒定电流的过程,也就是在空间建立磁场的过程. 所谓自感电动势,就是由磁场的变化引起的. 因此,在建立恒定电流过程中为克服自感电动势而做的功,也就是建立一个恒定磁场所必须做的功. 这个功将转化成某种形式的能量,因这种能量是与电流及其磁场相联系的,故称为电流的磁能. 与克服自感电动势相联系的电流的磁能又称为自感磁能. 自感系数为 L、电流为 I 的载流回路的自感磁能为

$$W_{\mathrm{ms}} = \frac{1}{2}LI^2 \tag{5.4-8}$$

通电回路具有磁能,也可以从除去 LR 电路中电源后的暂态过程得到说明. 在图 5.4-1 中,当开关 S 打向 b 时,电路中无外接电源,但却有电流,电阻上仍然消耗能量. 不难证明,在此过程中,电阻上放出的焦耳热正好等于载流回路中的自感磁能.

4. 两个载流回路的磁能　互感能

设有两个载流回路 C_1 和 C_2,如图 5.4-3 所示,它们的自感系数分别为 L_1 和 L_2,电阻分别为 R_1 和 R_2,C_1 对 C_2 的互感系数为 M_{21},C_2 对 C_1 的互感系数为 M_{12}. 我们可以通过不同的步骤在回路中建立电流,例如,先在 C_1 中接入电源,使 C_2 断开. 在这个过程中,电源 $\mathscr{E}_1$ 克服 C_1 中的自感电动势 $\mathscr{E}_{11} = -L_1\dfrac{\mathrm{d}i_1}{\mathrm{d}t}$ 做的功为

$$A_{11} = \int_0^\infty -i_1\mathscr{E}_{11}\mathrm{d}t = \int_0^{I_1} L_1 i_1\,\mathrm{d}i_1 = \frac{1}{2}L_1 I_1^2$$

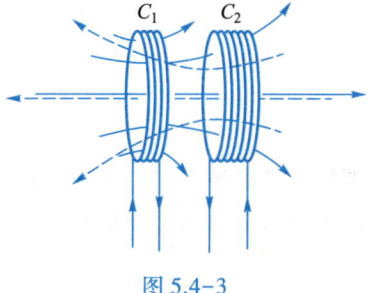

图 5.4-3

这个功转化为回路 C_1 的自感磁能. 然后再在回路 C_2 中接入电源,并设法保持 I_1 不变. 当 C_2 中的电流 i_2 增长时,C_2 中出现自感电动势 $\mathscr{E}_{22} = -L_2\dfrac{\mathrm{d}i_2}{\mathrm{d}t}$,电源 $\mathscr{E}_2$ 克服这个自感电动势做的功为

$$A_{22} = \int_0^\infty -i_2\mathscr{E}_{22}\mathrm{d}t = \int_0^{I_2} L_2 i_2\,\mathrm{d}i_2 = \frac{1}{2}L_2 I_2^2$$

在 i_2 增长的过程中,i_2 的磁场对 C_1 的磁通量将发生变化,因而在 C_1 中将出现互感电动势 $\mathscr{E}_{12} = -M_{21}\dfrac{\mathrm{d}i_2}{\mathrm{d}t}$,显然,$\mathscr{E}_{12}$ 将使回路 C_1 中的电流发生变化. 要保持 C_1 中的电流 I_1 恒定,电源 $\mathscr{E}_1$ 克服此互感电动势做的功为

$$A_{12} = \int -I_1 \mathscr{E}_{12} dt = \int_0^\infty I_1 M_{12} \frac{di_2}{dt} dt = M_{12} I_1 \int_0^{I_2} di_2 = M_{12} I_1 I_2$$

电源做的功 A_{12} 反映了两个回路间的相互作用,这个功变成两个载流回路间的互感磁能. 在两个回路建立磁场的过程中,外电源为克服自感电动势和互感电动势所做的总功为

$$A = A_{11} + A_{12} + A_{22} = \frac{1}{2}(L_1 I_1^2 + 2M_{12} I_1 I_2 + L_2 I_2^2)$$

这个功就是两个载流回路的总磁能,即

$$W_m = \frac{1}{2}(L_1 I_1^2 + 2M_{12} I_1 I_2 + L_2 I_2^2) \tag{5.4-9}$$

两个载流回路的总磁能并不等于两个回路单独存在时的磁能之和,这说明磁能不具有叠加性.

我们也可以改变建立电流的步骤. 例如,先在回路 C_2 中建立电流 I_2,让回路 C_1 断开,然后在 C_1 中建立电流 I_1 并保持 I_2 不变. 在这些过程中,电源 $\mathscr{E}_2$ 克服自感电动势做的功 A_{22}、电源 $\mathscr{E}_1$ 克服自感电动势做的功 A_{11} 和电源 $\mathscr{E}_2$ 克服互感电动势做的功 A_{21} 分别为

$$A_{22} = \frac{1}{2} L_2 I_2^2, \quad A_{11} = \frac{1}{2} L_1 I_1^2, \quad A_{21} = M_{21} I_1 I_2$$

因此两个回路的总磁能为

$$W_m = \frac{1}{2}(L_1 I_1^2 + 2M_{21} I_1 I_2 + L_2 I_2^2) \tag{5.4-10}$$

两个回路的总磁能与建立电流的次序无关,这就要求

$$M_{12} = M_{21} = M \tag{5.4-11}$$

我们也可以同时接通两个回路中的电源,让两个回路中的电流同时增大. 这时每个回路中既有自感电动势,又有互感电动势. 任何时刻回路的电路方程为

$$i_1 R_1 = \mathscr{E}_{11} + \mathscr{E}_{12} + \mathscr{E}_1$$
$$i_2 R_2 = \mathscr{E}_{22} + \mathscr{E}_{21} + \mathscr{E}_2$$

$$i_1 R_1 + L_1 \frac{di_1}{dt} + M_{12} \frac{di_2}{dt} = \mathscr{E}_1 \tag{5.4-12}$$

$$i_2 R_2 + L_2 \frac{di_2}{dt} + M_{21} \frac{di_1}{dt} = \mathscr{E}_2 \tag{5.4-13}$$

将(5.4-12)式乘以 $i_1 dt$,(5.4-13)式乘以 $i_2 dt$ 后,两式相加得

$$(\mathscr{E}_1 i_1 + \mathscr{E}_2 i_2) dt - (R_1 i_1^2 + R_2 i_2^2) dt$$
$$= L_1 i_1 di_1 + M_{12} i_1 di_2 + M_{21} i_2 di_1 + L_2 i_2 di_2$$

等式左边第一项为两个外接电源在 dt 时间内做的总功,第二项为两个电阻在 dt 时间内放出的焦耳热,两者之差就是两个电源在 dt 时间内克服自感电动势和互感电动势做的总功. 在整个过程中外电源克服感应电动势做的功就是两个载流回路的总磁能,

$$W_{\mathrm{m}} = \int_0^{I_1} L_1 i_1 \mathrm{d}i_1 + \int_0^{I_2} L_2 i_2 \mathrm{d}i_2 + \int_0^{I_1 I_2} M\mathrm{d}(i_1 i_2) = \frac{1}{2}L_1 I_1^2 + \frac{1}{2}L_2 I_2^2 + MI_1 I_2$$

此结果与上面的结果相同.

5. 真空中磁场的能量　磁能密度

以上的讨论说明载流回路具有磁能,并说明了磁能的来源,但并未指明磁能分布在何处. 正如电荷系的电能实际上是电场的能量,分布在整个电场中一样,电流系的磁能实际上是磁场的能量,分布在整个磁场中. 真空中电流系的磁能可以用表征磁场的物理量 $\boldsymbol{B}$ 来表示. 考虑长螺线管内的磁场,长螺线管的自感系数为

$$L = \mu_0 n^2 V$$

式中 n 为单位长度上导线的匝数,V 为螺线管的体积. 当螺线管中的电流为 I 时,其磁能为

$$W_{\mathrm{m}} = \frac{1}{2}LI^2 = \frac{1}{2}\mu_0 n^2 V I^2$$

对于长螺线管,$B = \mu_0 nI$,代入上式,得

$$W_{\mathrm{m}} = \frac{1}{2\mu_0} B^2 V$$

V 可以视为磁场分布的空间,因而磁能分布在整个磁场存在的区域,单位体积内的磁能即磁场的能量密度,

$$w_{\mathrm{m}} = \frac{1}{2\mu_0} B^2 \tag{5.4-14}$$

(5.4-14)式虽是在特殊情况下求得的,但可以证明,此结果是普遍适用的,并不限于螺线管内的磁场,也不限于均匀磁场. 在一般情况下,磁场的能量密度是空间位置的函数,而场内任一体积中的磁场能量为

$$W_{\mathrm{m}} = \int w_{\mathrm{m}} \mathrm{d}V = \frac{1}{2\mu_0} \int B^2 \mathrm{d}V \tag{5.4-15}$$

若磁场由两个载流回路所激发,磁场的能量密度仍由(5.4-15)式给出,不过式中的 $\boldsymbol{B}$ 代表总磁场. 设 $\boldsymbol{B}_1$ 为载流回路 C_1 单独产生的磁场的磁感强度,$\boldsymbol{B}_2$ 为载流回路 C_2 单独产生的磁场的磁感强度,则

$$\boldsymbol{B} = \boldsymbol{B}_1 + \boldsymbol{B}_2$$

磁场的总磁能为

$$W_{\mathrm{m}} = \frac{1}{2\mu_0}\int \boldsymbol{B}^2 \mathrm{d}V = \frac{1}{2\mu_0}\int (\boldsymbol{B}_1 + \boldsymbol{B}_2)\cdot(\boldsymbol{B}_1 + \boldsymbol{B}_2)\mathrm{d}V$$
$$= \frac{1}{2\mu_0}\int \boldsymbol{B}_1^2 \mathrm{d}V + \frac{1}{2\mu_0}\int \boldsymbol{B}_2^2 \mathrm{d}V + \frac{1}{\mu_0}\int \boldsymbol{B}_1 \cdot \boldsymbol{B}_2 \mathrm{d}V$$

显然,第一项和第二项对应于载流回路的自感磁能,第三项对应于两个回路的互感磁能,即

$$W_{\mathrm{m}1} = \frac{1}{2}L_1 I_1^2 = \frac{1}{2\mu_0}\int \boldsymbol{B}_1^2 \mathrm{d}V \tag{5.4-16}$$

$$W_{m2} = \frac{1}{2}L_2 I_2^2 = \frac{1}{2\mu_0}\int B_2^2 dV \qquad (5.4-17)$$

$$W_{m12} = MI_1 I_2 = \frac{1}{\mu_0}\int \boldsymbol{B}_1 \cdot \boldsymbol{B}_2 dV \qquad (5.4-18)$$

这样,我们把回路的自感系数、互感系数与磁场的能量联系起来了. 通过计算磁场的能量,我们就可以求得回路的自感系数和互感系数.

6. 例题

例 5.4–1 一根很长的同轴电缆,由半径分别为 a 和 b 的两圆筒组成. 电流由内圆筒流向负载,经外圆筒返回电源. 求长度为 l 的一段电缆的自感系数.

解:设圆筒中的电流为 I,则两圆筒间的磁场的磁感强度为

$$B = \frac{\mu_0}{2\pi}\frac{I}{r}$$

磁场的能量密度为

$$w_m = \frac{1}{2\mu_0}B^2$$

长为 l 的一段电缆内的磁场能量为

$$\begin{aligned}W_m &= \int w_m dV = \frac{1}{2}\mu_0 \frac{I^2}{4\pi^2}\int_a^b \frac{1}{r^2}\cdot 2\pi r l\, dr\\ &= \frac{\mu_0}{4\pi}lI^2 \int_a^b \frac{dr}{r} = \frac{\mu_0 l}{4\pi}I^2 \ln\frac{b}{a}\\ &= \frac{1}{2}LI^2\end{aligned}$$

于是

$$L = \frac{\mu_0 l}{2\pi}\ln\frac{b}{a}$$

§5.5 位移电流及其物理实质

1. 回顾与总结 位移电流

通过对真空中静止电荷及其电场的研究,我们得到了真空中静电场的基本方程,即

$$\oint_S \boldsymbol{E}\cdot d\boldsymbol{S} = \frac{1}{\varepsilon_0}\sum_i q_i = \frac{1}{\varepsilon_0}\int_V \rho\, dV$$

$$\oint_C \boldsymbol{E}\cdot d\boldsymbol{l} = 0$$

式中 S 为任意封闭曲面,V 是以 S 为边界面的体积,C 是任意闭合路径. 静电场的基本方程表示静电场是有源场,正电荷是电场线发出的地方,负电荷是电场线会聚的

地方；静电场是无旋场，在静电场中不存在涡旋中心．

通过对真空中恒定电流磁场的研究，我们得到了真空中恒定电流磁场的基本方程，即

$$\oint_S \boldsymbol{B} \cdot \mathrm{d}\boldsymbol{S} = 0$$

$$\oint_C \boldsymbol{B} \cdot \mathrm{d}\boldsymbol{l} = \mu_0 \sum_i I_i = \mu_0 \int_S \boldsymbol{j} \cdot \mathrm{d}\boldsymbol{S}$$

第一式中 S 为任意封闭曲面，第二式中的 C 为任意闭合路径，S 是以 C 为周界的任意曲面．磁场的基本方程表示磁场是无源场，在恒定电流的磁场中既不存在磁感线发出的地方，也不存在磁感线会聚的地方；磁场是有旋场，电流是涡旋的中心．

当磁场随时间变化时，变化的磁场伴有感生电场．感生电场是涡旋场，存在磁感强度变化率的地方是感生电场的涡旋中心，但感生电场是无源场．有源电场与无源电场的性质虽不同，但它们都对电荷有力的作用，且作用力与电荷的运动状态无关，正因如此，它们都称为电场．若用 $\boldsymbol{E}$ 表示总电场强度，则真空中电场的基本方程为

$$\oint_S \boldsymbol{E} \cdot \mathrm{d}\boldsymbol{S} = \frac{1}{\varepsilon_0} \sum_i q_i = \frac{1}{\varepsilon_0} \int_V \rho \mathrm{d}V \tag{5.5-1}$$

$$\oint_C \boldsymbol{E} \cdot \mathrm{d}\boldsymbol{l} = -\int_S \frac{\partial \boldsymbol{B}}{\partial t} \cdot \mathrm{d}\boldsymbol{S} \tag{5.5-2}$$

这里电荷可以静止，也可以运动，这是对麦克斯韦方程组的推广．被包围在封闭曲面内的电荷量的代数和不但与封闭曲面的位置有关，而且与时间有关，因为电荷可以运动，不同时刻，被包围在给定封闭曲面内的总电荷量可以不同．

电荷运动便形成电流，有电流，空间的电荷分布就可能变化．若电流是恒定的，则电流线是无头无尾的闭合曲线，电荷的定向运动并不改变空间的电荷分布，被包围在任一封闭曲面内的总电荷量不随时间改变，因而通过该封闭曲面的总电流等于零，即

$$\oint_S \boldsymbol{j} \cdot \mathrm{d}\boldsymbol{S} = 0$$

这就是恒定电流的连续性方程．若电流不恒定，则被包围在任意封闭曲面内的总电荷量 Q 将随时间变化，电荷量的减少率等于通过该封闭曲面的总电流，即有

$$\oint_S \boldsymbol{j} \cdot \mathrm{d}\boldsymbol{S} = -\frac{\mathrm{d}Q}{\mathrm{d}t}$$

它表示在电荷量减少的地方有电流线发出，在电荷量增加的地方，有电流线会聚．非恒定电流的电流线是有头有尾的．

恒定电流的磁场对任意闭合路径 C 的环流取决于通过以 C 为周界的任意曲面的电流．图 5.5-1 中的曲面 S_0、S_1 和 S_2 都以 C 为周界，尽管各曲面的形状不同，但通过各曲面的电流都是相等的．非恒定电流的磁场的环流是否仍可用安培环路定理来表示呢？我们考察一个向平行板电容器充电的电路，如图 5.5-2 所示．当电路接通后，任何时刻的电路方程为

$$\mathscr{E}=iR+\frac{q}{C}=iR+\frac{1}{C}\int i\,\mathrm{d}t$$

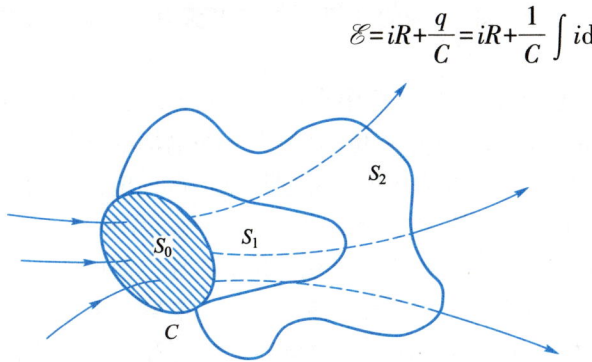

图 5.5-1　通过以闭合路径 C 为周界的任意形状的曲面的恒定电流都相等

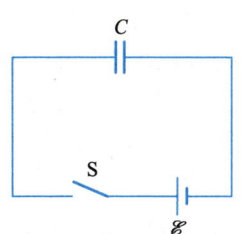

图 5.5-2　RC 充电电路

由初始条件可得方程的解为

$$i=\frac{\mathscr{E}}{R}\mathrm{e}^{-\frac{t}{RC}}$$

当 $t\gg\tau=1/RC$ 后,电容充电完毕,电流消失,τ 称为 RC 电路的时间常量. 从 $t=0$ 到 $t>\tau$ 的这段时间内,电流逐渐减小,电容器极板上的电荷量逐渐增大. 现作一包围导线的闭合路径 C,以 C 为周界作两个曲面 S_1 和 S_2,S_1 过导线的横截面,S_2 则过电容器两极板间的空间,如图 5.5-3 所示. 设回路中的电流产生的磁场为 $\boldsymbol{B}$,则磁场对 C 的环流应等于通过以 C 为周界的曲面的电流. 通过 S_1 的电流不等于零,但通过 S_2 的电流为零,因为电容器内部没有电流.

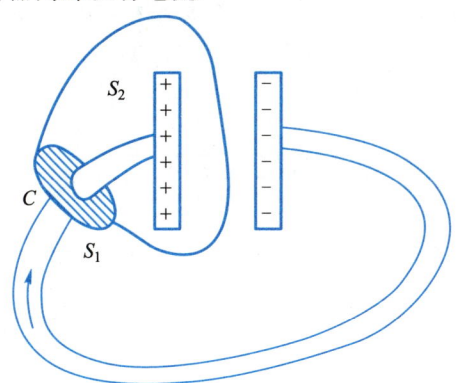

图 5.5-3　有电流通过 S_1,无电流通过 S_2

以上例子表明,恒定电流磁场的安培环路定理不适用于非恒定电流的磁场. 对于非恒定电流的磁场,其环流除了与被包围的电流有关外,还与别的因素有关,即

$$\oint_C \boldsymbol{B}\cdot\mathrm{d}\boldsymbol{l}=\mu_0\int_S \boldsymbol{j}\cdot\mathrm{d}\boldsymbol{S}+(\,?\,)$$

通过对电磁感应现象的研究,我们已知道,变化的磁场伴随一个电场,该电场的环流取决于磁感强度的变化率对闭合路径所包围面积的通量. 从电场与磁场的对称性看,变化的电场也应与一个磁场相联系,因为电流随时间的变化伴随着电场随时间的变化.如果是这样,非恒定电流的磁场的环流不仅与电流有关,而且与电场强度的变化率有关.

麦克斯韦注意到在电容器充电的过程中,导线中自由电子的定向运动形成的电流终止在极板上,而极板上的正电荷的电荷量在增加,极板间的电场的强度在增大,存在电场强度的变化.如果我们把导线中自由电子定向运动形成的电流称为传导电流,那么在充电过程中,传导电流的电流线中断了,两极板之间虽无传导电流,却有变化的电场,而且电场强度的变化率 $\partial \boldsymbol{E}/\partial t$ 的方向与导线中传导电流的方向相同,好像是 $\partial \boldsymbol{E}/\partial t$ 把中断在电容器两极板上的电流线接起来了.在电容器放电的过程中,传导电流的电流线从正极发出、终止在负极上,而电容器内部存在着减小的电场,电场强度的变化率 $\partial \boldsymbol{E}/\partial t$ 的方向由负极指向正极,它也把中断了的电流线接起来了.这两种情况分别如图 5.5-4 和图 5.5-5 所示.

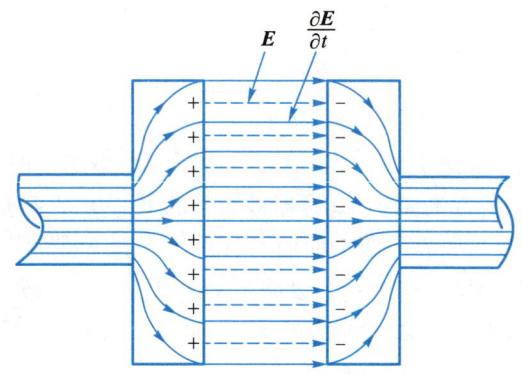

图 5.5-4　在充电过程中,电容器内的 $\partial \boldsymbol{E}/\partial t$ 从正极指向负极
（图中电容器内的虚线为电场线）

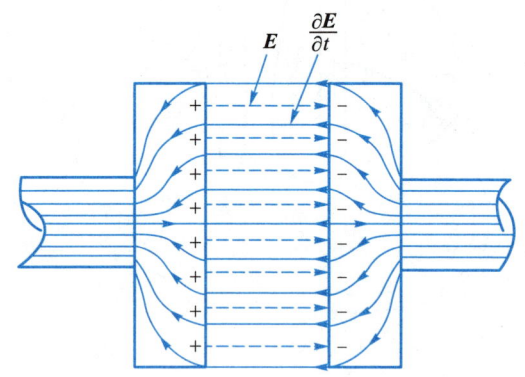

图 5.5-5　在放电过程中,电容器内的 $\partial \boldsymbol{E}/\partial t$ 从负板指向正极
（图中电容器内的虚线为电场线）

由此可见,对于非恒定电流,传导电流的电流线不连续,但在传导电流的电流线中断的地方,因电荷分布随时间变化而产生变化的电场,存在 $\partial \boldsymbol{E}/\partial t$.麦克斯韦把电场强度的变化率视为一种电流,称为位移电流.这样在传导电流中断或部分中断的地方,就有位移电流接上去.传导电流与位移电流的总和称为全电流,全电流具有闭合性.我们用 $\boldsymbol{j}_t$ 表示全电流密度,用 $\boldsymbol{j}_c$ 表示传导电流密度,$\boldsymbol{j}_d$ 表示位移电流密

度,则有

$$j_t = j_c + j_d \tag{5.5-3}$$

$$\oint_S j_t \cdot dS = 0 \tag{5.5-4}$$

这就是麦克斯韦关于位移电流的假设. 麦克斯韦认为磁场对任意闭合路径的环流取决于通过以该闭合路径为周界的任意曲面的全电流, 即

$$\oint_C B \cdot dl = \mu_0 \int_S j_t \cdot dS = \mu_0 \int_S (j_c + j_d) \cdot dS$$

式中 S 是以 C 为周界的任意曲面. 这就是全电流磁场的安培环路定理, 而恒定电流磁场的安培环路定理则是它的特殊情形.

2. 位移电流的物理实质

从位移电流的引入过程看, 位移电流这一概念似乎只有形式上的意义. 但引入位移电流能使全电流具有闭合性, 从而可以把恒定电流磁场的安培环路定理推广到非恒定电流的磁场. 我们将看到在位移电流背后隐藏着的深刻的物理实质. 因为由于全电流具有闭合性, 根据(5.5-4)式以及电荷守恒定律, 我们有

$$\oint_S j_c \cdot dS = -\oint_S j_d \cdot dS = -\frac{dQ}{dt}$$

式中 Q 为被包围在封闭曲面 S 中的总电荷量. 根据(5.5-1)式, 被包围在 S 内的总电荷量可以用对该封闭曲面的电场强度通量来表示, 因此有

$$\oint_S j_d \cdot dS = \varepsilon_0 \frac{d}{dt} \oint_S E \cdot dS = \varepsilon_0 \oint_S \frac{\partial E}{\partial t} \cdot dS$$

因为 S 为任意封闭曲面, 我们取

$$j_d = \varepsilon_0 \frac{\partial E}{\partial t} \tag{5.5-5}$$

即位移电流密度等于真空介电常量与电场强度的变化率的乘积, 这与上面的定性分析一致. 对于非恒定电流, 磁场的安培环路定理为

$$\oint_C B \cdot dl = \mu_0 \int_S j_c \cdot dS + \mu_0 \varepsilon_0 \int_S \frac{\partial E}{\partial t} \cdot dS \tag{5.5-6}$$

即磁场的环流不仅取决于通过所包围面积的传导电流, 而且与通过该曲面的电场强度的变化率的通量有关. 在随时间变化的磁场中, 不仅传导电流是磁场涡旋的中心, 存在电场的强度变化的地方也是磁场涡旋的中心. 如果在某区域中曾经有过传导电流, 但从某一时刻起传导电流消失了, 即 $j_c = 0$, 则由(5.5-6)式得

$$\oint_C B \cdot dl = \mu_0 \varepsilon_0 \int_S \frac{\partial E}{\partial t} \cdot dS$$

即凡存在变化电场的地方, 周围均有闭合的磁感线, 变化的电场必伴随着磁场. 这个情况与表示变化的磁场必伴随着电场的(5.2-9)式

$$\oint_C E \cdot dl = -\int_S \frac{\partial B}{\partial t} \cdot dS$$

相似,所不同的是变化的磁场与其伴随的电场构成左手螺旋,而变化的电场与其伴随的磁场构成右手螺旋,如图 5.5-6 所示.

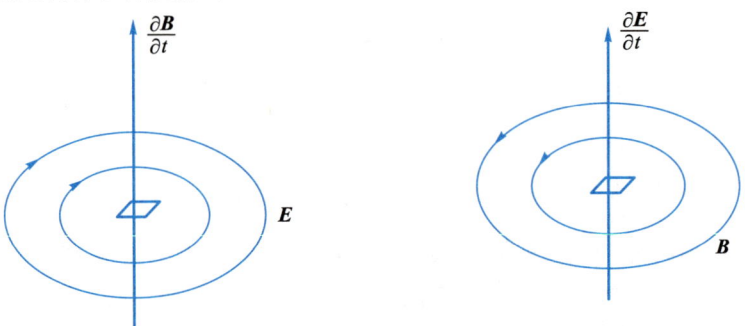

(a) 变化的磁场与其伴随的电场构成左手螺旋　　(b) 变化的电场与其伴随的磁场构成右手螺旋

图 5.5-6

3. 几点说明

(1) 电荷产生电场,运动的电荷(包括电流)除产生电场外还产生磁场,因此,激发电场和磁场的源是电荷和电流. 因为变化的磁场总是伴随着电场,变化的电场总是伴随着磁场,而且即使在电荷和电流消失之后,相互伴随的电场和磁场仍可独立存在,所以通常的表述是:变化的磁场激发电场,变化的电场激发磁场. 但我们不能把(5.5-6)式中的 B 简单地理解成就是被闭合路径所包围的那部分传导电流和位移电流所激发,不能认为被包围的传导电流和位移电流就是 B 的源. 因为所谓位移电流激发磁场的实质乃是变化的电场激发磁场,故位移电流的概念似乎就并不那么重要了,但麦克斯韦引入位移电流是理论上的突破.

(2) 不管是由电流激发的磁场还是由变化的电场激发的磁场,都是涡旋场. 电场则不然,其中有无旋场分量,还有涡旋场分量. 具有球对称分布的径向电场即所谓库仑电场是无旋电场,由静止电荷和低速运动的电荷激发的电场都是库仑场,由变化的磁场激发的电场则是涡旋电场. 由(5.5-5)式给出的位移电流密度既可以是无旋电场的变化引起的,也可以是涡旋电场的变化引起的. 无旋电场是具有球对称分布的径向电场,其变化率以及对应的位移电流也是径向球对称分布的. 正如径向球对称分布的传导电流产生的磁场处处为零一样,径向球对称分布的位移电流的总的磁效应也为零,但径向球对称分布的位移电流对磁场的环流是有影响的. 脱离了电荷和电流独立存在的磁场是由变化的涡旋电场激发的. 涡旋电场与 $\partial B/\partial t$ 相联系,涡旋电场随时间的变化则与 $\partial^2 B/\partial t^2$ 相联系. 只有 $\partial^2 B/\partial t^2$ 比较大时才有由变化的电场激发的磁场.

4. 例题

例 5.5-1 设导体中存在电场,电场强度为 $E_m \cos \omega t$,导体的电导率 $\gamma = 10^7 /(\Omega \cdot m)$. 比较导体中的传导电流和位移电流的大小.

解：根据欧姆定律的微分形式，导体中的传导电流密度为

$$j_c = \gamma E = \gamma E_m \cos \omega t$$

导体中的位移电流密度为

$$j_d = \frac{\partial}{\partial t}(\varepsilon_0 E_m \cos \omega t) = -\varepsilon_0 E_m \omega \sin \omega t$$

$$\left|\frac{j_d}{j_c}\right| = \frac{\varepsilon_0 E_m \omega}{\gamma E_m} = \frac{\varepsilon_0 \omega}{\gamma} \approx 10^{-17} f$$

其中 $\omega = 2\pi f$. 当 $f < 10^{14}$ Hz 时，在良导体中，位移电流与传导电流相比是微不足道的.

例 5.5-2 研究平行板电容器在充电或放电过程中，磁场与传导电流、位移电流的关系.

解：考虑一平行板电容器，极板为圆形，半径为 a，极板间为真空. 若两极板之间的距离比板的半径小得多，则电容器内部的电场是均匀的. 设极板上的电荷量为 q，电荷面密度 $\sigma_f = q/\pi a^2$. 在电容器内部，

$$E = \frac{q}{\pi a^2 \varepsilon_0} e_z$$

必须注意，这是一个由静电学得出的结论，它要求极板上的电荷分布均匀而且稳定. 当通过轴线的细导线中的电流 I_c 为电容器充电时，单位时间内电容器极板上电荷的增加量为 $dq/dt = I_c$. 这些电荷能否立即均匀分布在极板上呢？对于良导体，我们可以断定这个时间不会比 10^{-14} s 大很多；若电容的充电过程不十分快，我们可以认为送到极板上的电荷是立即均匀分布在极板上的，即在任何时刻上式都成立. 这也就是说，在任何时刻电容器中的电场都可视为静电场，是一种随时间变化的"静态电场"，其旋度为零. 由于电场随时间变化，电容器中存在位移电流，其电流密度为

$$j_d = \frac{1}{\pi a^2} \frac{dq}{dt} e_z = \frac{1}{\pi a^2} I_c e_z$$

位移电流为

$$I_d = \pi a^2 j_d = I_c$$

电容器内部的位移电流的分布如图(a)所示.

若接于电容器两极板的导线沿 z 轴方向且导线很长，则磁感强度矢量 $\boldsymbol{B}$ 相对 z 轴是对称的. 作一半径为 r 的圆形闭合路径，圆心位于 z 轴上，圆面与 z 轴垂直，得

$$B = \frac{\mu_0 I_t}{2\pi r} = \frac{\mu_0 (I_c + I_d)}{2\pi r}$$

把空间分成四个区域，如图(b)所示. 区域 1 是平板电容器内部空间，该区域内只存在位移电流. 区域 2 是夹在由平行板延长而成的两无限大平面之间、除区域 1 之外的空间部分，在这个区域中，无传导电流. 区域 3 和区域 4 是两无限大平行平面之外的空间，其中存在传导电流. 此外，在区域 2、3、4 中，还存在由电场边缘效应所产生的位移电流. 若闭合路径取在区域 3 或区域 4 中，这时闭合路径所包围的位移电流可忽略，即 $I_d \approx 0$，于是 $I_t = I_c$，我们可得到

$$B_3 = B_4 = \frac{\mu_0}{2\pi} \frac{I_c}{r}$$

若闭合路径取在区域 2 中，这时被包围的传导电流 $I_c = 0$，于是 $I_t = I_d$，得

$$B_2 = \frac{\mu_0 I_d}{2\pi r} = \frac{\mu_0}{2\pi} \frac{I_c}{r} \quad (r > a)$$

至于区域 1 中的磁场，因为区域 1 中无传导电流，只有均匀分布在电容器内部的位移电流，所以被闭合路径包围

的全电流为 $I'=j_\text{d}\pi r^2$,由此得

$$B_1 = \frac{\mu_0}{2\pi} \frac{\pi r^2 j_\text{d}}{r} = \frac{\mu_0 I_\text{c}}{2\pi a^2} r \qquad (r \leqslant a)$$

图(b)给出了各区域中磁感强度矢量 **B** 的方向.

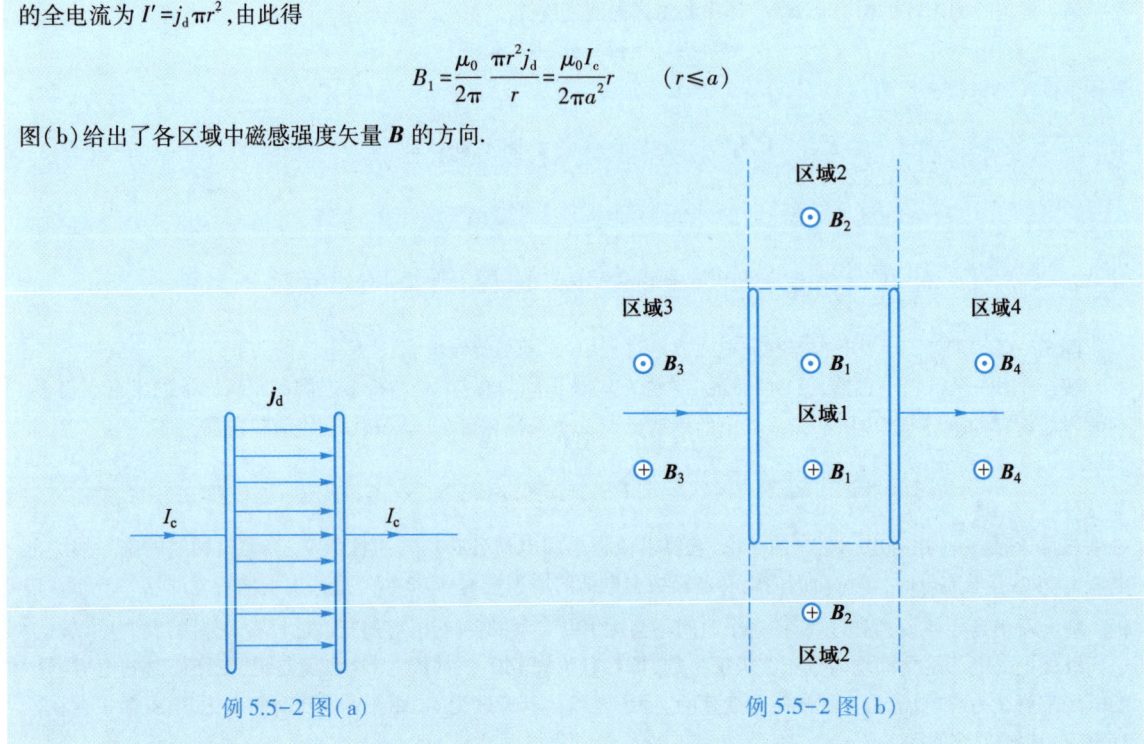

例 5.5-2 图(a)　　　　例 5.5-2 图(b)

§5.6　真空中的麦克斯韦方程组　电磁波

1. 麦克斯韦方程组的积分形式

把前面几章所得的结论加以总结和推广,结合位移电流的假设,我们就可以得到电磁场的基本方程组. 这一总结工作是由麦克斯韦完成的,故电磁场的基本方程组又称为麦克斯韦方程组,其积分形式为

$$\oint_S \boldsymbol{E} \cdot \text{d}\boldsymbol{S} = \frac{1}{\varepsilon_0} \sum q \qquad (5.6\text{-}1\text{a})$$

$$\oint_C \boldsymbol{E} \cdot \text{d}\boldsymbol{l} = -\int_S \frac{\partial \boldsymbol{B}}{\partial t} \cdot \text{d}\boldsymbol{S} \qquad (5.6\text{-}1\text{b})$$

$$\oint_S \boldsymbol{B} \cdot \text{d}\boldsymbol{S} = 0 \qquad (5.6\text{-}1\text{c})$$

$$\oint_C \boldsymbol{B} \cdot \text{d}\boldsymbol{l} = \mu_0 \sum I_\text{c} + \mu_0 \varepsilon_0 \int \frac{\partial \boldsymbol{E}}{\partial t} \cdot \text{d}\boldsymbol{S} \qquad (5.6\text{-}1\text{d})$$

(5.6-1a)式表示,通过任意封闭曲面的电场强度通量,只取决于被包围在该封闭曲面内的电荷量的代数和,它表明电荷以发散的方式激发电场,这种电场的电场线是有头有尾的. 这一方程就是高斯定理,它是以库仑定律为基础导出的,原只适用于

静电场,麦克斯韦把它推广到了变化的电场.(5.6-1b)式表示,电场强度对任意闭合路径的环流取决于磁感强度的变化率对该闭合路径所包围面积的通量,它表明变化的磁场必伴随着电场,而变化的磁场是涡旋电场的涡旋中心. 这一方程式来源于法拉第电磁感应定律,它是一个普遍的结论. (5.6-1c)式表示通过任意封闭曲面的磁通量恒为零,它反映了自然界中不存在磁荷这一事实. 这一方程式原来是在恒定磁场中得到的,麦克斯韦把它推广到变化的磁场中. (5.6-1d)式表示磁感强度对任意闭合路径的环流取决于通过该闭合路径所包围面积的传导电流和电场强度的变化率的通量,它反映了传导电流和变化的电场都是磁场的涡旋中心,同时也表明变化的电场必伴随着磁场. 这一方程式起源于恒定磁场的安培环路定理,加上麦克斯韦的位移电流假设后,已适用于随时间变化的电流和磁场. (5.6-1)式就是根据特殊条件下的场方程,经过推广和修正得到的电磁场的基本方程组,其正确性将由方程组所预言的结论是否被实验事实证实而判定.

麦克斯韦方程组中,同一方程式内既有磁学量,又有电学量,说明随时间变化的电场和磁场是不可分割地联系在一起的. 若场矢量不随时间变化,即 $\partial \boldsymbol{B}/\partial t = 0$,$\partial \boldsymbol{E}/\partial t = 0$,则麦克斯韦方程组(5.6-1)式就分成两组独立的方程:一组为静电场的基本方程,另一组为恒定电流磁场的基本方程.

麦克斯韦方程组在形式上并不对称. 通过封闭曲面的电场强度通量不为零,但通过封闭曲面的磁通量恒为零.$\boldsymbol{E}$ 的环流只取决于 $\partial \boldsymbol{B}/\partial t$,$\boldsymbol{B}$ 的环流不仅与 $\partial \boldsymbol{E}/\partial t$ 有关,还与称为电流的附加项有关. 场方程式不对称的根本原因是自然界存在电荷,却不存在磁荷,当然也就不存在类似于电流的"磁流"了.

2. 真空中的平面电磁波

上面我们通过一个特殊例子,说明一个电磁场若要满足麦克斯韦方程组,则该电磁场的场矢量 $\boldsymbol{E}$ 和 $\boldsymbol{B}$ 之间必存在某种联系,且电场和磁场可以脱离电荷和电流单独存在,并以有限的速度在空间传播. 现在我们从麦克斯韦方程组出发,从理论上分析存在于真空中的电磁场所具有的性质.

我们讨论不存在实物的真空,从 $t=0$ 时刻起,该空间不存在传导电流. 没有电荷流动意味着该空间中无电荷分布或电荷分布不随时间变化. 不随时间变化的电荷产生的是静态电场,而在这里我们不研究静态场,故不妨假设电荷和电流都不存在,这样的空间称为自由空间. 因自由空间中

$$j_c = 0, \quad \rho = 0$$

由麦克斯韦方程组得

$$\oint \boldsymbol{E} \cdot \mathrm{d}\boldsymbol{S} = 0, \quad \oint \boldsymbol{B} \cdot \mathrm{d}\boldsymbol{S} = 0 \tag{5.6-2}$$

$$\oint \boldsymbol{E} \cdot \mathrm{d}\boldsymbol{l} = -\int \frac{\partial \boldsymbol{B}}{\partial t} \cdot \mathrm{d}\boldsymbol{S}, \quad \oint \boldsymbol{B} \cdot \mathrm{d}\boldsymbol{l} = \varepsilon_0 \mu_0 \int \frac{\partial \boldsymbol{E}}{\partial t} \cdot \mathrm{d}\boldsymbol{S} \tag{5.6-3}$$

其中(5.6-2)式中左式表示自由空间中的电场是无源场,电场线是无头无尾的闭合曲线,或是从无限远处来,延伸到无限远去的曲线.(5.6-2)式中右式表示自由空间

的磁场仍是无源场,磁场的磁感线仍是无头无尾的闭合曲线.(5.6-3)式中左式表示自由空间的电场是有旋场,变化的磁场是涡旋的中心,在磁感强度变化的地方,周围有闭合的电场线.(5.6-3)式中右式表示自由空间中的磁场是有旋场,只有变化的电场才是磁场的涡旋中心,在电场强度变化的地方,周围存在闭合的磁感线.简言之,自由空间的电场是与变化的磁场相伴的,磁场则是与变化的电场相伴的.很明显,这种场不可能是均匀场,而且一定与时间有关.为了找到这种场的具体形式,了解其特征,并使其所用的数学简化,我们假设所研究的场是一维变化的场.在我们所用的坐标系中,场矢量仅是坐标 z 和时间 t 的函数,即

$$E = E(z,t), \quad B = B(z,t)$$

但电矢量与磁矢量的方向仍可是任意的,在所用的坐标系中仍可有三个分量,即

$$E = E(z,t) = E_x \boldsymbol{i} + E_y \boldsymbol{j} + E_z \boldsymbol{k}$$
$$B = B(z,t) = B_x \boldsymbol{i} + B_y \boldsymbol{j} + B_z \boldsymbol{k}$$

因为场量只随 z 变化,故在 z 为常量处,不论 x、y 为何值,各点电场强度的大小相等、方向相同,磁感强度的大小也相等,方向相同. z 为常量的平面是场矢量的等值面,该场称为平面场.图 5.6-1 给出了平面场的分布.

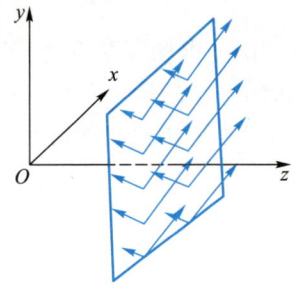

图 5.6-1　平面场的分布

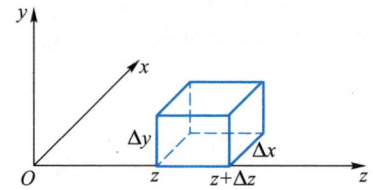

图 5.6-2　计算场对特定封闭曲面的通量

在空间 (x,y,z) 处取一长方形的体积 $\Delta V = \Delta x \Delta y \Delta z$,如图 5.6-2 所示,计算电场与磁场对该长方体表面的通量:长方体与 Oxz 平面平行的两个表面上,凡 z 相等的各点处场量相等,故对这两个表面的通量之和为零,同理对长方体与 Oyz 平面平行的两个表面的通量之和也为零.对位于 z 到 $(z+\Delta z)$ 处的、与 z 轴垂直的两个表面,因两个面上的场量不等,通量之和不为零.由(5.6-2)式,有

$$\oint \boldsymbol{E} \cdot \mathrm{d}\boldsymbol{S} = -E_z(z)\Delta x \Delta y + E_z(z+\Delta z)\Delta x \Delta y$$
$$= \frac{E_z(z+\Delta z) - E_z(z)}{\Delta z} \Delta x \Delta y \Delta z = 0$$

当 $\Delta x, \Delta y$ 和 Δz 都趋于零时,得

$$\frac{\partial E_z}{\partial z} = 0 \tag{5.6-4}$$

同理

§5.6 真空中的麦克斯韦方程组 电磁波

$$\oint \boldsymbol{B} \cdot \mathrm{d}\boldsymbol{S} = -B_z(z)\Delta x\Delta y + B_z(z+\Delta z)\Delta x\Delta y$$

$$= \frac{B_z(z+\Delta z) - B_z(z)}{\Delta z}\Delta x\Delta y\Delta z = 0$$

得

$$\frac{\partial B_z}{\partial z} = 0 \qquad (5.6\text{-}5)$$

把(5.6-3)式用于位于 z 为常量的平面、所包围面积 $\Delta S = \Delta x\Delta y$ 的闭合路径,如图 5.6-3 所示. 注意到 z 为常量的平面是场矢量的等值面,场矢量对该闭合路径的环流等于零,故有

$$\oint \boldsymbol{E} \cdot \mathrm{d}\boldsymbol{l} = 0 = -\frac{\partial B_z}{\partial t}\Delta x\Delta y$$

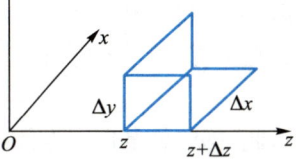

图 5.6-3 计算场矢量的环流

得

$$\frac{\partial B_z}{\partial t} = 0 \qquad (5.6\text{-}6)$$

由

$$\oint \boldsymbol{B} \cdot \mathrm{d}\boldsymbol{l} = 0 = \varepsilon_0\mu_0 \frac{\partial E_z}{\partial t}\Delta x\Delta y$$

得

$$\frac{\partial E_z}{\partial t} = 0 \qquad (5.6\text{-}7)$$

把(5.6-3)式用于位于 Oyz 平面、所包围面积 $\Delta S = \Delta y\Delta z$ 的闭合路径,注意到平行于 z 轴的两条边上各对应点的场矢量相等,沿这两条边的线积分对环流的总贡献等于零,故有

$$\oint \boldsymbol{E} \cdot \mathrm{d}\boldsymbol{l} = E_y(z)\Delta y - E_y(z+\Delta z)\Delta y$$

$$= -\frac{\partial B_x}{\partial t}\Delta y\Delta z$$

$$-\frac{E_y(z+\Delta z) - E_y(z)}{\Delta z}\Delta y\Delta z = -\frac{\partial B_x}{\partial t}\Delta y\Delta z$$

由此得

$$\frac{\partial E_y}{\partial z} = \frac{\partial B_x}{\partial t} \qquad (5.6\text{-}8)$$

由

$$\oint \boldsymbol{B} \cdot \mathrm{d}\boldsymbol{l} = B_y(z)\Delta y - B_y(z+\Delta z)\Delta y = \mu_0\varepsilon_0 \frac{\partial E_x}{\partial t}\Delta y\Delta z$$

得

$$\frac{\partial B_y}{\partial z} = -\mu_0\varepsilon_0 \frac{\partial E_x}{\partial t} \qquad (5.6\text{-}9)$$

把(5.6-3)式用于位于 Oxz 平面、所包围面积 $\Delta S = \Delta x \Delta z$ 的闭合路径,可得

$$\frac{\partial E_x}{\partial z} = -\frac{\partial B_y}{\partial t} \tag{5.6-10}$$

$$\frac{\partial B_x}{\partial z} = \mu_0 \varepsilon_0 \frac{\partial E_y}{\partial t} \tag{5.6-11}$$

由(5.6-5)式和(5.6-6)式可知 B_z 既不是 z 的函数也不是 t 的函数,它至多是一个不随位置和时间变化的静态场,我们可取它为零,即

$$B_z = 0$$

由(5.6-4)式和(5.6-7)式可知 E_z 既不是 z 的函数也不是 t 的函数,它至多是一个不随位置和时间变化的静态场,我们可取它为零,即

$$E_z = 0$$

由此可见,满足自由空间的麦克斯韦方程的电矢量和磁矢量都与 z 轴垂直,位于垂直于 z 轴的平面内。由于 E 和 B 都与 z 轴垂直,我们可以取一新的坐标系,使其 x 轴与电场强度 E 重合。在这个新的坐标系中,$E_y = 0$,而

$$\boldsymbol{E} = E_x \boldsymbol{i}$$

根据 $E_y = 0$,由(5.6-8)式和(5.6-11)式得

$$\frac{\partial B_x}{\partial t} = 0, \quad \frac{\partial B_x}{\partial z} = 0$$

由此可取

$$B_x = 0$$

即如果取电场强度 E 的方向为 x 方向,则磁感应强度必在 y 方向,可见 E 与 B 本来是相互垂直的。将(5.6-9)式对 t 求导,将(5.6-10)式对 z 求导,得

$$\frac{\partial^2 B_y}{\partial z \partial t} = -\varepsilon_0 \mu_0 \frac{\partial^2 E_x}{\partial t^2}, \quad \frac{\partial^2 E_x}{\partial z^2} = -\frac{\partial^2 B_y}{\partial t \partial z}$$

消去两式中与 B_y 有关的项,便得 E_x 满足的方程为

$$\frac{\partial^2 E_x}{\partial t^2} = \frac{1}{\varepsilon_0 \mu_0} \frac{\partial^2 E_x}{\partial z^2}$$

用同样的方法可求得 B_y 满足的方程为

$$\frac{\partial^2 B_y}{\partial t^2} = \frac{1}{\varepsilon_0 \mu_0} \frac{\partial^2 B_y}{\partial z^2}$$

可以看出电矢量和磁矢量满足的方程式具有相同的形式,式中的常量是恒正的,我们用另一个常量表示之,令

$$c^2 = \frac{1}{\varepsilon_0 \mu_0} \tag{5.6-12}$$

于是电矢量、磁矢量的方程分别为

$$\frac{\partial^2 E_x}{\partial t^2} = c^2 \frac{\partial^2 E_x}{\partial z^2} \tag{5.6-13}$$

$$\frac{\partial^2 B_y}{\partial t^2}=c^2\frac{\partial^2 B_y}{\partial z^2} \tag{5.6-14}$$

在学习机械波时我们已经知道,(5.6-13)式和(5.6-14)式是波动方程,其最简单的解是简谐波,可表示为

$$E_x=E_{mx}\cos(\omega t-kz+\varphi_E) \tag{5.6-15}$$
$$B_y=B_{my}\cos(\omega t-kz+\varphi_B) \tag{5.6-16}$$

是沿 z 方向传播的简谐波. ω 和 k 是两个常量,不能任取,它们的值必须保证这两列简谐波是波动方程的解,φ_E 和 φ_B 是电场波与磁场波的初相位. 把简谐波的解代入波动方程,可得

$$k=\frac{\omega}{c} \tag{5.6-17}$$

此式称为色散关系. (5.6-15)式或(5.6-16)式表示电场与磁场在时间上和空间上都具有周期性. 当 z 一定时,电场与磁场随时间作周期性变化,若

$$T=\frac{2\pi}{\omega} \tag{5.6-18}$$

则 t 时刻与 $(t+T)$ 时刻的场矢量相等,可见 T 是电磁场的时间周期,而 ω 就是角频率或圆频率. 对于给定时刻 t,电场与磁场随空间位置作周期性变化,若

$$\lambda=\frac{2\pi}{k} \quad 或 \quad k=\frac{2\pi}{\lambda} \tag{5.6-19}$$

则位于 z 与 $(z+\lambda)$ 处的场矢量相等,可见 λ 是电磁场的空间周期即波长,而 k 就是波数. $(\omega t-kz+\varphi_E)$ 或 $(\omega t-kz+\varphi_B)$ 分别是电场与磁场的相位,其中 φ_E 和 φ_B 分别为初相位.

若在 t 时刻位于 z 处的场矢量与在 $(t+\Delta t)$ 时刻位于 $(z+\Delta z)$ 时刻的场矢量相等,则这两个时刻位于这两处的场矢量的相位一定相等,即

$$\omega t-kz=\omega(t+\Delta t)-k(z+\Delta z)$$
$$\omega\Delta t=k\Delta z$$

Δz 就是一定的相位 $(\omega t-kz+\varphi)$ 在 Δt 时间内传播的距离,故 $\Delta z/\Delta t$ 就是一定的相位在单位时间内传播的距离,也就是相位传播的速度,称为相速度,用 v_p 表示:

$$v_p=\frac{\Delta z}{\Delta t}=\frac{\omega}{k}=c \tag{5.6-20}$$

由此可知,我们在波动方程中引入的常量 c 是电场、磁场的相速度,其值仅取决于真空的介电常量和磁导率. 由(5.6-12)式可求得相速度的值为

$$v_p=c=\frac{1}{\sqrt{\varepsilon_0\mu_0}}=3\times10^8 \text{ m/s} \tag{5.6-21}$$

与真空中的光速相等. 我们将看到,这并不是偶然的巧合,因为光本身就是一种电磁波.

因为在我们所选用的坐标系中,电矢量只有 x 分量,磁矢量只有 y 分量,分量实际上就是矢量自身,故可以把(5.6-15)式和(5.6-16)式写成矢量式:

$$\boldsymbol{E}(z,t) = \boldsymbol{E}_m \cos(\omega t - kz + \varphi_E) \qquad (5.6\text{-}22)$$

$$\boldsymbol{B}(z,t) = \boldsymbol{B}_m \cos(\omega t - kz + \varphi_B) \qquad (5.6\text{-}23)$$

式中 $\boldsymbol{E}_m$ 与 $\boldsymbol{B}_m$ 相互垂直,并都垂直于 z 轴. $\boldsymbol{E}_m$ 和 $\boldsymbol{B}_m$ 应满足(5.6-10)式或(5.6-9)式. 把以上两式代入(5.6-10)式得

$$E_m k \sin(\omega t - kz + \varphi_E) = B_m \omega \sin(\omega t - kz + \varphi_B)$$

上式可改写成

$$E_m k [\sin(\omega t - kz)\cos\varphi_E + \cos(\omega t - kz)\sin\varphi_E]$$
$$= B_m \omega [\sin(\omega t - kz)\cos\varphi_B + \cos(\omega t - kz)\sin\varphi_B]$$

要对任何的 t 和 z 都成立,必有 $\sin(\omega t - kz)$ 及 $\cos(\omega t - kz)$ 的系数为零,即

$$E_m k \cos\varphi_E = B_m \omega \cos\varphi_B$$
$$E_m k \sin\varphi_E = B_m \omega \sin\varphi_B$$

解此两式得

$$E_m = \frac{\omega}{k} B_m = c B_m \qquad (5.6\text{-}24)$$

$$\varphi_E = \varphi_B \qquad (5.6\text{-}25)$$

即 E 波与 B 波振幅之比等于传播速度,两波的初相位相同.

总结以上的讨论,我们得到以下结论:

(1) 当不存在电流与电荷时,真空中仍可能存在电场与磁场,这种场具有波动性,称为电磁波. 最简单的电磁波是平面简谐波,其波面是平面.

(2) 电磁波是横波,电矢量 $\boldsymbol{E}$ 与磁矢量 $\boldsymbol{B}$ 都与传播方向垂直.

(3) 电矢量和磁矢量相互垂直,且与传播方向构成右手螺旋.

(4) 电矢量和磁矢量的相位相同,大小成正比,即 $E = cB$.

(5) 电磁波在真空中传播的速度等于真空中的光速.

电磁波及其性质都是从麦克斯韦方程组导出来的,是一种预言,在当时人们还不知道是否真的有电磁波存在. 麦克斯韦预言存在电磁波之后,过了二十多年,赫兹(H.R.Hertz)通过实验生成了电磁波,测得了电磁波的传播速度和电磁波的性质,证实了麦克斯韦的预言,从此开始了无线电通信,即利用空间以最大的速度传递信息的新时代. 简谐平面电磁波可以用图 5.6-4 来表示.

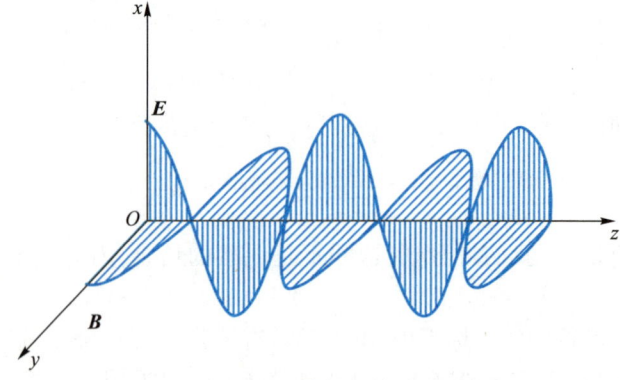

图 5.6-4　沿 z 方向传播的简谐平面电磁波

§5.6 真空中的麦克斯韦方程组 电磁波

以上我们介绍了沿 z 方向传播的平面简谐波的表达式,在所选用的坐标系中,电磁波的电矢量只有 x 方向的分量,磁矢量只有 y 方向的分量. 我们可以把这种特殊的平面波表达式推广为沿任意方向传播的平面电磁波表达式. 一般的平面电磁波可表示成复数形式:

$$\widetilde{\boldsymbol{B}}(\boldsymbol{r},t)=\boldsymbol{B}_0 \mathrm{e}^{\mathrm{j}(\omega t-\boldsymbol{k}\cdot\boldsymbol{r})} \tag{5.6-26a}$$

$$\widetilde{\boldsymbol{E}}(\boldsymbol{r},t)=\boldsymbol{E}_0 \mathrm{e}^{\mathrm{j}(\omega t-\boldsymbol{k}\cdot\boldsymbol{r})} \tag{5.6-26b}$$

式中 $\boldsymbol{r}$ 是位置矢量,即

$$\boldsymbol{r}=x\boldsymbol{i}+y\boldsymbol{j}+z\boldsymbol{k}$$

$(\omega t-\boldsymbol{k}\cdot\boldsymbol{r})$ 为简谐波的相位,它随着时间的增大而增大、随着与原点的距离的增大而减小. 在同一时刻,不论考察点在何处,只要 $\boldsymbol{k}\cdot\boldsymbol{r}$ 为常量,即

$$\boldsymbol{k}\cdot\boldsymbol{r}=kr\cos\alpha=\text{常量}$$

这些点的场矢量的相位就相同,故 $\boldsymbol{k}\cdot\boldsymbol{r}$ 为常量的平面是等相面,亦是场矢量的等值面,如图 5.6-5 所示. 所以(5.6-26)式给出的是沿 $\boldsymbol{k}$ 方向传播的平面电磁波.

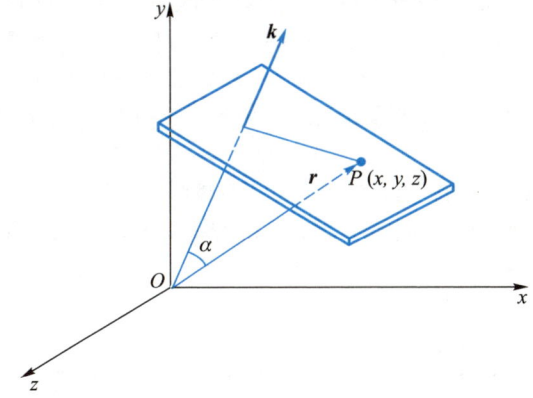

图 5.6-5 沿 $\boldsymbol{k}$ 方向传播的平面电磁波

3. 关于麦克斯韦

麦克斯韦创立的电磁场方程组开创了电的世纪. 这些方程组的创立可以视为从牛顿的引力场到爱因斯坦的相对论这段时期中物理学史上最重要的理论成就. 公式的简洁为数学家和物理学家所珍爱,公式的完美引起了他们的赞叹.

数学方法是近代物理研究中的一种极为重要的方法. 物理学的发展一直与数学有着密切的联系. 不仅物理学的课题成了数学中新问题的源泉,而且由物理学家所用的概念翻译成的数学概念,也常常能从数学方程的一般解中得到. 麦克斯韦自幼热爱数学,又经过几十年在数学方面的千锤百炼,他具有了驾驭数学的高超才华,成为精通数学的巨匠. 他研究物理学中的必然现象与偶然现象,应用数理统计,得出了适用于气体分子运动的著名的麦克斯韦速度分布律;对于电磁运动,他又得出了一组偏微分方程,用它概括了电磁理论的全部规律. 数学不仅是工具,而且还是形成抽象能力的航标. 物理学家依靠它,才能对事物进行高度地抽象,达到真理的彼岸. 麦克斯韦继承了前人的许多成果,而发展前人成果依靠的主要是数学的方法. 麦克斯韦方程组并不是前人成果的简单罗列,而是根据数学方法做了重要的修改和扩展,从而把握了高于感性经验的客观规律. 电磁波的预言就是从方程组中推导出来的. 所以,数学方法作为探索自然奥秘的武器、抽象思维的工具,应受到高度重视. 麦克斯韦在作为高级实验师并拥有良好实验设备的时期,并未

试图以实验途径确定他理论上预言过的电磁波的存在，也未试图实际地论证电磁波与光的本质统一的思想. 也许他认为自己的独特的数学证明是如此可信，以至对自己的结论再做实验证明显得有点多余. 直至麦克斯韦去世后近 10 年，赫兹才通过实验方法得到了电磁波，证明了电磁波与光波在本质上的一致性.

麦克斯韦在学生时代就认真研究了法拉第这位伟大的实验物理学家的研究成果，在伦敦任教授时他结识了法拉第，法拉第读了麦克斯韦的论文并给予了高度的评价. 当麦克斯韦读了法拉第的《电学的实验研究》一书之后，马上被书中的新颖实验和见解吸引住了. 该书阐述了法拉第提出的电磁场和场线概念，形象地描绘出物理学的新图像. 可是当时欧洲学术界对法拉第的学说却表现出淡漠的态度，甚至有不少非议. 主要原因是"超距作用"的传统观念深入人心，同时也可能因为法拉第的学说在理论上不够严密. 年轻的麦克斯韦却以与众不同的眼光看出了法拉第的"场"与"场线"思想的真实意义，并准备以数学作为语言，来精确地描述法拉第的场和场线概念. 后来，麦克斯韦写了他第一篇电磁学重要论文《论法拉第的场线》. 这是第一篇对电磁场进行定量描述和分析的论文，而法拉第的工作成为麦克斯韦研究的出发点.

当时麦克斯韦所在的大学没有研究所. 他在住宅的阁楼上设置了一间实验室，妻子帮助他进行实验. 麦克斯韦也是一位才华出众、智力超群的实验物理学家. 由于健康原因，麦克斯韦后放弃教职，回到苏格兰的庄园，这使他有条件作为一个独立的、不必担任教职的科学家，完全献身于科学研究. 他在乡村度过的 6 年时间里，继续进行理论和实验工作，并写了不少著作. 这些著作在之后一部接一部地出版.

19 世纪 70 年代，剑桥大学决定设立实验物理学教授职位并设置教学实验室，因为当时一位公爵、科学家卡文迪什（H.Cavendish）的远亲向剑桥大学提供了一笔资金，可用于建造实验室. 在剑桥大学的邀请下，麦克斯韦接受了这一职位的聘请，经过几年的努力，从设计、施工、实验室的布置、仪器的购置到大门上的题词，他都亲自过问. 这个实验室就是卡文迪什实验室. 麦克斯韦是卡文迪什实验室的创建人，也是第一任主任.

在这以前，闻名世界的剑桥大学里还实行着所谓的"传统"物理教学法. 这种教学法不注重甚至反对在物理学方面开展实验研究. 大学的物理课几乎都是由数学教授来担任的. 这些数学教授根本没有在实验室中做过实验，并且他们还固执地认为这种实验技术是没有多大价值的，只有物理学理论才是可贵的. 麦克斯韦以卡文迪什实验室物理学教授的身份发表的就职演说中，描绘了大规模改造英国高等学校物理教学法的宏伟计划. 他说："习惯的用具——钢笔、墨水和纸张——将是不够的了，我们需要比教室更大的空间，需要比黑板更大的面积."麦克斯韦把实验室视为"科学评论的学校".

卡文迪什实验室在英国奠定了实验物理学领域的研究传统，这对国际上实验物理学的进一步发展，特别是对原子时代的开启，具有重大的意义，对近 100 年来物理学的发展也起到过非常重要的作用. 在这个实验室中，汤姆孙发现了电子，卢瑟福发现了元素的转变，阿普尔顿（E.V.Appleton）发现了电离层，查德威克发现了中子，布拉格（W.H.Bragg）发现了一些重要的生物分子结构，赖尔（M.Ryle）等对射电源进行了普查，休伊什（A.Hewish）等发现了脉冲星，实验室先后培养出的诺贝尔奖获得者已达 29 人.

麦克斯韦最后几年的主要工作是整理卡文迪什留下的大量资料. 卡文迪什是位性格孤僻的物理学家和化学家，他终身未娶，喜欢离群索居，死后留下大量没有发表过的手稿，大多涉及电学和数学，其中不少很有价值的东西被埋没了几乎半个世纪. 整理这些资料是一件非常细致而困难的工作，麦克斯韦为了完成这项工作，做出了很大的牺牲，他放弃了自己的研究，耗尽了精力.

麦克斯韦除了在电磁学和气体分子动理论方面的革命性研究外，在其他理论领域和实验领域的主要贡献包括：色视觉，土星光环理论，几何光学，光测弹性学，热力学，伺服机构（节速器）

理论,黏弹性,弛豫过程等.

4. 例题

例 5.6-1 在真空中,平面电磁波的磁场由下式决定:
$$B(x,y,z,t) = B_0 \cos(\omega t + 3x - y - z)$$
式中各量均采用 SI 单位. 试确定以下各量:(1)传播方向;(2)波长;(3)角频率 ω.

解:(1)对于一般的平面电磁波,其磁矢量为
$$B(r,t) = B_0 \cos(\omega t - k \cdot r)$$
故
$$-k \cdot r = -(k_x x + k_y y + k_z z) = 3x - y - z$$
由此得
$$k_x = -3, \quad k_y = 1, \quad k_z = 1$$
故波矢为
$$k = -3i + j + k$$
沿传播方向的单位矢量为
$$e_k = \frac{k}{k} = \frac{-3i+j+k}{\sqrt{9+1+1}} = \frac{1}{\sqrt{11}}(-3i+j+k)$$

(2)
$$\lambda = \frac{2\pi}{k} = 1.89 \text{ m}$$

(3)
$$\omega = kc = 9.95 \times 10^8 \text{ rad/s}$$

§5.7 电磁场的能量与动量

1. 电磁场的能量 能流密度

在静电场与恒定电流的磁场中,由于场与电荷或电流不可分割地联系在一起,我们可以把能量解释为由电荷或电流所具有,也可解释为由场所具有. 随时间变化的电磁场可以脱离电荷或电流而单独存在,场是否有能量就比较容易判断了. 根据能量定域在场存在的空间的看法,当随时间变化的电磁场以恒定的速度传播时,必将伴随着能量的传播. 因此,在随时间变化的电磁场的任一给定区域中,电磁场的能量不再是常量. 但是,在自然界中,能量是守恒的,给定区域中能量的变化必定是能量进入或离开该区域的结果(假定该区域中不存在能量的消耗机制),而能量的进入或离开,一定要通过包围这个区域的边界面.

从麦克斯韦方程组出发,我们可以证明电磁场的能量密度等于电场能量密度与磁场能量密度之和,即
$$w = \frac{1}{2}\left(\varepsilon_0 E^2 + \frac{1}{\mu_0} B^2\right) \tag{5.7-1}$$

任一体积 V 中的电磁场能量为

$$W = \int_V w \mathrm{d}V = \int_V \frac{1}{2}\left(\varepsilon_0 E^2 + \frac{1}{\mu_0}B^2\right)\mathrm{d}V \tag{5.7-2}$$

由于电磁场的传播,V 内的能量将随时间变化. 如果 V 内存在导体,则电磁场在导体中激起电流,电流在导体中产生焦耳热,因而该区域中的电磁能亦会变化. 为了简单起见,我们只讨论不存在消耗电磁场能量的机制的区域中的电磁场,这时电磁场能量变化的唯一原因是能量通过包围 V 的边界面 a 流入或流出 V,即

$$-\frac{\mathrm{d}W}{\mathrm{d}t} = -\frac{\mathrm{d}}{\mathrm{d}t}\int_V \frac{1}{2}\left(\varepsilon_0 E^2 + \frac{1}{\mu_0}B^2\right)\mathrm{d}V = \oint_a \boldsymbol{S} \cdot \mathrm{d}\boldsymbol{a} \tag{5.7-3}$$

式中 $\boldsymbol{S}$ 称为能流密度,即单位时间内通过垂直于能量传播方向的单位面积的能量. 能流密度又称坡印廷矢量. 可以证明,能流密度的方向为电磁波传播的方向,它可表示为

$$\boldsymbol{S} = \frac{1}{\mu_0}\boldsymbol{E}\times\boldsymbol{B} \tag{5.7-4}$$

根据平面电磁波的性质,对平面电磁波,电磁场的能量密度可改写为

$$w = \frac{1}{2}\left(\varepsilon_0 E^2 + \frac{1}{\mu_0}B^2\right) = \frac{1}{2}\left(\varepsilon_0 E^2 + \frac{1}{\mu_0 c^2}E^2\right) = \varepsilon_0 E^2 \tag{5.7-5}$$

因此能流密度为

$$S = \frac{1}{\mu_0}EB = \frac{1}{\mu_0 c}E^2 = c\varepsilon_0 E^2 = cw \tag{5.7-6}$$

我们知道 w 是单位体积中的能量,而 cw 则是底面积为一个单位、高为 c 的柱体中的能量,若能量传播的速度为 c,则 cw 为单位时间内通过单位面积的能量,即能流密度. 故(5.7-6)式表示真空中电磁场能量传播的速度与相速度相等.

我们通过下例研究直流电源向负载供应能量的过程. 设一电源通过同轴电缆向负载供电,如图 5.7-1 所示. 我们先假设电缆本身的电阻很小,可忽略,故导体内部电场强度为零. 在电缆的两个圆筒之间的电场强度为

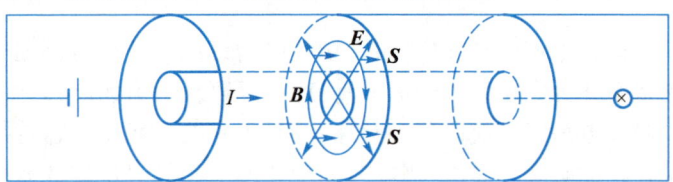

图 5.7-1 同轴电缆中的能流密度

$$\boldsymbol{E} = \frac{U}{r\ln\frac{R_2}{R_1}}\boldsymbol{e}_r$$

式中 R_1、R_2 分别为电缆两圆筒的半径,$\boldsymbol{e}_r$ 为径向单位矢量,U 为加于电缆的电压. 磁感强度为

$$\boldsymbol{B} = \frac{\mu_0}{2\pi}\frac{I}{r}\boldsymbol{e}_\varphi$$

$\boldsymbol{e}_\varphi$ 为沿圆筒切线方向的单位矢量. 坡印廷矢量为

$$S = \frac{1}{\mu_0} E \times B = \frac{IU}{2\pi r^2 \ln\frac{R_2}{R_1}} e_z$$

e_z 为沿电缆轴线方向的单位矢量. 能流密度分布在两圆筒间的空间中,沿着电流方向传播,在导线内部并无能流. 单位时间内通过电缆横截面的总能量即功率为

$$P = \int_{R_1}^{R_2} S \cdot 2\pi r dr = \int_{R_1}^{R_2} \frac{IU}{2\pi r^2 \ln\frac{R_2}{R_1}} 2\pi r dr = IU$$

它正好等于电源的输出功率. 这表示电源向负载提供的能量,是通过电缆两圆筒间的空间由坡印廷矢量传递的. 从能量传送的角度看,电缆的导线似乎是不重要的. 但是正因为导线上有电荷和电流分布,才使空间存在电场和磁场,通过场把能量传递给负载,而且导线还起着引导能量走向的作用.

若导体内部的电阻不能忽略,则在导体内部存在沿电流方向的电场分量,在两圆柱间的空间中,除了有 e_r 方向的电场分布外,还存在沿 e_z 方向的电场分量,即

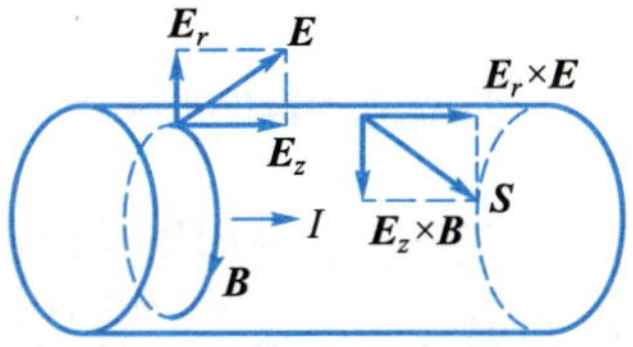

$$E = E_r + E_z$$
$$S = \frac{1}{\mu_0} E \times B = \frac{1}{\mu_0}(E_r \times B + E_z \times B)$$

图 5.7-2 具有电阻的导线表面附近的能流密度

其中 $E_r \times B$ 在 e_z 方向上,代表流向负载的能量,而 $E_z \times B$ 在 $-e_r$ 方向上,即指向导体内部. 这部分能量进入导体后,供导体的电阻消耗,变成焦耳热. 导体中消耗的能量也是通过坡印廷矢量送来的. 能流的分布如图 5.7-2 所示. 许多从事实际工作的人,对在稳态情况下能量不是经由电路而是经由空间的场传输感到迷惑不解,自从坡印廷矢量建立一百多年来,还不时有人试图否定稳态情况下的坡印廷矢量,但稳态下的坡印廷矢量是客观存在的.

2. 电磁场的动量

电磁场不仅有能量,而且有动量和角动量. 为了说明这一点,我们分析一个具体例子. 设有一列平面电磁波,垂直投射在一块金属板上,于是,一部分电磁波被反射,另一部分透入金属内部. 若入射波沿 z 方向传播,其电矢量 E 在 x 方向,磁矢量 B 在 y 方向,金属中的自由电子在 E 的作用下,沿 x 轴运动,从而形成传导电流. 电子定向运动的方向与电磁波的磁场方向相垂直,因此它受到洛伦兹力 $F = qv \times B$ 作用,力的方向与入射波传播的方向相同. 自由电子受该力作用后,z 方向上的动量增加,最后通过与晶格的碰撞,把动量传递给金属板,使金属板获得沿 z 方向的动量. 显然,金属板的动量来自电磁场. 这表明电磁场自身具有动量,是它把动量传给了金属板. 在电磁场中,单位体积内的动量称为动量密度,用 G 表示,可以证明,电磁场的动量密度与能流密度 S 有下面的关系:

$$G = \frac{1}{c^2} S \tag{5.7-7}$$

即动量密度正比于能流密度,方向与电磁波传播的方向相同.

电磁波具有波粒二象性,从粒子性的角度来看,真空中的电磁波为一群以光速 c 运动的光子构成的光子流. 因此,电磁波的能量密度可写成 $w=Nh\nu$. N 为单位体积内的光子数,$h\nu$ 为单光子的能量. 由相对论可知,粒子总能量与静能及动量的关系为

$$E^2 = p^2c^2 + m_0^2c^4$$

因光子的静止质量 $m_0=0$,故光子的动量 $p=\dfrac{E}{c}=\dfrac{h\nu}{c}$. 则单位体积内的光子的动量和为 $G=\dfrac{Nh\nu}{c}=\dfrac{w}{c}$. 由(5.7-6)式 $S=cw$,可得电磁波的动量密度为

$$G = \frac{1}{c^2}S$$

§5.8 电磁波的产生 辐射

1. 辐射电磁波的条件

麦克斯韦方程组给出的一个重要结论是随时间变化的电磁场具有波动性,并以确定的速度在空间传播,这种传播着的电磁场就是电磁波. 电磁波的传播过程也是能量的传播过程. 最初,电磁波只不过是麦克斯韦方程组的预言,人们并不知道电磁波是怎么一回事. 后来赫兹通过著名的振子实验,证实了电磁波的存在.

电磁波是一种随时间变化的电磁场,而电场和磁场归根到底是由电荷和电荷的运动所产生的. 作为产生电磁波的电荷应具有什么特征? 在什么条件下才能产生电磁波? 这是使人们感兴趣的问题. 产生电磁波的过程称为电磁辐射. 电荷产生电磁波的过程已包括在麦克斯韦方程组中. 但是要从麦克斯韦方程组求得这一结果,需经过许多复杂的数学运算,这些工作在 19 世纪中已由赫兹、李纳和维谢尔等人完成. 有关这一问题的完整讨论已超出本书的范围,我们只能用不十分严格的方法,对这一问题进行一些定性、半定量的分析. 然而,这种分析足以给出有关电荷产生电磁波的最基本的特征.

考察分布在某一小范围内的电荷系统,假定这个电荷系统能辐射电磁波,电磁波向四面八方传播出去,我们称这种电荷系统为辐射源. 与机械波的传播过程相似,我们预期在离辐射源较远的地方,应观察到一个沿径向传播并携带着能量的球面电磁波或准球面电磁波. 如果辐射源周围是真空,那么通过任一半径为 r 的球面、被电磁波带走的能量应与球面的半径 r 无关. 由于包围辐射源的球面的面积与 r^2 成正比,这就要求电磁波的能流密度 S 或其对时间的平均值,

$$\langle S \rangle = \frac{1}{\mu_0} \langle \boldsymbol{E} \times \boldsymbol{B} \rangle$$

与 r^2 成反比.

球面电磁波的电矢量和磁矢量应具有以下的形式:

$$|\boldsymbol{E}| = \frac{E_S}{r}\cos(\omega t - kr) \tag{5.8-1}$$

$$|\boldsymbol{B}| = \frac{B_s}{r}\cos(\omega t - kr) \tag{5.8-2}$$

E_s、B_s 分别代表与产生电磁波的源的特性有关的某种量,它们取决于辐射源的电荷分布以及电荷的运动状态,其与 r 的比值则代表 r 处的振幅.

为了便于了解辐射源产生电磁波的物理过程,我们先排除那些不可能产生电磁波的场源.

静止的点电荷不可能产生电磁波,因为静止的点电荷只产生电场,不产生磁场,场中没有能量流动.匀速运动的电荷亦不可能产生电磁波,匀速运动电荷的电场强度沿着径向,即在 r 方向,能流密度与径向垂直,没有沿 r 方向的分量,因此,匀速运动的点电荷也不能发射电磁波,它不可能是辐射源.

经典电动力学中的普遍而又深刻的结论是:在真空中,只有当电荷做加速运动时,它才可能发射电磁波,即电磁波的产生与电荷的加速运动相联系.由于电荷做加速运动的方式不同,产生电磁波的方式亦不同.金属中的自由电子做简谐振动可以产生无线电波,如广播、电视的天线发射;打在金属靶上的电子受到碰撞或减速时,将产生 X 射线,此即所谓轫致辐射;在电子感应加速器和同步加速器以及星际的磁场中,电子做圆周运动的向心加速度将产生同步辐射等.

2. 加速运动电荷的辐射

考察一电荷量为 q 的点电荷,在 $t=0$ 的时刻以前,即 $t<0$ 时,该电荷一直静止在坐标原点 O.因此,空间充满该点电荷所产生的静电场,它是以坐标原点 O 为中心的球面对称分布的径向电场.今设想该点电荷从 $t=0$ 时刻开始,在非常短的时间 Δt 内以加速度 a 做加速运动,故在 $t=\Delta t$ 时刻,该点电荷的速度 $u=a\Delta t$.由于 Δt 很小,在这段时间内,电荷虽获得速度,但几乎没有位移,实际上仍然位于原点 O,不过是位于原点的运动电荷.设想该点电荷在 $t=\Delta t$ 到 $t=\Delta t+\tau$ 这段时间内,以速度 u 做匀速运动并到达 O',O 与 O' 间的距离等于 $u\tau$.现在我们来研究 $t=\Delta t+\tau$ 时刻空间的电场分布.此刻空间的电场由三个部分组成:第一部分是由 $t<0$ 时刻静止在 O 点的点电荷所产生的静电场,它分布在以原点 O 为球心、半径 $r=c(\Delta t+\tau)$ 的球面之外.在 $t=0$ 到 $t=\Delta t+\tau$ 这段时间内,电荷被加速,并匀速运动了一段距离,但这些信息尚未到达此球面之外.第二部分是以速度 u 做匀速运动的电荷的电场,运动发生在 $t=\Delta t$ 到 $t=\Delta t+\tau$ 这段时间内,电荷从 O 点来到 O' 处.由于电荷运动的速度比较小,运动电荷的电场仍可视为库仑场,在 $t=\Delta t+\tau$ 时刻的电场即为点电荷位于 O' 处的静电场,并分布在以 O' 为中心、$r=c\tau$ 为半径的球面内.第三部分是电荷在 $t=0$ 到 $t=\Delta t$ 这段时间内做加速运动过程中产生的电场,它分布在半径为 $r=c\tau$ 和半径为 $r=c(\Delta t+\tau)$ 两个不同心的球面之间的薄壳层中,壳层的厚度约等于 $c\Delta t$.该区域中的场代表了一种电场向另一种电场的过渡.在这个过渡层中,并无电荷分布,电场线不会中断,故球壳内外的电场线的端点必须连接在一起,结果,过渡层中的电场线发生扭折.这三部分的电场分布如图 5.8-1 所示.

在过渡层中,电场线扭折,不再沿径向.可以把该区域中的电场强度分解成平

行于 r 方向的分量 E_r 和垂直于 r 方向的分量 E_θ 两部分,前者称为电场的纵向分量,后者称为电场的横向分量,即

$$E = E_r + E_\theta$$

由图 5.8-2 可知

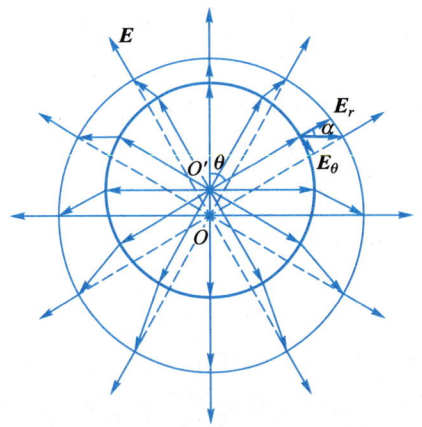
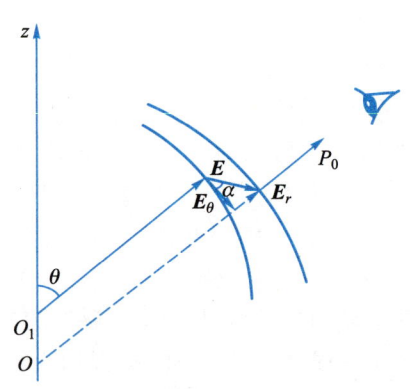

图 5.8-1　由静止突然进入匀速运动状态的点电荷周围的电场分布

图 5.8-2　将电场线扭折区域中的电场 E 分解成径向与横向两个分量

$$\tan\alpha = \frac{E_r}{E_\theta} = \frac{c\Delta t}{u\tau\sin\theta} = \frac{c\Delta t}{a\Delta t\tau\sin\theta} = \frac{c}{a\tau\sin\theta}$$

注意到 $r = c\tau$ 以及

$$E_r = \frac{1}{4\pi\varepsilon_0}\frac{q}{r^2}$$

得

$$E_\theta = E_r \frac{a\tau\sin\theta}{c} = \frac{1}{4\pi\varepsilon_0}\frac{qa\sin\theta}{c^2 r} \tag{5.8-3}$$

在电荷加速过程中产生的电场分布区域中,电场具有横向分量,其值与离开电荷的距离成反比,与加速度成正比。没有加速度,就没有电场的横向分量。在上式中,E_θ 是 $t=\Delta t+\tau$ 时刻的电场强度,a 是 $t=\Delta t$ 时刻的加速度,即 $t-\tau$ 时刻的加速度,注意到 $\tau = r/c$,故一般情况下电场的横向分量可表示为

$$E_\theta(r,t) = \frac{qa\left(t-\dfrac{r}{c}\right)\sin\theta}{4\pi\varepsilon_0 c^2 r} \tag{5.8-4}$$

电场强度的横向分量还和 a 与 r 之间的夹角 θ 有关,沿着加速度的方向上,θ 等于零,电场的横向分量亦为零;而在垂直于加速度的方向上,θ 为 $\pi/2$,电场的横向分量最大。由于横向电场随时间变化,它必将伴随着一个磁场。正是这个电场与磁场,形成了沿径向向外辐射的电磁波。根据自由空间中电磁波的性质,电磁波的电矢量与磁矢量成正比,故在电场线扭折的区域中,磁场的分量为

$$B = \frac{1}{c}E_\theta \tag{5.8-5}$$

在电场线扭折的区域中,我们感兴趣的是场的横向分量,故用 E 和 B 表示横向分量,即

$$E(r,t) = \frac{qa\left(t-\dfrac{r}{c}\right)\sin\theta}{4\pi\varepsilon_0 c^2 r} e_\theta \qquad (5.8-6)$$

$$B(r,t) = \frac{1}{c} e_r \times E \qquad (5.8-7)$$

因为在该区域中,电矢量和磁矢量都随 $1/r$ 变化,故能流密度按 $1/r^2$ 变化,这正是我们所期待的.

以上的分析是在非常特殊的情况下进行的,在这种情况下所得到的结论是否具有普遍意义,这个问题使人们感到疑惑. 但是,对具有任意加速度的电荷辐射问题的精确计算表明:只要电荷运动的速度 u 比较小, u^2/c^2 的相对论修正可忽略,考察点又远离辐射源,上面的结论就都正确.

一个位于坐标原点的做加速运动的电荷,在远处的横向场分布如图 5.8-3 所示.

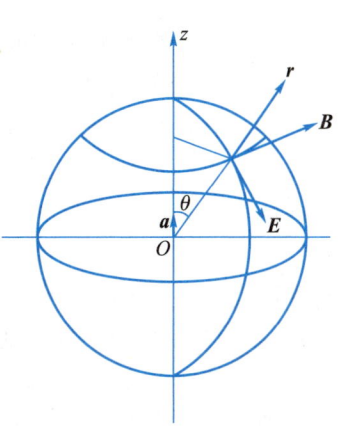

图 5.8-3 位于坐标原点的加速运动的电荷在远处的场

3. 辐射场的能流

由(5.8-6)式和(5.8-7)式,在电场线扭折的区域中,电磁场的能流密度为

$$|S(r,t)| = \frac{q^2 a^2 \sin^2\theta}{16\pi^2 \varepsilon_0 c^3 r^2} \qquad (5.8-8)$$

能流的分布与 θ 有关,在 $\theta=0$ 的方向上无能流,而在 $\theta=\pi/2$ 的方向上能流密度最大. 能流密度与 θ 的关系称为能流密度的角分布. 在平面极坐标中,能流密度的角分布如图 5.8-4 所示.

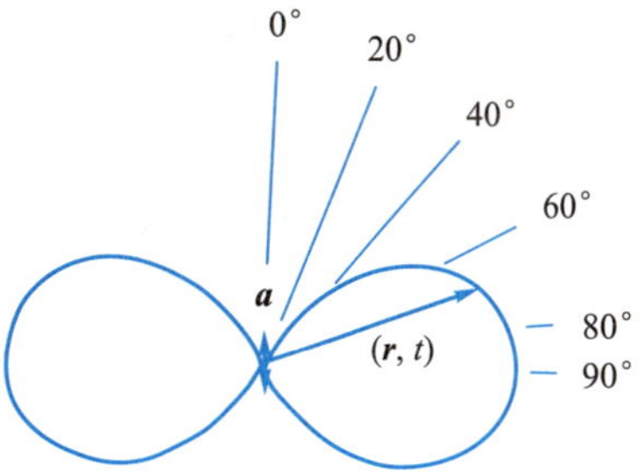

加速运动电荷在单位时间内发射的总能量称为辐射功率. 它可以通过坡印廷矢量对任意一给定球面积分求得. 以点电荷所在处为球心、足够大的 r 为半径作一球面,辐射功率为

$$P(t) = \int_0^\pi 2S\pi r^2 \sin\theta \, d\theta$$
$$= \frac{q^2 a^2}{8\pi\varepsilon_0 c^3} \int_0^\pi \sin^3\theta \, d\theta$$

图 5.8-4 能流密度的角分布

积分后得

$$P(t) = \frac{q^2 a^2\left(t-\dfrac{r}{c}\right)}{6\pi\varepsilon_0 c^3} \qquad (5.8-9)$$

这就是拉莫尔公式,它给出了电荷量为 q、加速度为 a 的电荷在单位时间内辐射的能量.

4. 振动偶极子的辐射

当电荷做简谐振动时,空间中将交替出现电场线在不同方向的扭折区域. 这些区域由近及远传播,从而形成简谐波.

设一电偶极子,负电荷位于坐标原点,它到正电荷的距离为

$$x = X_0 \sin \omega t$$

电偶极子的电偶极矩为

$$p = qx = qX_0 \sin \omega t$$

这种偶极子称为振动偶极子. 振动偶极子的辐射场也可用(5.8-6)式和(5.8-7)式表示,因偶极子振动的加速度

$$a = \frac{d^2 x}{dt^2} = -\omega^2 X_0 \sin \omega t$$

随时间做简谐变化,振动偶极子产生的辐射场的电矢量和磁矢量都是简谐波,它们的振幅与振动偶极子的振幅成正比,与偶极子振动的频率的平方成正比. 辐射的能流密度和辐射功率与频率的四次方成正比. 振动偶极子远处的电场分布如图 5.8-5 所示.

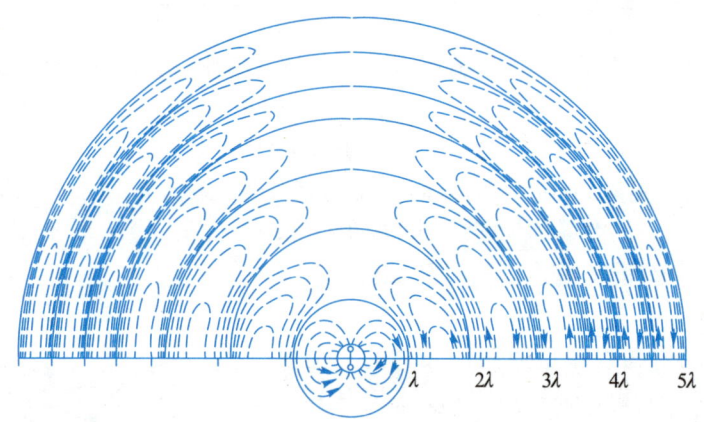

图 5.8-5　振动偶极子远处的电场分布

在 LC 电路的充电和放电过程中,存在加速运动的电荷. 这时电容器中有变化的电场,电感中有变化的磁场. 但通常的 LC 电路并不能发射电磁波,因为它的振荡频率比较小. 为了提高 LC 电路发射电磁波的能力,可以增加电容器极板之间的距离,使电容减小;减少电感的匝数,增大各匝间的距离,使电感减小,使之成为开放电路. 这样振荡频率就会增大,电场和磁场分布的区域得以扩大. 此演变的过程如图 5.8-6(a)、(b)、(c)所示. 从开放电路(c)来看,电容器极板上有等量异号的电荷,其特征犹如一偶极子,在电容器反复充放电的过程中,极板上的电荷量(数值、符号)随时间变化,相当于偶极子的电偶极矩的大小和方向随时间变化,故开放电路中的行为与振动偶极子的相同. 历史上,赫兹曾利用这种开放电路产生电磁波,

从而验证了麦克斯方程组的正确性.

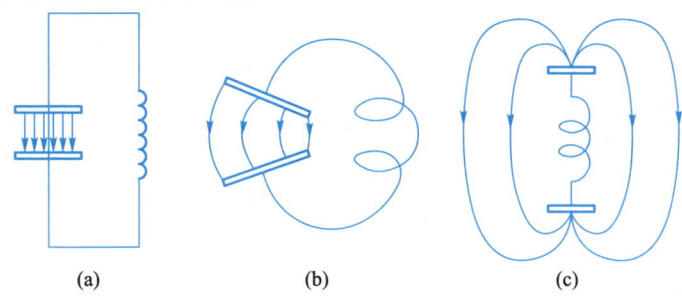

图 5.8-6　LC 电路演变成振动偶极子

5. 例题

例 5.8-1　一回旋加速器的 D 形扁盒的半径为 0.92 m,加于两扁盒缝隙间的加速电压的频率为 1.5×10^7 Hz,电压的峰值为 20 kV. 试比较一质子在回转一周过程中辐射损耗的能量和获得的动能.

解：质子在回转一周的过程中,经过缝隙两次,故质子在一周内获得的最大动能 $W_k=2qU_m$,U_m 为加速电压的峰值. 粒子在 D 形扁盒里做圆周运动,存在向心加速度,因而辐射能量. 向心加速度 $a_n=\omega^2 R=4\pi^2 f^2 R$,$\omega$ 为粒子做圆周运动的角速度,f 为圆周运动的频率,它等于加速电压的频率. 如果忽略相对论效应,则由拉莫尔公式,辐射功率为

$$P(t)=\frac{q^2 a^2}{6\pi\varepsilon_0 c^3}=\frac{q^2(4\pi^2 f^2 R)^2}{6\pi\varepsilon_0 c^3}=\frac{8\pi^3 q^2 f^4 R^2}{3\varepsilon_0 c^3}$$

在回转一周的过程中,辐射的总能量为

$$W_r=P(t)\frac{1}{f}=\frac{8\pi^3 q^2 f^3 R^2}{3\varepsilon_0 c^3}$$

辐射耗损的能量与粒子获得的能量之比为

$$\frac{W_r}{W_k}=\frac{4\pi^3 qf^3 R^2}{3\varepsilon_0 c^3 U_{max}}$$

把有关量的数据代入,得 $\frac{W_r}{W_k}=4\times10^{-14}$,可见回旋加速器中的辐射损耗仍比较小,但比直线加速器的损耗要大得多.

§5.9　几种辐射介绍

1. 韧致辐射

电子通过介质时因与介质中的其他粒子碰撞而加速或减速,从而辐射电磁波,这种在碰撞过程中产生的辐射称为韧致辐射,用高能电子轰击金属靶时就能产生韧致辐射. 最早观察到的 X 射线是高速电子进入原子并到达原子核附近被核强烈加速而产生的. 韧致辐射不限于 X 射线,可以遍及整个电磁波谱的各个波长范围.

在外层空间中,电离物质的巨大云块处于完全电离的状态,其中所有的原子至少失去一个电子而作为自由离子存在. 在这种所谓等离子体介质中,自由电子与自由离子的碰撞将发出无线电波和微波信号,地球上装有射电望远镜的电台很容易接收到这种信号.

对于能量较低的所谓非相对论性粒子,碰撞过程中由轫致辐射引起的能量损失比较少,可忽略不计,但对相对论性粒子,轫致辐射是碰撞过程中能量损失的一种主要方式.

2. 回旋辐射

运动电荷在磁场的洛伦兹力作用下做圆周运动时具有向心加速度,因此电荷将辐射电磁波. 用回旋加速器加速带电粒子时,粒子因做圆周运动而辐射电磁波,成为回旋加速的一种能量损失途径. 因为这种辐射与回旋加速器相联系,故被称为回旋加速器辐射,简称回旋辐射. 在回旋加速器中,带电粒子的向心加速度为

$$a = v\frac{qB}{m}$$

式中 q 为被加速粒子的电荷量,m 为粒子的质量,B 为磁场的磁感强度,v 为粒子的速度. 因为回旋加速器中,粒子获得的速度比较小,即 $v \ll c$,故相对论效应可以不计. 若用 ω_c 表示粒子做圆周运动的角频率,则

$$\omega_c = \frac{qB}{m}, \quad a = v\omega_c$$

回旋辐射的功率可以用拉莫尔公式表示:

$$P = \frac{q^2 a^2}{6\pi\varepsilon_0 c^3} = \frac{q^2 v^2 \omega_c^2}{6\pi\varepsilon_0 c^3} \tag{5.9-1}$$

回旋辐射的电磁波仅含有一种单一的频率 ω_c,这是不难理解的,因为粒子沿精确的圆周轨道的运动与频率为 ω_c 的两个相互垂直的简谐振动是等价的. 回旋辐射的能流密度的角分布也可用(5.8-8)式表示,如图 5.9-1 所示,其中电荷沿半径为 R 的圆周运动.

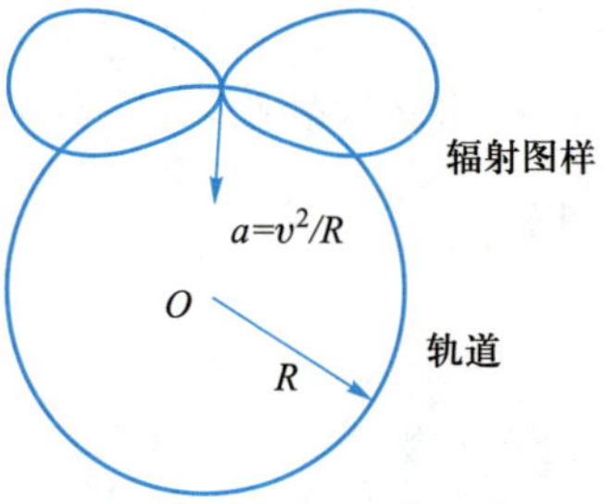

一个电子在稳定的磁场中做圆周运动时,如果不给电子连续补充能量,电子的运动就会逐渐减慢. 若把它的能量从初始值降到初始值的 $1/e$ 所经历的时间 τ 作为衡量圆周运动的持续时间,则可以证明

图 5.9-1 回旋辐射能流的角分布

$$\tau = \frac{6\pi\varepsilon_0 m^3 c^3}{q^4 B^2}$$

例如,在热核反应堆中,电子被 $B = 5$ Wb/m² 的磁场限制在反应堆中,注意到电子的质量 $m = 9.11 \times 10^{-31}$ kg,光速 $c = 3 \times 10^{-8}$ m/s,电子电荷量的绝对值 $q = 1.6 \times 10^{-19}$ C,$\varepsilon_0 = 8.85 \times 10^{-12}$ C²/(N/m²),可求得 $\tau = 0.208$ s.

3. 同步辐射及其应用

用回旋加速器加速粒子的过程中,当粒子的速度与光速可以比较时,粒子的质量与速度有关,即有

$$m = \frac{m_0}{\sqrt{1-v^2/c^2}}$$

式中 m_0 为静止质量. 速度越接近光速,粒子的质量越大,粒子在磁场中做圆周运动的周期将因质量的改变而改变. 为了使回旋加速器仍能有效地加速粒子,就应根据圆周运动周期的变化,调节加于加速器两半圆扁盒间的加速电场的周期,使粒子进入扁盒缝隙时能继续加速,这就设计出了同步加速器. 在同步加速器中,粒子做圆周运动的向心加速度非常大,产生强烈的电磁辐射,这种辐射称为同步加速器辐射,简称同步辐射. 同步辐射造成大量能量的损失,降低了加速粒子的效率. 但研究发现,同步辐射有许多重要特性,如辐射功率非常大;辐射出的电磁波分布在一个很宽的频率范围内,且频率连续可调;辐射强度分布在一个很小的锥角内,有很高的准直性,从而在许多科学技术领域中有重大的应用. 因此,目前世界上还专门建造了产生同步辐射的同步辐射装置,用于产生各种不同频率的同步辐射电磁波,并被称为光子工厂.

同步辐射早在 1912 年肖特的一本专著中已有理论上的讨论,但直到 1948 年才首次在电子同步加速器中被观察到. 实验观测表明,同步加速器中高能电子产生的辐射,其强度主要集中在速度方向上锥角很小的锥体内,当电子做圆周运动时,强度很大的狭窄的光锥犹如探照灯,随着电子运动方向的改变而改变. 如果在轨道平面内某一固定位置观测,所接收到的是周期性分布的狭窄的脉冲. 脉冲的持续时间 Δt 称为脉冲的时间宽度,脉冲的周期为电子做圆周运动的周期. 图 5.9-2 给出了在电子轨道平面内同步辐射能流角分布的图样以及接收器所接收到的脉冲. v 为电子在考察点的速度,a 为其向心加速度,$a = \omega_c R_0$,$\Delta\theta$ 为圆锥的半角宽度.

同步辐射的功率非常大,可以证明,辐射的总功率为

$$P = \frac{q^2 a^2}{6\pi\varepsilon_0 c^3} \frac{1}{\left(1-\dfrac{v^2}{c^2}\right)^2} = \frac{q^2 a^2}{6\pi\varepsilon_0 c^3}\left(\frac{W}{m_0 c^2}\right)^4 \tag{5.9-2}$$

式中 E 为粒子的能量,m_0 为其静止质量. 同步辐射的功率与粒子的能量的四次方成正比,例如北京的正负电子对撞机(亦兼作同步辐射光源),能加速电子使其能量 $W = 2.8$ GeV,而电子的静能 $m_0 c^2 = 0.5$ MeV,两者比值的四次方可达 10^{15},它比回旋辐射的功率大得多. 我国第一台同步辐射光源建立在合肥,这台装置中电子的能量为 800 MeV,圆周运动的轨道半径 $R = 2$ m,做圆周运动的电子流的电流可达 $100 \sim 300$ mA,将(5.9-2)式乘以单位时间内通过轨道环的横截面的电子数,可算得光脉冲的瞬时功率为 10^{10} W,其亮度可与激光相比拟.

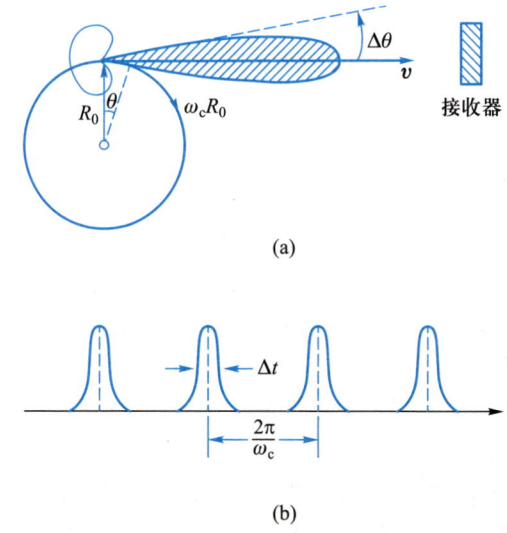

图 5.9-2 同步辐射能流的角分布图样和接收器收到的脉冲

思考题

5.1 法拉第电磁感应定律指出：通过回路所包围的面积的磁通量发生变化时，回路中就产生了感应电动势．哪些物理量的改变会引起磁通量的变化？

5.2 把一条形永久磁铁从闭合螺线管中的左端插入，由右端抽出，试用图表示在此过程中感应电流的方向．

5.3 若感应电流的方向与楞次定律所确定的方向相反，或者说，法拉第电磁感应定律公式中的负号换成正号，会导致什么结果？

5.4 有人说楞次定律实质上是能量守恒定律的反映，你认为如何？怎样理解？

5.5 一导体棒 OA 在均匀磁场中绕其一端（O 点）做切割磁感线的转动，O、A 间是否有电势差？改用两倍长的导体棒 AB 以相同的速度绕中点 O 做切割磁感线的转动，此时 O、A 间的电势差与前者是否相同？A、B 两点间的电势差为多少？

5.6 设想存在一个面积很大的均匀磁场，一金属板以恒定的速度 v 在磁场中运动，板面与磁场垂直．(1) 金属板中是否有感应电流？磁场对金属板的运动是否有阻尼作用？(2) 金属板中是否存在电动势？金属板是否为等势体？金属板上有无电势差？(3) 若用一导线连接金属两端，导线中是否能形成电流？

5.7 如果要使悬挂在均匀磁场中并在平衡位置左右来回转动的线圈很快停止振动，可将此线圈的两端与一开关相连，只要按下开关（称为阻尼开关），使线圈闭合就能达到目的，试解释之．

5.8 在一长直螺线管中，放置 ab、cd 两段导体．一段在直径上，另一段在弦上（如图所示）．若螺线管中的电流从零开始，缓慢增加，在此过程中分别比

思考题 5.8 图

较 a 点与 b 点、c 点与 d 点哪点电势高,为什么?

5.9 当用彼此绝缘的铁片代替整块金属铁芯后,各铁片中的涡电流如图 5.2-8 所示. 能否认为涡电流的电流线与感生电场的电场线重合? 为什么?

5.10 一无限长螺线管的导线中通有变化的电流,螺线管附近有一段导线 ab,两端未闭合,如图所示. 问 ab 两端是否有电压? 若用一交流电压表按图中的实线连接 a、b 两点,电压表的读数将如何? 若按图中的虚线连接 a、b 两点,电压表的读数又将如何? 怎样解释这些现象?

5.11 如果电子感应加速器的激励电流是正弦交流电,试问,在一个周期的各个阶段,是否都可加速加速器中的电子? 为什么?

5.12 一均匀磁场对 N 匝线圈回路的磁通匝链数为多少? 设磁场的磁感强度为 $\boldsymbol{B}$,方向与回路所包围的面积垂直,各回路所包围的面积形状均为正方形,边长为

$$\left(1+\frac{n}{N}\right)a \qquad (n=0,1,2,\cdots,N-1)$$

如图所示,若 $\boldsymbol{B}$ 随时间而变,每匝导线中的感应电动势是否相等?

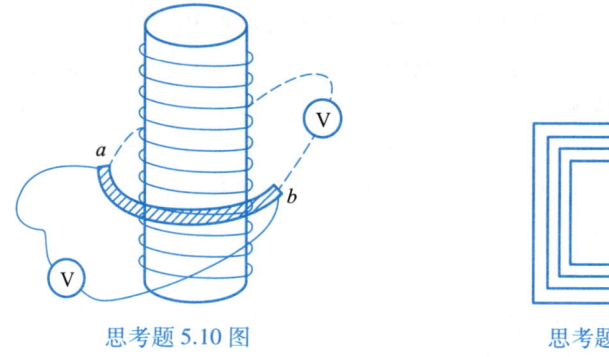

思考题 5.10 图   思考题 5.12 图

5.13 L 是否有负值? M 是否有负值? 怎样理解负值的物理意义?

5.14 有两个相隔距离不太远的线圈,如何放置才能使其互感系数为零?

5.15 用金属丝绕制的标准电阻要求是无自感的,怎样绕制自感系数为零的线圈?

5.16 将电路中的闸刀闭合时不见跳火,而当断开电路时,常有火花产生,为什么?

5.17 求证:$N\Phi_m/I$ 与 $\mathscr{E}\mathrm{d}t/\mathrm{d}I$ 有相同的量纲.

5.18 自感磁能是否有负值? 为什么? 互感磁能是否有负值? 为什么?

5.19 比较在真空中任意一点电磁波中的电能密度和磁能密度的大小.

5.20 在 LC 电路中,当电容器放电完毕时,该电路中的振荡为什么还不停止?

习题

5-1 如图所示,一平面线圈由两个用导线折成的正方形线圈连接而成. 一均匀磁场垂直于线圈平面,其磁感强度按 $B=B_0\sin \omega t$ 的规律变化. 已知 $a=20$ cm,$b=10$ cm,$B_0=1\times 10^{-2}$ T,$\omega=100$ rad/s,单位长度线圈的电阻为 5×10^{-2} Ω/m,求线圈中感应电流的最大值.

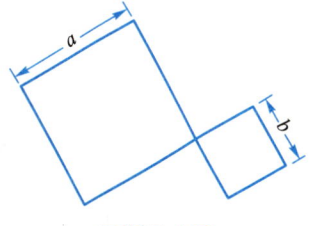

习题 5-1 图

5-2 如图所示,电阻 $R=2\ \Omega$,面积 $S=400\ \text{cm}^2$ 的矩形回路,以匀角速度 $\omega=10\ \text{rad/s}$ 绕 y 轴旋转,此回路处于沿 x 轴方向的磁感强度 $B=0.5\ \text{T}$ 的均匀磁场中. 求:(1) 穿过此回路的最大磁通量;(2) 最大的感应电动势;(3) 最大转矩;(4) 证明外转矩在一周内所做的功等于在此回路中消耗的能量.

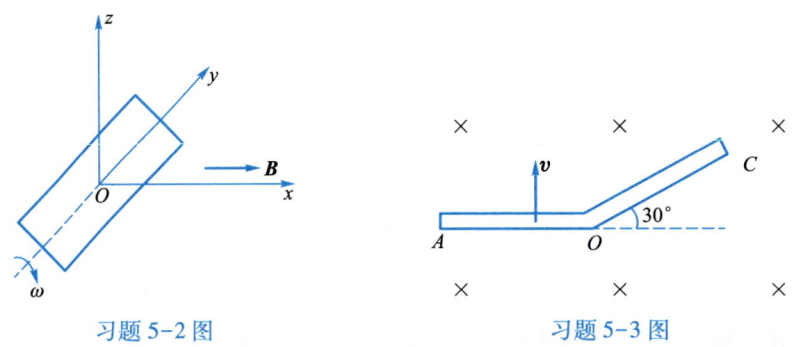

习题 5-2 图   习题 5-3 图

5-3 AO 和 OC 两段导线,其长均为 10 cm,在 O 处相接成 30°角. 若使导线在均匀磁场中以速度 $v=1.5\ \text{m/s}$ 运动,方向如图所示,磁场方向垂直于纸面向内,磁感强度 $B=2.5\times10^{-2}\ \text{T}$,问 A、C 两端之间的电势差为多少?哪一端电势高?

5-4 只有一根辐条的轮子在磁感强度为 B 的均匀外磁场中转动,轮轴与 B 平行,B 正好充满转轮的区域,如图所示,轮子和辐条都是导体,辐条长为 R,轮子每秒转 N 圈. 两根导线 a 和 b 通过各自的刷子分别与轮轴和轮边接触.

(1) 求 a、b 间的感应电动势 $\mathscr{E}$;
(2) 在 a、b 间接一个电阻,若使辐条中的电流为 I,问 I 的方向如何?
(3) 求这时磁场作用在辐条上的力矩的大小和方向;
(4) 当轮反转时,I 是否会反向?
(5) 若轮子的辐条是对称的两根或更多根,结果如何?

5-5 一金属细棒 OA 长为 $l=0.4\ \text{m}$,与竖直轴 Oz 的夹角为 30°,放在磁感强度 $B=0.1\ \text{T}$ 的均匀磁场中,磁场方向如图所示. 细棒以 50 r/s 的角速度绕 Oz 轴转动(与 Oz 轴的夹角不变),试求 O、A 两端的电势差.

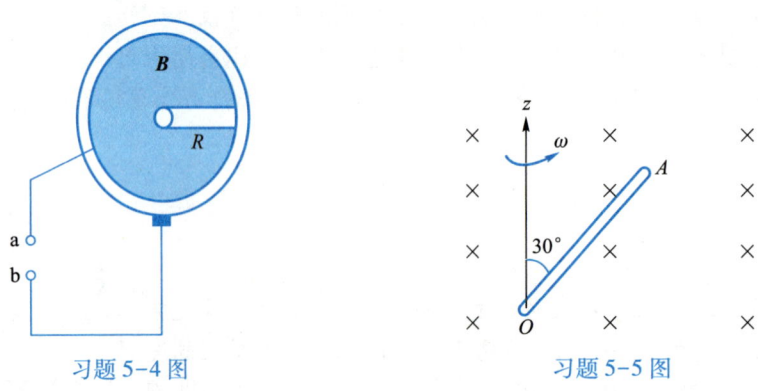

习题 5-4 图   习题 5-5 图

5-6 一平行的金属导轨上放置一质量为 m 的金属杆,导轨间距为 L. 一端用电阻 R 相连接,均匀磁场 B 垂直于两导轨所在的平面(如图所示),若杆以初速度 v_0 向右滑动,假定导轨是光滑的,忽略导轨的金属杆的电阻,求:

(1) 金属杆移动的最大距离;

(2) 在这个过程中电阻 R 上所发出的焦耳热.

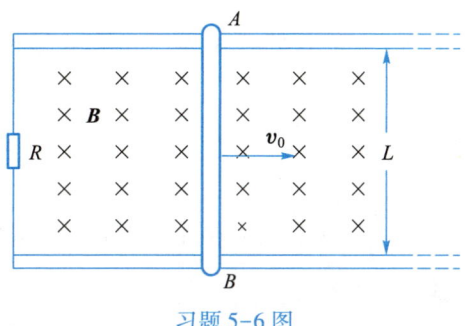

习题 5-6 图

5-7 有一根横截面为正方形的导线,长为 L,质量为 m,电阻为 R,沿着两条平行的、电阻可忽略的长导电轨道无摩擦地滑下. 这两根平行轨道的底端由另一根与该导线平行的无电阻的轨道连接因而形成一个矩形的闭合导电回路(如图所示),该闭合回路所在的平面与水平面成 θ 角,而且在整个区域中存在着磁感强度为 B 的沿竖直方向的均匀磁场.

(1) 求证:这根导线下滑时所达到的稳定速度的大小为

$$v = \frac{mgR\sin\theta}{B^2L^2\cos^2\theta}$$

(2) 试证这个结果与能量守恒定律是一致的.

5-8 一根无限长直导线中通以电流 I,其旁的 U 形导线上有根可滑动的导线 ab,如图所示. 设三者在同一平面内,今使 ab 向右以匀速 v 运动,求线框中的感应电动势.

5-9 如图所示,AB、CD 为两均匀金属棒,长均为 1 m,放在均匀恒定磁场中,磁感强度 $B = 2$ T,方向垂直纸面向外,两棒电阻为 $R_{AB} = R_{CD} = 4\ \Omega$. 当两棒在导轨上分别以 $v_1 = 4$ m/s、$v_2 = 2$ m/s 向左做匀速运动时(忽略导轨的电阻,且不计导轨与棒之间的摩擦),试求两棒中点 O_1、O_2 之间的电势差 $U_{O_1O_2}$.

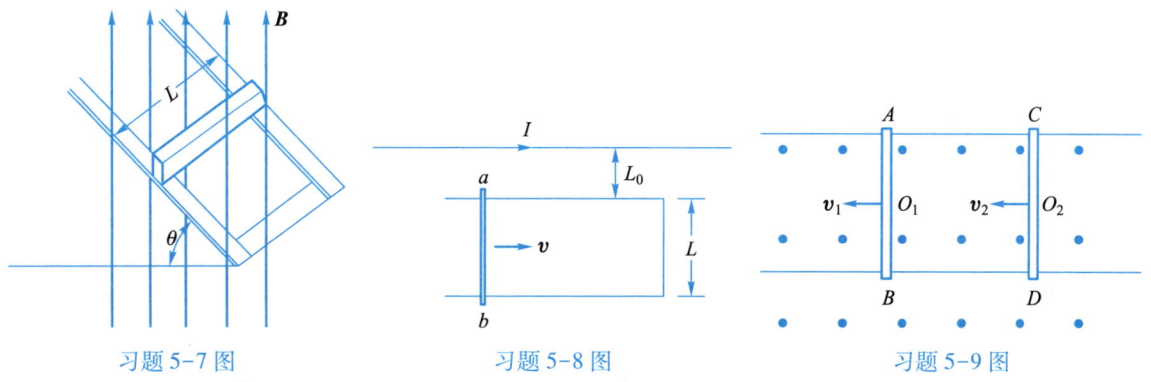

习题 5-7 图　　　　　习题 5-8 图　　　　　习题 5-9 图

5-10 有一个分布在圆柱体内的均匀磁场,磁感强度为 B,方向沿圆柱的轴线,圆柱的半径为 R,B 的量值以 $\dfrac{\mathrm{d}B}{\mathrm{d}t}=k$ 的恒定速率减小,在磁场中放置一等腰梯形金属框 $ABCD$(如图所示). 已知,$|AB|=R$,$|CD|=\dfrac{R}{2}$,求线框中总电动势的大小.

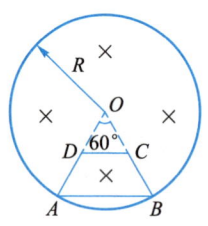

习题 5-10 图

5-11 如图所示,边长为 20 cm 的正方形回路,置于分布在虚线圆内的均匀磁场中,B 为 0.5 T,方向垂直于导体回路,且以 0.1 T/s 的变化率减小. 图中 b 为圆心,ac 沿直径,求:(1) c、d、e、f 各点处感生电场的方向;(2) ce 段和 eg 段的电动势;(3) 整个回路中的感生电动势.

5-12 如图所示,在空间区域 $-\dfrac{d}{2}<x<\dfrac{d}{2}$ 之内存在着随时间 t 变化的均匀磁场,磁场的磁感强度为 $B=at$(a 为常量),其方向垂直纸面向里,试求 $t=T$ 时刻下列各点处的电场强度 E:(1) $x=0$;(2) $x=\dfrac{d}{2}$;(3) $x=d$.

5-13 利用感应加热的方法可以除去吸附在真空室中金属部件上的气体,装置示意图如图所示,设线圈长为 $l=20$ cm,匝数 $N=30$,线圈中的高频电流为

$$I=I_0\sin(2\pi ft)$$

其中 $I_0=25$ A,频率 $f=1.0\times10^5$ Hz,被加热的部件是电子管的阳极,它是半径 $r=4.0$ cm、管壁很薄的中空圆筒,高度 $h\ll l$,其电阻 $R=500\times10^{-3}$ Ω,求:

(1) 阳极中的感应电流最大值;

(2) 阳极内每秒产生的热量;

(3) 当频率 f 增加一倍时,热量增加几倍?

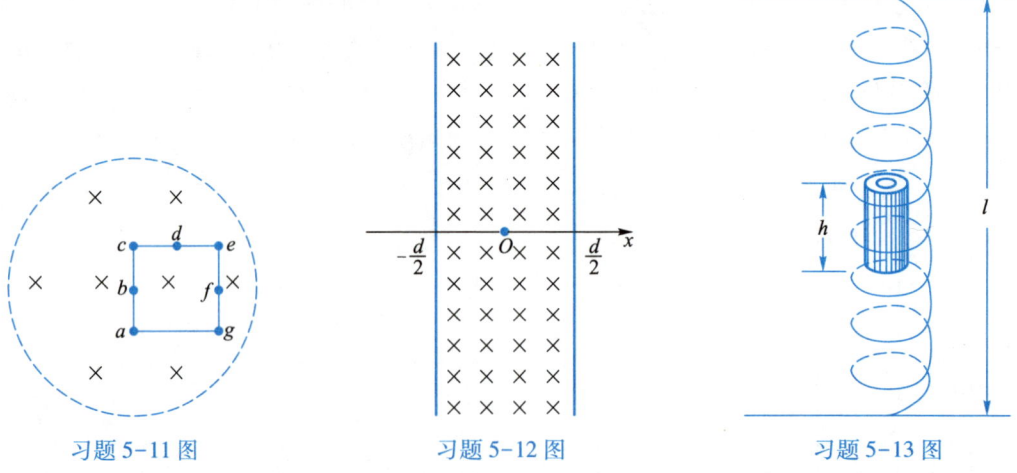

习题 5-11 图　　习题 5-12 图　　习题 5-13 图

5-14 证明在电子感应加速器里任意半径处,场 $B=k/r$ 是一个能满足 1∶2 条件的场,其中 k 是一个常量,r 是径向距离.

5-15 电子在电子感应加速器中沿半径为 0.4 m 的轨道做圆周运动,如果每转一周它的动能

增加 160 eV.

(1) 求轨道内磁感强度 B 的平均变化率；

(2) 欲使电子获得 16 MeV 的能量需转多少周？共走多长路程？

5-16 半径为 R_1、总匝数为 N_1 的圆形线圈 A 与半径为 R_2、匝数为 N_2 的线圈 C 间距离为 d，C 的中心在 A 的轴线上，如图所示。两线圈的轴线交角为 θ。设 $R_1 \gg R_2$，求两者的互感。

5-17 已知两共轴细长螺线管，外管线圈半径为 r_1，内管线圈半径为 r_2，匝数分别为 N_1、N_2。试证明它们的互感系数 $M = k\sqrt{L_1 L_2}$。（式中：L_1 和 L_2 分别为两螺线管的自感系数；$k = \dfrac{r_2}{r_1} \leq 1$，称为两螺线管的耦合系数。）

5-18 如图所示，一矩形线圈长 $a = 30$ cm、宽 $b = 10$ cm，由 100 匝表面绝缘的导线绕成，放在一很长的直导线旁边与之共面，该长直导线是一个闭合回路的一部分，其他部分离线圈都很远，影响可略去不计。求图 (a) 和 (b) 两种情况下，线圈与长直导线之间的互感。

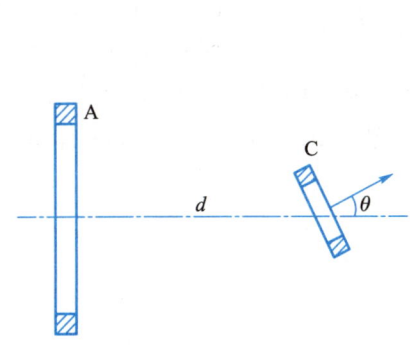

习题 5-16 图

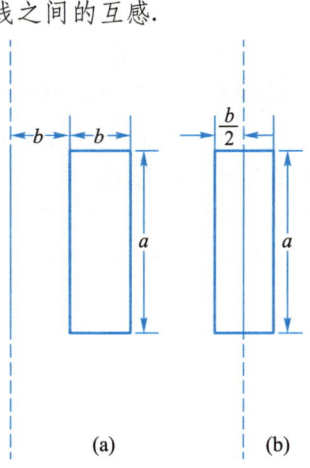

习题 5-18 图

5-19 一空心的螺线环，其平均周长为 60 cm，横截面积为 3 cm^2，总匝数为 2 400，现将一个匝数为 100 的小线圈 S 套在螺绕环上（如图所示），求：

(1) 螺绕环的自感系数；

(2) 环与线圈 S 间的互感系数；

(3) 若 S 两端与冲击电流计相连，且知 S 和电流计的总电阻为 2 000 Ω，问当螺绕环内的电流 $I = 3$ A 由正向变成反向时，通过冲击电流计的电荷量为多少？

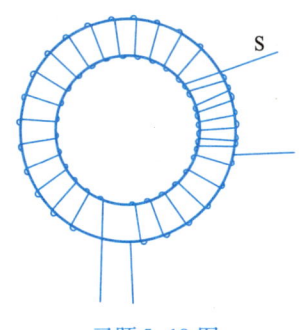

习题 5-19 图

5-20 如图所示装置由两块带状金属导体板组成，每块板长为 l、宽为 b（板垂直于纸面），两薄板间有一很小的间距 $a(a \ll b, a \ll l)$。现将两板的右端短路，左端接入一电动势为 $\mathscr{E}$ 的电池，设电流均匀通过导体板，并忽略端部效应，求这一回路的自感系数。

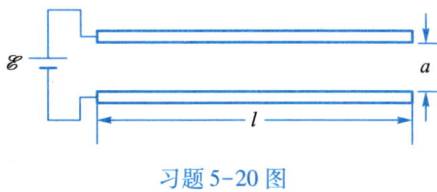

习题 5-20 图

5-21 两根平行导线，横截面的半径都是 a，中心相距

为 d,载有大小相等方向相反的电流.设两导线内部的磁通量都可略去不计.试证明这样一对导线在长为 l 的一段的自感为

$$L = \frac{\mu_0 l}{\pi} \ln \frac{d-a}{a}$$

5-22 两线圈顺接后总自感为 1.00 H,在它们的形状和位置都不变的情况下,反接后的总自感为 0.40 H. 求它们之间的互感.

5-23 有两个相互并联的线圈,其自感系数分别为 L_1 和 L_2,互感系数为 M,求并联后的等效自感.

5-24 在如图所示的电路中,求以下三种情况下 R_1 与 R_2 上的电压:

(1) S 接通瞬间;

(2) S 接通以后,电路达到稳态时;

(3) S 切断瞬间.

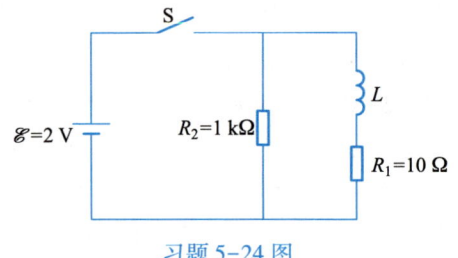

习题 5-24 图

5-25 有一线圈,其自感为 20 H,电阻为 10 Ω,把该线圈突然接到 $\mathscr{E}=100$ V 的无内阻的电池组上,试求在线圈与电池组连接,经过 0.1 s 后:(1) 磁场中所储存能量的增加率;(2) 产生焦耳热的速率;(3) 电池放出能量的速率.

5-26 在如图所示的电路中,$\mathscr{E}=10$ V,$R_1=5.0$ Ω,$R_2=10$ Ω,$L=5.0$ H,试就(1) 开关 S 刚接通和(2) 开关 S 接通后很长时间这两种情况,分别计算通过 R_1 和 R_2 的电流 i_1 和 i_2,通过开关 S 的电流 i,R_2 两端的电势差,L 两端的电势差以及通过 L 的电流 i_2 的变化率 $\frac{di_2}{dt}$.

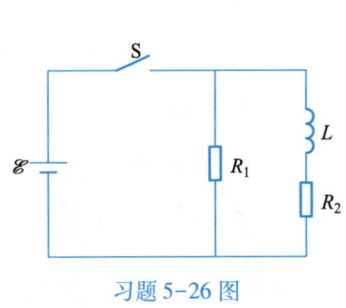

习题 5-26 图

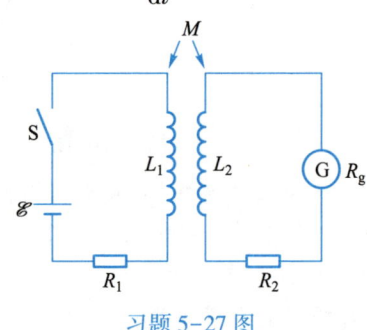

习题 5-27 图

5-27 两线圈之间的互感为 M,电阻分别为 R_1 和 R_2,第一个线圈接在电动势为 $\mathscr{E}$ 的电源上,第二个线圈接在电阻为 R_g 的电流计 G 上,如图所示,设原先开关 S 是接通的,第二个线圈内无电流,然后把 S 断开,求通过 G 的电荷量 q.

5-28 一线圈的自感 $L=5.0$ H,电阻 $R=20$ Ω,把 $U=100$ V 的恒定电压加到它的两端.(1) 求电流达到最大值 $I_0 = \dfrac{U}{R}$ 时,线圈所储存的磁能 W_m;(2) 从电压 U 加到线圈两端起,问经过多长时间,线圈所储存的磁能达到 $\dfrac{1}{2}W_m$?

5-29 一自感为 L、电阻为 R 的线圈与一无自感的电阻 R_0 串联于电源上,如图所示.

(1) 求开关 S_1 闭合 t 时间后,b、c 两端的电势差 U_{bc};

(2) 若 $\mathscr{E}=20$ V，$R_0=50\ \Omega$，$R=150\ \Omega$，$L=5.0$ H，求 $t=0.5\tau$ 时（τ 为电路的时间常量）线圈两端的电势差 U_{bc} 和电阻 R_0 两端的电压 U_{ab}；

(3) 待电路中电流达到恒定值，闭合开关 S_2，求闭合 0.01 s 后，通过 S_2 中的电流的大小和方向。

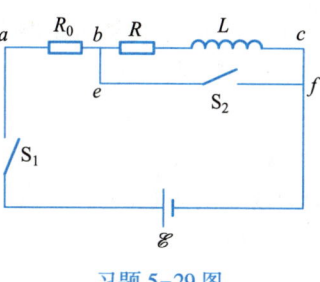

习题 5-29 图

5-30 一根长直导线载有电流 I，I 均匀分布在它的横截面上。证明：该导线内部单位长度上的磁场能量为 $\dfrac{\mu_0 I^2}{16\pi}$。

5-31 已知两个共轴的螺线管 A 和 B 完全耦合。若 A 的自感为 4.0×10^{-3} H，载有电流 3 A，B 的自感为 9×10^{-3} H，载有电流 5 A，计算此两个线圈内储存的总磁能。

5-32 如图所示，电路中直流电源的电动势为 12 V，电阻 $R=6\ \Omega$，电容器的电容 $C=0.1\ \mu\text{F}$，试求：

(1) 接通电源瞬间，电容器两极板间的位移电流；

(2) 经过 $t=6\times 10^{-6}$ s 时，电容器两极板间的位移电流。

5-33 一个同轴圆柱形电容器，内、外半径分别为 a 和 b，长度为 l。假定两板间的电压 $u=U_m\sin\omega t$。且电场随半径的变化与静电场的情况相同。求通过半径为 $r(a<r<b)$ 的任一圆柱面的总位移电流。

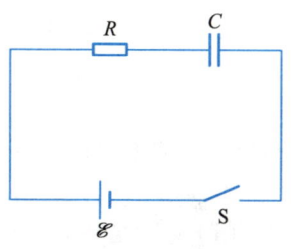

习题 5-32 图

5-34 如图所示，设在真空中有一半径为 R 的无限长的密绕螺线管，单位长度上的匝数为 n，其轴线在 S 平面内，在螺线管中通以随时间变化的电流 $i(t)=kt^2$（k 为一正的常量），在 S 平面内有一边长为 a 的正方形回路 L，它的一组对边与螺线管轴线平行，且靠近轴线的一条边与轴线相距为 r，试求：

(1) 电场强度 E 沿回路 L 的环流；

(2) 磁感强度 B 沿回路 L 的环流。

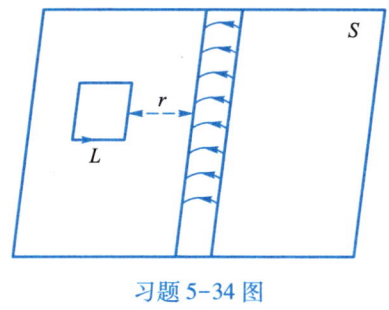

习题 5-34 图

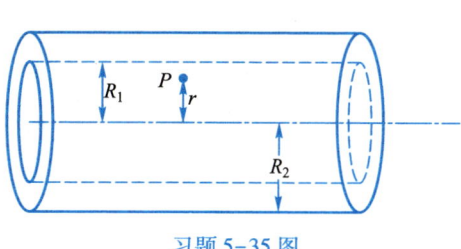

习题 5-35 图

5-35 一无限长的同轴电缆由两薄壁空心导体圆筒组成，内、外圆筒的半径分别为 R_1 和 R_2，设电流沿内筒流出、由外筒流回，大小为

$$I=\dfrac{1}{2}At^2$$

A 为一正的常量，试求出到电缆轴线的距离为 $r(r<R_1)$ 的 P 点的磁感强度。

5-36 在自由空间中沿 x 方向传播的单色平面电磁波的波长为 3.0 m，电场 E 沿着 y 方向，振幅为 300 V/m，试求：(1) 这个电磁波的频率；(2) 磁场 B 的方向和振幅；(3) 电磁波的波数 k 和角

频率 ω；(4) 电磁波的能流密度及其关于时间的平均值.

5-37 设某电台发出的电磁波传至某地时，其磁感强度 $B=10^{-10}$ T(指有效值). (1) 计算磁场能量密度对时间的平均值；(2) 若磁场的频率变化为 550 kHz，现在有一匝数为 $N=120$，截面积为 $S=10^{-4}$ m² 的线圈，它的线圈平面与磁场 B 的方向垂直，试估计该变化的磁场在线圈中激发的感应电动势的有效值.

5-38 一平行板空气电容器的电容为 C，充电至两板的电势差为 U_0 后将电容器与电源隔绝开. 设电容器两极板间距为 b，现用一根长为 l、截面半径为 a、电导率为 γ 的细导线从电容器内部将两块极板的中心连接起来.

(1) 求连接后导线表面处的坡印廷矢量表达式；

(2) 计算流进导线的总能流(导线的自感和电容的边缘效应均可忽略).

5-39 一个正在充电的圆形平板电容器，若不计边缘效应，试证：电磁场输入的功率为

$$\int \boldsymbol{S} \cdot \mathrm{d}\boldsymbol{A} = \frac{\mathrm{d}}{\mathrm{d}t}\left(\frac{q^2}{2C}\right) \quad \text{（静电能的增加率）}$$

式中 C 是电容器的电容，q 是极板上的电荷量，$\mathrm{d}A$ 是柱侧面上取的面元.

5-40 一个广播电台的平均辐射功率是 10 kW，假定辐射均匀分布在以电台为中心的半球面上. (1) 求距电台 $r=10$ km 处的坡印廷矢量的平均值；(2) 若在上述距离处的电磁波可视为平面波，求该处电场强度和磁场强度的振幅.

本章习题答案

第六章
物质中的电场

几乎所有的物质在电场中都呈现介电性和导电性两种基本的特性,具有介电性的物质称为电介质,具有导电性的物质称为导体. 完全没有导电性而只有介电性的物质是理想的电介质,完全没有介电性而只有导电性的物质为理想导体. 理想的电介质是良好的绝缘体. 电介质有许多重要的物理性能,因此有广泛的应用(如电工介电、绝缘材料,光学晶体和电光晶体等). 电介质物理是固体物理的重要分支. 电介质内部虽无自由电子,但电介质对电场的作用也有响应. 与导体不同,达到静电平衡时,电介质内部的电场强度并不为零. 本章要研究电介质对静电场的响应,讨论电介质中电场的分布,建立电介质中电场的基本方程式.

§6.1 电介质的极化

1. 电介质的极化 相对介电常量

电介质在静电场中与场发生相互作用. 在正常情况下,电场不可能使组成电介质的原子或分子内部的正负电荷产生宏观上的运动,但能影响带电粒子在微观范围内的运动. 宏观上观察到的物理现象正是这种影响的平均效果. 为了说明这一点,我们先分析一个简单的实验.

平行板电容器的两块极板分别与验电器的小金属球和外壳相连,待电容器充电至一定电压 $U=\varphi_1-\varphi_2$ 后,切断电源. 这时验电器的金箔张开一角度,张角大小同电容器两极板间的电势差成正比,如图 6.1-1 所示. 将一块电介质(如玻璃)板插入电容器,金箔张角就减小,这说明电容器两极板之间的电势差减小了,而当电介质板被抽出后,张角恢复原来的大小.

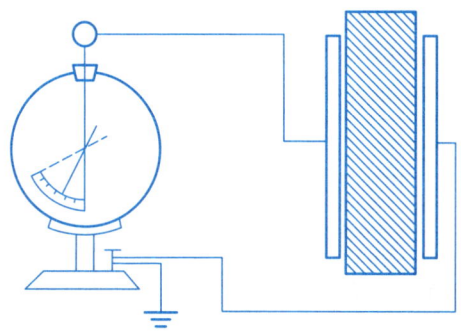

图 6.1-1 把电介质板插入电容器后,电容器两极板间的电压减小

怎样解释上述实验现象呢？当电容器充电到一定电压后，再切断电源，这时，电容器极板上必定有一定的电荷量，插入电介质板，不可能改变极板上的电荷量，而电势差的减小表明电容器内部的电场强度减弱了．现作一圆柱形的高斯曲面，使平行于电容器极板的两个底面分别处于金属板内部和电介质中，侧面与极板垂直，如图 6.1-2 所示．根据高斯定理，将电介质板插入电容器后，电场强度 E 的减弱意味着高斯曲面内的净电荷量 $\sum q$ 减少了．鉴于电容器极板上电荷量并未改变，就可推知介质的表面上一定出现了与极板电荷异号的电荷．我们把这种现象称为电介质的极化，极化所产生的电荷称为极化电荷．电介质内部的电场强度 $E \neq 0$ 的事实表明，介质表面上的极化电荷与电容器极板上的异号电荷并不等量．

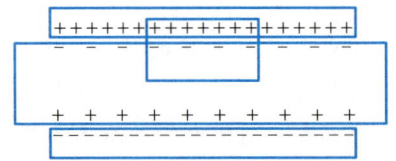

图 6.1-2　介质表面的极化电荷与极板上的自由电荷异号

这一简单的实验也说明，插入电介质板后，电容器的电容增大了，因为电容器极板上的电荷量未变，但两极板之间的电压却减小了．实验表明：若电容器两极板之间为真空时，电容器的电容为 C_0，当电容器内部充满同一种均匀的电介质后，则电容为 C，而有

$$\frac{C}{C_0} = \varepsilon_r \tag{6.1-1}$$

即当同一电容器内部充满同一种均匀电介质时，有介质电容器的电容为真空电容器电容的 ε_r 倍，ε_r 是反映电介质特性的物理量，称为电介质的相对介电常量．几种普通电介质的相对介电常量 ε_r 如表 6.1-1 所示．

表 6.1-1

物质	状态	相对介电常量
空气	气态，0 ℃，101.325 kPa	1.000 59
氯化氢	气态，0 ℃，101.325 kPa	1.000 46
水	气态，10 ℃，101.325 kPa 液态，20 ℃	1.012 6 80
苯	液态，20 ℃	2.28
氨	液态，-34 ℃	22
变压器油	液态，20 ℃	2.24
氯化钠	晶体，20 ℃	6.12
硫黄	固态，20 ℃	4.0

续表

物质	状态	相对介电常量
石英	晶体,20 ℃(⊥光轴) 晶体,20 ℃(∥光轴)	4.34 4.27
聚乙烯	固态,20 ℃	2.25~2.3
瓷	固态,20 ℃	6.0~8.0
氯丁橡胶	固态,20 ℃	4.1
石蜡	固态,20 ℃	2.1~2.5
派勒克斯玻璃	固态,20 ℃	4.0
偏钛酸钡	固态	1 000~1 500

2. 原子或分子系统的电偶极矩

为了说明介质的极化机制,我们先考察原子或分子的某些电学性质. 原子或分子很小,占据的体积只有约 10^{-30} m^3,但内部却有复杂的结构,每个原子都具有一个带正电的核和若干个带负电的电子. 原子或分子系统的净电荷虽为零,但它在系统以外产生的电场强度却不一定为零,在一级近似下,可以把原子或分子视为一个电偶极子,并用电偶极矩描述原子或分子的电效应,我们称此电偶极矩为分子电偶极矩 p.

3. 电介质极化的微观模型

原子或分子系统的净电荷虽为零,但只要原子或分子内部的正电荷与负电荷没有重合在同一处,正、负电荷的电效应就是不会完全抵消的,犹如电偶极子. 因此原子或分子在离其远处的电效应可用分子电偶极矩来表示. 然而,并非所有的原子或分子都有不为零的分子电偶极矩. 最简单的原子是氢原子,如图 6.1-3 所示,按经典的观点,电子绕原子核做圆周运动,任何时刻,原子有一电偶极矩 p,不过 p 的方向随时间迅速变化,因此 p 随时间变化的平均值为零. 尽管深入讨论这个问题需要量子力学的知识,但认为氢原子的电偶极矩为零的看法是正确的. 还有一些分子(如 H_2、N_2、CCl_4 等),除了净电荷为零外,因为电子云分布的对称性,整个分子系统的电偶极矩亦为零,故它们对外不产生电场,我们把这类分子称为无极分子. 另外有一些分子(如 H_2O、$NaCl$ 等),其电荷分布不是对称的,如图 6.1-4 所示. 这类分子的净电荷虽为零,但其电偶极矩不为零. 通常我们称这类分子为有极分子. 有极分子的电偶极矩称为分子固有电偶极矩.

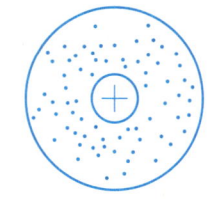

图 6.1-3 氢原子核及其周围的电子云

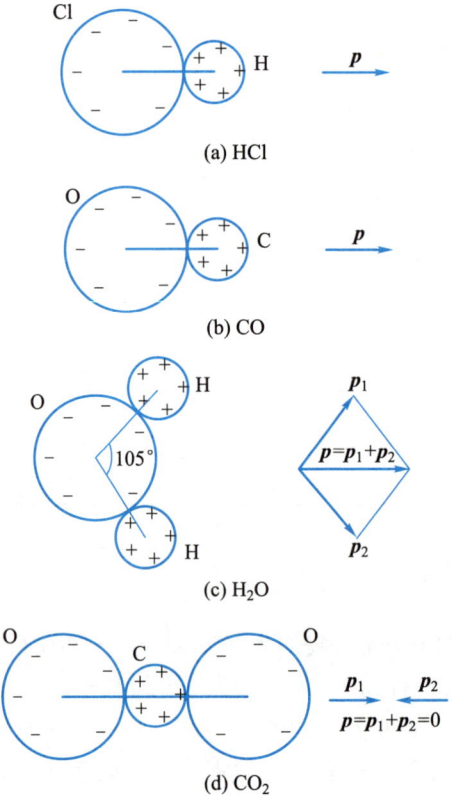

图 6.1-4　几种分子的电偶极矩（图中未考虑电子云变形）

在将要讨论的问题中,我们还可把原子分子的结构进一步简化. 原子或分子内部所有正电荷可等效为一个带正的点电荷,该点电荷的位置称为正电荷中心,周围所有负电荷则可用一负的点电荷来等效,该负点电荷的位置称为负电荷中心. 无极分子的正电荷中心与负电荷中心重合,因此,整个分子的电偶极矩为零. 有极分子的正电荷中心与负电荷中心不重合,因而整个分子的电偶极矩不为零,这就是分子的固有电偶极矩. 例如,HCl 分子中 H 原子的一个价电子在 Cl 原子周围的机会比在 H 原子周围的多,因而负电荷中心与正电荷中心不重合,使 HCl 分子具有从 Cl 原子指向 H 原子的电偶极矩,如图 6.1-4(a)所示,电偶极矩 p 的值约为 3.43×10^{-30} C·m. CO 分子亦具有电偶极矩,在一般情况下其方向由 O 原子指向 C 原子,如图 6.1-4(b)所示. 水分子中每对 H—O 之间都有一电偶极矩,因为原子的非对称排列,两个 H—O 电偶极矩之间存在 105° 的夹角,所以合电偶极矩不为零,使水分子成为有极分子,其电偶极矩 $p_m = 6.2 \times 10^{-30}$ C·m,如图 6.1-4(c)所示. CO_2 分子的每对 C—O 之间亦有电偶极矩,但两个 C—O 电偶极矩的方向相反,合电偶极矩为零,故 CO_2 是无极分子,如图 6.1-4(d)所示.

由无极分子组成的电介质,因为每个分子都无电性,故整个电介质不产生电场. 由有极分子组成的电介质,虽然每个分子具有一定的固有电偶极矩,但因为分子的不规则热运动,各分子固有电偶极矩的方向是无规则的,在任何微观无限大、宏观无限小的区域内,各分子电偶极矩的总和为零,所以在宏观上亦不产生电场. 没有外电场作用时,无极分子和有极分子组成的电介质可以用图 6.1-5 来表示.

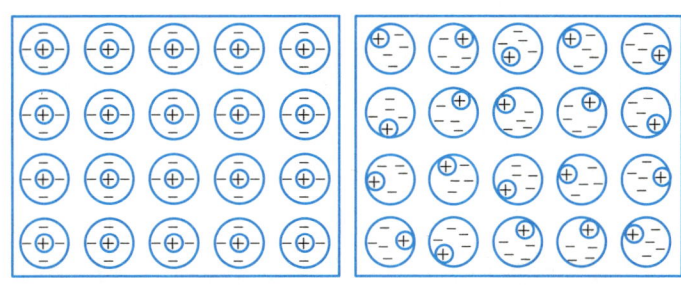

(a) 无极分子组成的电介质　　(b) 有极分子组成的电介质

图 6.1-5　不受外电场作用时的电介质

但是,当介质处在外场源产生的电场中时,无极分子的正电荷中心与负电荷中心分别受到相反方向的作用力,结果正负电荷中心被拉开一定的距离,形成一个电偶极子,具有一定的电偶极矩,电偶极矩的方向与外电场的方向相同,这就是无极分子组成的介质的极化. 无极分子在外电场作用下产生的电偶极矩称为感应电偶极矩. 外电场越强,感应电偶极矩越大. 原子核的质量比电子质量大得多,无极分子在电场作用下,其原子核实际上并未移动,感应电偶极矩几乎完全是电子在外场作用下发生位移的结果,因此无极分子组成的电介质的极化称为电子位移极化.

对于有极分子组成的介质,因电场对电偶极子有力矩作用,所以力矩有使各分子固有电偶极矩都转向电场方向的趋势. 但是,分子的热运动将破坏各电偶极矩的有规则排列,因此并不是所有的分子电偶极矩都取电场的方向,只是有较多的分子电偶极矩在不同程度上接近于电场的方向. 结果各分子固有电偶极矩不再完全抵消,整个介质呈现电性,这就是有极分子组成的介质的极化. 电场越强,分子电偶极矩沿电场方向排列得越整齐. 因为极化是分子固有电偶极矩在电场力作用下趋向电场方向的结果,所以有极分子组成的电介质的极化称为取向极化.

在外电场作用下,无极分子组成的介质和有极分子组成的介质可以用图 6.1-6 来表示. 这时,不论哪一种介质,在任意微观无限大、宏观无限小的体元内,各分子电偶极矩的总和不再为零,它们对外产生的电场,称为叠加在外场上的附加电场.

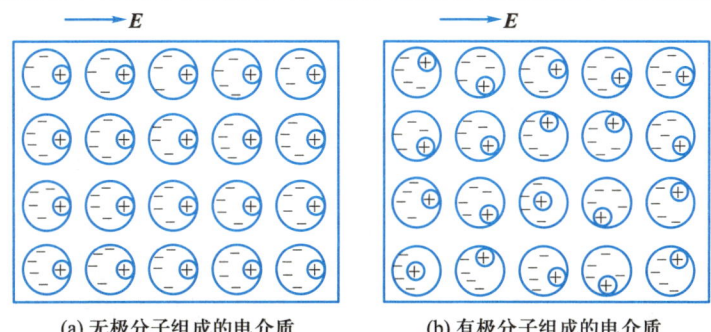

(a) 无极分子组成的电介质　　(b) 有极分子组成的电介质

图 6.1-6　处于外电场中的电介质

实际上,即使是由有极分子组成的电介质,在电场作用下,分子也能出现感应电偶极矩,发生电子位移极化. 不过,一般来说,取向极化的效应比电子位移极化的效应强得多.

有些电介质是离子晶体. 离子晶体在电场作用下,正、负离子将发生位移,从而使介质极化,这种极化称为离子极化.

电介质极化的实际过程是相当复杂的,而且原子或分子系统是一个量子力学系统,只有用量子力学,才能够对原子系统做出更为准确的描述. 但是,如果我们关心的不是极化的过程,而是已经极化的电介质所产生的附加电场,则可以把已经极化的电介质视为大量电偶极子的集合,每个电偶极子具有一定的电偶极矩,即分子电偶极矩 p,各分子电偶极矩在不同程度上沿着电场方向排列. 至于分子的电偶极矩是固有的还是感应生成的,对产生附加电场并无两样. 今后,我们就用上述简单模型来代替已经极化的电介质,这就是我们在电学中采用的电介质的微观模型.

在静电范围内,取向极化与位移极化并无明显的差别. 但在高频电场中,两种极化很不相同. 高频电场的电场强度方向不断改变,而分子具有惯性,其固有电偶极矩的取向来不及跟上电场方向的改变,或者说,对外电场的响应很差,所以高频电场几乎无法使介质发生取向极化. 但电子质量很小,对外电场的响应很快,电子位移极化对高频电场的响应就比较显著了. 在高频电场作用下介质的极化主要是电子位移极化.

§6.2 极化强度和极化电荷

1. 极化强度

将电介质放进电场后,电介质中的原子或分子因受到外电场作用发生位移极化或取向极化,产生附加电场. 附加电场的产生又会对原子或分子中的电荷产生作用,以至进一步改变极化的程度,这种相互作用、相互影响直到系统达到静电平衡为止. 由此可见,电介质的极化过程需要持续一定时间,诚然,这个时间是非常短暂的. 在达到静电平衡时,已经极化了的电介质等效于大量大体上沿着电场方向排列的电偶极子的集合. 电介质极化的程度不仅与每个分子的电偶极矩的大小有关,而且依赖于各分子电偶极矩排列的整齐程度. 为了描述电介质极化的程度,我们引入极化强度 P,它的定义为介质内单位体积中分子电偶极矩的矢量和,即

$$P = \frac{\sum p}{\Delta V} \tag{6.2-1}$$

式中 $\sum p$ 是体元 ΔV 内各分子电偶极矩的矢量和,ΔV 是一个物理上的无限小量. 一般来讲,极化强度是位置的函数. 真空的极化强度为零,因为真空中无分子电偶极矩. 不论有极分子还是无极分子,当介质未极化时,极化强度都为零. 对无极分子组成的介质,$P = 0$ 的原因是 $p = 0$,而对有极分子组成的介质,虽 $p \neq 0$,但 $\sum p = 0$.

极化强度 P 是反映介质特征的宏观量,当 P 很大时,p 不一定很大,当 P 很小时,p 不一定很小,反之亦然.

2. 极化电荷

第一节中分析过的实验现象表明,为了解释有关实验结果,我们必须认为介质表面上出现了某种电荷(即极化电荷)分布,这种电荷虽然紧贴着金属板,但并不会与金属上的所谓自由电荷中和,这说明介质表面上的电荷是束缚在介质上的,正是这种形态的极化电荷所产生的附加电场,使电容两极板间的电压降低.但从极化的微观模型看,介质的极化是由于介质内电偶极子有序排列而呈现出宏观的附加电场,因此,极化强度 P 与极化电荷是密切相关的.

我们先讨论一种特殊的情况.假定电介质是均匀的,即分子的数密度在介质内部处处相等,极化是均匀的,且电场也是均匀的.作为一种理想情况,假定各分子电偶极矩完全沿电场方向排列,如图 6.2-1 所示.在介质内部,每一个电偶极子的头部紧挨着另一个电偶极子的尾部,正、负电荷的效应相互抵消.但在与电场强度方向相垂直的介质表面上,一个侧面处聚集了电偶极子的头部,因而表面上有正电荷分布;在另一侧表面上,聚集着电偶极子的尾部,因而有负电荷分布.所以,均匀极化后的电介质在远处的电效应相当于在介质表面的薄层内分布了一些电荷,可视为一种束缚在介质表面上的面电荷.因为这种电荷是因介质的极化而产生的,故称为极化电荷.当介质均匀极化后,极化电荷只分布在介质的表面上,在介质内部,无极化电荷分布.实际上,即使极化不均匀(极化强度 P 不再是常矢量,而是空间位置的矢量函数),只要介质本身是均匀的,这一结论就是正确的.对于两种不同(包括密度不同)的均匀介质,除了在介质的表面上束缚着一层面分布的极化电荷外,在两种介质的交界面上,亦有极化电荷分布,如图 6.2-2 所示.

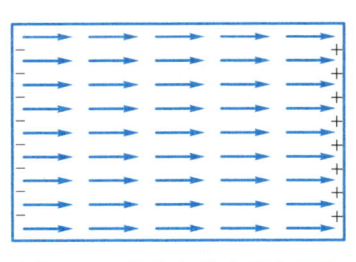

图 6.2-1　均匀极化介质表面的极化面电荷

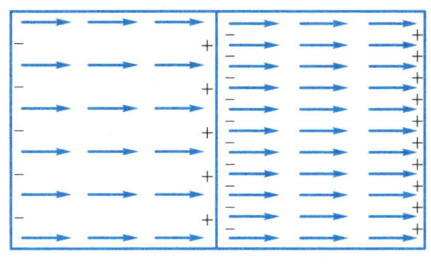

图 6.2-2　两种均匀极化介质交界面处的极化面电荷

如果电介质由许多种不同的都处于均匀极化状态的介质"混合"而成,每种均匀介质都是非常小的小块,以至在整个介质内部处处都是交界面,在交界面上都有"面电荷"分布,结果在介质内部实际上出现了体分布的极化电荷,它们都束缚在介质中.这种由无限多种不同(包括密度不同)介质所组成的介质,实际上就是非均匀介质.所以,非均匀电介质极化后,不但在介质的表面上束缚着面分布的极化电荷,而且在介质的内部也束缚着体分布的极化电荷.

考虑任意一种已经极化了的电介质,在其内部任取体积为 V 的一块介质作为研究对象,包围体积 V 的表面为 S,如图 6.2-3 所示. 显然,完全处在体积 V 内的电偶极子对 V 内的净电荷无贡献,全部位于 V 外的电偶极子对 V 内的净电荷也无贡献. 被 S 面所截的偶极子的情况则不同,它们中有的正电荷在 S 面的外部,因而对 V 内贡献一个负电荷;有的负电荷则在 S 面的外部,因而对 V 内贡献一个正电荷. V 内的净电荷正是由这些偶极子提供的. 若正电荷在 S 面外的电偶极子比正电荷在 S 面内的电偶极子多,则 V 内有负的净电荷,反之则有正的净电荷. 为了计算这些偶极子的数目,我们在 S 面上任取一面元 ΔS,以 e_n 表示它的外法线方向的单位矢量. 由于 ΔS 很小,在 ΔS 附近的电偶极子的电偶极矩的方向几乎相同. 设分子电偶极矩 $\boldsymbol{p}$ 与法向单位矢量 $\boldsymbol{e}_n$ 之间的夹角为 θ. 以 ΔS 为底,电偶极子正负电荷之间的距离 l 的一半为斜高,在 ΔS 两侧各作一平行六面体,斜高与 $\boldsymbol{p}$ 平行(如图 6.2-4 所示),两个六面体的体积之和 $\Delta V = l\Delta S\cos\theta$. 可以看出,凡是电偶极子正负电荷连线 l 的中心点位于 ΔV 内的分子,它们的正电荷都在 V 的外部,因而对 V 贡献一定量的负电荷. 通过计算相应的电偶极子数目,就可求得这些偶极子对 V 贡献的总电荷量. 若单位体积内的分子数为 N,则 ΔV 内的电偶极子数为

$$\Delta N = N\Delta V = N\Delta Sl\cos\theta$$

这些电偶极子对 S 内部贡献的电荷量为 $-q\Delta N$,即

$$\Delta Q_P = -qNl\Delta S\cos\theta = -Np\Delta S\cos\theta = -P\cos\theta\Delta S = -\boldsymbol{P}\cdot\Delta\boldsymbol{S}$$

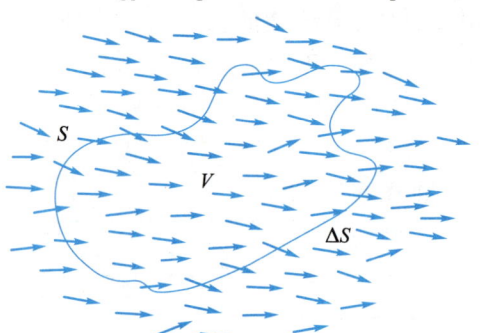

图 6.2-3 包围在封闭曲面 S 内的极化电荷取决于被 S 面所截的偶极子

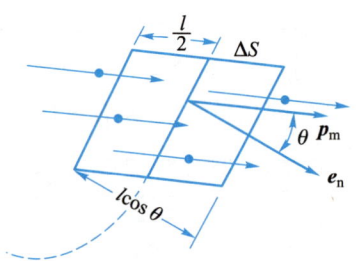

图 6.2-4 被面元 ΔS 所截的偶极子

其中 $\boldsymbol{P}=N\boldsymbol{p}$ 为单位体积内的分子电偶极矩的总和,即极化强度. 负号的意义是:当 $\theta<\pi/2$ 时,$\Delta Q_P<0$,表示留在 S 内的是电偶极子的尾部,因而对 V 内贡献的电荷是负的;当 $\theta>\pi/2$ 时,$\Delta Q_P>0$,表示留在 S 内的是电偶极子的头部,因而对 V 内贡献的电荷是正的.

把上式对整个封闭曲面 S 积分,便得到包围在 S 面内的极化电荷的净电荷量,

$$Q_P = -\oint_S \boldsymbol{P}\cdot\mathrm{d}\boldsymbol{S} \tag{6.2-2}$$

即介质内部任何体积 V 内的极化电荷的电荷量,等于极化强度对包围 V 的表面 S 的通量的负值. 我们知道,极化强度系单位体积内分子电偶极矩的矢量和,因此极

化强度相当于一个大电偶极矩,其头部带正电,尾部带负电. 当 $\oint_S \boldsymbol{P} \cdot d\boldsymbol{S} > 0$ 时,表示 $\boldsymbol{P}$ 的头部伸出 S 面,留在 S 面内的是 $\boldsymbol{P}$ 的尾部,故包围在 S 面内的电荷是负的.

3. 极化电荷的面密度和体密度

如前所述,在两种极化介质的交界面上,或者在介质的表面(实际上是介质与真空的交界面)上,存在面分布的极化电荷. 考察两种极化强度分别为 $\boldsymbol{P}_1$ 和 $\boldsymbol{P}_2$ 的电介质,假定极化强度在每一种电介质中都是位置的连续函数,仅在两种介质的交界面上才发生突变. 图 6.2-5 中,用水平线表示两种介质的界面,设界面的法向单位矢量 $\boldsymbol{e}_n$ 由第一种介质指向第二种介质. 为了找出交界面上任一小面元 ΔS 上的极化电荷,如图作一圆柱形的封闭曲面,使圆柱体的两个底面 ΔS_1 和 ΔS_2 分别在介质 1 和 2 中,且都与 ΔS 平行,圆柱体的高度 h 很小. 柱体内的极化电荷的电荷量为

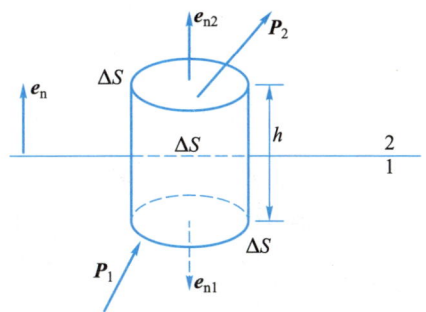

图 6.2-5　两种介质交界面上的极化面电荷与极化强度的关系

$$Q_P = -\oint_S \boldsymbol{P} \cdot d\boldsymbol{S}$$
$$= -\left(\int_{\Delta S_1} \boldsymbol{P}_1 \cdot d\boldsymbol{S} + \int_{\Delta S_2} \boldsymbol{P}_2 \cdot d\boldsymbol{S} + \delta \right)$$
$$= -(\boldsymbol{P}_1 \cdot \Delta \boldsymbol{S}_1 + \boldsymbol{P}_2 \cdot \Delta \boldsymbol{S}_2 + \delta)$$
$$= -[\Delta S(\boldsymbol{P}_1 \cdot \boldsymbol{e}_{n1} + \boldsymbol{P}_2 \cdot \boldsymbol{e}_{n2}) + \delta]$$

式中 δ 是 $\boldsymbol{P}$ 对柱体侧面的通量,$\boldsymbol{e}_{n1}$ 和 $\boldsymbol{e}_{n2}$ 分别是沿两个底面的正法线方向的单位矢量. 注意到 $\boldsymbol{e}_{n1} = -\boldsymbol{e}_n, \boldsymbol{e}_{n2} = \boldsymbol{e}_n$,我们有

$$Q_P = -[\Delta S(\boldsymbol{P}_2 - \boldsymbol{P}_1) \cdot \boldsymbol{e}_n + \delta] = \rho_P h \Delta S$$

再取 $h \to 0$ 的极限,极化强度对侧面的通量 δ 也相应地趋于零,而 $\rho_P h$ 就是分布在 ΔS 上的极化面电荷的面密度 σ_P,由此得

$$\sigma_P = -(\boldsymbol{P}_2 - \boldsymbol{P}_1) \cdot \boldsymbol{e}_n \tag{6.2-3}$$

或

$$\sigma_P = (\boldsymbol{P}_1 - \boldsymbol{P}_2) \cdot \boldsymbol{e}_n = P_{1n} - P_{2n} \tag{6.2-4}$$

即在两种介质的交界面上,极化电荷的面密度 σ_P 等于两种介质的极化强度的法向分量之差. 若 $P_{1n} > P_{2n}$,则 $\sigma_P > 0$,即交界面上有正的极化电荷. 若 $P_{1n} < P_{2n}$,则 $\sigma_P < 0$,交界面上有负的极化电荷. 当 $P_{1n} = P_{2n}$,即法向分量在交界面上连续时,交界面上无极化电荷分布.

若第二种介质是真空,则 $\boldsymbol{P}_2 = 0$,$\boldsymbol{e}_n$ 由介质指向真空,这时

$$\sigma_P = P_n = P\cos\theta \tag{6.2-5}$$

即在介质与真空的交界面上,极化电荷的面密度等于极化强度的法向分量,σ_P 的正

负取决于 $\boldsymbol{P}$ 和 $\boldsymbol{e}_n$ 的相对取向. 若 $\theta<\pi/2$, 有 $\sigma_P>0$; 若 $\theta>\pi/2$, 有 $\sigma_P<0$; 而当 $\theta=\pi/2$ 时, $\sigma_P=0$, 表示与极化强度平行的表面上无极化电荷分布. σ_P 的正负情况如图 6.2-6 所示.

极化电荷的分布与介质的形状密切有关. 凡出现介质的表面时, 该表面上就可能有极化电荷分布. 所以, 介质形状不同, 极化电荷的分布亦不同. 当介质内部挖出一个孔或腔时, 空腔的表面上将有取决于腔体形状等因素的极化电荷分布, 如图 6.2-7 所示.

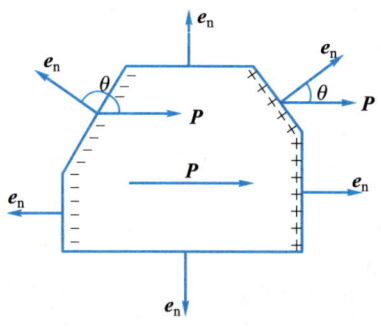
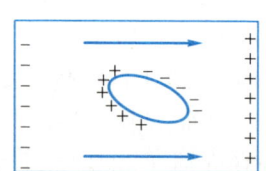

图 6.2-6　介质表面上极化电荷的分布与表面取向的关系

图 6.2-7　介质内空腔表面上的极化电荷分布

前面已经指出, 不均匀介质内部有极化电荷分布. 可以证明, 在直角坐标系中, 极化电荷的体密度 ρ_P 与极化强度 $\boldsymbol{P}$ 的关系为

$$\rho_P = -\left(\frac{\partial P_x}{\partial x}+\frac{\partial P_y}{\partial y}+\frac{\partial P_z}{\partial z}\right) \tag{6.2-6}$$

它表示, 若介质中各点的极化强度不同, 介质中就可能出现体分布的极化电荷.

如果 $\boldsymbol{P}$ 不为常量, 但 $\partial P_x/\partial x$、$\partial P_y/\partial y$ 和 $\partial P_z/\partial z$ 之和为零, 介质中亦无体分布的极化电荷. 若极化强度 $\boldsymbol{P}$ 是常量, 也就是当电介质均匀极化时, $\boldsymbol{P}$ 与位置无关, $\rho_P=0$, 即均匀极化的电介质内部无体分布的极化电荷.

4. 几点说明

(1) 极化产生的电荷起源于原子或分子的极化, 因而总是牢固地束缚在介质上, 它与导体上的自由电荷不同, 既不可能从介质的一处转移到另一处, 也不可能从一个物体传递给另一个物体. 即使物质同时具有介电性和导电性, 情形也如此. 若介质与导体接触, 极化电荷亦不会与导体上的自由电荷相中和, 因此往往称极化电荷为束缚电荷. 通常, 用摩擦等方法使绝缘体带电时, 绝缘体上的电荷也被束缚在绝缘体上, 因而也是一种束缚电荷. 但与极化电荷不同, 它并非起源于极化, 因而可能与自由电荷中和, 实际上它是一种束缚在绝缘体上的自由电荷. 相反, 在随时间变化的电场作用下, 由极化产生的束缚电荷却能移动, 并产生电流——极化电流, 它由 $\partial\boldsymbol{P}/\partial t$ 决定, 而束缚在绝缘体上的自由电荷则不会引起电流. 我们称介质极化产生的电荷为极化电荷, 而不称它是束缚电荷, 其目的是强调其产生的原因, 反映了它是介质对电场的一种响应, 而不强调它所处的状态. 介质极化产生的电效应归根到底是各极化分子共同产生的电效应的集体结果,但在远处与极化电荷的电效应相同,从这个意义上看,极化电荷具有等效电荷的含义.

(2) 对极化强度 P 为常量的均匀极化来说,介质内部无体分布的极化电荷. 但是,介质内部无体分布的极化电荷并不要求介质一定是均匀极化,即 P 可以不是常量. 只要介质是均匀的,不论极化是否均匀,一般在介质中就无体分布的极化电荷. 只有在均匀介质中存在体分布的自由电荷的地方才会有体分布的极化电荷.

(3) 极化电荷是在外场作用下产生的,没有外场作用就不会有极化电荷[某些具有永久极化的介质(如驻极体)例外]. 但是从电荷激发电场的角度来看,极化电荷与自由电荷是相同的,我们可以用以前学过的全部知识来研究极化电荷单独产生的电场.

5. 例题

例 6.2-1 一圆柱状的电介质,截面积为 S,长为 L,被沿着轴线方向极化,已知极化强度 P 沿 x 方向,且 $P = kx$(k 为比例常量),坐标原点取在圆柱的一个端面上,如图所示,试求极化电荷的分布情况以及极化电荷的总电荷量.

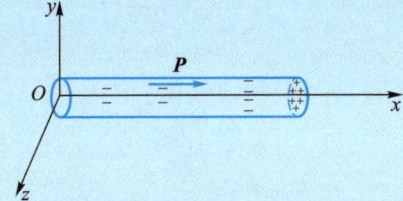

例 6.2-1 图 圆柱形的非均匀极化介质中的极化电荷分布

解:极化电荷的体密度为

$$\rho_P = -\frac{\partial P}{\partial x} = -k$$

即介质内均匀地分布着负的体极化电荷. 在 $x=0$ 的端面上的极化电荷面密度为

$$\sigma_{P1} = P_{n1} = -P_{x=0} = 0$$

在 $x=L$ 的端面上的极化电荷面密度为

$$\sigma_{P2} = P_{n2} = +P\big|_{x=L} = kL$$

极化电荷的总电荷量为

$$Q_P = \rho_P LS + \sigma_{P2} S$$
$$= -kLS + kLS = 0$$

这一结果正是我们预期的,因为介质极化时出现的极化电荷只是中性的介质中正负电荷在一定范围内分离的结果,并没有创造出新的电荷.

例 6.2-2 计算一沿 z 方向均匀极化的介质球表面的极化电荷在 z 轴上产生的电场,设极化强度为 P,介质球的半径为 R.

解:如图(a)所示,由(6.2-5)式,介质球表面的极化电荷面密度为

$$\sigma_P = P_n = P\cos\theta$$

由于 σ_P 只与 θ 有关,位于 θ 到 $(\theta+d\theta)$ 间的球带上的电荷量为

$$dq_P = 2\pi R^2 P\cos\theta\sin\theta d\theta$$

球带上的电荷在 z 轴上任一点产生的电势为

$$d\varphi = \frac{1}{4\pi\varepsilon_0}\frac{2\pi R^2 P\cos\theta\sin\theta d\theta}{(z^2+R^2-2zR\cos\theta)^{1/2}}$$

球面上的电荷产生的总电势为

$$\varphi(z) = \frac{PR^2}{2\varepsilon_0}\int_0^\pi \frac{\cos\theta\sin\theta d\theta}{(z^2+R^2-2zR\cos\theta)^{1/2}}$$

$$= \frac{P}{6z^2\varepsilon_0}[(z^2+R^2)(|z+R|-|z-R|)-zR(|z+R|+|z-R|)]$$

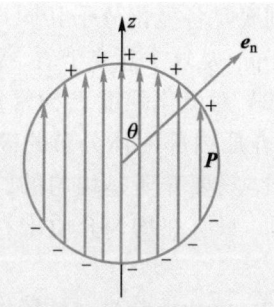

例 6.2-2 图(a) 均匀极化球表面的极化电荷分布

下面分两种情况讨论. 若考察点位于球外,即 $z>R$,则

$$|z-R|=z-R, \quad |z+R|=z+R$$

把这些结论代入 $\varphi(z)$ 的表达式,得球外的电势,

$$\varphi_e(z) = \frac{PR^3}{3\varepsilon_0 z^2}$$

因此,球外的电场强度为

$$E_e(z) = -\frac{\partial \varphi_e}{\partial z} = \frac{2PR^3}{3\varepsilon_0 z^3}$$

若考察点在球内,即 $z<R$,则 $|z-R|=R-z$, $|z+R|=z+R$,于是得

$$\varphi_i(z) = \frac{Pz}{3\varepsilon_0}$$

$$E_i(z) = -\frac{\partial \varphi_i}{\partial z} = -\frac{P}{3\varepsilon_0}$$

$E_i(z)$ 与 z 无关,表示在球内,z 轴上各点的电场是均匀的. (你是否感到上面求得的关于介质球内的电势和电场强度可能存在问题? 这是因为在介质球内的考察点并非远离所有的分子.)

实际上,在研究介质球极化后产生的电场时,我们完全可以不引用极化电荷这一概念,而直接考察各分子电偶极子的电效应. 假定介质球由无极分子组成,每个极化分子等效于一电偶极子,它是由相隔距离为 l 的一对电荷量为 q 的正负电荷组成,$p=ql$,假定所有的 p 都沿同一方向,因此极化强度为

$$P = Np = Nql$$

N 为单位体积内的分子数. 整个极化介质球的分子电偶极矩的总和为

$$P_0 = \frac{4}{3}\pi R^3 P = \frac{4}{3}\pi R^3 Nql$$

上式告诉我们:从电效应来看,均匀极化的介质球等效于两个等量异号的均匀带电球,电荷量 $Q=\frac{4}{3}\pi R^3 Nq$,电荷体密度为 Nq,两带电球的球心相距 l,如图(b)所示. 介质球在球内外任一点产生的电场强度等于这两个带电球产生的电场强度的叠加.

对于球内非表面的考察点,由例 1.5-4 可知,这两个等量异号的带电球将产生一均匀场,此场的大小就是 $-\frac{P}{3\varepsilon_0}$.

对位于球外的考察点,均匀带电球与位于球心处的点电荷等效,均匀极化介质球产生的场与一个电偶极矩为

$$P_0 = Ql = \frac{4\pi}{3}R^3 Nql = \frac{4}{3}\pi R^3 P$$

的电偶极子的场相同,如图(b)所示,即

$$E_r = \frac{1}{4\pi\varepsilon_0}\frac{2P_0\cos\theta}{r^3} = \frac{2}{3\varepsilon_0}\frac{R^3 P\cos\theta}{r^3}$$

$$E_\theta = \frac{1}{4\pi\varepsilon_0}\frac{P_0\sin\theta}{r^3} = \frac{1}{3\varepsilon_0}\frac{R^3 P\sin\theta}{r^3}$$

均匀极化介质球在球外产生的电场的分布如图(c)所示.

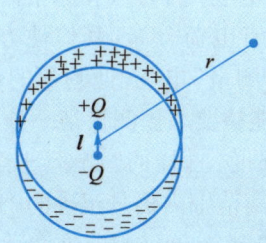

例 6.2-2 图(b) 与均匀极化介质球
相当的两个等量异号的均匀带电球

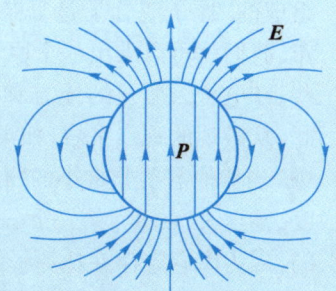

例 6.2-2 图(c) 均匀极化介质球
在球外的电场

当 $\theta = 0, r = z$,则

$$E = E_r = \frac{2R^3 P}{3\varepsilon_0 z^3}$$

这就是均匀极化的介质球在球外 z 轴上的电场强度,它与球表面的极化电荷产生的电场强度相同.

§6.3 介质中的静电场

1. 宏观电场与微观电场

介质中的电场这一名词的含义,有待进一步明确. 在上一节中,我们建立了电介质极化的微观模型,即把每个分子或原子等效为一个电偶极子,用分子电偶极矩 p 表示其电性,用极化强度 P 描述介质的极化,最后,又把极化了的电介质归结为符合某种分布的极化电荷. 极化电荷虽然是在外电场作用下产生的电荷,但极化电荷的场同样服从库仑定律和场的叠加原理. 因此,根据极化电荷分布就可以求得极化电荷单独产生的电场. 显然,如果考察点在介质外面,这种看法是合理的. 但是,如果考察点在介质内部,则在考察点近旁的分子的电效应显然与电偶极子的电效应有很大的不同. 在这种情况下,介质内的场是否仍然等效于极化电荷的场,尚有待进一步研究.

本来，电场强度是根据作用在检测电荷上的力来定义的，检测电荷虽然是一个非常小的带电体，但仍是一个宏观电荷，其线度和电荷量比原子或分子的线度以及电子的电荷量要大得多. 为了定义介质中的电场，就得在介质中挖一空腔，把检测电荷置于空腔中，测量电场对它的作用力. 然而，这样测得的电场强度并非介质中的电场强度，而是空腔中的电场强度. 空腔中的电场强度与介质中的电场强度不是一回事. 空腔中的电场强度与空腔的形状密切相关，这是因为在极化介质中挖空腔将使空腔表面上出现极化电荷，产生附加电场，而极化面电荷的分布与空腔的形状密切相关. 因此，用宏观的检测电荷来定义介质中的电场强度的方法是不恰当的.

但是，我们可以从微观的观点来研究问题. 介质是由大量不连续的原子或分子组成的. 原子或分子是复杂的电荷系统，如果知道每个原子或分子内部的电荷分布，我们就可以求出一个原子或分子产生的电场. 因为只有原子内部（说得更精确些，在电子云所及的地方和原子核内部）才有电荷分布，其他地方与真空一样，因此，从微观的观点来看，如果我们要派人去"测量"电场，他测量的仍是真空中的电场. 当然他需要非常小的"仪器"，因为他可能被要求去测量某一分子附近的电场强度，甚至去"测量"某一个分子内部的电场强度. 这样的"测量"从理论上讲是合理的，因为库仑定律在比原子线度还要小的距离范围内仍是正确的. 这种在微观尺度内的电场称为微观电场，微观电场的分布非常复杂. 例如，在离水分子 1 nm 处的地方，电场强度可达到每厘米几十万伏特，而离分子稍远处，电场强度就急剧减小. 所以，微观电场在空间中的变化极其复杂和紊乱. 此外，微观电场随时间亦可能是变化的，因为电子在运动，当电子"接近"或"远离"考察点时，考察点的电场将有很大的不同. 但在宏观尺度上所能测量的物理量，都是对应的微观量在微观上足够长、宏观上相当短的时间内和微观上足够大、宏观上相当小的空间区域内的平均值. 诚然，在静电问题中，宏观的电场强度与时间无关，只在空间中有一定的分布，故微观电场的平均值应与时间无关，这与认为正常状态下的原子具有稳定的电荷体系的量子力学的观点是一致的. 若 e 是微观电场的电场强度，ΔV 是介质中一物理无穷小的体元，则宏观电场的电场强度定义为

$$E = \frac{1}{\Delta V}\int_{\Delta V} e\,\mathrm{d}V = \langle e \rangle_{\Delta V}$$

因为 ΔV 是一个物理上的无穷小量，其内仍然有大量的原子或分子，故微观上的起伏对平均值的影响是很小的. 但 ΔV 在宏观上仍是很小的，平均电场强度在宏观尺度上可能存在差别. 通常所谓介质内部的电场强度就是指宏观场，它是微观电场的平均值. 这样，确定介质中的电场强度的问题也就是确定介质中的微观电场的平均电场强度的问题. 而微观电场的电场强度 e 与真空中电场强度的含义相同. 可以证明，介质中的电场由一切外场源产生的电场与一切极化电荷产生的场叠加而成. 所谓外场源是指极化电荷以外的其他电荷，它可以是导体上的自由电子，也可以是嵌在介质中的被束缚着的离子或电子，它们从性质来讲，都属于自由电荷，而极化电荷是在这些电荷产生的电场作用下使介质极化后形成的. 若用 E 表示介质中的电场强度，E_f 表示所有的自由电荷单独产生的电场的电场强度，E_p 表示

所有的极化电荷单独产生的电场的电场强度,则有

$$E = E_f + E_P \tag{6.3-1}$$

只要已知自由电荷和极化电荷的分布,介质中的电场便可求得.

2. 极化强度与电场强度的关系

电介质在外场源产生的电场的作用下发生极化,极化介质产生附加电场,它又会影响介质的极化,而且还可能改变外场源的分布,从而又影响介质的极化. 也就是说,在介质极化过程中,极化的原因和极化产生的结果之间存在着反馈联系. 这种联系可以用图 6.3-1 来表示.

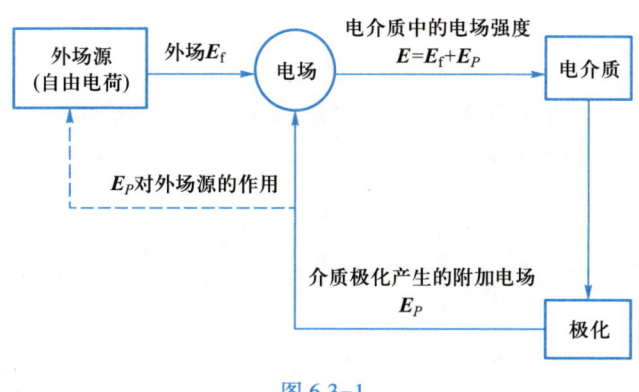

图 6.3-1

当极化达到稳定后,介质中有确定的电场强度 E 和极化强度 P. 极化强度 P 和介质中的电场强度 E 存在一定的联系,即 $P = P(E)$,或 $P_x = P_x(E_x, E_y, E_z)$,$P_y = P_y(E_x, E_y, E_z)$ 等. 在宏观电磁学中,我们无法从理论上建立 P 与 E 的联系,只能通过实验来建立.

由极化强度的定义我们可以看出,极化强度与介质的性质(如分子电偶极矩的大小、各分子电偶极矩有序化的难易程度、单位体积内的分子数)有关. 另外,分子固有电偶极矩的转向或分子感应电偶极矩的产生,显然都与介质中的电场强度有关. 对于大部分各向同性的电介质,当电场强度不太强时,极化强度 P 与介质中的电场强度 E 成正比,方向相同,即

$$P = \varepsilon_0 \chi E \tag{6.3-2}$$

(6.3-2)式称为各向同性介质的物态方程,χ 称为介质的电极化率,是量纲一的数,它反映了介质极化难易的程度. 对于不同的介质,电极化率是不同的,ε_0 是因为单位制而引入的常量. 若介质是均匀的,即在介质内各处的物理性质都相同,电极化率是与位置无关的常量.若介质是非均匀的,则电极化率与位置有关,即 $\chi = \chi(x, y, z)$. 气体、大部分液体、许多非晶体和某些晶体,都是各向同性的介质.

对于有些晶体,构成晶体的原子在空间中有规则地排列,晶体的物理性质与方向有关. 如沿某个方向,介质较易极化,沿另一方向,介质较难极化,则这种晶体称为各向异性介质. 例如若某晶体在两个相互垂直的方向 AA' 和 BB' 上,极化难易程度不同. 当介质中的电场强度 E 的方向如图 6.3-2 所示时,E 在 AA' 方向的分量使

介质产生 AA' 方向的极化,极化强度为
$$P_A = \varepsilon_0 \chi_A E_A$$
E 在 BB' 方向的分量 E_B 使介质产生沿 BB' 方向的极化,极化强度为
$$P_B = \varepsilon_0 \chi_B E_B$$
若 $\chi_A \ne \chi_B$,则导致 E 与 P 的方向不同. 由此可见,对于各向异性介质,极化强度 P 与电场强度 E 的方向并不相同. 一般讲,极化强度 P 和电场强度 E 虽不成简单的正比关系,但仍然成线性关系.

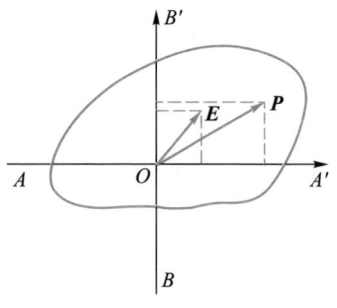

图 6.3-2 在各向异性介质中 E 和 P 方向不同

3. 例题

例 6.3-1 两块无限大的金属平板,带有等量异号的自由电荷,电荷面密度为 $\pm\sigma_0$,两板之间充满均匀的电介质,介质的电极化率为 χ,求介质内的电场强度.

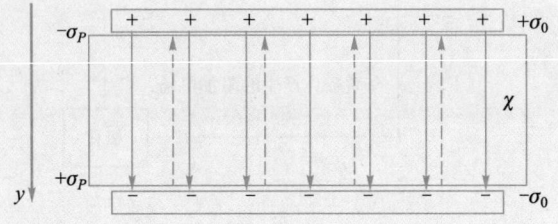

例 6.3-1 图 充满介质的平板电容器中的电场分布

解:如图所示,在两板之间,自由电荷单独产生的电场为
$$E_f = \frac{1}{\varepsilon_0}\sigma_f k$$
k 为垂直于平板的单位矢量,方向由带正电的板指向带负电的板. 因为介质是均匀的,只在介质的表面上有面分布的极化电荷,其电荷面密度为
$$\sigma_P = P_n = P$$
在介质的上表面,极化电荷的电荷面密度是 $-\sigma_P$,在介质的下表面,极化电荷的电荷面密度是 $+\sigma_P$,因此,极化电荷产生的电场为
$$E_P = -\frac{1}{\varepsilon_0}\sigma_P k$$
根据(6.3-1)式,注意到物态方程(6.3-2)式,介质中的电场强度为
$$E = E_f + E_P = \frac{1}{\varepsilon_0}\sigma_f k - \chi E k$$
引入常量
$$\varepsilon_r = 1 + \chi$$
ε_r 为电介质的相对介电常量,得
$$E = \frac{1}{\varepsilon_r} E_f$$

此式表明,当整个电场内充满均匀电介质时,介质中的电场强度等于自由电荷单独产生的电场强度的 $1/\varepsilon_r$. ε_r 反映了介质对场的影响. 不难证明 ε_r 就是(6.1-1)式中所引入的介质的相对介电常量.

例 6.3-2 在无限大的均匀电介质中,浸入一电荷量为 q_f 的均匀带电导体球,球的半径为 R,求介质中的电场强度. 设介质的极化率为 χ.

解：自由电荷在球外单独产生的电场强度为

$$E_f = \frac{1}{4\pi\varepsilon_0} \frac{q_f}{r^2} e_r$$

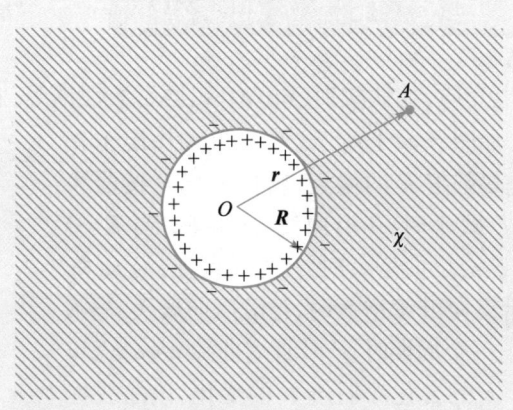

例 6.3-2 图　浸入无限大均匀电介质中的带电导体球

极化电荷只分布在介质与球面的交界面和无限远处的介质表面上,如图所示. 因为无限远处介质表面上的极化电荷在考察点 A 处的场可以忽略不计,故极化电荷 q_P 在 A 点的电场强度为

$$E_P = -\frac{1}{4\pi\varepsilon_0} \frac{q_P}{r^2} e_r$$

而

$$q_P = 4\pi R^2 \sigma_P = 4\pi R^2 P_n = 4\pi R^2 \varepsilon_0 \chi E(R)$$

式中 $E(R)$ 为介质中的电场强度在球表面处的值. 于是介质中的电场强度为

$$E = E_f + E_P = \frac{1}{4\pi\varepsilon_0} \frac{q_f - q_P}{r^2} e_r$$

E 是 r 的函数. 在 $r=R$ 处,

$$E(R) = \frac{1}{4\pi\varepsilon_0} \frac{q_f - q_P}{R^2}$$

把 $E(R)$ 代入 q_P 的表达式,得

$$q_P = \frac{\chi}{1+\chi} q_f$$

于是

$$E = \frac{1}{1+\chi} \cdot \frac{1}{4\pi\varepsilon_0} \frac{q_f}{r^2} e_r$$

引入

$$\varepsilon_r = 1 + \chi$$

则

$$E = \frac{1}{\varepsilon_r} E_f$$

即当均匀电介质充满电场存在的整个空间时,介质中的电场强度为自由电荷单独产生的电场强度的 $1/\varepsilon_r$, ε_r 就是介质的相对介电常量.

§6.4 铁电体、压电体和驻极体

有一些电介质,如钛酸钡(BaTiO₃)、酒石酸钾钠等,它的极化规律非常复杂,存在滞后现象,如图 6.4-1 所示. 当有电场作用于介质时,随着电场强度 E 的增大,极化强度 P 按曲线 Oa 增大,当 E 减小时,P 沿曲线 ab 减小. 当 $E=0$ 时,$P \neq 0$,当 E 沿反向增大时,P 方向不变,沿 bc 降到零. 当 E 沿反向继续增大时,P 沿反向增大,当 E 在 $\pm E_m$ 间变化一个周期时,P 沿封闭曲线 $abca'b'c'a$ 变化,它表示 P 的变化滞后于 E 的变化,该曲线称为电滞回线. 具有这种性质的电介质称为铁电体. 铁电体与温度之间存在特殊的依赖关系,每种铁电体都有一个转变温度,称为居里温度或居里点,当

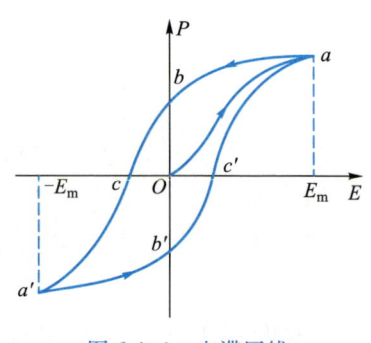

图 6.4-1 电滞回线

温度低于居里温度时,材料呈现铁电性,当温度高于居里温度时,材料的性质与一般电介质的相同. 如钛酸钡的居里温度为 120 ℃.

某些各向异性的晶体,在机械力作用下发生形变时,晶体的表面上会出现极化电荷,这种现象称为压电效应. 铁电体具有压电效应. 但有压电效应的介质不一定是铁电体. 例如石英晶体是压电体,但不是铁电体. 石英是 SiO_2 的一种晶体,其压电效应与其内部结构有关. 图 6.4-2 所示为石英晶体的理想外形,几何外形是有规则的. 石英晶体有三个晶轴,如图 6.4-3 所示,其中 z 轴称为光轴,它是用光学方法确定的. 沿光轴方向没有压电效应. 经过晶体的棱线并与光轴垂直的 x 轴称为电轴,垂直于 Oxz 平面的 y 轴称为机械轴.

我们可以把石英晶体的硅离子和氧离子在垂直于 z 轴的 Oxy 平面上投影,从而得到等效的正六边形排列,如图 6.4-4 所示. 其中"+"代表硅离子,"−"代表氧离子. 当石英晶体未受力的作用时,正、负离子正好分布在正六边形的顶角上,形成三个大小相等、互成 120°夹角的电偶极矩 $\boldsymbol{p}_1$、$\boldsymbol{p}_2$、$\boldsymbol{p}_3$,如图 6.4-4(a)所示. 电偶极矩的大小取决于正、负电荷间的距离,这时,$\boldsymbol{p}_1 + \boldsymbol{p}_2 + \boldsymbol{p}_3 = 0$,晶体无电效应. 当晶体受到沿 x 轴的压力的作用时,晶体在 x 方向压缩,正、负离子间的相对位置改变,产生沿正 x 方向的合电偶极矩,如图 6.4-4(b)所示,于是在与 x 轴正方向垂直的表面上出现正的极化电荷,而垂直 y 轴和 z 轴的面上无极化电荷. 这就是纵向压电效应. 当石英晶

体受到沿 y 轴的压力作用时,晶体的形变如图 6.4-4(c)所示,合电偶极矩沿负 x 方向,在与 x 轴正方向垂直的面上出现负的极化电荷,而垂直 y 轴和垂直 z 轴的面上亦无极化电荷. 这就是横向压电效应.

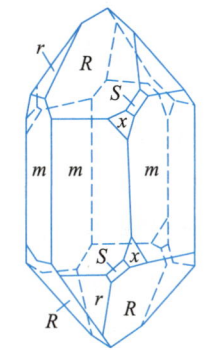

图 6.4-2　石英晶体的理想外形

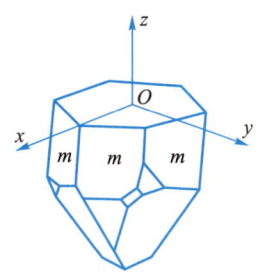

图 6.4-3　石英晶体的晶轴

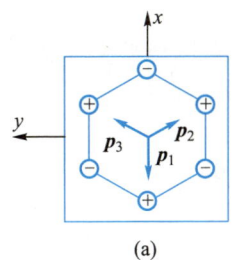
(a)

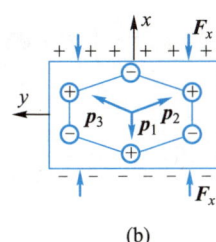
(b)

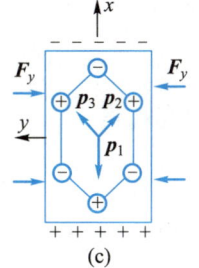
(c)

图 6.4-4　石英晶体压电效应机理示意图

利用压电效应可把机械振动转变为电振动信号,制成压电式传感器,可用于测量各种机件上承受压力的仪器、晶体式话筒、电唱头、扬声器等. 压电陶瓷(一种人工制造的多晶压电材料)点火器就是利用压电陶瓷把机械力转化成电火花而点燃可燃物的装置. 它利用机械装置压缩弹簧后让弹簧突然伸长,使撞击物冲击压电陶瓷,受击压电陶瓷的两端面间因形成高电压而产生电火花,使可燃气体着火.

压电效应有其逆效应. 在晶体的两个面上加电压时,晶体将发生形变,即产生伸长或缩短的变化. 逆压电效应可把电振动变为机械振动,可用于制造钟表、激发超声波等. 扫描隧穿显微镜的扫描系统就是利用逆压电效应制成的.

还有一些材料,一旦被极化,即使撤去外电场,其极化仍能保留在介质中,这种材料称为永电体或驻极体. 例如将石蜡熔化,在它处在液体状态时加上强电场,使之极化,在它凝结成固体时,极化便保留在固体中,成为驻极体. 驻极体具有长期保存电荷的功能,它可以产生很强的电场. 由驻极体薄膜制成的话筒已商品化,如一般录音机中用的话筒就是以驻极体为探头的.

§6.5 介质中的高斯定理

1. 电位移 介质中的高斯定理

产生静电场的源电荷有两类,一类是自由电荷,一类是极化电荷. 这两类电荷的产生原因虽不同,但都产生电场. 在有介质存在的情况下,任意封闭曲面的电场强度通量不仅取决于包围在该封闭曲面内的自由电荷 q_f,还取决于包围在该曲面内的极化电荷 q_P,即

$$\oint_S \boldsymbol{E} \cdot \mathrm{d}\boldsymbol{S} = \frac{1}{\varepsilon_0} \sum (q_f + q_P) \tag{6.5-1}$$

包围在任一封闭曲面内的极化电荷的电荷量,取决于极化强度对该封闭曲面的通量. 由(6.2-2)式有

$$\sum q_P = -\oint_S \boldsymbol{P} \cdot \mathrm{d}\boldsymbol{S}$$

代入(6.5-1)式,得

$$\oint_S \boldsymbol{E} \cdot \mathrm{d}\boldsymbol{S} = \frac{1}{\varepsilon_0} \sum q_f - \frac{1}{\varepsilon_0} \oint_S \boldsymbol{P} \cdot \mathrm{d}\boldsymbol{S}$$

等式两边乘以 ε_0,则上式可改写成

$$\oint_S (\varepsilon_0 \boldsymbol{E} + \boldsymbol{P}) \cdot \mathrm{d}\boldsymbol{S} = \sum q_f \tag{6.5-2}$$

(6.5-2)式左边的被积函数是两个不同性质的物理量的线性叠加,我们用符号 $\boldsymbol{D}$ 表示叠加的结果:

$$\boldsymbol{D} = \varepsilon_0 \boldsymbol{E} + \boldsymbol{P} \tag{6.5-3}$$

$\boldsymbol{D}$ 称为电位移. 引入电位移后,(6.5-2)式可写成

$$\oint_S \boldsymbol{D} \cdot \mathrm{d}\boldsymbol{S} = \sum q_f \tag{6.5-4}$$

电位移 $\boldsymbol{D}$ 是两个意义不同的物理量的叠加. $\boldsymbol{E}$ 和 $\boldsymbol{P}$ 在空间中每一点都有确定的值,因此 $\boldsymbol{D}$ 在空间中每一点也有确定的值,$\boldsymbol{D}(x,y,z)$ 构成一个新的矢量场. 电位移既不是 $\boldsymbol{E}$——作用于单位正电荷上的力,也不是 $\boldsymbol{P}$——单位体积内分子电偶极矩的矢量和,因此电位移的含义并不十分明确. 但是,(6.5-4)式表示,电位移 $\boldsymbol{D}$ 对任意封闭曲面的通量完全取决于包围在该封闭曲面内的自由电荷,与极化电荷无关. 像用电场线形象化地表示电场强度在空间的分布情况那样,我们可以用电位移线来表示电位移在空间中的分布. (6.5-4)式告诉我们,电位移线也是有头有尾的,正的自由电荷是它的源头,负的自由电荷是它的尾闾. 只有自由电荷才是矢量场 $\boldsymbol{D}$ 的源头或尾闾,犹如真空中的电场的电场强度. (6.5-4)式称为介质中电场的高斯定理,它不仅适用于静电场,对随时间变化的电场也适用.

我们知道,极化电荷的分布是非常复杂的. 介质极化后,在介质的表面上或两

种不同介质的交界面上,以及不均匀介质的内部,都有极化电荷分布.在有极化电荷分布的地方,或者有电场线中断,或者有电场线散发出来.但电位移线则不同,它们将连续地通过仅有极化电荷分布的地方,极化电荷并不改变电位移线的总数目.

对于各向同性的介质,由(6.3-6)式,有

$$D = \varepsilon_0 E + P = \varepsilon_0 E + \varepsilon_0 \chi E = \varepsilon_0 (1+\chi) E$$

ε_r 是介质的相对介电常量,

$$\varepsilon_r = 1 + \chi \tag{6.5-5}$$

则有

$$D = \varepsilon_0 \varepsilon_r E = \varepsilon E \tag{6.5-6}$$

即引入相对介电常量 ε_r 后,在各向同性的介质中,D 与 E 成正比,比例系数 $\varepsilon = \varepsilon_0 \varepsilon_r$ 称为绝对介电常量,由实验确定.

我们看到,电位移本身虽然缺少明确的含义,但它具有上述一些重要的性质.因而,在研究介质中的电场时,往往先研究电位移 D,然后通过(6.5-6)式求得 E,从而不必追究极化电荷的分布.因此,在研究介质中的电场时,电位移是一个很有用的辅助量.

用介质中的高斯定理计算例 6.3-1 和例 6.3-2 就显得非常容易了.对于例 6.3-1,根据对称性,我们作如图 6.5-1 所示的高斯曲面 S,注意到导体内部 $E = 0$,因而 $D = 0$,且 D 与导体板垂直,我们有

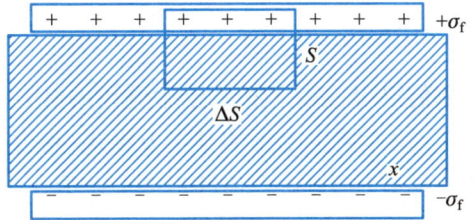

图 6.5-1 用介质中的高斯定理计算充满均匀介质的平板电容器中的电场强度

$$\oint_S \boldsymbol{D} \cdot \mathrm{d}\boldsymbol{S} = D\Delta S = \sigma_f \Delta S$$

由此得

$$D = \sigma_f$$

由(6.5-6)式,得

$$E = \frac{1}{\varepsilon_0 \varepsilon_r} D = \frac{1}{\varepsilon_0 \varepsilon_r} \sigma_f = \frac{1}{\varepsilon_r} E_f$$

即介质中的电场强度等于自由电荷单独产生的电场强度的 $1/\varepsilon_r$.

对于例 6.3-2,我们作如图 6.5-2 所示的球形高斯曲面 S,根据对称性,电场强度只能沿半径 r 的方向,在 r 相同处,电场强度 E 的大小应相等,因此电位移的分布具有同样的对称性.把(6.5-4)式应用于球形高斯曲面,得

$$\oint_S \boldsymbol{D} \cdot \mathrm{d}\boldsymbol{S} = 4\pi r^2 D = q_f$$

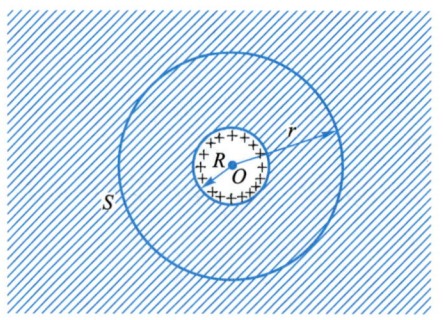

图 6.5-2 用介质中的高斯定理计算均匀介质中放有带电导体球时的电场强度

由此得

$$D = \frac{1}{4\pi}\frac{q_f}{r^2}$$

由(6.5-6)式,得

$$E = \frac{1}{\varepsilon_0\varepsilon_r}D = \frac{1}{4\pi\varepsilon_0\varepsilon_r}\frac{q_f}{r^2} = \frac{1}{\varepsilon_r}E_f$$

即介质中的电场强度等于自由电荷单独产生的电场强度的 $1/\varepsilon_r$.

通过这两个简单的例子,我们可以很清楚地看到引入辅助量 D 的好处.

2. 介质中电场的基本方程式

通过前面的讨论,我们已经完成了把真空中电场的基本方程式推广到介质中的准备工作. 下面,我们讨论介质中电场的基本方程式. 电介质的存在可归结为增加了一些新的场源,而电位移的引入,并由此得到的介质中的高斯定理,使介质对场的影响可以通过由实验测量的相对介电常量 ε_r 反映出来. 这样,对介质中电场强度的研究就简单得多了. 介质的存在仅是增加了一些新的场源,因此,介质并未改变电场的基本性质. 存在电介质并达到静电平衡时,若自由电荷是静止的,则极化电荷也是不随时间改变的,它们产生的电场是静电场,其保守场的性质未变,仍满足静电场的环路定理,即

$$\oint_C \boldsymbol{E} \cdot \mathrm{d}\boldsymbol{l} = 0 \tag{6.5-7}$$

式中 $\boldsymbol{E}$ 是自由电荷与极化电荷共同产生的电场. 若空间中还存在由变化的磁场产生的涡旋电场,则电场的环流不等于零,电场的方程为

$$\oint_C \boldsymbol{E} \cdot \mathrm{d}\boldsymbol{l} = -\int_S \frac{\partial \boldsymbol{B}}{\partial t} \cdot \mathrm{d}\boldsymbol{S} \tag{6.5-8}$$

式中 $\boldsymbol{E}$ 是自由电荷、极化电荷和变化的磁场共同产生的电场. 存在电介质后,电荷(包括自由电荷和极化电荷)产生的电场是有源场,电场线是有头有尾的,而变化的磁场产生的涡旋电场的电场线是闭合曲线,电场线的源头和尾间仍是电荷. 在引入电位移后,电位移线的源头是自由电荷,因此有

$$\oint_S \boldsymbol{D} \cdot \mathrm{d}\boldsymbol{S} = \sum q_\mathrm{f} \tag{6.5-9}$$

(6.5-8)式与(6.5-9)式便是介质中电场的基本方程式,而(6.5-7)式与(6.5-9)式便是介质中静电场的基本方程式. 此外,还有联系 $\boldsymbol{D}$ 和 $\boldsymbol{E}$ 的所谓物态方程式:

$$\boldsymbol{D} = \varepsilon_0 \boldsymbol{E} + \boldsymbol{P} = \varepsilon_0 \varepsilon_\mathrm{r} \boldsymbol{E} \tag{6.5-10}$$

后一等号只对各向同性的介质成立. 本书主要讨论各向同性介质. 介质中电场的基本方程式包括了真空中电场的基本方程式. 我们可以把真空视为 $\varepsilon_\mathrm{r} = 1$ 的特殊介质.

存在介质后的电场强度应该同时满足电场的基本方程式和物态方程式. 因此在一般情况下,只用介质中的高斯定理一个方程式并不能完全确定场的分布. 只有在某些特殊的问题中,我们可以根据其他条件(如对称性),在预先知道场分布的某些特征后,才有可能直接用介质中的高斯定理求出电位移 $\boldsymbol{D}$,然后从物态方程求出 $\boldsymbol{E}$. 而这类问题无非是球对称问题、柱对称问题和平面对称问题,这与用真空中的高斯定理直接求 $\boldsymbol{E}$ 相似.

如果电介质是均匀的,且充满整个电场存在的空间,则相对介电常量 ε_r 与位置无关,因而对任意封闭曲面 S 有

$$\oint_S \boldsymbol{D} \cdot \mathrm{d}\boldsymbol{S} = \varepsilon_0 \varepsilon_\mathrm{r} \oint_S \boldsymbol{E} \cdot \mathrm{d}\boldsymbol{S} = \sum q_\mathrm{f}$$

于是得

$$\oint_S \boldsymbol{E} \cdot \mathrm{d}\boldsymbol{S} = \frac{1}{\varepsilon_0 \varepsilon_\mathrm{r}} \sum q_\mathrm{f} = \frac{1}{\varepsilon_0} \sum \frac{1}{\varepsilon_\mathrm{r}} q_\mathrm{f} \tag{6.5-11}$$

这就是说,当均匀的电介质充满整个电场存在的空间时,介质对电场的影响可以归结为场源由 $\sum q_\mathrm{f}$ 变为 $\sum (q_\mathrm{f}/\varepsilon_\mathrm{r})$,致使介质中的电场强度为自由电荷单独产生的电场强度的 $1/\varepsilon_\mathrm{r}$. 这一结论,在"平行板电容器充满均匀电介质"以及"均匀带电导体球处在无限大均匀电介质中"这两个实例中已经给出.

当均匀介质充满整个场存在的空间时,在介质内部,除放置自由电荷的地方外,无极化电荷分布. 极化电荷只能分布在放置自由电荷的地方,其结果相当于抵消了一部分自由电荷,即场源由 q_f 变成 $q_\mathrm{f}/\varepsilon_\mathrm{r}$(包括 ρ_f 变为 $\rho_\mathrm{f}/\varepsilon_\mathrm{r}$,$\sigma_\mathrm{f}$ 变为 $\sigma_\mathrm{f}/\varepsilon_\mathrm{r}$),因此,电场强度亦按比例减弱成自由电荷单独产生的电场强度的 $1/\varepsilon_\mathrm{r}$. 这反映了极化电荷对自由电荷的场有一定程度的屏蔽作用.

3. 电场的边界条件

在许多实际问题中,电场内往往存在多种介质,或者电介质未充满整个电场存在的空间,这就可能出现介质的交界面和表面(表面可以视为介质与真空的交界面). 在两种介质的交界面上,即使没有面分布的自由电荷,一般来说也可能出现面分布的极化电荷. 因此,即使自由电荷的分布完全相同,有交界面存在,交界面的形状不同则对应的场分布将不同. 交界面的存在会影响整个空间的电场分布,因此,研究电场在交界面处的行为十分重要. 把电场的基本方程式用到交界面上,就得到场矢量在交界面上的行为和满足的规律,这个规律称为电场的边界条件.

设有两种不同的介质,相对介电常量分别为 ε_{r1} 和 ε_{r2},在分界面两侧的场矢量分别为 $\boldsymbol{E}_1$、$\boldsymbol{D}_1$ 和 $\boldsymbol{E}_2$、$\boldsymbol{D}_2$. 以 $\boldsymbol{e}_n$ 表示界面的法向单位矢量,其方向由介质 1 指向介质 2,如图 6.5-3 所示. 若界面上还可能存在面分布的自由电荷,则用 σ_f 表示自由电荷的电荷面密度. 在分界面上任取一面元 ΔS,作一包围 ΔS 的盒状的封闭曲面,盒子的上、下底 ΔS_1 和 ΔS_2 分别平行于 ΔS,大小与 ΔS 相等,其法向单位矢量分别为 $\boldsymbol{e}_{n1}$ 和 $\boldsymbol{e}_{n2}$,盒的高度 h 很小,最终令它趋于零. 把方程式(6.5-9)式用于该盒状封闭曲面,得

$$\oint_S \boldsymbol{D} \cdot \mathrm{d}\boldsymbol{S} = \boldsymbol{D}_1 \cdot \Delta \boldsymbol{S}_1 + \boldsymbol{D}_2 \cdot \Delta \boldsymbol{S}_2 + \delta = \rho_f h \Delta S$$

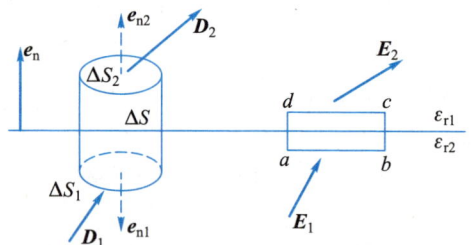

图 6.5-3 推导 $\boldsymbol{D}$ 和 $\boldsymbol{E}$ 的边界条件

δ 是电位移 $\boldsymbol{D}$ 对盒子侧面的通量,$\rho_f h \Delta S$ 是包围在盒内的自由电荷. 当盒子的上、下底无限趋近于交界面,即 $h \to 0$ 时,$\delta = 0$,若交界面上有面分布的自由电荷,则 $\rho_f h$ 就是交界面上的自由电荷的电荷面密度. $\boldsymbol{D}_1 \cdot \Delta \boldsymbol{S}_1 = \boldsymbol{D}_1 \cdot \boldsymbol{e}_{n1} \Delta S = -\boldsymbol{D}_1 \cdot \boldsymbol{e}_n \Delta S$,$\boldsymbol{D}_2 \cdot \Delta \boldsymbol{S}_2 = \boldsymbol{D}_2 \cdot \boldsymbol{e}_{n2} \Delta S = \boldsymbol{D}_2 \cdot \boldsymbol{e}_n \Delta S$,所以

$$(\boldsymbol{D}_2 - \boldsymbol{D}_1) \cdot \boldsymbol{e}_n = \sigma_f \tag{6.5-12}$$

或

$$D_{2n} - D_{1n} = \sigma_f \tag{6.5-13}$$

若在两种介质的交界面上无面分布的自由电荷,即 $\sigma_f = 0$,得

$$D_{1n} = D_{2n} \tag{6.5-14}$$

这表示,在两种介质的交界面上,当有面分布的自由电荷时,电位移的法向分量发生突变,D_n 不连续. 当无自由面电荷时,电位移的法向分量是连续的. 根据物态方程(6.5-10)式

$$\varepsilon_{r1} E_{1n} = \varepsilon_{r2} E_{2n} \tag{6.5-15}$$

因为 $\varepsilon_{r1} \neq \varepsilon_{r2}$,故 $E_{1n} \neq E_{2n}$,即在两种介质的交界面上,即使电位移的法向分量连续,电场强度的法向分量仍是不连续的,有突变,因为界面上有极化面电荷分布.

若在交界面附近,作一长方形的闭合路径 $abcd$,使 ab 和 cd 两条边都平行于交界面,但分别位于两种介质之中,它们的长度都是 l,使 bc 和 da 两条边与交界面垂直,长都为 h,h 很小,将趋向于零. 把电场环路定理应用于这一闭合路径,有

$$\oint_C \boldsymbol{E} \cdot \mathrm{d}\boldsymbol{l} = \boldsymbol{E}_1 \cdot \overrightarrow{ab} + \boldsymbol{E}_2 \cdot \overrightarrow{cd} + \delta = -\frac{\partial B}{\partial t} lh$$

δ 为电场强度沿 bc 和 da 的积分,当 h 趋于零时,$\delta = 0$,$\frac{\partial B}{\partial t} lh = 0$. $\overrightarrow{ab}$ 和 $\overrightarrow{cd}$ 的方向都沿着交界面,取 $\boldsymbol{e}_t$ 为交界面切向单位矢量. 方向与 $\overrightarrow{ab}$ 方向相同,则 $\overrightarrow{ab} = l\boldsymbol{e}_t$,$\overrightarrow{cd} = -l\boldsymbol{e}_t$. 由上

式得

$$E_{1t} = E_{2t} \tag{6.5-16}$$

即在两种介质的交界面上,电场强度的切向分量(沿界面的分量)是连续的.由物态方程式(6.5-10)式、(6.5-16)式有

$$\frac{D_{1t}}{\varepsilon_{r1}} = \frac{D_{2t}}{\varepsilon_{r2}} \tag{6.5-17}$$

因为 $\varepsilon_{r1} \neq \varepsilon_{r2}$,故 $D_{1t} \neq D_{2t}$,即在两种介质的交界面上,电位移的切向分量是不连续的,有突变,这是因为在两种介质中的极化强度 $\boldsymbol{P}$ 是不同的.

(6.5-13)式或(6.5-14)式、(6.5-15)式、(6.6-16)式和(6.5-17)式称为电场的边界条件,它们对静电场和随时间变化的电场都成立.

电位移的边界条件告诉我们,在两种介质的交界面处,若界面上无面分布的自由电荷,则电位移的法向分量是连续的,但切向分量发生突变,因此,电位移线在经过界面处将发生折射,如图6.5-4所示.若 θ_1 和 θ_2 分别为 $\boldsymbol{D}_1$ 和 $\boldsymbol{D}_2$ 与法线的夹角,则

$$\frac{\tan\theta_1}{\tan\theta_2} = \frac{D_{1t}/D_{1n}}{D_{2t}/D_{2n}} = \frac{D_{1t}}{D_{2t}} = \frac{\varepsilon_{r1}}{\varepsilon_{r2}} \tag{6.5-18}$$

在相对介电常量大的介质中,$\boldsymbol{D}$ 与法线的夹角大.当交界面两侧介质确定后,在界面附近,电位移与法线的夹角一定要满足(6.5-18)式.因此,不管在两种介质中电位移的分布情况怎样不同,在渐渐趋近界面时,电位移必须改变其方向,直到边界条件得到满足,使(6.5-18)式成立.除了突变面外,场矢量在空间的变化是连续的.因此,边界面的存在不仅影响边界面处的场分布,而且一定要影响离边界面较远处的场分布,边界条件对整个空间的场分布都有很大的影响.

我们知道,场矢量对任何面积的通量都取决于场矢量的法向分量.在界面两侧,电位移的法向分量相等,意味着从第一种介质进入界面上某一面元 ΔS 的电位移线的数目,与离开该面元进入第二种介质中的电位移线的数目是相等的,这就是说电位移线连续地通过边界面,如图6.5-5所示.电位移线的这一性质是电场线所没有的,因为界面上有极化电荷分布,电场强度的法向分量在交界面上不连续.因为电位移线在界面上发生折射,电位移线在两种介质中的分布情况和疏密程度发生变化,所以 $\boldsymbol{D}$ 矢量的大小在界面两侧并不相等.

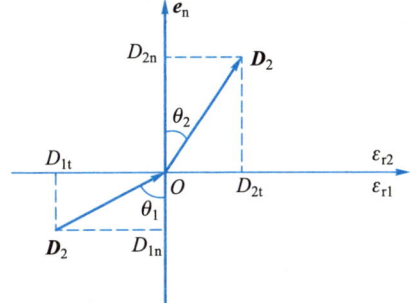

图6.5-4 在两种介质的交界面上电位移线发生折射

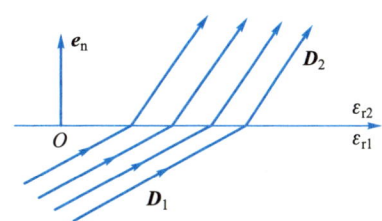

图6.5-5 电位移线连续地通过无自由电荷分布的界面

4. 几点说明

（1）真空中的电场 E_f 是自由电荷 q_f 所产生的，电场的分布完全取决于自由电荷的分布，电场的高斯定理为

$$\oint_S E_f \cdot dS = \frac{1}{\varepsilon_0}\sum q_f$$

引入电位移后，用电位移 D 表示的高斯定理为

$$\oint_S D \cdot dS = \sum q_f$$

除了因单位制而引入的常量 ε_0 外，它与 E_f 所满足的高斯定理在形式上完全相似. 方程式形式上的相似性似乎告诉我们，电位移 D 与 E_f 一样，应完全取决于自由电荷的分布，与极化电荷无关，只要已知自由电荷的分布就可求得电位移 D. 其实，这一看法仅在某些特殊情况下才是正确的，作为普遍结论并不成立.

如前所述，根据库仑定律和叠加原理，E_f 由自由电荷的分布 ρ_f 决定，即

$$E_f = \frac{1}{4\pi\varepsilon_0}\int_V \frac{\rho_f e_r}{r^2}dV$$

但一般来讲，并不存在由自由电荷分布确定 D 的关系式，即

$$D \neq \frac{1}{4\pi}\int_V \frac{\rho_f e_r}{r^2}dV$$

这是因为 E_f 除了满足高斯定理外，还满足静电场的环路定理：

$$\oint_C E_f \cdot dl = 0$$

而在一般情况下，电位移的环流并不为零，即

$$\oint_C D \cdot dl \neq 0$$

可见 D 与 E_f 满足的场方程式并不相同. 所以，尽管电位移对任意封闭曲面的通量仅取决于自由电荷分布，但在一般情况下，认为电位移本身也完全取决于自由电荷分布的看法则是不正确的.

当均匀的电介质充满整个电场存在的空间，如在前面的两道例题中那样，电位移对任意闭合路径 C 的环流

$$\oint_C D \cdot dl = \varepsilon_0\varepsilon_r\oint_C E \cdot dl = 0$$

这时，$\oint D \cdot dS$ 和 D 本身均只取决于自由电荷，因此我们可以采用从电荷分布求电场强度 E_f 的方法，从自由电荷的分布求得 D.

（2）我们也可以从边界条件对上述问题做出说明. 我们知道，当自由电荷分布确定后，对自由电荷单独产生的电场 E_f，不存在介质边界的影响问题，但电位移 D 在边界上必须受到边界条件的约束，D 线要折射，图 6.5-6 表示在半无限大均匀介质一侧有一点电荷 q_f 时的场分布，虚线表示 q_f 单独激发的场 E_f，实线表示电位移

D. 由于在界面两侧 D 的切向分量并不连续, D 并不完全取决于自由电荷, D 线和 E_f 线完全不同. 但如果介质的交界面与电场强度（及电位移）垂直, D 线与 E 线的分布情况就完全相同.

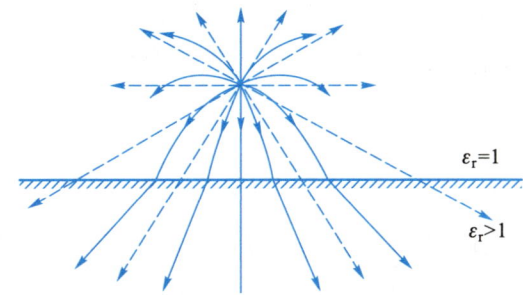

图 6.5-6 位于半无限大均匀介质一侧的点电荷 q_f 的电场分布. 虚线表示 q_f 单独激发的电场的电场线,实线表示电位移线

（3）因为 D 的环流一般不为零,故不能用势函数描述 D 场.

5. 例题

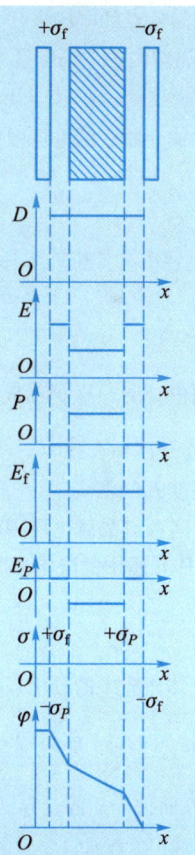

例 6.5-1 一平行板电容器,中间插入一块厚度比电容器两极板之间的距离略小的均匀电介质平板,介质平板与电容器极板平行. 当电容器带电后,试粗略地画出电容器内 E_f、E_P、D、P 等各矢量的分布、电荷分布和电势分布的情况（设电容器的边缘效应可以忽略不计）.

解：由介质中的高斯定理,我们有 $D_{缝} = D_{介} = D = \sigma_f$,即不论在缝隙中还是在介质中,电位移处处相等.

缝隙中和介质中的电场强度分别为

$$E_{缝} = \frac{1}{\varepsilon_0} D, \quad E_{介} = \frac{1}{\varepsilon_0 \varepsilon_r} D$$

由此可以看出,在界面上 E 是不连续的.

在缝隙中 $P=0$,在介质中 P 为常量.

在电容器内部, $E_f = \frac{1}{\varepsilon_0} \sigma_f$.

$E_P = \frac{1}{\varepsilon_0} \sigma_P = \frac{1}{\varepsilon_0} P$,它的方向与 E_f 相反.

在介质表面上有极化电荷分布, $\sigma_P = P$.

取带负电的极板的电势为零,电势是连续的,但在界面上电势的导数不存在.

图中给出了各量的分布情况.

例 6.5-1 图 平行板介质电容器内部 D、E、P、E_f、E_P、σ_f、σ_P、φ 的分布

例 6.5-2 半径为 a 的金属球,带有电荷量 q_0,球外紧贴一层厚度为 b、相对介电常量为 ε_{r1} 的均匀的固体电介质,固体电介质外充满相对介电常量为 ε_{r2} 的均匀的气体电介质,假定 $\varepsilon_{r1}>\varepsilon_{r2}$,求:(1)电位移;(2)电场强度;(3)极化强度;(4)电荷分布;(5)电势.

解:(1)空间各点的电位移 $\boldsymbol{D}$.
用介质中的高斯定理可求出空间各点的电位移.
(i)在金属球内,
$$\boldsymbol{D}_i = 0$$
(ii)在固体介质内,
$$\boldsymbol{D}_1 = \frac{1}{4\pi}\frac{q_0}{r^2}\boldsymbol{e}_r \quad (a<r<b)$$
(iii)在气体介质内,
$$\boldsymbol{D}_2 = \frac{1}{4\pi}\frac{q_0}{r^2}\boldsymbol{e}_r \quad (r>b)$$

由所得结果可以看出,虽然在这一问题中并非一种均匀介质充满整个电场存在的空间,但 D 只取决于自由电荷,与介质无关.在金属球与介质的交界面上电位移发生突变,但在两种介质的交界面上,即 $r=b$ 处,不仅 $D_{1n}=D_{2n}$,且 $D_1=D_2$,即电位移在此界面处是连续的,并未发生折射.

(2)空间各点的电场强度 $\boldsymbol{E}$.
(i)金属球内的电场强度为
$$\boldsymbol{E}_i = 0$$
(ii)固体介质中的电场强度为
$$\boldsymbol{E}_1 = \frac{1}{\varepsilon_0\varepsilon_{r1}}\boldsymbol{D}_1 = \frac{1}{4\pi\varepsilon_0\varepsilon_{r1}}\frac{q_0}{r^2}\boldsymbol{e}_r \quad (a<r<b)$$
(iii)气体电介质中的电场强度为
$$\boldsymbol{E}_2 = \frac{1}{\varepsilon_0\varepsilon_{r2}}\boldsymbol{D}_2 = \frac{1}{4\pi\varepsilon_0\varepsilon_{r2}}\frac{q_0}{r^2}\boldsymbol{e}_r \quad (b<r)$$

在这一问题中,$E=\frac{1}{\varepsilon_r}E_f$ 仍然成立.但从所得结果可以看出,在两种介质交界面(即 $r=b$)处,电场强度的法向分量不连续;在金属与介质的交界面(即 $r=a$)处,电场强度的法向分量亦发生突变,因为自由电荷和极化电荷两者都是电场强度 $\boldsymbol{E}$ 的源头.

(3)空间各点的极化强度.
(i)固体介质中的极化强度为
$$\boldsymbol{P}_1 = \varepsilon_0\chi_1\boldsymbol{E}_1 = \frac{\varepsilon_{r1}-1}{4\pi\varepsilon_{r1}}\frac{q_0}{r^2}\boldsymbol{e}_r \quad (a<r<b)$$
(ii)气体介质中的极化强度为
$$\boldsymbol{P}_2 = \varepsilon_0\chi_2\boldsymbol{E}_2 = \frac{\varepsilon_{r2}-1}{4\pi\varepsilon_{r2}}\frac{q_0}{r^2}\boldsymbol{e}_r \quad (r>b)$$

可以看出,在两种介质的交界面上,即 $r=b$ 处,$P_{1n} \neq P_{2n}$,极化强度的法向分量发生突变,因而在交面上必有面分布的极化电荷.在金属与介质的交界面上,P_n 亦发生突变.

(4)电荷分布.

(i) 金属球表面上有自由电荷分布,
$$\sigma_f = \frac{q_0}{4\pi a^2}$$

(ii) 在固体介质与金属球的交界面上,有极化电荷分布,
$$\sigma_{P1} = P_1 \big|_{r=a} = -\frac{\varepsilon_{r1}-1}{4\pi\varepsilon_{r1}}\frac{q_0}{a^2}$$
$$= -\frac{\varepsilon_{r1}-1}{\varepsilon_{r1}}\sigma_f$$

(iii) 在两种介质的交界面上也有极化电荷分布,
$$\sigma_{P2} = (P_1 - P_2)\big|_{r=b}$$
$$= \left(\frac{\varepsilon_{r1}-1}{\varepsilon_{r1}} - \frac{\varepsilon_{r2}-1}{\varepsilon_{r2}}\right)\frac{q_0}{4\pi b^2}$$
$$= \left(\frac{1}{\varepsilon_{r2}} - \frac{1}{\varepsilon_{r1}}\right)\frac{a^2}{b^2}\sigma_f$$

(5) 空间各点的电势.
(i) 金属球的电势
$$\varphi_0 = \int_a^\infty \boldsymbol{E} \cdot \mathrm{d}\boldsymbol{l} = \int_a^b \boldsymbol{E}_1 \cdot \mathrm{d}\boldsymbol{l} + \int_b^\infty \boldsymbol{E}_2 \cdot \mathrm{d}\boldsymbol{l}$$
$$= \frac{q_0}{4\pi\varepsilon_0}\left[\frac{1}{\varepsilon_{r1}a} + \frac{1}{b}\left(\frac{1}{\varepsilon_{r1}} - \frac{1}{\varepsilon_{r2}}\right)\right]$$

(ii) 固体介质中任一点的电势
$$\varphi_1 = \int_r^\infty \boldsymbol{E} \cdot \mathrm{d}\boldsymbol{l} = \int_r^b \boldsymbol{E}_1 \cdot \mathrm{d}\boldsymbol{l} + \int_b^\infty \boldsymbol{E}_2 \cdot \mathrm{d}\boldsymbol{l}$$
$$= \frac{q_0}{4\pi\varepsilon_0}\left[\frac{1}{\varepsilon_{r1}r} + \frac{1}{b}\left(\frac{1}{\varepsilon_{r1}} - \frac{1}{\varepsilon_{r2}}\right)\right]$$

(iii) 气体介质中任一点的电势
$$\varphi_2 = \int_r^\infty \boldsymbol{E}_2 \cdot \mathrm{d}\boldsymbol{l} = \frac{q_0}{4\pi\varepsilon_0}\frac{1}{\varepsilon_{r2}r}$$

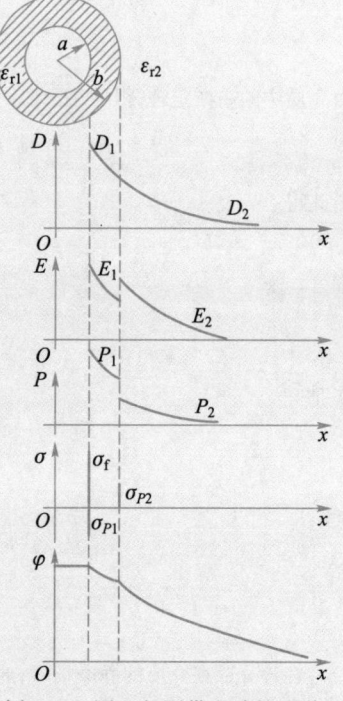

例 6.5-2 图 包围带电球的两种不同介质球壳中的 D、E、P、σ 和 φ 的分布情况

由上面的结果可以看出,在 $r=a$ 处,$\varphi_1 = \varphi_0$,在 $r=b$ 处,$\varphi_1 = \varphi_2$,即空间各处的电势是连续的. D、E、P、σ、φ 的分布如图所示.

例 6.5-3 设空间被两种不同的均匀电介质充满,两种介质的交界面是一个平面. 在交界面上有一个电荷量为 q 的点电荷(如图所示),试求空间各点的电场强度和电位移. (设两种介质的相对介电常量分别为 ε_{r1} 和 ε_{r2}.)

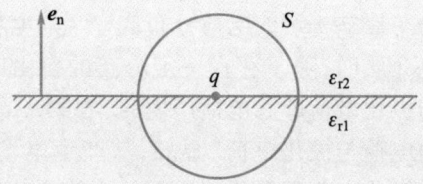

例 6.5-3 图 位于两种介质交界面上的点电荷

解：因为点电荷位于交界面上，在两介质的交界面上，电场强度只有切向分量，即 $E_n=0$，所以 $P_n=0$，除点电荷所在处外，分界面上无极化电荷分布. 在点电荷与介质的"交界面"上，将出现极化电荷. 不过，该极化电荷是与点电荷重合在一起的点电荷. 设极化电荷的电荷量为 q_P，则电荷量为 $(q+q_P)$ 的点电荷的电场强度为

$$E = \frac{1}{4\pi\varepsilon_0}\frac{q+q_P}{r^2}\boldsymbol{e}_r$$

由物态方程，得

$$D_1 = \varepsilon_0\varepsilon_{r1}E = \frac{\varepsilon_{r1}}{4\pi}\frac{q+q_P}{r^2}\boldsymbol{e}_r$$

$$D_2 = \varepsilon_0\varepsilon_{r2}E = \frac{\varepsilon_{r2}}{4\pi}\frac{q+q_P}{r^2}\boldsymbol{e}_r$$

由介质中的高斯定理，得

$$\oint_S \boldsymbol{D}\cdot\mathrm{d}\boldsymbol{S} = \int_{\text{下半球面}} \boldsymbol{D}_1\cdot\mathrm{d}\boldsymbol{S} + \int_{\text{上半球面}} \boldsymbol{D}_2\cdot\mathrm{d}\boldsymbol{S} = q$$

由此得

$$\varepsilon_{r1}(q+q_P) + \varepsilon_{r2}(q+q_P) = 2q$$

即

$$q+q_P = \frac{2q}{\varepsilon_{r1}+\varepsilon_{r2}}$$

于是

$$E = \frac{q}{2\pi\varepsilon_0(\varepsilon_{r1}+\varepsilon_{r2})r^2}\boldsymbol{e}_r$$

$$D_1 = \frac{\varepsilon_{r1}q}{2\pi(\varepsilon_{r1}+\varepsilon_{r2})r^2}\boldsymbol{e}_r$$

$$D_2 = \frac{\varepsilon_{r2}q}{2\pi(\varepsilon_{r1}+\varepsilon_{r2})r^2}\boldsymbol{e}_r$$

在计算存在介质的静电场时，通常是先求得 D，然后由 D 求出 E. 但本题却相反，先求出 E，然后由 E 求 D. 因为在这一问题中，E 的分布具有球对称性，但 D 却无这种对称性.

§6.6 电介质中的静电能

1. 电介质中静电能的定义

静电能总是与建立一定的电荷分布或一定的电场分布所需要做的功相联系的. 当电场中存在电介质时，除了存在一定分布的自由电荷外，还存在极化电荷，电场是由自由电荷与极化电荷即总电荷产生的. 在第一章讨论电荷系的静电能时，我们并没有区分自由电荷与极化电荷. 显然，从产生电场这一角度来看，宏观电磁理论认为自由电荷与极化电荷是等价的. 但是，在真空中建立一定的自由电荷分布与有介质存在时建立与该自由电荷分布相同的总电荷分布需做的功是不同的. 例如，在

一平行板电容器中充满相对介电常量为 ε_r 的均匀电介质,如图 6.6-1 所示,若与介质交界的极板上的自由电荷的电荷量为 q_f,则那里的总电荷量

$$q_t = q_f + q_P = \frac{1}{\varepsilon_r} q_f$$

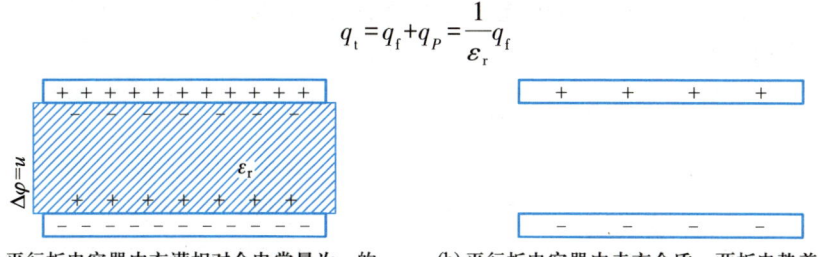

(a) 平行板电容器内充满相对介电常量为 ε_r 的均匀介质,两板电势差为 u

(b) 平行板电容器内未充介质,两板电势差也是 u

图 6.6-1　建立两种宏观上相同的电荷分布所需的功不同

为建立这种总电荷分布,交界面上的自由电荷必须从 0 增加到 q_f,才能使极板处的总电荷量等于 q_f/ε_r,在这个过程中,外力做的功为 $\int_0^{q_f} u \mathrm{d}q_f$,式中的 u 为两极板间的电压. 当介质不存在时,为建立相同的总电荷分布,则电荷只需从 $q_t = 0$ 增加到 $q_t = q_f/\varepsilon_r$,在这个过程中外力所做的功为 $\int_0^{q_f/\varepsilon_r} u \mathrm{d}q_f$,两者显然不同,前者大于后者.

我们知道,自由电荷是一种可以控制的电荷,而极化电荷是在电场作用下诱导出来的电荷,其分布取决于介质的性质和形状. 因此,当电场中存在电介质时,我们把介质内的静电能定义为在建立一定的自由电荷分布的过程中外力所做的总功.

根据第一章的结论,没有介质时的静电能表达式为

$$W_e = \frac{1}{2} \int_V \rho \varphi \mathrm{d}V + \frac{1}{2} \int_S \sigma \varphi \mathrm{d}S$$

只要把式中的 ρ 和 σ 理解成自由电荷,这一公式就也是存在任何线性介质时的静电能的表达式,即

$$W_e = \frac{1}{2} \int_V \rho_f \varphi \mathrm{d}V + \frac{1}{2} \int_S \sigma_f \varphi \mathrm{d}S \qquad (6.6\text{-}1)$$

介质存在的影响表现为:对于同样的自由电荷分布,介质中的电势与真空中的电势的值不相同. 特别是当整个电场中充满均匀介质时,对于同样分布的自由电荷,空间各点的电势减小为真空中的 $1/\varepsilon_r$.

2. 电介质中电场能的表达式

我们将通过最简单的例子来建立电介质中电场能的表达式. 设电场是由嵌在电介质中的带电导体所产生的,若第 i 个导体上的自由电荷面密度为 σ_i,注意到导体是等势体,则由 (6.6-1) 式得

$$W_e = \frac{1}{2} \sum \int \sigma_i \varphi_i \mathrm{d}S = \frac{1}{2} \sum \varphi_i Q_i \qquad (6.6\text{-}2)$$

式中 $Q_i = \int \sigma_i \mathrm{d}S$ 为第 i 个导体所带的自由电荷,φ_i 为该导体的电势,其值与周围的

介质有关. 介质中带电导体系的静电能表达式(6.6-2)式与真空中带电导体系的静电能表达式(2.5-1)式在形式上完全相同, 式中的 Q_i 必须理解为存在电介质时导体 i 所带的电荷量. 当电容器中充满电介质后, 电容器所储存的能量也可以用(6.6-2)式表示, 即

$$W_e = \frac{1}{2}(\varphi_1 Q_1 + \varphi_2 Q_2) = \frac{1}{2}(\varphi_1 - \varphi_2)Q \\ = \frac{1}{2}C(\varphi_1 - \varphi_2)^2 = \frac{1}{2}CU^2 = \frac{1}{2}\frac{Q^2}{C} \tag{6.6-3}$$

式中 Q 为极板上的自由电荷, 此即(2.5-3)式. 对于极板面积为 S、相隔距离为 d 的平行板电容器, 当其中充满相对介电常量为 ε_r 的各向同性的均匀的线性介质时, 因

$$C = \frac{\varepsilon_0 \varepsilon_r S}{d}, \quad Q = \sigma_f S = DS$$

故由(6.6-3)式以及 $\boldsymbol{D} = \varepsilon_0 \varepsilon_r \boldsymbol{E}$, 得

$$W_e = \frac{1}{2}\varepsilon_0 \varepsilon_r E^2 S d = \frac{1}{2}\boldsymbol{D} \cdot \boldsymbol{E} S d$$

于是, 电场的能量密度为

$$w_e = \frac{1}{2}\boldsymbol{D} \cdot \boldsymbol{E} \tag{6.6-4}$$

我们在导出(6.6-4)式时, 假定了电场是平板电容器中的均匀电场, 介质是各向同性而均匀的. 可以证明(6.6-4)式具有普遍的意义, 对于任意分布的电场, 只要处在场中的介质是线性介质, 静电场以及随时间变化的电场的能量密度就都可用(6.6-4)式表示. 在任意分布的电场中, 体积为 V 的空间的电场能为

$$W_e = \int_V w_e(x,y,z) \mathrm{d}V = \frac{1}{2}\int_V \boldsymbol{D} \cdot \boldsymbol{E} \mathrm{d}V \tag{6.6-5}$$

从(6.6-4)式看, 在电场强度 $\boldsymbol{E}$ 相同的情况下, 各向同性介质中的电场能量密度是真空中的电场能量密度的 ε_r 倍. 但是, 从近距作用的观点看, 场是能量的负荷者, 电场的能量似乎只应由电场强度决定, 与介质的性质无关. 既然真空中电场的能量取决于真空中的电场, 存在介质后电场的能量就应取决于介质中的电场. 不论场中是否存在介质, 只要电场分布相同, 电场能量就应相同.

但是, 必须注意, 按照上述对介质中静电能的定义, 这里所说的电场的能量实际上是在激发电场的过程中所必须消耗的全部其他形式的能量, 而其中只有一部分转化成电场的固有能量, 另一部分则转化为与介质极化有关的能量.

若将 $\boldsymbol{D} = \varepsilon_0 \boldsymbol{E} + \boldsymbol{P}$ 代入(6.6-4)式, 则有

$$w_e = \frac{1}{2}(\varepsilon_0 \boldsymbol{E} + \boldsymbol{P}) \cdot \boldsymbol{E} = \frac{1}{2}\varepsilon_0 E^2 + \frac{1}{2}\boldsymbol{P} \cdot \boldsymbol{E} \tag{6.6-6}$$

显然, 第一项代表场固有的能量, 第二项则代表与介质的极化有关的能量.

我们以由无极分子组成的稀薄气体介质为例来说明这一点. 每个无极分子犹如一个弹簧振子, 当在外场作用下极化时, 外场将克服正、负电荷之间的准弹性力

做功,该功就变为介质分子的准弹性势能. 如果我们忽略宏观小体元 ΔV 中诸极化分子(偶极子)之间的相互作用,则 ΔV 中的能量就是诸介质分子的准弹性势能之和. 设每个分子的等效弹簧的劲度系数为 k,在正、负电荷拉开距离 l 时,其弹性势能 $E_p = kl^2/2$. 可将 k 和 l 与外电场 E 和极化强度 P 联系起来. 对稀薄气体组成的介质,可忽略作用在分子上的电场与介质中的电场的区别,分子极化达到平衡时,有

$$kl = qE$$

而

$$ql = p = \frac{P}{N} = \frac{\varepsilon_0 \chi}{N} E$$

式中 N 是单位体积的分子数,由以上两式可得

$$E_p = \frac{1}{2} k l^2 = \frac{1}{2} \frac{\varepsilon_0 \chi}{N} E^2$$

单位体积中的准弹性势能为

$$w_p = N E_p = \frac{1}{2} \varepsilon_0 \chi E^2 = \frac{1}{2} \boldsymbol{P} \cdot \boldsymbol{E}$$

此即(6.6-6)式第二项所代表的极化能.

对于有极分子组成的介质,介质的极化起因于分子固有电偶极矩的有规则排列. 电场的作用有使分子固有电偶极矩转向电场方向的趋势,但因惯性,分子固有电偶极矩不会自动停止在电场方向,而是在电场方向左右振动,因而偶极子有动能. 但由于介质是由大量分子组成的,分子间将通过相互碰撞而交换能量,振动着的电偶极子把自身的动能转交给其他分子,增强其他分子的热运动,自身则静止下来. 结果并非所有分子电偶极矩都在电场方向,只是取电场方向的机会将比取其他方向的机会大. 例如,当电场强度为 1 000 V/cm 时,相当于 3 000 个水分子中大约只有一个分子的电偶极矩完全取电场方向. 分子的热运动可以影响有极分子组成的介质的极化程度,反过来,分子沿电场方向的趋向也影响分子的热运动. 因此,有极分子构成的介质的极化将与热运动的能量的变化相联系,极化过程将伴随介质的吸热和放热.

3. 例题

例 6.6-1 如图所示,把一相对介电常量为 ε_r 的均匀电介质球壳套在一半径为 a 的金属球外,金属球带有电荷量 q,设介质球壳的内半径为 a、外半径为 b,比较无介质和有介质两种情况下静电能量的变化.

解 1:介质不存在时,空间各点的电场强度为

$$\boldsymbol{E}_1 = \frac{1}{4\pi\varepsilon_0} \frac{q}{r^2} \boldsymbol{e}_r \quad (r > a)$$

电场的总能量为

$$W_{e1} = \int \frac{1}{2} \varepsilon_0 E_1^2 \mathrm{d}V = \frac{q^2}{8\pi\varepsilon_0} \int_a^\infty \frac{\mathrm{d}r}{r^2}$$

放入介质后,空间各点的电场强度为

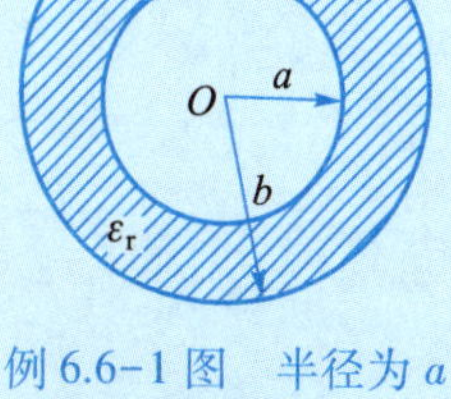

例 6.6-1 图　半径为 a 的金属球被厚度为 $(b-a)$ 的均匀介质球壳包围

$$E_2 = \begin{cases} \dfrac{1}{4\pi\varepsilon_0\varepsilon_r} \dfrac{q}{r^2} \boldsymbol{e}_r & (a<r<b) \\ \dfrac{1}{4\pi\varepsilon_0} \dfrac{q}{r^2} \boldsymbol{e}_r & (r>b) \end{cases}$$

场的总能量为

$$W_{e2} = \int \frac{1}{2} \varepsilon_0 \varepsilon_r E_2^2 dV = \frac{q^2}{8\pi\varepsilon_0} \left(\int_a^b \frac{dr}{\varepsilon_r r^2} + \int_b^\infty \frac{dr}{r^2} \right)$$

于是

$$\Delta W_e = W_{e2} - W_{e1} = \frac{q^2}{8\pi\varepsilon_0} \int_a^b \left(\frac{1}{\varepsilon_r} - 1\right) \frac{dr}{r^2} = \frac{q^2}{8\pi\varepsilon_0} \frac{1-\varepsilon_r}{\varepsilon_r} \left(\frac{1}{a} - \frac{1}{b}\right)$$

$\Delta W_e < 0$,表示介质放入时电场力做正功.

解 2：未放入介质时,金属球的电势为 φ_1,放进介质后,金属球的电势为 φ_2,则由

$$W_e = \frac{1}{2} \int \sigma_f \varphi dS$$

相应的两种情况下,电场能分别为

$$W_{e1} = \frac{1}{2} q\varphi_1, \quad W_{e2} = \frac{1}{2} q\varphi_2$$

于是

$$\Delta W_e = W_{e2} - W_{e1} = \frac{1}{2} q(\varphi_2 - \varphi_1) = \frac{q^2}{8\pi\varepsilon_0} \frac{1-\varepsilon_r}{\varepsilon_r} \left(\frac{1}{a} - \frac{1}{b}\right)$$

例 6.6-2 计算把均匀的电介质片插入带电平行板电容器前后电容器的电容、极板上的电荷量、两极间的电势差、电容器的能量以及插入过程中外力所做的功. 假定介质片正好充满电容器. 介质的相对介电常量为 ε_r.

解：介质片插入带电电容器的过程有两种情况:(1) 保持电容器两极间的电压恒定;(2) 保持电容器极板上的电荷量恒定. 不论哪一种情况,电介质将被吸入电容器. 当介质片刚从电容器边缘插入电容器时,电容器边缘的电场分布发生畸变,介质被极化,如图所示. 如果没有外力作用于介质片使之徐徐移入电容器,则介质片在

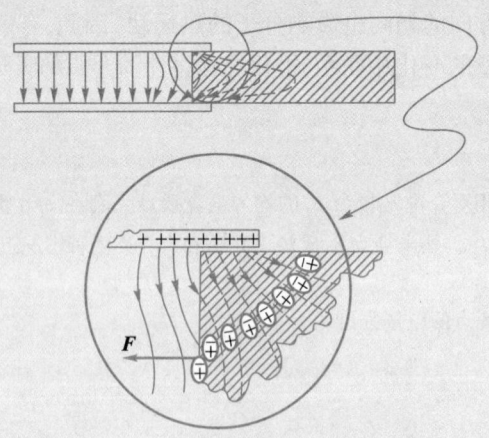

例 6.6-2 图　介质片刚插入平行板
电容器时的极化和受力情况

电场力的作用下将获得加速度. 当介质片正好全部进入电容器时, 场的畸变消失, 但介质片具有动能. 结果, 介质片将在电容器中振动, 直到它的全部机械能消耗完为止.

现讨论第一种情况: 保持电压恒定(即电容器接在电池两极间).

设电容器极板的面积为 S, 两极之间的距离为 L, 电介质片插入电容器前, 描述电容器系统的有关物理量分别为

$$U_i = U_0$$

$$C_i = \varepsilon_0 S/L$$

$$Q_i = C_i U_0$$

$$\sigma_{fi} = \frac{Q_i}{S} = \varepsilon_0 \frac{U_0}{L}$$

$$W_i = \frac{1}{2} C_i U_0^2 = \frac{\varepsilon_0 U_0^2 S}{2L}$$

$$E_i = \frac{U_0}{L} = \frac{1}{\varepsilon_0} \sigma_{fi}$$

当电介质片插入后描述电容器系统的有关物理量分别为

$$U_f = U_0 = U_i$$

$$C_f = \varepsilon_r \frac{\varepsilon_0 S}{L} = \varepsilon_r C_i$$

$$Q_f = C_f U_f = \varepsilon_r Q_i$$

$$W_f = \frac{1}{2} C_f U_f^2 = \varepsilon_r W_i$$

$$E_f = \frac{U_f}{L} = \frac{U_0}{L} = E_i$$

由此可见, 介质片插入电容器后, 电容 C、电荷量 Q 以及能量 W 都增加为原来的 ε_r 倍, 而

$$Q_f - Q_i = (\varepsilon_r - 1) Q_i = \chi Q_i$$

在数值上等于介质表面上极化电荷的电荷量. 电容器储能的变化为

$$\Delta W = W_f - W_i = (\varepsilon_r - 1) W_i = \chi W_i$$

即电场能量增加. 在介质片插入电容器的过程中, 电池做的功为

$$A_B = (Q_f - Q_i) U_0 = \chi Q_i U_0 = 2\chi W_i = 2\Delta W$$

即电池做的功为电容器所增加能量的两倍, 其中一半用于增加电场能, 一半为电场对电介质板所做的功 A_M,

$$A_M = A_B - \Delta W = \chi W_i$$

下面讨论第二种情况: 保持电荷量恒定(充电后与电池切断).

介质片插入电容器前

$$Q_i = Q_0$$

$$C_i = \frac{\varepsilon_0 S}{L}$$

$$U_i = \frac{Q_i}{C_i} = \frac{Q_0 L}{\varepsilon_0 S}$$

$$W_i = \frac{1}{2} C_i U_i^2 = \frac{1}{2} \frac{Q_0^2}{C_i} = \frac{L}{2\varepsilon_0 S} Q_0^2$$

$$E_i = \frac{U_i}{L} = \frac{U_0}{L} = \frac{Q_0}{\varepsilon_0 S}$$

充入介质后

$$Q_f = Q_0 = Q_i$$

$$C_f = \varepsilon_r \frac{\varepsilon_0 S}{L} = \varepsilon_r C_i$$

$$U_f = \frac{Q_f}{C_f} = \frac{1}{\varepsilon_r} U_i$$

$$W_f = \frac{1}{2} \frac{Q_f^2}{C_f} = \frac{1}{\varepsilon_r} W_i$$

$$E_f = \frac{U_f}{L} = \frac{1}{\varepsilon_r} E_i$$

由此可见,充入介质后,电容增加为原来的 ε_r 倍,但电压、电场强度和能量都减少到初始值的 $1/\varepsilon_r$,而电容器储能的变化

$$\Delta W = W_f - W_i = \left(\frac{1}{\varepsilon_r} - 1\right) W_i = -\frac{\chi}{\varepsilon_r} W_i$$

即电容器能量减少,电场力对介质所做的功为

$$A_M = -\Delta W = \frac{\chi}{\varepsilon_r} W_i$$

思考题

6.1 对有极分子组成的介质,它的介电常量是否将随温度而改变?

6.2 如果在半径为 1 mm 的水滴里,所有的分子电偶极矩都指向同一方向,试估算在离水滴 10 cm 远处电场强度的最大值.

6.3 为什么带电棒能吸引轻小物体?

6.4 附图给出了 A、B 两种介质的分界面,设两种介质 A、B 中的极化强度都与界面垂直,且 $P_A > P_B$,如何由 $\sigma_P = (\boldsymbol{P}_A - \boldsymbol{P}_B) \cdot \boldsymbol{e}_n$ 判断界面上极化电荷的正负号?(1) 取 $\boldsymbol{e}_n$ 由 A 指向 B;(2) 取 $\boldsymbol{e}_n$ 由 B 指向 A.

6.5 在上题中,(1) 设 A 是真空,$P_A = 0$,试由 $\sigma_P = \boldsymbol{P} \cdot \boldsymbol{e}_n$ 判断界面上极化电荷的符号;(2) 设 B 是真空,$P_B = 0$,试由 $\sigma_P = \boldsymbol{P} \cdot \boldsymbol{e}_n$ 判断界面上极化电荷符号.

6.6 电介质的极化和导体的静电感应,两者的微观过程有何不同?

6.7 能否让电介质带上自由电荷?能否让导体带上极化电荷?

6.8 如果电容器两极间的电势差保持不变,这个电容器在电介质存在时所储存的自由电荷是

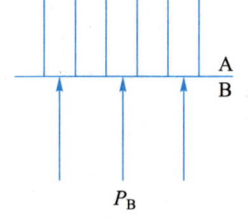

思考题 6.4 图

大于还是小于没有电介质(即真空)时所储存的电荷?

6.9 在图中,A 是电荷量为 q_0 的点电荷,B 是一小块均匀的电介质,S_1、S_2 和 S_3 都是封闭曲面.

(1) 分别求出 $\oint_{S_1} \boldsymbol{D} \cdot \mathrm{d}\boldsymbol{S}, \oint_{S_2} \boldsymbol{D} \cdot \mathrm{d}\boldsymbol{S}, \oint_{S_3} \boldsymbol{D} \cdot \mathrm{d}\boldsymbol{S}$.

(2) 分别求出 $\oint_{S_1} \boldsymbol{E}_\mathrm{f} \cdot \mathrm{d}\boldsymbol{S}, \oint_{S_2} \boldsymbol{E}_\mathrm{f} \cdot \mathrm{d}\boldsymbol{S}, \oint_{S_3} \boldsymbol{E}_\mathrm{f} \cdot \mathrm{d}\boldsymbol{S}$.

(3) 比较 $\oint_{S_1} \boldsymbol{E} \cdot \mathrm{d}\boldsymbol{S}, \oint_{S_2} \boldsymbol{E} \cdot \mathrm{d}\boldsymbol{S}$ 和 $\oint_{S_3} \boldsymbol{E} \cdot \mathrm{d}\boldsymbol{S}$ 的大小.

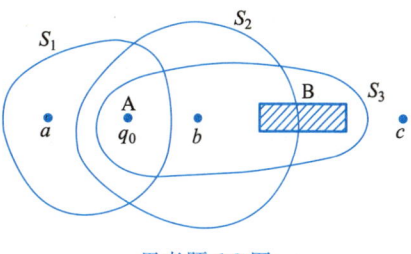

思考题6.9图

(4) 在 a、b、c 三点,E 比 E_f 大还是小? $E = \dfrac{1}{\varepsilon_\mathrm{r}} E_\mathrm{f}$ 是否成立?

(5) 在 a、b、c 三点,$D=\varepsilon_0 E, D=\varepsilon_0 E_\mathrm{f}, D=\varepsilon_0 \varepsilon_\mathrm{r} E, D=\varepsilon_0 \varepsilon_\mathrm{r} E_\mathrm{f}$ 各式是否有意义?

6.10 有介质存在时,电场线从何处发出,终止于何处?由电位移线仅从正自由电荷发出,终止于负自由电荷,能否得出"电位移是自由电荷的场"或"电位移仅取决于自由电荷"的结论?为什么?

6.11 我们已经证明,在两种不同的电介质交界面上,电场强度的法向分量是不连续的,即 $E_{1n} \neq E_{2n}$,你能求出 $(E_{2n} - E_{1n})$ 的值吗?

6.12 介质中的电场强度 $E = E_\mathrm{f} + E_P$,在两种介质的交界面上,E_f 是否连续?E_P 是否连续?若不连续,突变的量是多少?说明在交界面上,电场强度产生突变的原因.

6.13 在均匀极化的电介质中,挖出一半径为 r、高度为 h 的圆柱形空腔,圆柱的轴平行于极化强度 $\boldsymbol{P}$,底面与 $\boldsymbol{P}$ 垂直. 假定空腔并不破坏介质的均匀极化,求下列两种情况下,空腔中心的 $\boldsymbol{E}_0$ 和 $\boldsymbol{D}_0$ 与介质中 $\boldsymbol{E}$ 和 $\boldsymbol{D}$ 的关系:(1) 细长空腔 $h \gg r$;(2) 扁平空腔 $h \ll r$. 能否用边界条件来讨论上面的问题?

6.14 试定性地画出圆柱形驻极体内外 $\boldsymbol{E}$ 线和 $\boldsymbol{D}$ 线的分布情况. 设驻极体的永久极化强度为 $\boldsymbol{P}_0$.

6.15 若先把均匀介质充满电容器,然后使电容器充电至电压 U,试讨论该过程中电源做的功和电场能量的增量.

6.16 有人说,介质存在时的静电能等于在没有介质的情况下,把自由电荷和极化电荷(也视为自由电荷)从无限远处搬到场中原有位置的过程中外力所做的功. 这种说法对吗?为什么?

习题

6-1 试分别计算如图所示(a)、(b)、(c)三种电荷系相对其位形中心的电偶极矩.

6-2 在氯化氢(HCl)分子中,氯的原子核和氢核(质子)的距离是 0.128 nm. 假设氢原子上的电子完全转移到氯原子上,和其他电子联合起来形成以氯原子核为中心的球对称的负电荷,(1) 试求这个模型的电偶极矩,并与如图所示的氯化氢分子的电偶极矩的实验值相比较(实验观察值 3.6×10^{-30} C·m);(2) 在实际的 HCl 分子中,负电荷分布的实际"重心"应该在什么地方?(氯原子核所带电荷量为 $17e$,e 为电子电荷量.)

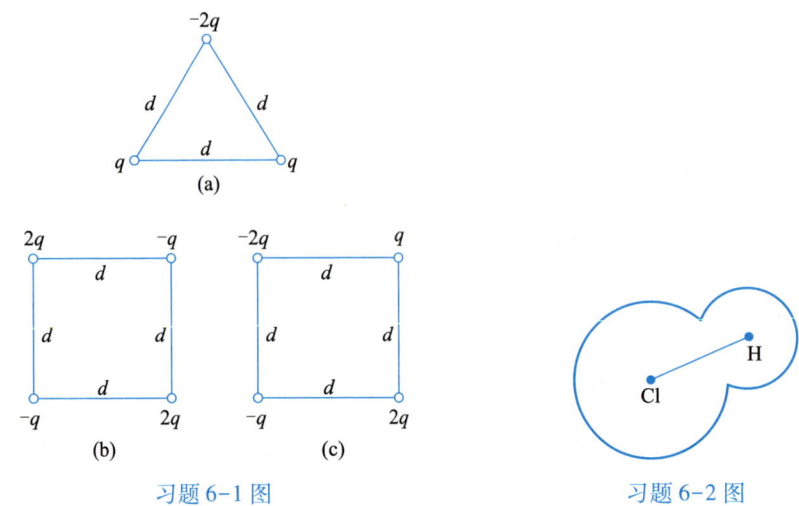

习题 6-1 图　　　　　　习题 6-2 图

6-3 将一个半径为 a 的均匀介质小球放在电场强度为 E_0 的均匀电场中；电场 E_0 由两块带等量异号电荷的无限大的平行板产生，假定介质球的引入未改变平板上的电荷分布，介质的相对介电常量为 ε_r。

（1）求介质小球的总电偶极矩；

（2）若用一个同样大小的理想导体制成的小圆球代替上述介质球（并设 E_0 不变），求导体圆球上感应电荷的等效电偶极矩。

6-4 一内半径为 a、外半径为 b 的驻极体半球壳（截面如图所示），被沿 $+z$ 轴方向均匀极化，设极化强度为 $\boldsymbol{P} = P\boldsymbol{k}$（$\boldsymbol{k}$ 为 z 轴正方向上的单位矢量），试求球心 O 处的电场强度。

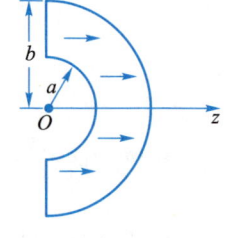

6-5 一块驻极体圆片，半径为 R，厚度为 t，且 $R \gg t$。在平行于轴线的方向上永久极化，且极化是均匀的，极化强度为 $\boldsymbol{P}$，试计算在轴线上的电场强度 $\boldsymbol{E}$ 和电位移 $\boldsymbol{D}$（包括圆片内外）。

习题 6-4 图

6-6 内、外半径分别为 R_1 和 R_2 的驻极体球壳被均匀极化，极化强度为 $\boldsymbol{P}$，$\boldsymbol{P}$ 的方向平行于球壳的直径，求壳内空腔中任一点的电场强度。

6-7 平行板电容器的极板面积为 S，极板间距为 d，中间有两层厚度各为 d_1 和 d_2 的均匀介质（$d_1+d_2=d$），它们的相对介电常量分别为 ε_{r1} 和 ε_{r2}，试求：

（1）当金属极板上自由电荷的电荷面密度为 $\pm\sigma_f$ 时，两层介质分界面上极化电荷的电荷面密度 σ_P；

（2）两极板间的电势差；

（3）电容 C。

6-8 一个半径为 R 的电介质球，球内均匀地分布着自由电荷，电荷体密度为 ρ_f，设介质是线性、各向同性和均匀的，相对介电常量为 ε_r，试证明球心和无限远处的电势差是

$$\frac{2\varepsilon_r+1}{2\varepsilon_r} \cdot \frac{\rho_f R^2}{3\varepsilon_0}$$

6-9 半径为 R、相对介电常量为 ε_r 的均匀电介质球的中心放置一点电荷 q，试求：

(1) 球内外的电场强度大小 E 和电势 φ 的分布；

(2) 如果要使球外的电场强度为零而球内的电场强度保持不变，应怎么办？

6-10 球形电容器由半径为 R_1 的导体球和与它同心的导体球壳所构成，球壳的内半径为 R_2，其间一半充满相对介电常量为 ε_r 的均匀电介质，另一半为空气（如图所示）. 设空气的相对介电常量为 1，求该电容器的电容 C.

6-11 如附图所示，一平行板电容器充满三种不同的电介质，相对介电常量分别为 ε_{r1}，ε_{r2} 和 ε_{r3}，极板面积为 A，两极板的间距为 $2d$，略去边缘效应，求此电容器的电容.

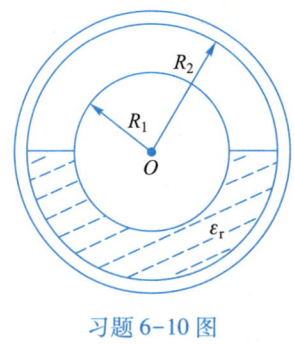

习题 6-10 图

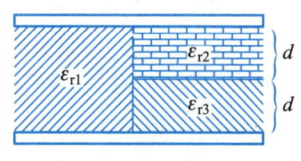

习题 6-11 图

6-12 为了使金属球的电势升高而又不使其周围空气击穿，可以在金属球表面上均匀地涂上一层石蜡. 设球的半径为 1 cm，空气的击穿电场强度为 2.5×10^6 V/m，石蜡的击穿电场强度为 1.0×10^7 V/m，其相对介电常量为 2.0，问为使球的电势升到最高，石蜡的厚度应为多少？这时球的电势是多少？

6-13 无限长的圆柱形导体，半径为 R，沿轴线方向的电荷线密度为 λ. 将此圆柱形导体放在无限大的均匀电介质（相对介电常量为 ε_r）中. 求电介质表面的束缚电荷的电荷面密度.

6-14 如图所示的圆柱形电容器，内圆柱的半径为 R_1，与它同轴的外圆筒的内半径为 R_2，长为 L，其间充满两层同轴的圆筒形的均匀电介质，分界面的半径为 R，它们的相对介电常量分别为 ε_{r1} 和 ε_{r2}. 设两导体圆筒之间的电势差

$$\varphi_1 - \varphi_2 = U$$

略去边缘效应，求介质内的电场强度.

6-15 一空心的电介质球，其内半径为 R_1，外半径为 R_2，所带的总电荷量为 Q，这些电荷均匀分布于 R_1 和 R_2 之间的电介质球壳内. 求空间各处的电场强度. 介质的相对介电常量为 ε_r.

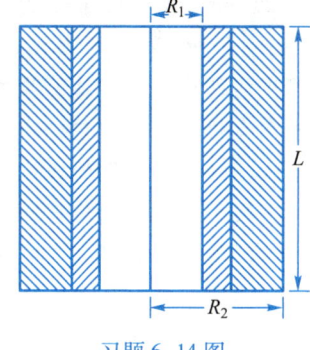

习题 6-14 图

6-16 今有 A、B、C 三块导体板互相平行地放置，A 与 B、B 与 C 之间的距离均为 d. B、C 之间充满相对介电常量为 ε_r 的介质，A、B 之间为真空，今使 B 板带电荷 $+Q$，试求各导体板上的电荷分布. 忽略边缘效应.

6-17 在一块均匀的瓷质大平板表面处的空气中，电场强度 E 的大小为 200 V/cm，其方向是指向瓷板且与它的表面法线成 45°角. 设瓷板的相对介电常量 $\varepsilon_r = 6.0$，求：(1) 瓷板中的电场强度；(2) 瓷板表面上极化电荷的电荷面密度.

6-18 两个相同的空气电容器，电容都是 900 μF，分别充电到 900 V 电压后切断电源，若把一

个电容器浸入煤油中(煤油的相对介电常量 $\varepsilon_r=2.0$),再将两电容器并联.

(1) 求一电容器浸入煤油过程中能量的损失;
(2) 求两电容器并联后的电压;
(3) 求并联过程中能量的损失;
(4) 上述损失的能量到哪里去了?

6-19 一平行板电容器由两块平行的矩形导体平板构成,平板宽为 b,面积为 S,两板间距为 d. 设两极板间平行地放一块厚度为 t、大小与极板相同、相对介电常量为 ε_r 的电介质平板,两极板所带的电荷量分别为 $+Q$ 和 $-Q$. 现将介质平板沿其长度方向从电容器内往外拉,以至它只有长度为 x 的一段还留在两板之间.

(1) 这时介质平板受到的电场力的方向如何?
(2) 试证明,这时介质平板受到的电场力为

$$\frac{Q^2 dbt'(d-t')}{2\varepsilon_0[S(d-t')+xbt']^2}$$

其中 $t'=\dfrac{t(\varepsilon_r-1)}{\varepsilon_r}$. (忽略边缘效应.)

6-20 半径为 a 的长直导线,外面套有共轴导体圆筒,筒的内半径为 b,导线与圆筒间充满介电常量为 ε_r 的均匀介质. 沿轴线单位长度上导线带电量为 λ,单位长度圆筒带电量为 $-\lambda$,略去边缘效应,求沿轴线单位长度的电场能量.

6-21 电介质球壳的内、外半径分别为 R_1 和 R_2,介质的相对介电常量为 ε_r,试求将一个电荷量为 Q 的点电荷从无限远处移至介质球壳的中心所需要做的功.

6-22 当用高能电子轰击一块有机玻璃时,电子渗入有机玻璃并被内部玻璃所俘获. 例如,若一个 $0.5~\mu A$ 的电子束轰击面积为 $25~cm^2$、厚为 $12~mm$ 的有机玻璃板(相对介电常量 $\varepsilon_r=3.2$)达 $1~s$,几乎所有的电子都渗入表面之下 $5\sim7~mm$ 的层内. 设该有机玻璃板的两面都与接地的导体板接触,忽略边缘效应,并设陷入的电子在有机玻璃中均匀分布,如图所示.

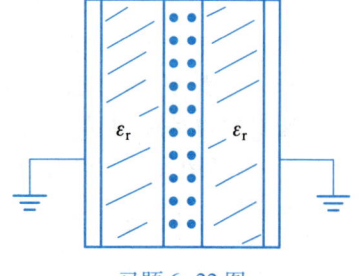

习题 6-22 图

(1) 求带电区的极化电荷的电荷体密度;
(2) 求有机玻璃表面的极化电荷的电荷面密度;
(3) 画出 D, E, φ(电势)作为电介质内部的位置函数的图像;
(4) 求带电层中心的电势;
(5) 求在两接地导体板之间的没有电荷的区域内的电场强度;
(6) 求该有机玻璃板里储存的静电能.

6-23 在一无限大均匀介质内,挖出一无限长圆柱形真空区,圆柱形的横截面半径为 R. 设介质内电场强度 E 均匀且与圆柱形轴线垂直. 求圆柱形轴线上一点的电场强度.

6-24 一平行板电容器两极板间距为 d,其间放置一块厚度为 t 的电介质平板,板面与极板成倾角 θ,介质的相对介电常量为 ε_r. 若两极板分别带上电荷面密度为 $+\sigma$ 和 $-\sigma$ 的电荷,试求两极板间

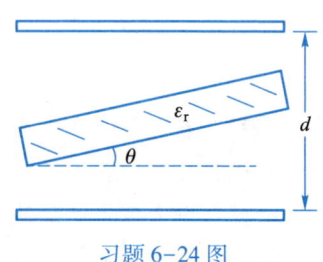

习题 6-24 图

的电势差.(设倾角 θ 较小,边缘效应可以忽略.)

6-25 半径为 R 的导体球,一半浸没在相对介电常量为 ε_r 的半无限而均匀的液体介质中,另一半露在真空中.若此导体球所带的总电荷量为 Q,(1)证明:导体球外任一点的电场强度均沿球的径向;(2)求出导体球表面上的电荷面分布.

本章习题答案

第七章
物质中的磁场

本章讨论实物中的磁场和实物对磁场的响应. 几乎所有的气体、液体和固体等实物, 不论它们的内部结构如何, 对磁场都有响应, 这表明所有的物质都有磁性. 但大部分物质的磁性都比较弱, 只有少数物质如金属铁、镍、钴以及某些合金等所谓铁磁性物质, 才有较强的磁性. 物质的磁性起源于原子的磁性, 而原子磁性的严格理论又与量子力学密切相关, 所以严格的磁学理论必须建立在量子力学的基础上. 但是, 早在量子力学诞生以前, 人们已从经典理论出发, 对物质的磁性起源做出了一些说明, 这些说明尽管并不严格, 但对人们认识磁性仍然是有益的. 本书中对物质磁性的讨论当然不可能以量子力学为基础. 我们研究磁介质的目的也只能是建立介质中的磁场方程, 并从微观的角度对某些宏观现象做出一些定性说明.

§7.1 顺磁性和抗磁性

1. 顺磁性物质和抗磁性物质

我们先研究非铁磁性物质的磁性, 这类物质的磁性都比较弱. 如图 7.1-1 所示为一电磁铁, 它的一个磁极是平板状的, 另一个磁极为尖角形. 尖角附近的磁场比平板附近的磁场强得多. 利用这样的磁铁, 我们可以研究非均匀磁场对磁性物质的作用力. 用一根细长的线把磁性物质的样品悬挂在磁场中. 一般来讲, 样品将受到磁场的作用力, 该力使样品发生位移. 根据位移的大小和方向, 我们可以判断样品受力的大小和方向. 实验发现, 除了铁、镍、钴等铁磁性物质制成的样品受到尖角磁极的强烈作用外, 其他物质制成的样品只受到尖角磁极的较微弱的吸引或排斥. 受尖角磁极吸引的物质有铝、钠、氯化铜等, 受尖角磁极排斥的物质有铋、铜、氯化钠等. 被吸引至磁场较强区域的物质称为顺磁性物质, 被斥离磁场较强区域的物质称为抗磁性物质. 在磁感强度 $B=1.8$ T、梯度为 17 T/cm 的非均匀磁场中, 质量为 1 g 的顺磁性物质或抗磁性物质受到的作用力如表 7.1-1 所示. 表中的正、负号分别表示受到强磁场区域的吸引或排斥两种不同的情况. 从所给出的数据可以看出, 两种作用力都很小, 而 1.8 T 的磁场已非常强了. 内径为 10 cm、长为 40 cm、外径为 40 cm 的多层密绕大型螺线管, 当导线中通过功率为 400 kW 的电流时, 线圈中心处的磁场的磁感强度也只有 3 T.

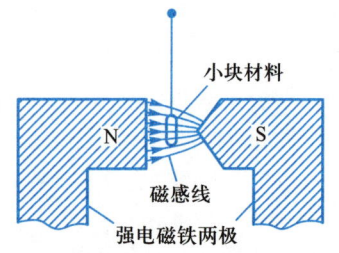

图 7.1-1 磁性物质在非均匀磁场中受到的作用力

表 7.1-1　几种物质在不均匀磁场中受到的作用力

顺磁性物质	化学式	力/N	抗磁性物质	化学式	力/N
钠	Na	$+2\times10^{-4}$	水	H_2O	-2.2×10^{-4}
铝	Al	$+1.7\times10^{-4}$	铜	Cu	-2.6×10^{-5}
氯化铜	$CuCl_2$	$+2.8\times10^{-3}$	铅	Pb	-3.7×10^{-4}
硫酸镍	$NiSO_4$	$+8.3\times10^{-3}$	氯化钠	NaCl	-1.5×10^{-4}
液态氧(90 K)	O_2	$+7.5\times10^{-3}$	石英	SiO_2	-1.6×10^{-4}
			硫	S	-1.6×10^{-4}
			石墨	C	-1.1×10^{-3}

2. 原子中的电流　电子的磁矩

既然磁场对电流或运动电荷才有力的作用,那么磁介质在磁场中受到作用力这一事实表明磁介质内部存在着运动的电荷或电流.按照经典理论,原子内部的电子绕原子核沿圆形或椭圆形的轨道运动,因为电子带电,电子的轨道运动可视为一闭合的圆电流,所以具有一定的磁矩,称为轨道磁矩.另一方面,电子具有质量,电子的轨道运动还具有一定的角动量,称为轨道角动量.

若电子轨道运动的速率为 v,轨道的半径为 r,则电子沿轨道运动一周所经历的时间为 $2\pi r/v$,单位时间内通过轨道上任一"截面"的电荷量(即电流)为

$$i = \frac{ve}{2\pi r} \tag{7.1-1}$$

于是,电子轨道运动的磁矩为

$$m_{el} = i\pi r^2 = \frac{1}{2}evr \tag{7.1-2}$$

电子轨道运动的角动量为

$$L_{el} = mvr \tag{7.1-3}$$

由于电子带负电荷,电子轨道运动的磁矩与电子轨道运动的角动量方向相反,如图 7.1-2 所示,两者的关系为

$$\boldsymbol{m}_{el} = -\frac{e}{2m}\boldsymbol{L}_{el} \tag{7.1-4}$$

(7.1-4)式对椭圆形轨道也适用.它虽然是由经典的观点求得的,但在量子力学中也成立.

原子中的电子除轨道运动外,还有绕其自身轴的自旋运动,电子的自旋也有角动量和磁矩,且自旋磁矩与自旋角动量的比值为轨道磁矩与轨道角动量比值的

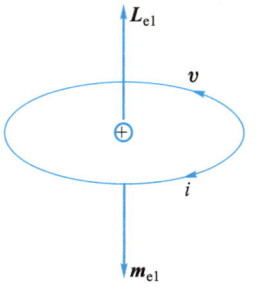

图 7.1-2　电子轨道运动的磁矩与角动量

两倍,即

$$m_{es} = -\frac{e}{m}L_{es} \tag{7.1-5}$$

但这一结论是无法用经典理论解释的.

尽管这里无法说清电子的磁矩和角动量的成因,但原子中每个电子都有一定的磁矩 m_e 和一定的角动量 L_e,磁矩与角动量成正比,两者的方向相反,这些结论是确定的.

一个分子或原子的磁矩 m_m 是它内部所有电子磁矩的叠加,即

$$m_m = \sum m_e$$

显然,分子或原子的磁矩取决于各电子磁矩的大小和方向. 按经典理论,电子磁矩的方向完全是任意的,但按照量子力学的理论,电子磁矩只能取空间某些特定的方向. 在本书中,我们认为原子或分子的磁矩是由组成该原子或分子的电子磁矩叠加而成的. 大多数原子或分子内部电子磁矩的排列使原子或分子的磁矩为零,因此这种原子或分子本身并无固有的分子磁矩;也有一些原子或分子,其电子磁矩的合磁矩并不为零,因而这种原子或分子就具有固有分子磁矩.

3. 顺磁性和抗磁性的起源

顺磁性物质由具有固有磁矩的原子或分子组成. 组成顺磁性物质的每个原子或分子虽然都有磁性,但因为分子的热运动,分子固有磁矩在空间取任何方向的概率相同. 所以,就大量分子组成的介质而言,平均来说各分子磁矩的磁效应相互抵消,故在宏观上介质并不显示磁性. 但是,当介质处在外磁场中时,磁场对分子磁矩有力矩作用,使分子磁矩有转向磁感强度 B 的方向的趋势. 但是,因为分子还具有固有的分子角动量,所以一个孤立的分子即使受到磁场力矩的作用,也并不会完全转向 B 的方向. 不过外磁场会使空间出现一个特殊方向. 磁矩取磁场方向的概率大于取其他方向的概率(因为这一方向是能量最低的方向). 通过磁介质内部大量分子间的碰撞,分子磁矩不断改变自己的方向,但平均来说,在热平衡的情况下,磁矩沿磁场方向排列的分子占优势,各分子的磁效应不再完全抵消,于是介质呈现出宏观的磁性.

组成抗磁性物质的原子或分子没有固有磁矩,但由于原子或分子内部的每个电子都具有电子磁矩 m_e,当介质处在外磁场中时,每个电子磁矩都受到力矩

$$M = m_e \times B$$

的作用. 这个情况与一磁矩为 m 的载流线圈相似. 但是,两者在力矩作用下的运动很不一样. 载流线圈在磁场力矩作用下将发生转向磁场方向的运动,而电子具有角动量,力矩的作用引起角动量的改变,角动量的改变量与电子原有角动量的方向是不同的. 设力矩作用的时间为 Δt,电子的角动量由 L_e 变为 L_e',

$$L_e' = L_e + \Delta L_e = L_e + \tau \Delta t$$

因为力矩方向始终与角动量方向垂直,故角动量的增量 ΔL_e 的方向也始终与角动量 L_e 本身相垂直. 结果,磁场对电子的作用并没有使电子磁矩转到磁场方向,而是

使电子绕磁场方向进动,就像陀螺的运动那样,如图 7.1-3 所示. 在进动过程中,电子磁矩方向与磁场方向间的夹角保持恒定,这种进动称为拉莫尔(Larmor)进动. 由图可以求得,拉莫尔进动的角速度为

$$\Omega = \frac{\Delta\varphi}{\Delta t} = \frac{\Delta L_e}{L_e \sin\theta \Delta t} = \frac{m_e}{L_e}B = \frac{e}{2m}B$$

进动角速度的方向与磁场的方向相同,故有

$$\boldsymbol{\Omega} = \frac{e}{2m}\boldsymbol{B} \qquad (7.1-6)$$

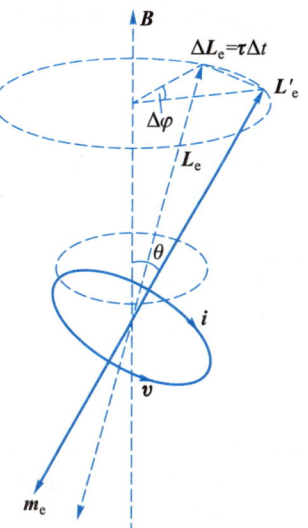

图 7.1-3　电子在磁场作用下发生绕磁场方向的进动

(7.1-6)式表明,电子进动的角速度与磁感强度成正比,比例系数取决于电子的比荷. 这样,当原子或分子处在磁场中时,原子内部的每个电子都以相同的角速度绕磁场方向进动,这种进动既不会改变电子磁矩与磁场方向之间的夹角,亦不改变各电子磁矩之间的夹角. 原子内部的各电子在保持各磁矩间的相对方向不变的前提下一起绕磁场方向进动,这一结论称为拉莫尔定理.

电子的进动产生一附加磁矩 $\boldsymbol{m}_e(\boldsymbol{\Omega})$,其方向与 $\boldsymbol{\Omega}$ 的方向相反,因而也与磁场的方向相反. 因此,在磁场作用下,电子的磁矩由其原来的磁矩 $\boldsymbol{m}_e$ 和因进动产生的附加磁矩 $\boldsymbol{m}_e(\boldsymbol{\Omega})$ 两部分组成,于是原子(或分子)的磁矩为

$$\boldsymbol{m} = \sum[\boldsymbol{m}_e + \boldsymbol{m}_e(\boldsymbol{\Omega})] = \sum\boldsymbol{m}_e + \sum\boldsymbol{m}_e(\boldsymbol{\Omega})$$

其中 $\sum\boldsymbol{m}_e$ 取决于原子或分子的结构,与外磁场无关. 对于抗磁性物质, $\sum\boldsymbol{m}_e = 0$ 但 $\sum\boldsymbol{m}_e(\boldsymbol{\Omega}) \neq 0$,且方向与磁场方向相反. 这样,由于磁场的作用每个分子产生一与外磁场方向相反的分子磁矩,使介质呈现磁性,这就是物质抗磁性的起源.

物质的抗磁性取决于原子内部电子磁矩与磁场的相互作用. 对于组成顺磁性物质的分子,在磁场作用下,分子内部的电子也发生进动,亦产生与磁场方向相反的附加磁矩 $\boldsymbol{m}_e(\boldsymbol{\Omega})$,结果分子亦有一定的附加分子磁矩 $\sum\boldsymbol{m}_e(\boldsymbol{\Omega})$,从而出现抗磁性. 可见抗磁性是所有分子都具有的共同特性. 不过在通常情况下,大量分子的固有磁矩所表现出的磁效应大于各分子附加磁矩的磁效应,即顺磁性超过抗磁性,故物质仍呈现顺磁性.

4. 原子核的磁矩　核磁共振成像

电子轨道运动的磁矩与对应的角动量的关系(7.1-4)式是用经典理论求得的,但在量子力学中亦成立. 电子自旋磁矩与自旋角动量的关系(7.1-5)式则无法用经典理论做出解释. 按照量子力学,电子轨道运动的角动量是不连续的,它可能是一系列不同值中的任一个. 量子力学指出,电子轨道运动的角动量 $\boldsymbol{L}_{el}$ 的大小为

$$L_{el} = \sqrt{l(l+1)}\,(h/2\pi) \qquad (l = 0,1,2,3,\cdots)$$

式中 h 为普朗克常量. 轨道角动量的方向也不是完全任意的,它只可能取某些特定的方向. 对于由给定 l 值决定的角动量 $\boldsymbol{L}_{el}$,它可能取 $(2l+1)$ 个不同的方向,因此 $\boldsymbol{L}_{el}$

在给定方向上的投影只可能有$(2l+1)$个不同的值,即为

$$l(h/2\pi),(l-1)(h/2\pi),(l-2)(h/2\pi),\cdots,(h/2\pi),0,-(h/2\pi),\cdots,$$
$$-(l-2)(h/2\pi),-(l-1)(h/2\pi),-l(h/2\pi)$$

电子自旋角动量 $\boldsymbol{L}_{es}$ 的大小为

$$L_{es}=\sqrt{s(s+1)}(h/2\pi) \qquad (s=1/2)$$

自旋角动量的方向也不是完全任意的,它可能取$(2s+1)$个不同方向中的一个,它在给定方向的投影只可能有$(2s+1)$个不同的值. 由于电子自旋的 $s=1/2$,$\boldsymbol{L}_{es}$ 在给定方向的投影可能的值为

$$\frac{1}{2}\frac{h}{2\pi},\ -\frac{1}{2}\frac{h}{2\pi}$$

因为角动量的大小和方向都是量子化的,故与角动量相联系的磁矩的大小和方向也是量子化的. 若把电子自旋角动量在某给定方向 z 的投影表示成

$$(L_{es})_z=n_s h/2\pi \qquad (n_s=1/2,-1/2)$$

则自旋磁矩在 z 方向的投影为

$$(m_{es})_z=2n_s\left(\frac{e}{2m_e}\frac{h}{2\pi}\right)=n_s g_{es}\mu_B$$

式中 g_{es} 称为电子的自旋 g 因子,$g_{es}=2$,而

$$\mu_B=\frac{e}{2m_e}\frac{h}{2\pi}$$

称为玻尔磁子,其中 e 为电子电荷量的绝对值,m_e 为电子质量. 玻尔磁子的大小为

$$\mu_B=9.274\ 0\times 10^{-24}\ \text{J/T}=5.788\times 10^{-5}\ \text{eV/T}$$

因为质子和中子有角动量和磁矩,故由质子和中子构成的原子核也有角动量和磁矩,即有核的角动量 $\boldsymbol{L}_I$ 和核的磁矩 $\boldsymbol{m}_I$. 核的角动量和核的磁矩是核内所有核子即质子和中子的角动量及其所联系的磁矩所贡献的总和,它的大小及在空间的取向也是量子化的. 核的角动量的大小可表示为

$$L_I=\sqrt{I(I+1)}\ h/2\pi$$

角动量 $\boldsymbol{L}_I$ 在空间可取$(2I+1)$种不同的方向,对应的核磁矩在任意给定方向上的投影有$(2I+1)$种不同的值,即

$$(m_I)_z=n_I g_I\mu_N \qquad [n_I=I,I-1,I-2,\cdots,-(I-2),-(I-1),-I]$$

式中 g_I 称为核的 g 因子,由实验测量,而

$$\mu_N=\frac{e}{2m_p}\frac{h}{2\pi}$$

称为核磁子,其中 m_p 是质子的质量. 核磁子的数值为

$$\mu_N=3.152\times 10^{-8}\ \text{eV/T}$$

通过核与外磁场的相互作用可以测得核磁矩,实际上是测得 g_I 因子. 我们知道,当待测样品置于磁感强度为 $\boldsymbol{B}$ 的均匀磁场中时,核磁矩与磁场的相互作用能为

$$W=-\boldsymbol{m}_I\cdot\boldsymbol{B}=-(m_I)_B B=n_I g_I\mu_N B$$

即核磁矩与外磁场的相互作用能是一系列分立的值,构成$(2I+1)$条分立的能级.相邻两条能级间的能量差为

$$\Delta W = g_I \mu_N B$$

只要设法测得ΔW,就可求得g_I.

为了测量ΔW,可在垂直于磁场B的方向加一比较弱的高频磁场,其频率为 10 MHz 的数量级.调节高频磁场的频率f,当

$$hf = \Delta W$$

时,处在低能级的核吸收能量hf跃迁到高能级上,而在高频信号中与这一频率对应的强度将减弱,这种现象称为核磁共振.测得发生核磁共振的频率f,知道均匀磁场的磁感强度B,便可求出核的g_I.

玻尔磁子与核磁子的数值表明,顺磁性物质的分子磁矩比核磁矩大 3 个数量级,像水这类物质,其中一切电子的自旋完全抵消,故水分子似乎应没有磁矩.但实际上水分子具有很小的磁矩,该磁矩来源于氢核的磁矩.氢核即一个质子,具有 $s=1/2$的自旋角动量,故氢核在外磁场B作用下将出现$2s+1=2$个附加能级,一个对应于核磁矩、与磁场平行,一个对应于核磁矩、与磁场反平行.若把水样品放在一对磁极产生的沿竖直方向的磁场中,氢核可分别处在这两个附加能级上.如果在样品外套一水平的线圈,线圈中通以频率可调的高频电流,当达到共振时处于低能级的氢核从高频磁场中获得能量而激发到高能级.因为氢核的$g_I=5.58$,当强磁场的磁感强度$B=1.0$ T 时,共振频率$f=42.58$ MHz,即当高频电流的频率为 42.58 MHz 时,发生共振吸收,较多的氢核进入能量较高的激发态.如果撤去高频线圈中的电流,则处于激发态的氢核将放出能量ΔW而跃迁到能量较低的状态.氢核向低能级的跃迁可以是发出能量为hf的光子并通过检测器感应出信号,信号的强弱与处在高能级的氢核数有关,后者又与样品中氢核的密度有关.处在高能级的氢核也可通过与周围其他核或晶格的相互作用把能量传递给其他核或晶格以非辐射的方式回到低能级状态.这种过程称为弛豫过程,我们可以测出弛豫过程的弛豫时间.人体不同组织因含水量不同,氢核密度和核磁矩密度就不同,人体正常组织中的氢核密度和病变组织中氢核密度也不同,病变组织中氢核的弛豫时间大于正常组织中氢核的弛豫时间.这样通过测量人体各部分的核磁共振的有关参量的分布情况,并通过计算机技术处理,可将人体各部分分层图像显示在屏幕上,从而制成核磁共振成像仪,即所谓核磁共振 CT.

核磁共振现象是美国物理学家布洛赫(F. Bloch)和珀塞耳(E. M. Purcell)于 1946 年发现的,他俩因此而获得 1952 年诺贝尔物理学奖,此后核磁共振现象在物理学和化学领域中得到了广泛应用.从 20 世纪 70 年代开始,人们又利用核磁共振原理发明了一项新技术,即核磁共振成像.而核磁共振 CT 被誉为医学上的一次革命.图 7.1-4(a)是一台核磁共振成像仪的装置和它的结构示意图,图 7.1-4(b)是脑肿瘤的核磁共振成像.

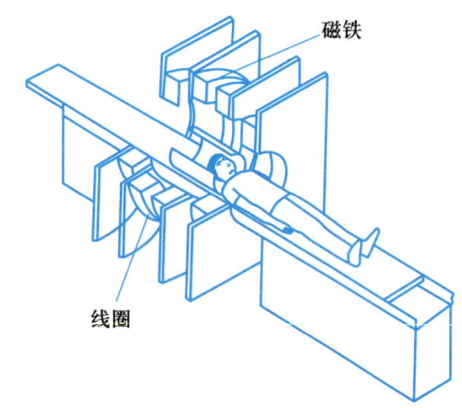

(a) 核磁共振成像仪的装置和它的结构示意图

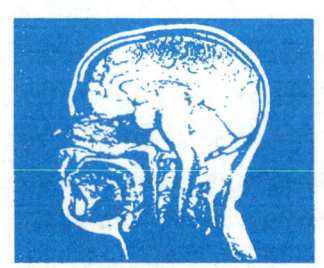

(b) 脑肿瘤的核磁共振成像

图 7.1-4

§7.2 磁化强度和磁化电流

1. 磁化强度

上一节我们从经典的观点出发,对磁介质的磁性做了一些说明,严格地讲,这些说明并不正确,因为没有量子力学的帮助,要正确地说明物质的磁性实际上是不可能的. 但是,因为我们的注意力主要是在建立磁介质中的磁场方程式上,所以上节的讨论仍然是有益的. 我们可以不去追究磁性的起源,而认为在磁场中磁介质的每一个分子都具有磁性,可以用分子的磁矩 $\boldsymbol{m}_m$ 来表示远离分子处分子的磁效应. 分子磁矩可以是分子固有的,亦可以是被磁场作用诱发出来的. 根据上节的讨论,各分子磁矩都倾向于沿着或逆着磁场方向排列. 根据电流的磁效应,每个分子磁矩又等效于一个圆电流,称为分子电流. 分子电流与分子磁矩的关系为

$$\boldsymbol{m}_m = i_m \boldsymbol{a} \qquad (7.2\text{-}1)$$

式中 $\boldsymbol{a}$ 为分子圆电流所包围的面积,方向如图 7.2-1 所示.

图 7.2-1 分子电流与分子磁矩

磁介质的磁化程度取决于组成磁介质的每个分子磁矩 $\boldsymbol{m}_m$

的大小以及它们排列的整齐程度. 我们用磁化强度 M 来描述介质磁化的程度,磁化强度定义为单位体积内各分子磁矩的矢量和,即

$$M = \frac{\sum m_\mathrm{m}}{\Delta V} \tag{7.2-2}$$

其中 $\sum m_\mathrm{m}$ 为 ΔV 内所有各分子的磁矩的矢量和,ΔV 为物理无限小的体元,它在宏观上是非常小的,可以反映出介质中可能存在的宏观上的差别,但在微观上它又是足够大的,其中仍包含有大量原子或分子.

顺磁性物质的磁化强度与磁场的方向相同,抗磁性物质的磁化强度与磁场的方向相反. 真空的磁化强度为零,因为真空中无分子磁矩. 磁化强度是一个宏观量,它反映了介质的磁效应,但并不等同于个别原子或分子的磁效应.

2. 磁化电流

考察一被均匀磁化的圆柱形磁介质,磁化强度沿圆柱轴线. 在介质内,磁化强度处处相等,并假定各分子磁矩都与磁化强度同方向,如图 7.2-2(a) 所示. 在介质外,磁介质的磁效应为每一个分子磁矩的磁效应的总和,而每个分子磁矩又等效于一个闭合电流,该闭合电流可以是圆电流,亦可以是任意形状的闭合电流,如图 7.2-2(b) 所示. 可以看出,在介质内部与各分子磁矩等效的分子电流相互抵消,而在介质的表面,各分子电流相互叠加. 结果在磁棒的表面上分布有电流,好像一载流螺线管. 这种电流束缚在磁介质的表面上,我们称它为磁化电流. 实际上并没有电荷在磁棒表面上流动,所谓磁化电流,只是一种等效电流,是大量分子磁效应的一种表示.

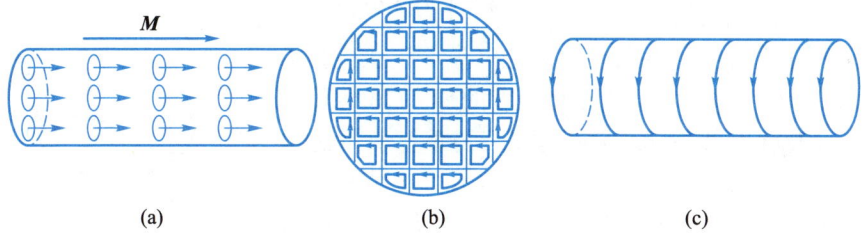

图 7.2-2 均匀磁化的磁介质棒中分子磁矩和分子电流的分布

磁化强度与磁化电流都可用于表示介质的磁化程度,两者密切相关. 假定磁介质已被磁化,各分子磁矩基本上顺着(或逆着)磁感强度 B 的方向排列. 设想在介质中作一平面 S,其边界为 C,S 面的法线与 C 的绕行方向组成右手螺旋,现计算通过 S 面的磁化电流 I_M. 显然,距 S 面较远的分子,它们的等效分子圆电流根本未与 S 面相交,因而对通过 S 面的电流没有贡献. 那些位于 S 面附近的且位于 S 面的边界线 C 内侧的分子,它们的等效分子圆电流都与 S 面相交两次,一次是进入 S 面,另一次是自 S 面流出,因而这些分子对通过 S 面的电流也没有贡献. 只有那些位于 S 面的边界线 C 附近的分子,它们的等效分子圆电流与 S 面只相交一次,如图 7.2-3 所示. 其中有些分子的等效分子圆电流流入 S 面,有的则流出 S 面,通过 S 面的电流将由

这些分子共同决定.

在 S 面的边界线上任取一线元 dl，dl 沿 C 的绕行方向与分子磁矩 $\boldsymbol{m}_m$ 成 α 角，如图 7.2-4 所示. 若 a 为等效分子圆电流所包围的面积，则凡是处在以 dl 为高、$a\cos\alpha$ 为底的柱体内的分子圆电流都与 S 面相交一次. 当 $\alpha<\pi/2$ 时，分子电流从 S 面穿出，而当 $\alpha>\pi/2$ 时，分子电流进入 S 面. 若单位体积内的分子数为 N，则该圆柱体内的分子数为 $Na\cos\alpha dl$. 设每个分子圆电流的电流为 i_m，则这些分子对通过 S 面的电流的贡献为

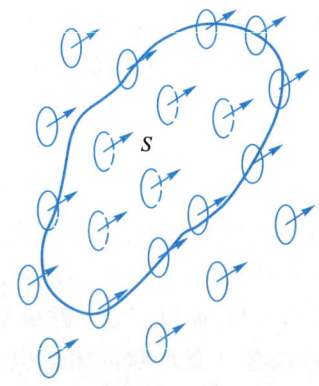

图 7.2-3 S 面附近的各分子的等效分子圆电流对通过 S 面的电流的贡献

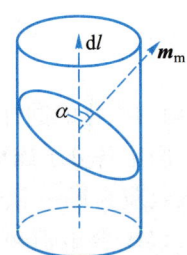

图 7.2-4 计算 dl 附近的分子所产生的磁化电流 dI_M

$$dI_M = i_m Na\cos\alpha dl = Nm_m\cos\alpha dl = M\cos\alpha dl = \boldsymbol{M}\cdot d\boldsymbol{l}$$

于是通过 S 面的总磁化电流为

$$I_M = \oint_C \boldsymbol{M}\cdot d\boldsymbol{l} \tag{7.2-3}$$

即通过磁介质内任一面积 S 的磁化电流等于磁化强度沿该面周界 C 的线积分，即磁化强度的环流. 积分值仅取决于磁化强度沿 dl 方向的分量 M_l，与垂直于 dl 方向的分量 $M_\perp$ 无关. 不难理解，磁化强度是单位体积内分子磁矩的矢量和，因而可以把它视为一个大磁矩，等效于一个大的闭合电流. 只有与 M_l 相联系的那部分闭合电流正好通过 S 面，如图 7.2-5 所示. 与 $M_\perp$ 联系的闭合电流并不通过 S 面，故对通过 S 面的磁化电流无贡献.

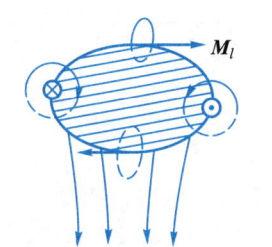

图 7.2-5 表示只有 M_l 对磁化电流才有贡献

3. 磁化电流的面密度与体密度

图 7.2-6 所示为一块均匀的磁介质，在磁场中被均匀磁化. 设想所有的分子磁矩都沿同一方向排列，如前所述，在介质内部没有磁化电流分布，只在介质的表面上才存在着面分布的磁化电流. 一般来讲，介质磁化后，在介质表面上和两种不同介质的交界面上，都会有面分布的磁化电流.

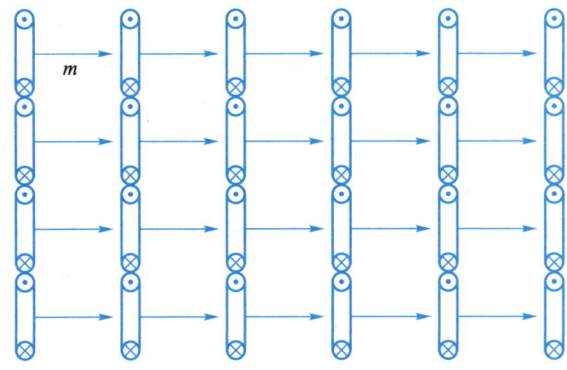

图 7.2-6 均匀磁化介质内部无磁化电流

面电流的分布可以用电流面密度来描述. 通过宽为 Δh、长为 Δl 的截面 ΔS 的电流为

$$I = j\Delta h \Delta l$$

其中 j 为垂直于相应截面的电流密度. 对于尖劈状导体, Δh 越来越小, 如果电流 I 保持一定, 那么电流密度将越来越大. 当 $\Delta h \to 0$ 时, 电流密度 $j \to \infty$, 这样电流体密度就变成了电流面密度, 如图 7.2-7 所示. 当 $\Delta h \to 0$ 时, 截面 ΔS 就变成了截线 Δl, I 就是通过截线 Δl 的电流, 我们称 $I/\Delta l$ 为电流面密度, 故电流面密度又可表示为

$$i = \lim_{\substack{\Delta h \to 0 \\ j \to \infty}} j \Delta h \tag{7.2-4}$$

若有两种不同的磁介质, 第一种介质的磁化强度为 M_1, 第二种介质的磁化强度为 M_2, 磁化强度在界面上由 M_1 突变为 M_2, 如图 7.2-8 所示. 图中曲面表示两种介质的交界面与纸面的交线. 为了求得界面上的磁化电流面密度, 我们作一垂直于界面的小面元 $\Delta S = \Delta h \Delta l$, Δl 与交界面平行, Δh 与交界面垂直, e_t 为面元 ΔS 与边界面交线的切向单位矢量. 根据 (7.2-3) 式, 通过 ΔS 的磁化电流为

$$I_M = \oint \boldsymbol{M} \cdot d\boldsymbol{l} = (\boldsymbol{M}_1 - \boldsymbol{M}_2) \cdot \boldsymbol{e}_t \Delta l + \delta$$

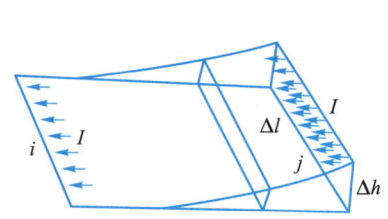

图 7.2-7 电流密度与电流面密度

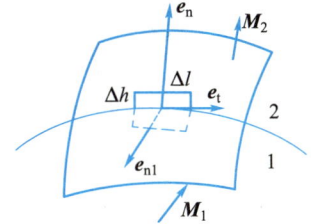

图 7.2-8 界面上的磁化电流面密度

式中 δ 为磁化强度 M 对 Δh 的线积分. 当 $\Delta h \to 0$ 时, $\delta \to 0$, 因此

$$I_M = \boldsymbol{j}_M \cdot \Delta \boldsymbol{S} = (\boldsymbol{j}_M \Delta h) \cdot \boldsymbol{e}_{n1} \Delta l$$

式中 $\boldsymbol{e}_{n1}$ 为面元 ΔS 的法向单位矢量, 当 $\Delta h \to 0$ 时 $\boldsymbol{j}_M \Delta h \to \boldsymbol{i}_M$, 于是有

$$\boldsymbol{i}_M \cdot \boldsymbol{e}_{n1} = (\boldsymbol{M}_1 - \boldsymbol{M}_2) \cdot \boldsymbol{e}_t$$

或

$$i_{Mn1} = M_{1t} - M_{2t}$$

即磁化强度沿界面上任一切线方向的分量之差等于磁化电流面密度在垂直该切线方向的分量.

由于过曲面上任一点的切线有无限多条,切向单位矢量 e_t 有各种不同的方向. 由 M_t 之差确定的仅是 i_M 的分量 i_{Mn1},只有当 i_M 与 e_t 相垂直时,才能由 M_t 求得 i_M. 为了求得 i_M 与 e_t 的一般关系,我们令分界面的法向单位矢量 e_n 的方向由介质1指向介质2,且限定 e_t、e_n 和 e_{n1} 组成右手螺旋,即 $e_t = e_n \times e_{n1}$. 于是

$$i_M \cdot e_{n1} = (M_1 - M_2) \cdot (e_n \times e_{n1})$$

利用矢量公式 $a \cdot (b \times c) = (a \times b) \cdot c$,得

$$i_M \cdot e_{n1} = [(M_1 - M_2) \times e_n] \cdot e_{n1}$$

因为 e_{n1} 是任意的,故必有

$$i_M = (M_1 - M_2) \times e_n \tag{7.2-5}$$

即 i_M 垂直于 $(M_1 - M_2)$ 与 e_n 组成的平面,在给定界面上的磁化电流面分布是一定的. 若第二种介质为真空,即 $M_2 = 0$,便得介质表面上的磁化电流面密度

$$i_M = M \times e_n \tag{7.2-6}$$

其中 e_n 由介质指向真空,如图 7.2-9 所示. 在介质的表面(即图中的 Π_1 面)上,任一点的磁化电流面密度必垂直于磁化强度与表面法线组成的平面(即图中的 Π_2 面),其大小等于磁化强度沿表面的分量,即切向分量. 在与磁化强度垂直的界面上,无磁化电流分布,磁化电流分布与介质的形状密切有关. 图 7.2-10 给出了介质的不同表面上的磁化电流的分布情况.

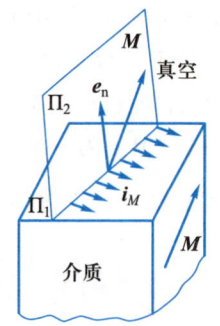
图 7.2-9 介质表面上磁化电流面密度方向与磁化强度方向的关系

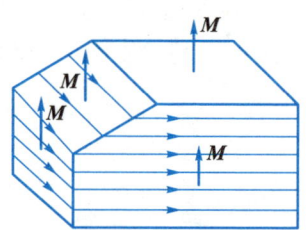
图 7.2-10 不同表面上的磁化电流分布

对于非均匀介质,其内部的磁化电流可由(7.2-3)式求得. 设磁化电流的电流密度为 j_M,由数学中的斯托克斯定律,(7.2-3)式中 M 沿闭合路径的线积分可以用 M 的旋度 $\nabla \times M$ 的面积分来表示,即

$$I_M = \oint_C M \cdot dl = \int_S (\nabla \times M) \cdot dS = \int_S j_M \cdot dS$$

于是

$$j_M = \nabla \times M \tag{7.2-7}$$

即磁化电流的电流密度等于磁化强度的旋度. 对于均匀磁化的介质,M 是常量,其

旋度为零,磁化电流的电流密度亦为零. 可以证明,只要介质是均匀的,在介质中除了有体分布的传导电流的地方,介质内部亦无体分布的磁化电流,即使磁化是非均匀的.

4. 例题

例 7.2-1 计算均匀磁化介质球的磁化电流在轴线上产生的磁场.

解:考虑一半径为 a 的磁介质球,因为均匀磁化,磁化强度 M 为常量,只是在球的表面上有面分布的磁化电流,其电流面密度为

$$i_M = M \times e_n = Me_z \times e_n = M\sin\theta e_\varphi$$

即电流面密度与 θ 有关,在赤道处,电流面密度最大;在两极,电流面密度为零,如图(a)所示. 图(b)把整个球面分成许多球带,通过宽度为 $ad\theta$ 的一条球带上的电流为

$$i_M a d\theta = Ma\sin\theta d\theta$$

设 P 点的坐标为 z,因此半径为 $a\sin\theta$ 的球带在 P 点产生的磁场为

$$dB = \frac{\mu_0}{2} \frac{Ma^3 \sin^3\theta d\theta}{[a^2\sin^2\theta + (z-a\cos\theta)^2]^{3/2}}$$

$$= \frac{\mu_0 Ma^3}{2} \frac{\sin^3\theta d\theta}{(a^2+z^2-2az\cos\theta)^{3/2}}$$

于是轴线上任一点 P 的磁场为

$$B(z) = \frac{\mu_0 Ma^3}{2} \int_0^\pi \frac{\sin^3\theta d\theta}{(a^2+z^2-2az\cos\theta)^{3/2}}$$

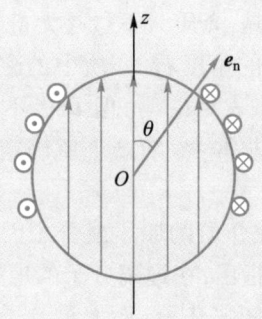 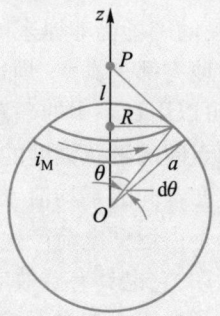

(a) 均匀磁化球上的磁化电流分布　　(b) 均匀磁化球轴上磁感强度的计算

例 7.2-1 图

令 $u = \cos\theta$, $du = -\sin\theta d\theta$,则

$$B(z) = -\frac{\mu_0 Ma^3}{2} \int_{+1}^{-1} \frac{(1-u^2)du}{(z^2+a^2-2zau)^{3/2}}$$

$$= \frac{\mu_0 M}{3z^3} [(z^2+a^2)(|z+a|-|z-a|) - za(|z+a|+|z-a|)]$$

上式的结果有以下两种不同的情况:

(1) 若考察点在球外,即 $z>a$,则 $|z-a|=z-a$,得

$$B(z) = \frac{2\mu_0 Ma^3}{3|z|^3} = \frac{\mu_0}{4\pi} \frac{2m}{|z|^3}$$

式中 $m = \frac{4}{3}\pi a^3 M$ 是整个球体内所有分子磁矩的总和. 这表示, 一个均匀磁化球上的磁化电流在球外轴线上的磁场等效于一个磁矩为 m 的圆电流的磁场.

(2) 考察点在球内, 即 $z<a$, 故 $|z-a|=a-z$, 得

$$B(z) = \frac{2}{3}\mu_0 M$$

即磁化电流在球内轴线上的磁场与考察点在 z 轴上的位置无关, 方向平行于磁化强度.

§7.3 介质中的磁场

1. 磁介质中的磁感强度

在上节的例题中, 我们计算了均匀磁化球上的磁化电流在球内产生的磁场, 但并未指明它是否就是介质中的磁场. 在这里首先有必要明确一下磁介质内的磁场和磁感强度的真正含义. 在介质内部, 不论从磁场对运动电荷的作用的角度还是从磁场对载流导体的作用的角度来定义磁感强度, 都会遇到一些麻烦. 因为只有在介质内部挖一个空腔才可能把检测磁场的工具放到介质中去, 而介质中出现空腔, 在空腔的表面上就会出现磁化电流, 磁化电流产生的附加磁场将叠加在原来的磁场之上, 所测的磁场已非原来的磁场. 但是, 介质只不过是大量粒子和电荷的集合, 没有粒子的地方都是真空. 所以, 从微观的角度看, 介质中的磁场仍然是真空中的磁场, 仍然可以用真空中的磁感强度 $\boldsymbol{B}$ 来表示磁场. 但 $\boldsymbol{B}$ 极不均匀, 相距只有 nm 数量级的两点间的磁感强度的差别可能非常大. 宏观上所确定的磁感强度就是相应的微观量在空间的平均值.

磁场是由运动电荷产生的, 构成磁介质的原子或分子因其内部的电子在微观尺度内运动, 它也具有磁效应. 我们曾指出, 在远离分子的地方, 分子的磁效应可以用等效分子电流或与之对应的分子磁矩来表示, 而大量分子磁矩的磁效应又可通过介质中的磁化电流来表示. 因此, 在介质外部各分子的磁效应与磁化电流的磁效应完全一致. 但在介质内部, 当考察点位于某些分子附近时, 磁化电流的磁效应与所有分子的磁效应是否一致, 是一个尚待证明的问题. 正如介质中的电场那样, 可以证明, 在介质内部, 整个磁介质的磁效应也可以通过磁化电流的分布求得.

因此, 我们的结论是: 介质磁化后, 空间任一点的磁感强度由该条件下一切传导电流(以及运载电流)产生的磁场与一切磁化电流产生的磁场叠加而成. 若用 $\boldsymbol{B}_C$ 和 $\boldsymbol{B}_M$ 分别表示传导电流(包括运载电流)和磁化电流单独产生的磁场的磁感强度, 则空间任一点的磁场的磁感强度为

$$\boldsymbol{B} = \boldsymbol{B}_C + \boldsymbol{B}_M \tag{7.3-1}$$

已知传导电流和磁化电流的分布, 便可由毕奥-萨伐尔定律求出各点的磁感强度.

2. 磁化强度与磁感强度的关系

在宏观理论中,介质中的磁感强度实际上是微观磁感强度在物理无限小体积内的统计平均值,它由传导电流和磁化电流单独产生的磁场叠加而成. 传导电流是我们可以控制和调节的电流,磁化电流则是磁化介质产生的磁效应的一种等效电流. 但是磁化电流一旦出现,它产生的磁场又会影响介质的磁化程度,使磁化电流发生变化. 所以在磁化过程中,磁化原因和磁化产生的结果之间存在着反馈联系,这种联系可以用图 7.3-1 来表示.

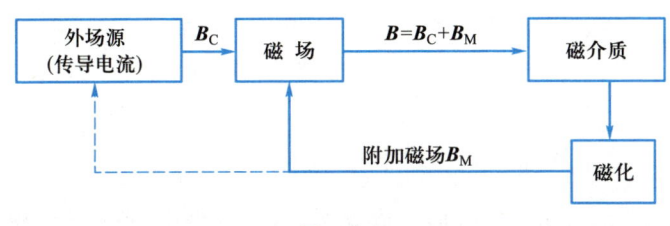

图 7.3-1

描述介质磁化程度的物理量——磁化强度的定义为单位体积内分子磁矩的矢量和,它是由各分子磁矩的大小和排列情况的统计平均结果所决定的,故磁化强度与介质中的磁感强度有关. 对于线性的非铁磁性物质,磁化强度 M 与磁感强度 B 成正比,即

$$M \propto B$$

与介质的极化相似,除了与单位制有关的常量外,比例系数应称为磁化率. 对于非铁磁性物质,该比例系数是与磁场无关的常量,仅取决于介质的性质. 但由于历史上的原因,B 曾一度被认为是与电位移 D 相当的辅助量,而把我们即将引入的辅助量 H 作为描述磁场的基本物理量,从而认为 M 与 H 成正比,并把 $M \propto H$ 的比例系数称为磁化率 χ_m. 由于这个原因,我们只得把 M 与 B 的关系表示为

$$M = \frac{1}{\mu_0} \frac{\chi_m}{1+\chi_m} B \tag{7.3-2}$$

式中 χ_m 为历史上定义的磁化率.

3. 例题

例 7.3-1 在一无限长的螺线管中,充满某种各向同性的均匀线性介质,介质的磁化率为 χ_m. 设单位长度的螺线管上绕有 N 匝导线,导线中通以传导电流 I,求螺线管内的磁场(如图所示).

解:无限长螺线管内的磁场是均匀的,均匀的磁介质在螺线管内被均匀磁化,磁化电流分布在介质表面上,其分布与螺线管相似. 传导电流单独产生的磁场 B_C 为

$$B_C = \mu_0 NI$$

磁化电流单独产生的磁场 B_M 为

例 7.3-1 图 无限长螺线管内充满均匀介质

$$B_M = \mu_0 N' I_M$$

式中 N' 为单位长度上磁化电流的"匝数",$N'I_M$ 为垂直于电流方向单位长度上的磁化电流,也就是磁化电流的电流面密度 i_M. 根据(7.2-7)式,$i_M = M$,由此得

$$B_M = \mu_0 i_M = \mu_0 M$$

于是,螺线管内的磁感强度 B 为

$$B = B_C + B_M = \mu_0 NI + \mu_0 M = \mu_0 NI + \frac{\chi_m}{1+\chi_m} B$$

或

$$B = (1+\chi_m)\mu_0 NI = (1+\chi_m) B_C$$

令

$$\mu_r = 1 + \chi_m$$

得

$$B = \mu_r B_C = \mu_0 N \mu_r I$$

即介质中的磁感强度为传导电流单独产生的磁感强度的 μ_r 倍. μ_r 称为介质的相对磁导率. 从所得到的结果看,介质所起的作用相当于传导电流由 I 变为 $\mu_r I$.

例 7.3-2 一无限长的圆柱体,半径为 R,均匀通过电流为 I,柱体浸在无限大的各向同性的均匀线性磁介质中,介质的磁化率为 χ_m,求介质中的磁场.

解:由于介质是均匀无限大的,只有在介质与圆柱形导体的交界面上,才有面分布的磁化电流. 根据对称性,可知传导电流单独产生的磁场为

$$B_C = \frac{\mu_0}{2\pi} \frac{I}{r} \quad (r>R)$$

磁化电流单独产生的磁场为

$$B_M = \frac{\mu_0}{2\pi} \frac{I_M}{r} \quad (r>R)$$

式中 I_M 为通过圆柱面的磁化电流,如图所示. 因为

$$I_M = 2\pi R M(R)$$

式中 $M(R)$ 为 M 在 $r=R$ 处的值,也就是圆柱表面处的值. 由(7.3-2)式,

$$M(R) = \frac{1}{\mu_0} \frac{\chi_m}{1+\chi_m} B(R)$$

式中 $B(R)$ 为介质中的磁感强度 B 在 $r=R$ 处的值. 介质中任一点的磁感强度为

$$B(r) = B_C + B_M = \frac{\mu_0}{2\pi} \frac{I}{r} + \mu_0 \frac{R}{r} M(R)$$

$$= \frac{\mu_0}{2\pi} \frac{I}{r} + \frac{R}{r} \frac{\chi_m}{1+\chi_m} B(R)$$

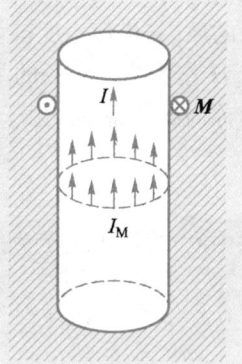

例 7.3-2 图 浸在均匀介质中的无限长载流圆柱体

由此可见,与圆柱体轴线距离为 r 处的磁场 $B(r)$ 不仅与传导电流有关,而且与磁感强度在介质界面上的值 $B(R)$ 有关. 只有已知传导电流 I 和磁感强度 B 在界面上的值 $B(R)$ 之后,介质内任一点的磁感强度 $B(r)$ 才能确定. 因为上式给出了空间任一点的磁感强度,当然也给出了 $r=R$ 处的磁感强度,令上式中的 $r=R$,便可求得 $B(R)$,即

$$B(R) = \frac{\mu_0}{2\pi}\frac{I}{R} + \frac{\chi_m}{1+\chi_m}B(R)$$

或

$$B(R) = (1+\chi_m)\frac{\mu_0}{2\pi}\frac{I}{R}$$

于是，任意一点的磁感强度 $B(r)$ 为

$$B(r) = \frac{\mu_0}{2\pi}\frac{I}{r} + \frac{R}{r}\frac{\chi_m}{1+\chi_m}(1+\chi_m)\frac{\mu_0}{2\pi}\frac{I}{R} = (1+\chi_m)B_C$$

令

$$\mu_r = 1+\chi_m$$

得

$$B(r) = \frac{\mu_0\mu_r}{2\pi}\frac{I}{r} = \mu_r B_C$$

即介质中的磁感强度是传导电流单独产生的磁感强度的 μ_r 倍，介质的作用等效于传导电流由 I 变为 $\mu_r I$。

以上两个例题都表明，存在介质后，介质中的磁感强度是传导电流单独产生的磁感强度的 μ_r 倍。值得注意的是在这两个例子中，磁介质都是均匀的，且充满着磁场存在的整个空间，在这种情况下，介质的表面或在无限远的地方或在介质与传导电流的交界面，因此，磁化电流只分布在与传导电流交界处的介质表面上及无限远处，但无限远处的磁化电流的磁效应可忽略，结果介质的作用等效于激发磁场的电流由 I 变成 $\mu_r I$，因而介质中的磁感强度为传导电流单独产生的磁感强度的 μ_r 倍。如果介质是非均匀的或介质未充满整个场存在的空间，则相应的结论就不一定正确了。

§7.4 磁场强度　介质中磁场的基本方程式

1. 磁场强度　介质中磁场的安培环路定理

用(7.3-1)式计算存在磁介质后的磁感强度往往比较复杂。除了要知道传导电流的分布外，还得知道磁化电流的分布，而磁化电流的分布是由介质中的磁感强度及介质的性质和形状共同决定的。这里，我们不妨回顾一下研究物质中的电场的情形。当时我们曾引入一个辅助量——电位移 D，通过 D 来研究存在介质时的电场曾带来许多方便。同样，我们将看到，在研究存在介质的磁场时，也可引入一个辅助量，它将为研究介质中的磁场带来方便。

存在介质后，传导电流和磁化电流都要产生磁场。闭合的传导电流和磁化电流都与闭合的磁感线相互交链。磁场的环流由被闭合路径所包围的传导电流与磁化电流共同决定，即

$$\oint_C \boldsymbol{B} \cdot d\boldsymbol{l} = \mu_0(\sum I_C + \sum I_M) \qquad (7.4-1)$$

式中 $\sum I_C$ 与 $\sum I_M$ 分别是闭合路径 C 所围的传导电流与磁化电流的代数和。这就是考虑了介质对磁场的响应后的安培环路定理。由(7.2-3)式，通过以 C 为周界的曲

面的磁化电流等于磁化强度沿闭合周界 C 的线积分,于是

$$\oint_C \boldsymbol{B} \cdot \mathrm{d}\boldsymbol{l} = \mu_0 \sum I_\mathrm{C} + \mu_0 \oint_C \boldsymbol{M} \cdot \mathrm{d}\boldsymbol{l}$$

或

$$\oint_C \left(\frac{1}{\mu_0}\boldsymbol{B} - \boldsymbol{M}\right) \cdot \mathrm{d}\boldsymbol{l} = \sum I_\mathrm{C} \tag{7.4-2}$$

(7.4-1)式表示磁感强度的环流与传导电流和磁化电流都有关,但(7.4-2)式则表明 $\left(\dfrac{1}{\mu_0}\boldsymbol{B} - \boldsymbol{M}\right)$ 这个矢量的环流只取决于传导电流,与磁化电流无关. 由于 $\left(\dfrac{1}{\mu_0}\boldsymbol{B} - \boldsymbol{M}\right)$ 具有这样的特性,我们称其为磁场强度,用 $\boldsymbol{H}$ 表示,

$$\boldsymbol{H} = \frac{1}{\mu_0}\boldsymbol{B} - \boldsymbol{M} \tag{7.4-3}$$

引入磁场强度后,(7.4-2)式可写成

$$\oint_C \boldsymbol{H} \cdot \mathrm{d}\boldsymbol{l} = \sum I_\mathrm{C} \tag{7.4-4}$$

即磁场强度对任意闭合路径的环流等于该闭合路径所包围的传导电流的代数和. 这就是介质中磁场的安培环路定理. 在 SI 中,磁场强度的单位是 A/m.

  磁场强度 $\boldsymbol{H}$ 由物理意义完全不同的两个物理量 $\boldsymbol{B}$ 和 $\boldsymbol{M}$ 叠加而成,它并不代表一个实际的物理量. 从这一点来看,$\boldsymbol{H}$ 的含义是不明确的,它不过是一个代表两个不同矢量叠加结果的符号. 但是,$\boldsymbol{H}$ 的环流仅取决于传导电流,从这一点看,$\boldsymbol{H}$ 还是具有一定物理意义的. 至于把 $\boldsymbol{H}$ 称为磁场强度则完全是历史上的原因. $\boldsymbol{H}$ 并不能反映磁场对运动电荷或载流导体作用力的强弱,实际上,磁感强度是反映磁场强弱的物理量,它才具有"磁场强度"的含义. 历史上认为磁极上存在类似于电荷的磁荷,磁力是磁场对磁荷的作用力,在这种观点下,$\boldsymbol{H}$ 反映了磁场对单位磁荷的作用力,故把 $\boldsymbol{H}$ 称为磁场强度.

  对于各向同性的线性的磁介质,$\boldsymbol{H}$ 与 $\boldsymbol{B}$ 的关系可以进一步简化. 因为

$$\boldsymbol{H} = \frac{1}{\mu_0}\boldsymbol{B} - \boldsymbol{M} = \frac{1}{\mu_0}\boldsymbol{B} - \frac{1}{\mu_0}\frac{\chi_\mathrm{m}}{1+\chi_\mathrm{m}}\boldsymbol{B} = \frac{1}{\mu_0}\frac{1}{1+\chi_\mathrm{m}}\boldsymbol{B}$$

所以令

$$\mu_\mathrm{r} = 1 + \chi_\mathrm{m}$$

得

$$\boldsymbol{H} = \frac{1}{\mu_0 \mu_\mathrm{r}}\boldsymbol{B} \tag{7.4-5}$$

即对于各向同性的线性的磁介质,磁场强度 $\boldsymbol{H}$ 与磁感强度 $\boldsymbol{B}$ 成正比,比例系数中的 $\mu = \mu_0 \mu_\mathrm{r}$ 称为介质的磁导率,μ_r 就是介质的相对磁导率.

  历史上曾一度把磁场强度 $\boldsymbol{H}$ 作为基本物理量,认为磁化强度与磁场强度成正比,并称其比例系数为磁化率,即

$$\boldsymbol{M} = \chi_\mathrm{m} \boldsymbol{H} \tag{7.4-6}$$

由于这个缘故,我们在上节中把 $\boldsymbol{M}$ 与 $\boldsymbol{B}$ 的关系写成了(7.3-2)式的形式,以便与习

惯的用法相一致.

顺磁性物质的磁化率$\chi_m>0$,抗磁性物质的磁化率$\chi_m<0$. 但几乎所有的非铁磁性物质χ_m的值都很小. 因此,非铁磁性物质的相对磁导率约等于1. μ_r的值可用实验测量. 表7.4-1列出了几种物质的磁化率.

表7.4-1 几种物质的磁化率

抗磁性物质	磁化率	顺磁性物质	磁化率
铋	-1.64×10^{-5}	氧(101 325 Pa)	1.94×10^{-6}
金	-3.5×10^{-5}	镁	1.2×10^{-5}
银	-2.4×10^{-5}	铝	2.1×10^{-5}
铜	-9.8×10^{-6}	钠	8.4×10^{-6}
水银	-2.8×10^{-5}	钛	1.8×10^{-4}
二氧化碳(101 325 Pa)	-1.19×10^{-5}	钨	7.6×10^{-5}

2. 介质中磁场的基本方程式

通过以上的讨论,我们已完成了把真空中磁场的基本方程式推广到磁介质中的主要工作. 磁介质的磁化机制比较复杂,原则上只有量子力学才能给出正确的结果,但我们的目的是从宏观角度研究介质中的磁场,通过分子磁矩和分子电流等简单的模型,把介质的磁性用几个可通过实验测量的参量表示出来. 通过引入辅助量$\boldsymbol{H}$,我们得到了有磁介质存在时磁场的安培环路定理. 另外,传导电流和磁化电流产生的磁场,其磁感线仍然都是闭合曲线. 因此,有介质存在时磁场的基本方程式为

$$\oint_C \boldsymbol{H}\cdot \mathrm{d}\boldsymbol{l} = \sum I_C \qquad (7.4\text{-}7\mathrm{a})$$

$$\oint_C \boldsymbol{B}\cdot \mathrm{d}\boldsymbol{S} = 0 \qquad (7.4\text{-}7\mathrm{b})$$

(7.4-7a)式表明磁场是有旋场,(7.4-7b)式表明磁场是无源场. 此外,还有联系磁感强度$\boldsymbol{B}$与磁场强度$\boldsymbol{H}$的物态方程

$$\boldsymbol{H} = \frac{1}{\mu_0}\boldsymbol{B} - \boldsymbol{M} = \frac{1}{\mu_0\mu_r}\boldsymbol{B} \qquad (7.4\text{-}8)$$

其中后一等号只对各向同性的均匀线性介质成立.

介质中磁场的方程式概括了真空中磁场的基本方程式,因为真空可以视为$\mu_r=1$的介质.

3. 磁场的边界条件

在两种不同介质的交界面上,介质常量会发生突变. 利用磁场的基本方程式可以求出场矢量在交界面上所满足的规律,即磁场的边界条件.

设相对磁导率为 μ_{r1} 和 μ_{r2} 的两种磁介质的交界面两侧的场矢量分别为 $\boldsymbol{B}_1$、$\boldsymbol{H}_1$ 和 $\boldsymbol{B}_2$、$\boldsymbol{H}_2$. 用 $\boldsymbol{e}_n$ 表示交界面的法向单位矢量,其方向由介质 1 指向介质 2,如图 7.4-1 所示. 在界面上取一面元 ΔS,作一扁盒形的封闭曲面,把 ΔS 包围其中,扁盒的上、下底 ΔS_1 和 ΔS_2 分别位于两种介质之中,并与 ΔS 平行,大小与 ΔS 相等. 扁盒的高为 Δh. 计算磁感强度 $\boldsymbol{B}$ 对这一扁盒表面的通量,然后令 $\Delta h \to 0$,让扁盒的上、下两底无限趋近于 ΔS,则根据磁场的高斯定理得

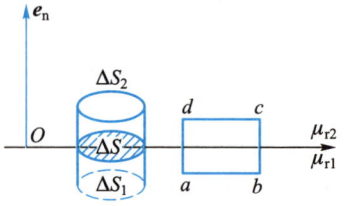

图 7.4-1 推导 $\boldsymbol{B}$ 与 $\boldsymbol{H}$ 的边界条件

$$(\boldsymbol{B}_2 - \boldsymbol{B}_1) \cdot \boldsymbol{e}_n = 0 \tag{7.4-9}$$

或

$$B_{1n} = B_{2n} \tag{7.4-10}$$

即在两种介质的交界面上,磁感强度的法向分量是连续的. 根据物态方程,得

$$\mu_{r1} H_{1n} = \mu_{r2} H_{2n} \tag{7.4-11}$$

因为 $\mu_{r1} \neq \mu_{r2}$,故 $H_{1n} \neq H_{2n}$,即在两种介质的交界面上,磁场强度的法向分量是不连续的.

若在交界面附近,作一长方形的闭合积分路径 $abcd$,使 ab 和 cd 两条边平行于界面,bc 和 da 两条边垂直于界面. 计算磁场强度对这一闭合路径的环流,然后让 ab 和 cd 无限趋近于交界面,则根据介质中的安培环路定理,得

$$H_{1t} - H_{2t} = i_C \tag{7.4-12}$$

上式可表示为矢量形式

$$(\boldsymbol{H}_1 - \boldsymbol{H}_2) \times \boldsymbol{e}_n = \boldsymbol{i}_C \tag{7.4-13}$$

即在有面分布的传导电流的界面上,磁场强度的切向分量是不连续的. 如果界面是两种不良导体磁介质的交界面,在界面上无传导电流分布,这时

$$H_{1t} = H_{2t} \tag{7.4-14}$$

或

$$(\boldsymbol{H}_1 - \boldsymbol{H}_2) \times \boldsymbol{e}_n = 0 \tag{7.4-15}$$

在无面分布的传导电流的界面上,磁场强度的切向分量是连续的. 根据物态方程,得

$$\frac{B_{1t}}{\mu_{r1}} = \frac{B_{2t}}{\mu_{r2}} \tag{7.4-16}$$

因为 $\mu_{r1} \neq \mu_{r2}$,故 $B_{1t} \neq B_{2t}$,说明在两种不同介质的交界面上,即使无传导电流,磁感强度的切向分量也是不连续的. 这一情形对平面界面特别明显. 在平面界面上,存在面分布的磁化电流,磁化电流产生的附加磁场的方向与界面平行,即沿界面的切向. 在界面两侧,附加磁场的大小相等,方向相反,如图 7.4-2 所示,从而引起界面两侧磁感强度切向分量的突变. 若界面不是平面,则在无限接近

图 7.4-2 界面上的磁化面电流产生的附加磁场

交界面时,界面上每一面元都可以视为很大的平面,因而上述结论仍然正确.

4. 几点说明

(1) 磁场强度 H 的环流为

$$\oint_C \boldsymbol{H} \cdot \mathrm{d}\boldsymbol{l} = \sum I_C$$

与传导电流单独产生的磁场 $\boldsymbol{B}_C$ 的环流

$$\oint_C \boldsymbol{B}_C \cdot \mathrm{d}\boldsymbol{l} = \mu_0 \sum I_C$$

一样,都由传导电流决定,与磁化电流无关,二者只相差一个比例系数 μ_0. 我们知道 $\boldsymbol{B}_C$ 是由传导电流的分布决定的,与磁化电流无关. 但是,一般来讲,H 并不完全取决于传导电流,它与介质中磁化电流分布亦有关,且在一般情况下,H 与 $\boldsymbol{B}_C$ 的差别亦不是一个比例系数 μ_0. 这是因为 $\boldsymbol{B}_C$ 或 H 的环流并不能完全确定 $\boldsymbol{B}_C$ 或 H 本身,$\boldsymbol{B}_C$ 或 H 对封闭曲面的通量对 $\boldsymbol{B}_C$ 或 H 的确定也是有关的. 在一般情况下,$\boldsymbol{B}_C$ 对封闭曲面的通量为零,即

$$\oint_S \boldsymbol{B}_C \cdot \mathrm{d}\boldsymbol{S} = 0$$

但 H 对封闭曲面的通量不为零,即

$$\oint_S \boldsymbol{H} \cdot \mathrm{d}\boldsymbol{S} = -\oint_S \boldsymbol{M} \cdot \mathrm{d}\boldsymbol{S}$$

只有当磁化强度对任意封闭曲面的通量为零的情况下,$\boldsymbol{B}_C$ 与 H 满足的方程式才相同,边界条件也相同. 在此条件下,H 与 $\boldsymbol{B}_C$ 一样,也仅由传导电流决定,与介质无关,且 $H = \boldsymbol{B}_C/\mu_0$. 当均匀的磁介质充满磁场存在的整个空间时,就属于这种情况. 其实,即使介质未充满场存在的空间,只要介质均匀,界面与 $\boldsymbol{B}$(从而与 $\boldsymbol{M}$)相切,此结论就正确.

(2) 磁场强度 H 与电位移 D 相似,都是描述场的辅助量. 但是,在实际应用中,H 却是一个常用的量,D 则使用不多,这是因为在一般情况下,总是通过在线圈中通以传导电流来建立磁场的. 仪表可以测量的也是传导电流,而与传导电流相联系的是 H 的环流. 电场通常是通过在两电极间加一电压来建立的,仪表容易测量的往往也是电压,而与电压相联系的是 E 的线积分. 如果在实际工作中,测量电荷量比测量电压更加容易,那么 D 就将比 E 使用得更加广泛了. $\boldsymbol{B}$ 的环流亦可与传导电流相联系,D 的线积分也可以与电压相联系,但在这些联系中都要涉及介质.

5. 介质中磁场的能量密度

我们曾讨论过真空中载流回路的磁能,说明了磁能来自建立磁场过程中克服感应电动势所做的功. 磁场是由一定的载流线圈产生的,线圈中电流的变化导致磁场的变化,磁场的变化又会在线圈中产生感应电动势:自感电动势和互感电动势. 同一载流线圈处在真空中与处在介质中产生的磁场是不同的,所以电流变化时的感应电动势是不同的,因而磁能与介质有关. 存在介质后,两个回路中的自感电动势和回路间的互感电动势仍表示为

$$\mathscr{E}_1 = -L_1 \frac{\mathrm{d}i_1}{\mathrm{d}t}, \quad \mathscr{E}_{12} = -M \frac{\mathrm{d}i_2}{\mathrm{d}t}$$

介质对磁场的影响反映在自感系数 L 和互感系数 M 之中. 例如一长螺线管,设其长度为 l,绕有 N 匝导线,螺线管的半径 R 比其长度小得多,其中充满相对磁导率为 μ_r 的均匀磁介质,当导线中的电流为 I 时,螺线管内的磁场的磁感强度为

$$B = \mu_0 \mu_r \frac{N}{l} I$$

磁场对螺线管的每匝线圈的磁通量为

$$\Phi_\mathrm{m} = BS = \mu_0 \mu_r \frac{N}{l} I \pi R^2$$

磁通匝链数为

$$\Psi = N\Phi_\mathrm{m} = \mu_0 \mu_r \frac{N^2}{l} I \pi R^2$$

螺线管的自感系数为

$$L = \frac{\Psi}{I} = \mu_0 \mu_r n^2 l \pi R^2 = \mu_0 \mu_r n^2 V \tag{7.4-17}$$

式中 n 为单位长度螺线管上线圈的匝数, V 为螺管的体积. 螺线管的磁能为

$$W_\mathrm{m} = \frac{1}{2} L I^2 = \frac{1}{2} \mu_0 \mu_r n^2 I^2 V$$

对于长螺线管,有 $H = nI$, $B = \mu_0 \mu_r nI$,代入上式得

$$W_\mathrm{m} = \frac{1}{2} BHV = \frac{1}{2} \boldsymbol{B} \cdot \boldsymbol{H} V$$

V 可以视为磁场分布的空间,因此磁能分布于整个磁场存在的空间,单位体积内磁场的能量即磁场的能量密度,

$$w_\mathrm{m} = \frac{1}{2} \boldsymbol{B} \cdot \boldsymbol{H} \tag{7.4-18}$$

(7.4-18)式虽是在特殊情况下求得的,但可证明此结果是普遍的. 一般情况下,磁场的磁能密度是空间位置的函数,场内任一体积中磁场的能量为

$$W_\mathrm{m} = \int w_\mathrm{m} \mathrm{d}V = \frac{1}{2} \int \boldsymbol{B} \cdot \boldsymbol{H} \mathrm{d}V \tag{7.4-19}$$

6. 例题

例 7.4-1 应用介质的安培环路定理,重新计算例 7.3-1.

解:作如图所示的闭合积分路径,注意到在螺线管外 $B = 0$,因此 $H = 0$. 在螺线管内, $\boldsymbol{B}$ 平行于轴线,因此 $\boldsymbol{H}$ 亦平行于轴线. 根据介质中的安培环路定理,有

$$\oint \boldsymbol{H} \cdot \mathrm{d}\boldsymbol{l} = H|cd| = N|cd|I$$

于是得

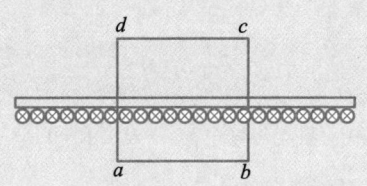

例 7.4-1 图　用 $\oint \boldsymbol{H} \cdot \mathrm{d}\boldsymbol{l} = \sum I_\mathrm{C}$ 计算螺线管的磁场

$$H = NI$$

代入物态方程，得

$$B = \mu_\mathrm{r}\mu_0 H = \mu_0\mu_\mathrm{r} NI = \mu_\mathrm{r} B_\mathrm{C}$$

这就是例 7.3-1 所得到的结果.

例 7.4-2　应用介质中的安培环路定理重新计算例 7.3-2.

解：作如图所示的闭合积分路径，它是一半径为 r 的圆周，圆面与载流圆柱垂直. 根据介质中的安培环路定理

$$\oint_C \boldsymbol{H} \cdot \mathrm{d}\boldsymbol{l} = 2\pi r H = I_\mathrm{C}$$

于是得

$$H = \frac{I_\mathrm{C}}{2\pi r}$$

代入物态方程，得

$$B = \mu_\mathrm{r}\mu_0 H = \frac{\mu_0\mu_\mathrm{r}}{2\pi} \frac{I_\mathrm{C}}{r} = \mu_\mathrm{r} B_\mathrm{C}$$

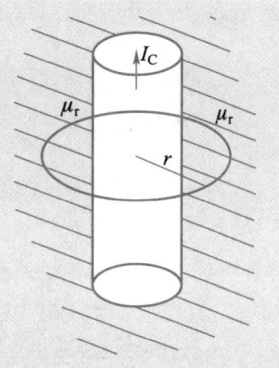

例 7.4-2 图　用 $\oint \boldsymbol{H} \cdot \mathrm{d}\boldsymbol{l} = \sum I_\mathrm{C}$ 计算无限长载流柱体在介质中产生的磁场

以上两道例题充分显示了引入 $\boldsymbol{H}$ 的优点. 求出 $\boldsymbol{H}$ 矢量再去计算 $\boldsymbol{B}$ 比通过先计算 $\boldsymbol{B}_\mathrm{C}$、$\boldsymbol{B}_\mathrm{M}$ 再计算 $\boldsymbol{B}$ 要方便得多.

例 7.4-3　在例 7.2-1 中，我们曾求得均匀磁化球上的磁化电流在球内外单独产生的磁场，如果该磁化球的磁化是永久的，不存在外源产生的磁场，那么磁化电流在球内和球外产生的磁场也就是球内和球外的真实磁场. 试在该例题所得结果的基础上，求出球内外沿 z 轴的磁场强度.

解：因为在球内，沿 z 轴的磁感强度为

$$B_\mathrm{i}(z) = \frac{2}{3}\mu_0 M$$

故球内的磁场强度

$$\begin{aligned} H_\mathrm{i}(z) &= \frac{1}{\mu_0}B_\mathrm{i}(z) - M(z) \\ &= \frac{2}{3}M - M = -\frac{1}{3}M \end{aligned}$$

即球内的 $\boldsymbol{B}$ 与 $\boldsymbol{M}$ 同方向，但 $\boldsymbol{H}$ 与 $\boldsymbol{M}$ 的方向相反. 在球外，z 轴上的磁感强度为

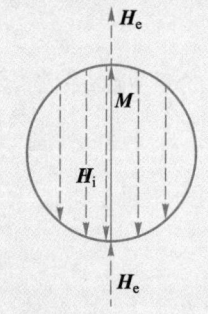

例 7.4-3 图（a）

$$B_e(z) = \frac{2M\mu_0 a^3}{3z^3}$$

故球外 z 轴上的磁场强度为

$$H_e(z) = \frac{1}{\mu_0} B_e - M = \frac{2Ma^3}{3z^3}$$

从所得结果可以看出,在这一问题中,虽无传导电流,$\oint \boldsymbol{H} \cdot d\boldsymbol{l} = 0$,但不论在球内还是在球外,$H$ 都不为零;在 $z=a$ 即球表面处,$H_i \neq H_e$,这反映了 $\boldsymbol{H}$ 的法向分量的不连续性.

磁化球内外 $\boldsymbol{B}$ 线和 $\boldsymbol{H}$ 线的分布如图(b)所示.

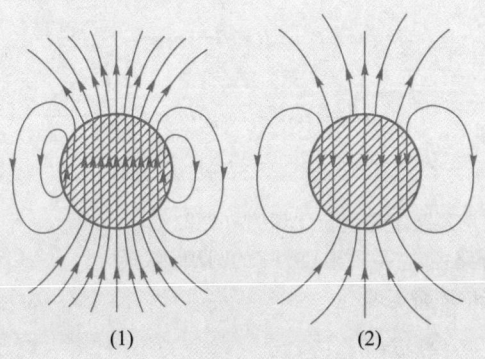

(1)　　　　(2)

例 7.4-3 图(b)　均匀磁化介质球内外 $\boldsymbol{B}$ 线分布(1)和 $\boldsymbol{H}$ 线分布(2)

例 7.4-4　相对磁导率为 μ_{r1} 和 μ_{r2} 的两种均匀磁介质,分别充满 $x>0$ 和 $x<0$ 的两个半空间,其交界面为 Oyz 平面. 一细导线位于 y 轴上,其中通以电流 I_C,求空间各点的 $\boldsymbol{B}$ 和 $\boldsymbol{H}$.

解:因为导线很细,可视为几何线,除了导线所在处外,磁感应强度与界面垂直,故磁化电流只分布在导线所在处,界面的其他地方无磁化电流分布. 磁化电流分布也是一条几何线. 根据传导电流和磁化电流的分布特征,可确定 $\boldsymbol{B}$ 矢量的分布具有圆柱形对称性,设 r 为空间中一点到 O 点的距离,故由

$$\oint \boldsymbol{B} \cdot d\boldsymbol{l} = \mu_0 (I_C + I_M)$$

得

$$2\pi r B = \mu_0 (I_C + I_M)$$

由物态方程得

$$H_1 = \frac{1}{\mu_0 \mu_{r1}} B, \quad H_2 = \frac{1}{\mu_0 \mu_{r2}} B$$

由介质中磁场的安培环路定理

$$\oint \boldsymbol{H} \cdot d\boldsymbol{l} = \frac{\pi r}{\mu_0} \left(\frac{1}{\mu_{r1}} + \frac{1}{\mu_{r2}} \right) B = I_C$$

消去 B,得

$$I_C + I_M = \frac{2I_C}{\dfrac{1}{\mu_{r1}} + \dfrac{1}{\mu_{r2}}}$$

于是

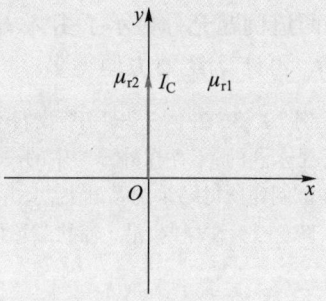

例 7.4-4 图　位于两种无限大均匀介质交界面上的无限长载流导线

$$B=\frac{\mu_0}{\pi}\frac{I_C}{\frac{1}{\mu_{r1}}+\frac{1}{\mu_{r2}}}\frac{1}{r}=\frac{\mu_0\mu_{r1}\mu_{r2}}{\pi(\mu_{r1}+\mu_{r2})}\frac{I_C}{r}$$

$$H_1=\frac{\mu_{r2}}{\pi(\mu_{r1}+\mu_{r2})}\frac{I_C}{r}$$

$$H_2=\frac{\mu_{r1}}{\pi(\mu_{r1}+\mu_{r2})}\frac{I_C}{r}$$

可以看出,在交界面处,B 和 H 只有法向分量,B 的法向分量是连续的,H 的法向分量不连续.

§7.5 铁磁性

1. 磁化曲线

直到目前为止,我们讨论的都是各向同性的线性介质. 对于这些介质,$B=\mu_0\mu_r H$,μ_r 是一个接近于 1 的反映介质特性的常量. 铁磁性物质的 B 和 H 之间的关系异常复杂,甚至无法用一个解析函数来表示,而且这种关系还与样品的历史有关.

金属铁、镍、钴及其合金和某些非金属都是重要的铁磁性材料. 铁磁性材料是制造永久磁铁、电磁铁、变压器以及各种电机时不可缺少的材料. 研究磁性材料的学科称为磁学,它是固体物理学的一个重要分支.

不同铁磁性物质的性质很不相同. 不论哪种铁磁性物质,研究它们的 B 与 H 的关系都是很重要的. 这个关系通常只能用实验测得的曲线来表示. 由于磁化同材料的历史密切相关,为了比较各种不同材料的磁性,我们研究样品的初始磁化过程,即要求样品在研究前未被磁化过,不具有磁性. 实际上,我们总可以使样品处在未磁化状态. 例如,把样品加热到某一特定的温度即居里温度之上,样品的磁性便全部消失,然后再把样品冷却至居里温度以下进行研究. 不同材料的居里温度是不同的. 也可以用反复操作逐渐退磁的方法使样品处于未磁化的状态.

要研究样品的 B 和 H 的关系,就得有一个外加的 H 场作用于样品上,然后测量对应的 B. H 场可以由传导电流来产生,但是,在通常情况下,H 并非由传导电流唯一确定. 例如,假定我们取一螺线管,中间充满铁芯,把铁芯作为研究的样品,由于在铁芯两端的端面上,M 发生突变,M 的突变引起 H 的突变,而 M 又与 B 有关,这就使问题复杂化. 如果把样品制成一环状物,使之不出现端面,再在铁环上密绕上线圈,制成一螺绕环(也称为罗兰环),这时环内的 H 就由传导电流唯一确定. 把介质中的安培环路定理应用于此环,就有

$$\oint \boldsymbol{H}\cdot\mathrm{d}\boldsymbol{l}=2\pi rH=nI_C$$

于是

$$H = \frac{nI_C}{2\pi r}$$

式中 n 为螺绕环上导线的总匝数, r 为环的半径. 只要测得螺绕环导线中的传导电流, 就可求得环内的磁场强度 H. 环内的磁感强度 B 可以用磁通计测量. 测量铁芯 B-H 曲线的实验装置示意图如图 7.5-1 所示.

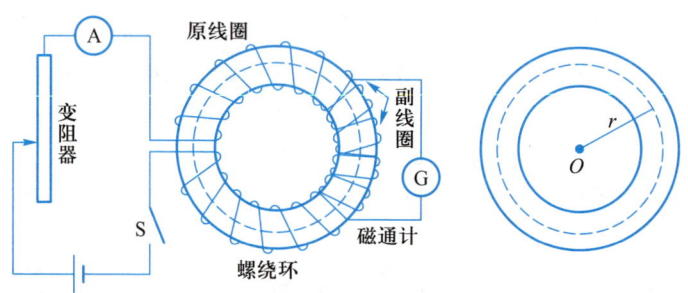

图 7.5-1 测量铁芯磁化曲线的实验装置

若以 B 为纵坐标, H 为横坐标, 材料初次磁化的 B-H 曲线如图 7.5-2 所示. 常称此曲线为初始磁化曲线. 可以看出, 当 H 比较小时, B 随 H 的增加而缓慢增加, 当 H 比较大时, B 随 H 的增加而迅速增加. B 与 H 不成线性关系. 当 H 足够大, 超过某一值 H_s 后, B 与 H 间才具有线性关系. 这时, 我们称样品的磁化达到了饱和.

根据物态方程式

$$M = \frac{1}{\mu_0} B - H$$

由 B-H 曲线可求出 M-H 曲线, 如图 7.5-3 所示, 也有书称此曲线为磁化曲线, 它给出了磁化强度随磁场强度的变化关系. 所得的结果表明, 当 H 不很大时, M 与 H 的关系也是非线性的. 当 H 大于某一值 H_s 时, M 变成常量, 这时即使磁场强度增大, 磁化强度仍然保持恒定, 表明磁化达到了饱和. 饱和的磁化强度称为饱和磁化强度 M_s. 对于大部分铁磁性材料, 磁化达到饱和时 H_s 值是比较大的.

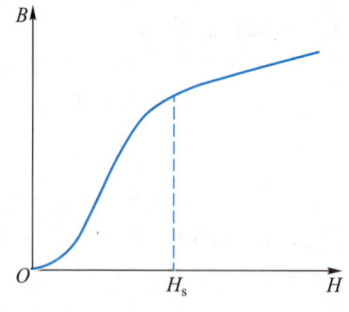

图 7.5-2 铁磁性物质的 B-H 曲线

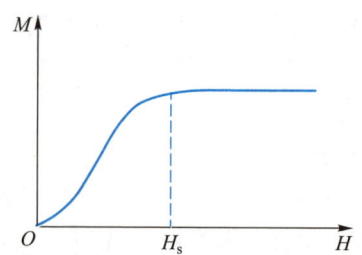

图 7.5-3 铁磁性物质的 M-H 曲线

因为 $B = \mu_0(H+M)$, 而 M 又是 H 的函数, 故 B 随 H 增大的原因有两个: 一是直接由 H 增大而引起 B 增大; 二是 H 增大引起 M 增大, 从而又引起 B 增大. 前一原因是线性的,后一原因是非线性的.当 H 较小时,后一原因起主要作用,故 B-H 成非线性关系.当 H 达到 H_s 后,M 趋向饱和,前一原因成了 B 增加的唯一原因,因而 B-H 成线性关系.

对于铁磁性物质,$B=\mu_0\mu_r H$ 不成立,但是我们可以定义某一 H 值或某一 B 值所对应的相对磁导率为

$$\mu_0\mu_r = \frac{B}{H} = \mu_0\mu_r(H) \tag{7.5-1}$$

$\mu_0\mu_r$ 不是 B-H 曲线的斜率,而是经过原点并与 B-H 曲线相交的直线的斜率,故 μ_r 的值应从 B-H 曲线上求出.根据铁磁性材料的 B-H 曲线和磁导率的定义,我们可以求得不同的 H 值所对应的 μ_r 值,从而得到 μ_r-H 曲线,如图 7.5-4 所示.图中 μ_{ri} 称为起始相对磁导率.μ_{rm} 称为最大相对磁导率,其值可达数千.当 H 趋向无限大时,μ_r 趋于 1.

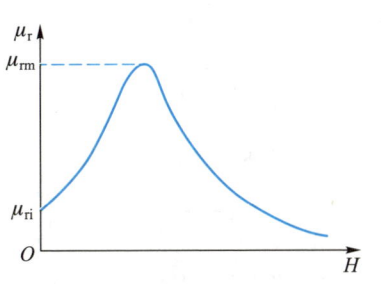

图 7.5-4 铁磁性物质的 μ_r-H 曲线

2. 磁滞回线

未磁化过的铁磁性物质在磁场作用下,磁感强度 B 随磁场强度 H 的增大而增大的过程由初始磁化曲线给出.对于已经磁化过的样品,当 H 减小时,B 亦减小,但减小的过程并不沿着初始磁化曲线进行,而是沿着比初始磁化曲线较高的曲线进行,如图 7.5-5 中的 b 所示.当 H 减小至零时,B 并不为零.这表示磁化后的铁磁性物质即使在除去外磁场后,其磁化强度亦不为零,这种现象称为剩磁现象,$H=0$ 所对应的磁化强度 M_r 和磁感强度 B_r,分别称为剩余磁化强度和剩余磁感强度.具有剩余磁感强度的铁磁性物质就是永久磁铁.

若要使铁磁性物质的磁感强度减小至零,就必须加上一反向的磁场强度.使磁感强度为零所

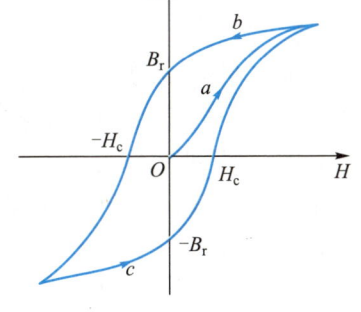

图 7.5-5 铁磁性物质的磁滞回线

必须加上的反向磁场强度 H_c 称为矫顽力.当磁场强度继续向反向增大时,介质被反向磁化,最后亦会达到饱和.若再让 H 减小到零,则 B 亦不为零.要使磁感强度为零,就得在正向加上一矫顽力.当磁场强度在 H 和 $-H$ 之间交替变化时,磁感强度 B 将沿着 b 和 c 两条曲线来回变化.由 b 和 c 组成的闭合曲线称为磁滞回线,磁滞回线反映了磁感强度的变化落后于磁场强度的变化,这种现象称为磁滞现象.

不同材料的磁滞回线的形状是不同的,即使同一种材料,其磁滞回线亦取决于被磁化的程度.通常讲到某种材料的磁滞回线时都是指它的饱和磁滞回线.饱和磁滞回线所对应的剩余磁感强度 B_r 与矫顽力 H_c 是表示磁性材料特征的参量.

在技术上,我们根据矫顽力的大小把铁磁性材料分成两大类:软磁材料(矫顽

力很小)和硬磁材料(矫顽力很大). 软铁、硅钢、高磁导合金等都是软磁材料,可用于电机、变压器和继电器中. 钴钢、铝镍钴合金、磁钢等都是硬磁材料,用于制造永久磁铁.

几种磁性材料的参量如表 7.5-1 所示.

表 7.5-1 几种磁性材料的参量

材料名称	H_s 或 $H_c/(\text{A}\cdot\text{m}^{-1})$	$\mu_0 M_s$ 或 B_r/T
铁	H_s 1.6×10^5	$\mu_0 M_s$ 2.15
硅钢(3%硅)	H_c 56	2.02
坡莫合金	5.6	1.60
锰铁氧体		0.49
铜镍铬铁合金	1.2	0.75
铝镍钴	4.9×10^4	B_r 1.25
钴钢	1.9×10^4	0.97

3. 铁磁性成因简介

铁磁性物质的磁化强度比顺磁性物质的要大得多,其磁性起源于电子的自旋. 对于一般的元素,每个原子内部电子所处的状态可使大多数电子的自旋磁矩成对反向而抵消. 铁则不同,实验测得的饱和磁化强度的值表明,在铁原子内部,差不多有两个电子的自旋磁矩都排列在同一方向而使原子呈现磁矩,而且研究表明,量子力学的效应往往使一些邻近的原子磁矩又取相同的方向,因为自旋磁矩取平行的方向对应的能量较低. 所以,在铁磁体内部的每个小区域里,自旋磁矩已排整齐,磁化达到饱和,这种小区域称为磁畴. 但是各个磁畴的排列方向并不相同,因为各磁畴的磁化方向不同,故整个介质并不显示磁性. 在外磁场的作用下,与磁场方向一致的磁畴处在有利地位,于是这种磁畴扩大,磁畴的壁发生位移. 当外磁场非常强时,还会发生磁畴的转向,铁磁体的磁化过程可以用图 7.5-6 来示意.

磁畴壁的位移是跳变式的、不连续的. 无线电设备中,载流线圈中的铁芯在磁化时出现的磁畴跳动会产生一种噪声,这个现象称为巴克豪森效应.

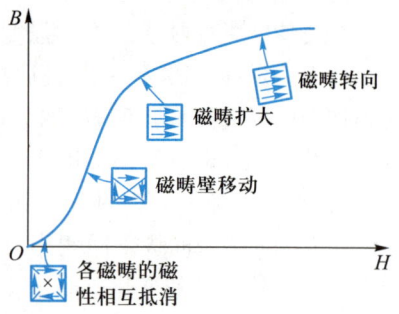

图 7.5-6 铁磁性物质磁化的大致过程

4. 例题

例 7.5-1 分析条形永久磁铁的磁场分布.

解：设一条形永久磁铁被沿着轴向均匀磁化，磁化强度 M = 常量. 若磁棒外部是真空（或 $\mu_r = 1$ 的介质），则磁棒外部空间的磁感强度为

$$B = \mu_0 H$$

即除了因单位制而引入的比例系数 μ_0 之外，B 线的分布与 H 线的分布相同. 但在磁铁内部，B 与 H 的关系为

$$B = \mu_0 H + \mu_0 M$$

因为在磁铁内部，M 的方向处处相同，但 H 的方向各处不一，因而 B 的方向亦随位置而变化. 如图所示，B 线为闭合的曲线.

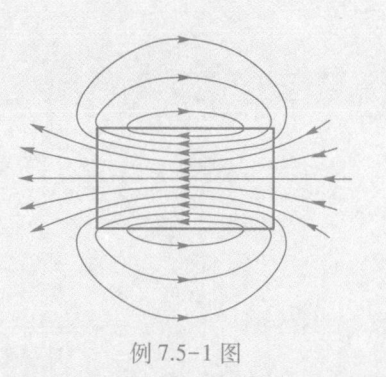

例 7.5-1 图

例 7.5-2 图（a）是一台电磁铁，它是一个具有缝隙的铁芯，其上绕有线圈. 设线圈的总匝数是 N，铁芯中磁路的平均长度是 l，缝隙的宽度是 l_g（如图所示），线圈中的电流为 I，试求缝隙中的磁感强度和磁场强度 B_g 和 H_g.

解：根据安培环路定理有

$$Hl + H_g l_g = NI$$

一般来讲，铁芯中的磁感强度 B 不同于缝隙中的磁感强度 B_g，但磁通量相等，即

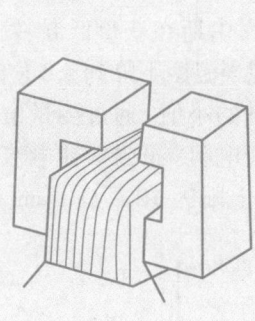

例 7.5-2 图（a）电磁铁

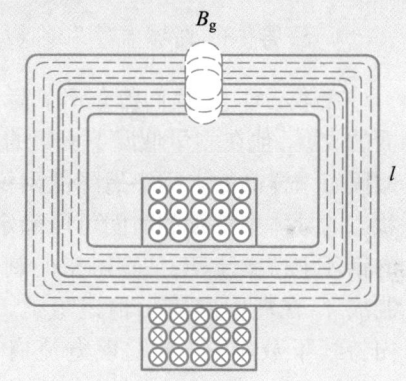

例 7.5-2 图（b）铁芯中磁通分布

$$B_g S_g = BS$$

式中 S_g 是缝隙中磁路的截面积，S 为铁芯中磁路的截面积，若缝隙很窄，即 $l \gg l_g$，则可近似认为 $S = S_g$，因此 $B_g = B$. 在缝隙中，$B_g = \mu_0 \mu_r H_g$ 成立，因为 $\mu_r = 1$，故 $\mu_0 H_g = B_g = B$，或 $H_g = B/\mu_0$，这样，磁路缝隙中的磁场强度可以用磁路铁芯中的磁感强度 B 来表示，即

$$Hl + \frac{1}{\mu_0} B l_g = NI \tag{1}$$

这表示当线圈中的电流一定时，H 和 B 的关系是线性的. 要求得 B 和 H，还需知道铁芯材料的 B-H 曲线，即

$$B = f(H) \tag{2}$$

解以上两方程，便可求得 B 和 H. 但是 $B = f(H)$ 无法表示成解析形式，只能用材料的磁化曲线和磁滞回线来表示. 方程式的解就是直线（1）与曲线（2）的交点，如图（c）所示. 若材料是初次磁化，则交点为 a，a 点的坐标就给

出铁芯中的 H 和 B 的值. 若材料曾达到饱和磁化,这时交点 b 的坐标就给出了铁芯中 H 和 B 的值. 而 c 点则给出了铁芯在反向电流作用下达饱和磁化后、电流又升到 I 值时,铁芯中的 H 和 B 的值.

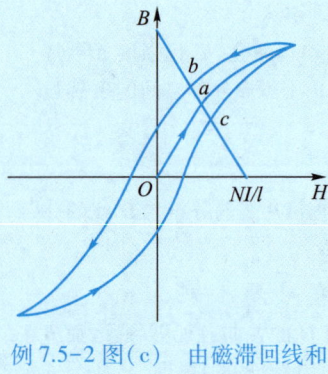

例 7.5-2 图(c) 由磁滞回线和磁路定律求磁场

§7.6 超导体简介

1. 超导体的临界温度和临界磁场

在第三章中,我们曾介绍了荷兰物理学家昂内斯在获得低温、发现超导电性方面的成就. 他在测量低温下水银的电阻时,发现当温度下降到 4.2 K 时,浸在液氦中的固态汞样品的电阻突然降低到仪器无法测量的小值. 通过测量电流在处于这种状态的导体中持续的时间可以确定样品的剩余电阻. 昂内斯让电流在处于极低温的铅环中持续流动,估算得铅的剩余电阻率的上限为 $10^{-16}\ \Omega\cdot\mathrm{cm}$. 有人用超导体制成环,在环中感应出恒定电流,电流在环内持续了数年,仍未发现电流有任何可以测量出的衰减. 有人利用精确的核磁共振方法测量超导电流产生的磁场用以研究螺线管内超导电流的衰变,他们得出的结论是超导电流的衰变时间不短于 10 万年. 这表明导体的电阻实际上等于零. 图 7.6-1 给出了汞的电阻随温度的变化关系.

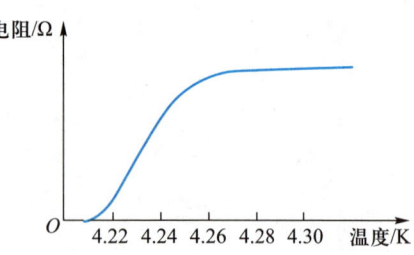

图 7.6-1 汞的电阻与温度的关系

电阻完全消失的状态称为超导态,处于超导态的物质具有超导电性,具有超导电性的材料称为超导体. 电阻突然消失的温度称为临界温度,也称转变温度,记为 T_c,温度高于 T_c,超导体和一般金属一样有电阻,处于正常态. 在超导体发现以后的漫长时期内,人们所发现的超导材料的临界温度都比较低,分布在 23.2 K 和 0.02 K 之间. 还有许多金属,如锂、钠和钾曾分别降温到 0.08 K、0.09 K 和 0.08 K,仍表现为正常态导体. 曾有理论计算预示,钠和钾即使能成为超导体,它们的转变温度也将

低于 10^{-3} K.

临界温度与材料的化学纯度有关,其中磁性杂质的影响特别显著. 例如铂中含有百分之几的铁,其超导电性就会被破坏. 极微量的钆能使镧的临界温度从 5.6 K 降到 0.6 K. 一些超导金属、合金以及它们的临界温度、临界磁场如表 7.6-1 所示.

表 7.6-1 几种超导材料的临界温度和临界磁场

材料名称	临界温度/K	0 K 时的临界磁场 /(10^{-4} T)	材料名称	临界温度/K	0 K 时的临界磁场 /(10^{-4} T)
铝	1.240	105	锇	0.655	65
钛	0.39	100	铱	0.14	19
钒	5.38	1 420	汞	4.153	412
锌	0.875	53	铊	2.39	171
镓	1.091	51	铅	7.193	803
锆	0.546	47	钍	1.368	1.62
铌	9.50	1 980	镤	1.4	
钼	0.92	95	Nb_2Sn	18.05	
锝	7.77	1 410	Nb_3Ge	23.2	
钌	0.51	70	Nb_3Al	17.5	
镉	0.56	30	NbN	16.0	
铟	3.403 5	293	$(SN)_x$ 聚合物	0.26	
锡	3.722	309	V_3Ga	16.5	
镧	6.00	1 100	V_3Si	17.1	
铪	0.12		$PbMo_{5.1}S_6$	14.4	
钽	4.483	830	Ti_2Co	3.44	
钨	0.012	1.07	La_3In	10.4	

由于超导体具有零电阻特性,人们自然就想到可利用超导体制成的导线来传输非常大的电流,或用超导体制成的线圈来产生非常强的磁场. 但是昂内斯发现,当超导体中的电流太大或将超导体置于太强的磁场中时,超导性将遭破坏,导体将从超导态回到正常态. 实验表明,每一种处在超导态的导体材料,当其中的电流超过某一临界值 I_C 或超导体所在处的磁场的磁感强度超过某一临界值 B_C 时,超导性都会被破坏. 临界电流和临界磁场也是超导材料的两个基本参量,几种超导材料的临界磁场如表 7.6-1 所示. 存在临界电流的实质是存在临界磁场,因为当通过超导体的电流产生的磁场达到临界值时,超导态即被破坏. 临界磁场 B_C 不仅与超导体本身的性质有关,而且与温度 T 有关.

相当多的导电材料的临界磁场与温度的关系,在一定的精确程度上可以用一

条抛物线来表示,即可写为

$$B_C = B_0 \left[1 - \left(\frac{T}{T_C} \right)^2 \right] \quad (7.6-1)$$

式中 T_C 是无磁场存在时的转变温度,即临界温度,B_0 是 $T = 0$ K 时的临界磁场.(7.6-1)式表示,在温度达 T_C 时,$B_C = 0$,而在接近 0 K 时,B_C 达最大值 B_0. 实际上 $B_C(T)$ 曲线把 B-T 平面划分为两个区域,如图 7.6-2 所示,曲线的右上方表示正常态,左下方表示超导态,在曲线上,发生从正常态到超导态的可逆变化. 从超导态到正常态的变化可以通过改变温度来实现,也可通过改变磁场来实现.

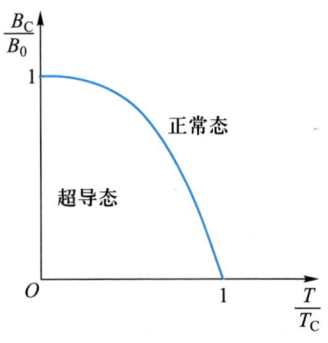

图 7.6-2　临界磁场与温度的关系

2. 高温氧化物超导

直到 20 世纪 80 年代,在已经发现的数千种超导元素、化合物、合金等的临界温度中最高的只有 23.2 K. 1986 年,瑞士苏黎世实验室的贝德诺尔茨和缪勒发现临界温度可能达到 35 K 的钡镧铜系氧化物(Ba-La-Cu-O)超导体,从而在世界范围内掀起了研究高温超导的热潮. 1987 年 2 月,朱经武、吴茂昆等首先通过美国国家科学基金会宣布他们新合成的一个超导体,其临界温度为 98 K. 同年同月,中国科学院数理学部的新闻发布会上发言人宣布物理所赵忠贤、陈立泉等合成了 Y-Ba-Cu-O 超导体,其开始出现超导的温度为 100 K,转变中点温度达 92.8 K,这是国际上第一次公布临界温度高于 90 K 的超导体成分. 1987 年日本的 Maeda 发现了不含稀土的铜氧化物超导体($Bi_2Sr_2Ca_{n-1}Cu_nO_y$,$n = 1,2,3$),T_C 达到 110 K. 1988 年,盛正直等发现不含稀土的铜氧化物超导体($Tl_mBa_2Ca_{n-1}Cu_nO_{2n=x}$,$m = 1,2$,$n = 1,2,3,4$),其临界温度 T_C 为 125 K. 1993 年普特林(Putinlin)等发现 HgBaCaCuO 超导体,其中 $HgBa_2Ca_3Cu_3O_{8+\delta}$ 的临界温度为 135 K. 贝德诺尔茨和缪勒因发现高温超导而荣获 1987 年诺贝尔物理学奖. 目前,高温超导的应用已有很大进展,而高温超导的机制尚在研究之中.

超导的应用是多方面的,高温超导的出现更拓宽了超导的实用领域. 超导线圈中通以大电流可产生强的磁场,成为超导磁体,其磁场可达 10^2 T,要比一般磁体产生的磁场高几个数量级. 超导在电工方面的应用也已引起人们的注意. 关于超导输电线、超导发电机、超导电动机、超导变压器等的研究已取得很大进展.

在交通运输方面,超导悬浮列车的研制已受到世界各国的重视. 早在高温超导出现以前,世界各国就对常规的磁悬浮列车进行了深入的研究. 日本曾于 20 世纪末创造了当时磁悬浮列车时速为 400 km 的世界纪录. 虽然当时的乘客只有三人,驾驶系统也由控制中心操纵,但是它却向人们展示了磁悬浮列车的可行性. 磁悬浮列车的铁轨为 U 形,在 U 形铁轨底部铺设了数千个悬浮用的铝线圈,在每列车厢两侧底部装有 6~8 个超导磁铁. 在列车启动或进站时,列车依靠车轮行驶. 随着列车加速,超导线圈通电,电流密度达 $(2~3) \times 10^4$ A/cm^2,超导磁铁产生的磁场可达 5 T.

当超导磁铁随列车向前运动时,固定在铁轨上的铝线圈中将产生感应电流. 感应电流的磁场对超导磁铁的作用使列车悬浮,车体与铁轨间保持 10 cm 的空气隙. 在 U 形铁轨的侧壁上,每一侧都安装了一排电磁铁,这些电磁铁反复转换极性,轮番吸引和排斥列车上的超导磁铁,一推一拉地使列车向前行驶. 磁悬浮列车结构的示意图如图 7.6-3 所示,图 7.6-4 为其外形图. 磁悬浮列车的优点是行进平稳、没有颠簸、噪声小,所需的牵引力也小,只要几兆瓦的电力就能使磁悬浮列车的速度达到 500 km/h.

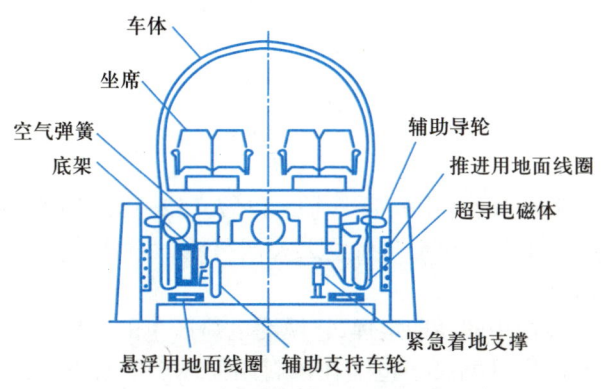

图 7.6-3　磁悬浮列车结构示意图

图 7.6-4　磁悬浮列车外形图

§7.7　介质中电磁场的方程组

1. 介质中的麦克斯韦方程组

当电磁场中存在介质时,电场会使介质极化,产生极化电荷,极化电荷要产生附加电场;磁场会使介质磁化,产生磁化电流,磁化电流要产生附加磁场. 通过引入辅助量电位移 D 和磁场强度 H,极化电荷与磁化电流将不出现在场方程式中,介质对场的影响可以反映在表征介质电磁学性质的相对介电常量 ε_r 和相对磁导率 μ_r 中. 介质中的麦克斯韦方程为

$$\oint_S \boldsymbol{D} \cdot \mathrm{d}\boldsymbol{S} = \sum q_\mathrm{f} \tag{7.7-1a}$$

$$\oint_C \boldsymbol{E} \cdot \mathrm{d}\boldsymbol{l} = -\oint_S \frac{\partial \boldsymbol{B}}{\partial t} \cdot \mathrm{d}\boldsymbol{S} \tag{7.7-1b}$$

$$\oint_S \boldsymbol{B} \cdot \mathrm{d}\boldsymbol{S} = 0 \tag{7.7-1c}$$

$$\oint_C \boldsymbol{H} \cdot \mathrm{d}\boldsymbol{l} = \sum I_\mathrm{C} + \oint_S \frac{\partial \boldsymbol{D}}{\partial t} \mathrm{d}\boldsymbol{S} \tag{7.7-1d}$$

联系场矢量与介质常量的物态方程为

$$\boldsymbol{D} = \varepsilon_0 \boldsymbol{E} + \boldsymbol{P} = \varepsilon_0 \varepsilon_\mathrm{r} \boldsymbol{E} \tag{7.7-2a}$$

$$\boldsymbol{H} = \frac{1}{\mu_0} \boldsymbol{B} - \boldsymbol{M} = \frac{1}{\mu_0 \mu_\mathrm{r}} \boldsymbol{B} \tag{7.7-2b}$$

$$\boldsymbol{j} = \gamma \boldsymbol{E} \tag{7.7-2c}$$

(7.7-2a)式、(7.7-2b)式中的后一等式和(7.7-2c)式仅适用于各向同性的介质. 若介质是均匀的, ε_r、μ_r 和 γ 与位置无关, 若介质是非均匀的, 则 ε_r、μ_r 和 γ 是位置的函数.

(7.7-1a)式是介质中的高斯定理, 它说明电荷产生的电场是有源场, 但电位移对任意封闭曲面的通量只取决于包围在该封闭曲面内的自由电荷, 与极化电荷无关. 真空中的麦克斯韦方程(5.6-1a)式是(7.7-1a)式在 $\varepsilon_\mathrm{r} = 1$ 条件下的特殊形式. (7.7-1b)式和(7.7-1c)式与真空中的麦克斯韦方程(5.6-1b)式和(5.6-1c)式在形式上完全相同, 式中的 $\boldsymbol{E}$ 和 $\boldsymbol{B}$ 的源分别为自由电荷、极化电荷和传导电流、磁化电流. (7.7-1d)式等号右边第二项代表通过 S 面的位移电流. 存在介质时磁场的安培环路定理是用磁场强度 $\boldsymbol{H}$ 的环流来表示的. 因为非恒定电流的电流线是不闭合的, 在传导电流的电流线中断的地方, 可通过位移电流把电流线连接起来, 所以, $\boldsymbol{H}$ 的环流取决于全电流, 即

$$\oint_C \boldsymbol{H} \cdot \mathrm{d}\boldsymbol{l} = \oint_S \boldsymbol{j}_\mathrm{t} \cdot \mathrm{d}\boldsymbol{S} = \oint_S (\boldsymbol{j}_\mathrm{c} + \boldsymbol{j}_\mathrm{D}) \cdot \mathrm{d}\boldsymbol{S}$$

因全电流具有闭合性, 故有

$$\oint_S \boldsymbol{j}_\mathrm{c} \cdot \mathrm{d}\boldsymbol{S} = -\oint_S \boldsymbol{j}_\mathrm{D} \cdot \mathrm{d}\boldsymbol{S}$$

根据电荷的连续性方程

$$\oint_S \boldsymbol{j}_\mathrm{c} \cdot \mathrm{d}\boldsymbol{S} = -\frac{\mathrm{d}Q}{\mathrm{d}t}$$

和介质中电场的高斯定理, 注意到封闭曲面是任意的, 得

$$\boldsymbol{j}_\mathrm{D} = \frac{\partial \boldsymbol{D}}{\partial t} \tag{7.7-3}$$

即位移电流密度等于电位移的变化率, 位移电流这一名称就因为它与电位移有联系而得名. 真空中的位移电流密度(5.5-5)式是(7.7-3)式在 $\varepsilon_\mathrm{r} = 1$ 的特殊情形.

2. 边界条件

当电磁场中存在介质时, 在电介质的表面或两种不同电介质的交界面上, 有面

分布的极化电荷;在磁介质的表面或两种不同磁介质的交界面上,有面分布的磁化电流,场矢量不连续,发生突变. 在边界上场矢量应满足边界条件,电磁场的边界条件为

$$\boldsymbol{e}_n \cdot (\boldsymbol{D}_2 - \boldsymbol{D}_1) = \sigma_f \quad (7.7\text{-}4a)$$

$$\boldsymbol{e}_n \times (\boldsymbol{E}_2 - \boldsymbol{E}_1) = 0 \quad (7.7\text{-}4b)$$

$$\boldsymbol{e}_n \cdot (\boldsymbol{B}_2 - \boldsymbol{B}_1) = 0 \quad (7.7\text{-}4c)$$

$$\boldsymbol{e}_n \times (\boldsymbol{H}_2 - \boldsymbol{H}_1) = \boldsymbol{i}_C \quad (7.7\text{-}4d)$$

式中 $\boldsymbol{e}_n$ 为界面上的法向单位矢量,其方向由介质1指向介质2. σ_f 和 $\boldsymbol{i}_C$ 分别为界面上的自由电荷的电荷面密度和传导电流的电流面密度,它们分布在导电介质的界面上. 边界条件(7.7-4)式表示: $\boldsymbol{E}$ 的切向分量和 $\boldsymbol{B}$ 的法向分量总是连续的;在有自由电荷与传导电流分布的界面上, $\boldsymbol{D}$ 的法向分量和 $\boldsymbol{H}$ 的切向分量都是不连续的. 在不导电介质的界面上,一般无自由电荷,即 $\sigma_f = 0$,因而 $\boldsymbol{i}_C = 0$,这时 $\boldsymbol{D}$ 的法向分量和 $\boldsymbol{H}$ 的切向分量也就连续了. 根据(7.7-4)式,结合物态方程还可得到 $\boldsymbol{D}$ 的切向分量、$\boldsymbol{E}$ 的法向分量、$\boldsymbol{B}$ 的切向分量和 $\boldsymbol{H}$ 的法向分量所满足的边界条件.

3. 无限大均匀介质中的平面电磁波

假定所考察的空间充满均匀的各向同性的线性不导电介质,介质的相对介电常量为 ε_r,相对磁导率为 μ_r. 因为介质不导电, $\gamma = 0$,由 $\boldsymbol{j} = \gamma \boldsymbol{E}$ 可知,介质内部无传导电流. 由此可推知自由电荷分布 ρ_f 不随时间变化. 如果空间存在自由电荷,那么这种不随时间变化的自由电荷产生的电场是静态电场. 在这里,我们不研究静态场,不妨设空间不存在自由电荷和传导电流,这样的空间为存在介质的自由空间. 在自由空间,麦克斯韦方程为

$$\oint_S \boldsymbol{D} \cdot \mathrm{d}\boldsymbol{S} = 0, \quad \oint_S \boldsymbol{B} \cdot \mathrm{d}\boldsymbol{S} = 0$$

$$\oint_C \boldsymbol{E} \cdot \mathrm{d}\boldsymbol{l} = -\int_S \frac{\partial \boldsymbol{B}}{\partial t} \cdot \mathrm{d}\boldsymbol{S}, \quad \oint_C \boldsymbol{H} \cdot \mathrm{d}\boldsymbol{l} = \int_S \frac{\partial \boldsymbol{D}}{\partial t} \cdot \mathrm{d}\boldsymbol{S}$$

利用物态方程(7.7-2)式得

$$\oint_S \boldsymbol{E} \cdot \mathrm{d}\boldsymbol{S} = 0, \quad \oint_S \boldsymbol{B} \cdot \mathrm{d}\boldsymbol{S} = 0 \quad (7.7\text{-}5)$$

$$\oint_C \boldsymbol{E} \cdot \mathrm{d}\boldsymbol{l} = -\int_S \frac{\partial \boldsymbol{B}}{\partial t} \cdot \mathrm{d}\boldsymbol{S}, \quad \oint_C \boldsymbol{B} \cdot \mathrm{d}\boldsymbol{l} = \mu_0 \mu_r \varepsilon_0 \varepsilon_r \int_S \frac{\partial \boldsymbol{E}}{\partial t} \cdot \mathrm{d}\boldsymbol{S} \quad (7.7\text{-}6)$$

与真空中自由空间的麦克斯韦方程组(5.6-4)式和(5.6-5)式完全相似,只是真空介电常量变成介质的绝对介电常量 $\varepsilon = \varepsilon_0 \varepsilon_r$,真空磁导率变成介质的绝对磁导率 $\mu = \mu_0 \mu_r$. 这样,真空中关于自由空间中电磁场的讨论以及所得到的结论完全适用于有介质后的自由空间的电磁场,只要 ε_0 用 ε 代替,μ_0 用 μ 代替. 对于介质中的平面场,电矢量和磁矢量满足的波动方程为

$$\frac{\partial^2 E_x}{\partial t^2} = \frac{1}{\varepsilon_0 \varepsilon_r \mu_0 \mu_r} \frac{\partial^2 E_x}{\partial z^2}, \quad \frac{\partial^2 B_y}{\partial t^2} = \frac{1}{\varepsilon_0 \varepsilon_r \mu_0 \mu_r} \frac{\partial^2 B_y}{\partial z^2} \quad (7.7\text{-}7)$$

引入

$$v = \frac{1}{\sqrt{\varepsilon_0 \varepsilon_r \mu_0 \mu_r}} \qquad (7.7-8)$$

v 为介质中电磁波的传播速度,即无限大均匀介质中的电磁场与真空中的电磁场都满足波动方程,都具有波动性,波动方程最简单的解都是简谐平面波,它们的唯一差别是传播速度不同. 介质中电磁波传播的速度由(7.7-8)式给出,它与真空中电磁波的传播速度 c 的关系为

$$v = \frac{c}{\sqrt{\varepsilon_r \mu_r}} \qquad (7.7-9)$$

4. 光的折射率

电磁波在真空中传播的速度 c 由 ε_0 和 μ_0 决定,ε_0 和 μ_0 都是在确定单位制时引入的比例系数,是普适常量. 计算得 c 的值与光在真空中的速度相等,这使麦克斯韦得出光是一种电磁波的结论. (7.7-9)式表明,电磁波在介质中的传播速度小于它在真空中的传播速度,这一点与光也相同. 如果认为光是一种电磁波,那么电磁波在介质中的传播速度与真空中传播速度之比应给出介质的折射率 n,即

$$n = \frac{c}{v} = \sqrt{\varepsilon_r \mu_r} \qquad (7.7-10)$$

这就把光的折射率与介质的电磁学常量联系起来了. 对于大部分非铁磁性物质,其相对磁导率 $\mu_r = 1$,折射率完全取决于介质的相对介电常量. 但需注意的是折射率 n 是与光频下的 $\sqrt{\varepsilon_r}$ 相对应的,而 ε_r 本身是与外场的频率有关的.

5. 介质中电磁场的能量密度与能流密度

我们已分别介绍了介质中电场的能量密度和磁场的能量密度. 从介质中的麦克斯韦方程出发,我们可以证明介质中电磁场的能量密度为

$$w = \frac{1}{2}(\boldsymbol{D} \cdot \boldsymbol{E} + \boldsymbol{B} \cdot \boldsymbol{H}) \qquad (7.7-11)$$

它可以由把真空中电磁场的能量密度表达式(5.7-1)中的真空介电常量和真空磁导率换成介质的绝对介电常量和绝对磁导率而得到. 任一体积 V 中电磁场的能量为

$$W = \int_V w \, dV = \int_V \frac{1}{2}(\boldsymbol{D} \cdot \boldsymbol{E} + \boldsymbol{B} \cdot \boldsymbol{H}) \, dV \qquad (7.7-12)$$

由于电磁场的传播,V 内的能量将随时间变化. 如果 V 内存在导电介质,则电磁场在导电介质中激起电流,电流产生焦耳热. 焦耳热以消耗电磁场的能量为代价. 如果介质中不存在任何消耗电磁场能量的机制,则所考察体积中电磁场能量变化的唯一原因是能量通过 V 的边界面 a 流入或流出 V,即

$$-\frac{dW}{dt} = \oint_a \boldsymbol{S} \cdot d\boldsymbol{a}$$

此即(5.7-3)式,只是其中的 W 应用(7.7-12)式表示,S 就是能流密度. 把真空中电磁场的能流密度(5.7-4)式中的 μ_0 用 $\mu_0\mu_r$ 代替,得

$$S=\frac{1}{\mu_0\mu_r}E\times B=E\times H \qquad (7.7\text{-}13)$$

S 的方向即电磁波传播的方向. 根据平面电磁波的性质,不难证明

$$S=\frac{1}{\varepsilon_0\varepsilon_r\mu_0\mu_r}w=vw \qquad (7.7\text{-}14)$$

w 是单位体积中的能量,$S=vw$ 表示能量以速度 v 传播. 真空中的电磁波速 c 和介质中的电磁波速 v 都是波的相速度,即给定相位传播的速度,而(7.7-14)式表示 v 也是能量传播的速度. 但必须注意,这一结论仅对单色波成立. 若电磁波由几种不同频率的单色波叠加而成,而电磁波在介质中的传播速度又与频率有关,即存在色散,这时电磁波能量传播的速度不再与相速度相同,(7.7-14)式也不复成立.

同样平面电磁波的动量密度(5.7-7)式需修改为

$$G=\frac{S}{v^2} \qquad (7.7\text{-}15)$$

6. 例题

例 7.7-1 如图所示,一平面电磁波由折射率为 n_1 的介质垂直入射到一立方体(边长为 10 μm)的表面,立方体的折射率为 n_2,若电磁波的能量密度为 w,求立方体受到的力.

解:平面波在介质中的动量密度 $G=\dfrac{w}{v}=\dfrac{nw}{c}$,在不同的介质中动量将不同,再加上表面的反射,电磁波通过表面后动量发生变化,产生了对表面的作用力. 设立方体表面的反射系数为 R,则立方体前后表面受到的力分别为

$$F_1=[n_1-(1-R)n_2+Rn_1]w/c$$
$$F_2=[n_2-(1-R)n_1+Rn_2](1-R)w/c$$

设 $n_1=1.33$(水),$n_2=1.45$(细胞膜),电磁波的功率密度为 800 mW,可计算立方体前后表面受到的力为 306 pN 及 333 pN($1\text{ pN}=10^{-12}\text{ N}$),如图所示. 虽然此立方体所受合力只有 27 pN,但是,两个表面却分别受到比合力大 10 倍以上的外拉伸力. 基于此原理,用两束同样功率密度的激光分别从两边入射,照射实验物体,形成光学拉伸,可研究物体的形变及弹性,这为生物细胞膜的研究提供了一种有效的工具.

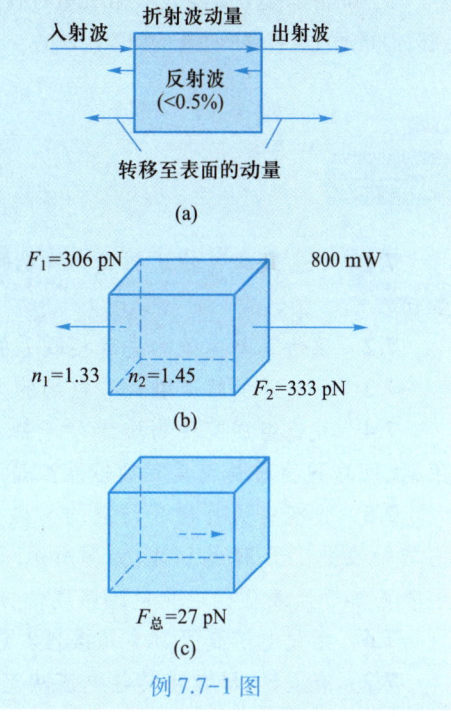

例 7.7-1 图

例 7.7-2 计算电容器充电过程中的能流密度和电容器能量的变化率.

解:如图所示,考虑一平行板电容器,其极板是半径为 a 的圆板,两板之间的距离为 b,设 $b\ll a$,假定电容器正被缓慢充电. 在时刻 t,电容器中的电场强度为 E,电场能为

$$W_e = \frac{1}{2}\varepsilon_0 E^2(\pi a^2 b)$$

因此,能量的变化率为

$$\frac{dW_e}{dt} = \pi a^2 b \varepsilon_0 E \frac{dE}{dt}$$

在充电过程中,电容器中的能量随时间增加. 能量是从哪里来的呢? 电容器边缘处存在磁场,磁场可以用位移电流来表示:

$$B = \mu_0 H = \frac{\mu_0}{2\pi}\frac{I_D}{a} = \frac{\mu_0}{2\pi}\frac{\varepsilon_0 \frac{dE}{dt}\pi a^2}{a}$$
$$= \frac{\mu_0}{2}a\varepsilon_0\frac{dE}{dt}$$

故边缘处的能流密度为

$$S = \frac{1}{\mu_0}BE = \frac{1}{2}a\varepsilon_0 E\frac{dE}{dt}$$

其方向平行于电容器的极板,指向电容器的中心,如图所示. 单位时间内,流进电容器的总能量即总能流为

$$2\pi abS = \pi a^2 b\varepsilon_0 E\frac{dE}{dt}$$

与 dW_e/dt 相等. 这个结论表示:在充电过程中,能量并非通过导线流入电容器,而是通过电容器的边缘的间隙流入的.

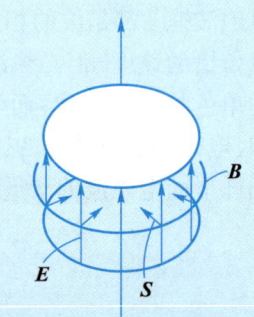

例 7.7-2 图 电容器在充电过程中,电场、磁场和能流密度的分布

思考题

7.1 一由顺磁性物质制成的样品被吸引到磁场较强的一侧,当它与磁极接触后,其运动情况如何?

7.2 试估算与电子的进动相联系的附加磁矩 $m_e(\Omega)$,并证明附加磁矩与磁场的方向相反.

7.3 一电子的轨道磁矩与磁场的方向相反,讨论电子在磁场作用下的附加运动.

7.4 设想组成某种物质的分子都具有固有磁矩,但分子间没有包括碰撞在内的任何相互作用,试问这种物质是否具有顺磁性? 是否具有抗磁性?

7.5 设有一大片磁介质被均匀磁化,磁化强度为 M. 在介质内挖出其轴线平行于 M 的柱体,如图所示. 试用关系式 $i_M = M \times e_n$ 来判断空腔表面和介质表面的磁化电流密度的方向. e_n 的方向是怎样确定的?

7.6 磁化电流是否具有闭合性?

7.7 有人说,H 仅由传导电流决定,而与磁化电流无关. 你认为这一说法是否正确?

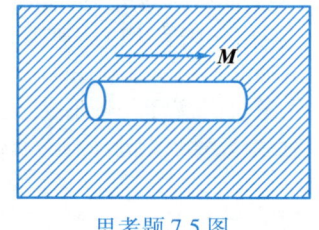

思考题 7.5 图

7.8 在均匀磁化的无限大磁介质中挖一个半径为 r、高为 h 的圆柱形空腔,其轴线平行于磁化强度 M,试证明:对于扁平空腔($h \ll r$),空腔中心的 B 与磁介质内的 B 相等.

7.9 软磁材料和硬磁材料的磁滞回线各有何特点?

7.10 由磁场的高斯定理 $\oint \boldsymbol{B} \cdot \mathrm{d}\boldsymbol{S} = 0$ 能否得出 $\oint \boldsymbol{H} \cdot \mathrm{d}\boldsymbol{S} = 0$ 的结论? 它是普遍的还是有条件的? 在什么条件下才成立?

7.11 在工厂里,搬运烧到赤红的钢锭,为什么不能用电磁铁的起重机?

7.12 有两根铁棒,其外形完全相同,其中一根为磁铁,而另一根则不是,你怎样由相互作用来辨别它们?

7.13 在强磁铁附近的光滑桌面上的一根铁钉由静止释放,铁钉被磁铁吸引,试问当铁钉撞击磁铁时,其动能从何而来?

习题

7-1 假如把电子视为一个电荷和质量均匀分布的小球,设其质量为 m,电荷量绝对值为 e,试用经典观点计算电子的自旋磁矩和自旋角动量的比值,并将结果与(7.1-5)式相比较.

7-2 假定把氢原子放进磁感强度 B 为 2.0 T 的强磁场,氢原子的电子轨道平面与磁场方向垂直,轨道半径保持不变,其值为 5.29×10^{-11} m,电子的速度为 2.19×10^6 m/s,试计算电子轨道磁矩的变化,并求其与电子轨道磁矩的比值.

7-3 一沿轴向均匀磁化的圆锥形磁体磁化强度为 $\boldsymbol{M}$(如图所示). 此圆锥体高为 h,底面半径为 R,试求磁化电流面密度及其总磁矩.

7-4 如图所示,一半径为 R、厚度为 l 的盘形介质薄片被均匀磁化,磁化强度为 $\boldsymbol{M}$,$\boldsymbol{M}$ 的方向垂直于盘面,试估算图中轴上 1、2、3 各点处的磁场强度 $\boldsymbol{H}$ 和磁感强度 $\boldsymbol{B}$ ($R \gg l$).

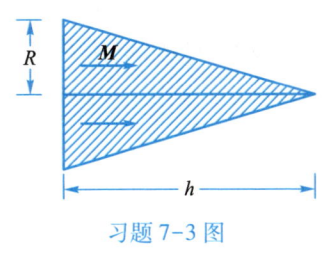

习题 7-3 图

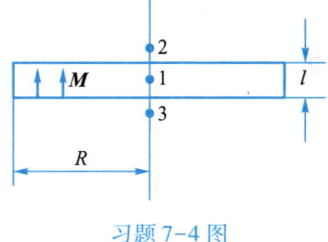

习题 7-4 图

7-5 一块很大的磁介质在均匀外场 $\boldsymbol{H}_0$ 的作用下均匀磁化. 已知介质内磁化强度为 $\boldsymbol{M}$,$\boldsymbol{M}$ 的方向与 $\boldsymbol{H}$ 的方向相同,在此介质中有一半径为 a 的球形空腔,求腔中心的磁场强度和磁感强度. (设空腔的存在不影响介质的磁化.)

7-6 一内半径为 a、外半径为 b 的介质半球壳(其截面如图所示),被沿着 z 轴的正方向均匀磁化,磁化强度为 $\boldsymbol{M}$,求球心 O 处的磁感强度 $\boldsymbol{B}$.

7-7 无限长圆柱形均匀介质的电导率为 γ,相对磁导率为 μ_r,截面半径为 R,沿轴向均匀地通有电流 I.

(1) 求介质中电场强度 $\boldsymbol{E}$ 和磁感强度 $\boldsymbol{B}$ 的分布;

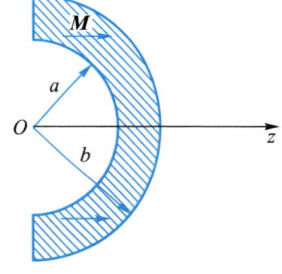

习题 7-6 图

(2) 求磁化电流的电流面密度和电流密度.

7-8 一无限长的圆柱形导电介质,截面半径为 R_1,相对磁导率为 μ_{r1},其外包一层相对磁导率为 μ_{r2} 的圆筒形的不导电介质,介质圆筒的内、外半径分别为 R_1 和 R_2,若在导电介质中均匀地通入电流为 I 的传导电流,求:

(1) 空间各点的磁感强度 B 和磁场强度 H,并画出 $B-r$、$H-r$ 曲线;

(2) 磁化电流的电流面密度;

(3) 磁化电流的电流密度;

(4) 两圆筒中的总磁化电流.

7-9 一长螺线管长为 l,由表面绝缘的导线密绕而成,共绕有 N 匝,导线中通有电流 I. 一同样长的铁磁棒横截面和螺线管相同,棒是均匀磁化的,磁化强度为 M,且 $M=NI/l$. 在同一坐标纸上分别以该螺线管和铁磁棒的轴线为横坐标 x,以它们轴线上的 B、$\mu_0 M$ 和 $\mu_0 H$ 为纵坐标,画出螺线管和铁磁棒内外的 $B-x$、$\mu_0 M-x$ 和 $\mu_0 H-x$ 曲线.

7-10 如图所示是一个带有很窄缝隙的永久磁铁环,磁化强度为 M,求图中所标各点的 B 和 H.

习题 7-10 图

7-11 一无限长的同轴电缆线,其芯线的截面半径为 R_1,相对磁导率为 μ_{r1},其中均匀地通有电流 I. 在它的外面包有一半径为 R_2 的无限长同轴导体圆筒(其厚度可忽略不计),筒上的电流与前者等值反向. 在芯线与导体圆筒之间充满相对磁导率为 μ_{r2} 的均匀、不导电磁介质. 试求空间磁场强度 H 和磁感强度 B 的分布.

7-12 一块面积很大的导体薄片,沿其表面某一方向均匀地通有电流面密度为 i 的传导电流,薄片两侧充满相对磁导率分别为 μ_{r1} 和 μ_{r2} 的不导电无穷大的均匀介质,试求该薄片两侧的磁场强度 H 和磁感强度 B.

7-13 磁感线在两种不同磁介质的分界面上一般都会发生"折射". 设界面两侧介质的相对磁导率分别为 μ_{r1} 和 μ_{r2},界面两侧磁感线与界面法线的夹角分别为 θ_1 和 θ_2,试证明

$$\tan\theta_1/\tan\theta_2 = \frac{\mu_{r1}}{\mu_{r2}}$$

7-14 如图所示,相对磁导率为 μ_r 的线性、各向同性的半无限大磁介质与真空交界,界面为平面,已知在真空一侧靠近界面处一点的磁感强度为 B,其方向与界面法线成 θ 角,试求:

(1) 在介质中靠近界面一点的磁感强度的大小和方向;

(2) 靠近这一点处磁介质平面的磁化电流的电流面密度.

7-15 一铁环中心线的周长为 30 cm,横截面积为 1.0×10^{-4} m²,在环上紧紧地绕有 300 匝表面绝缘的导线. 当导线中通有电流 3.2×10^{-2} A 时,通过环的磁通量为 2.0×10^{-6} Wb. 求:

(1) 铁环内磁感强度的大小;

(2) 铁环内磁场强度的大小;

(3) 铁的相对磁导率 μ_r;

(4) 铁环内磁化强度的大小.

7-16 中心线周长为 20 cm、截面积为 4 cm² 的闭合环形磁芯,其材料的磁化曲线如图所示.

(1) 如需要在该磁芯中产生磁感强度为 0.1 T、0.6 T、1.2 T、1.8 T 的磁场,绕组的安匝数 NI 应多大?

(2) 若绕组的匝数 $N = 1\,000$,上述各情况中,电流应各为多大?

(3) 若通过绕组的电流恒为 $I = 0.1$ A,绕组的匝数各为多少?

(4) 求上述各工作状态下材料的相对磁导率 μ_r.

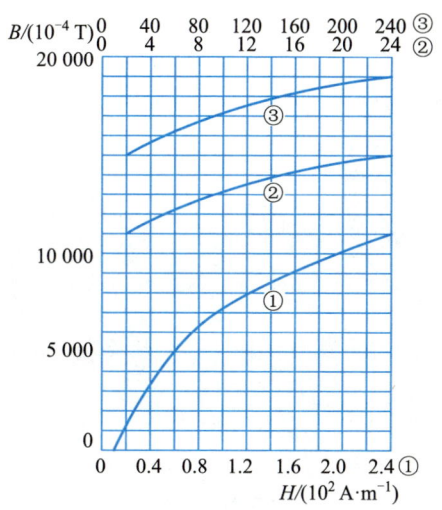

习题 7-16 图

7-17 矩磁材料具有矩形磁滞回线[见图(a)],反向场一旦超过矫顽力,磁化方向就立即反转. 矩磁材料曾用于制作电子计算机中存储元件的环形磁芯. 图(b)所示为这样一种磁芯,其外直径为 0.8 mm,内直径为 0.5 mm,高为 0.3 mm,这类磁芯由矩磁铁氧体材料制成. 设磁芯原来已被磁化,方向如图所示. 现需使磁芯中自内到外的磁化方向全部反转,导线中脉冲电流 i 的峰值至少需多大?(设磁芯材料的矫顽力 $H_c = \dfrac{500}{\pi}$ A/m.)

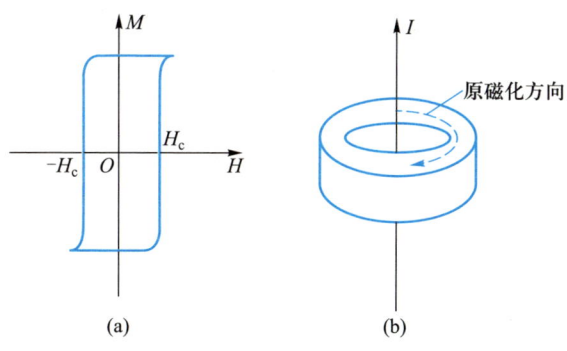

习题 7-17 图

7-18 一铁芯螺环由表面绝缘的导线在铁环上密绕而成. 环的中心线长 500 mm,横截面积为 1×10^{-3} m². 现在要在环内产生 $B = 1.0$ T 的磁场,由铁的 B-H 曲线得到这时的 $\mu_r = 796$,求所需的安匝数.如果铁环上有一个 2.0 mm 宽的空气隙,再求所需的安匝数.

7-19 铁环的平均周长 $l=61$ cm,在环上割一空隙 $l_g=1$ cm(如图所示),环上绕有线圈,匝数 $N=1\,000$. 当线圈中流过电流 $I=1.5$ A 时,空隙中的磁感强度的值为 $B=0.18$ T. 试求在这些条件下铁的相对磁导率 μ_r(取空隙中磁通量的截面积为环的截面积的 1.1 倍).

7-20 两块无限大的导体薄平板上均匀地通有电流,电流的面密度均为 i,两块板上的电流流向互成反平行. 两块导体板间插有两块相对磁导率为 μ_{r1} 及 μ_{r2} 的顺磁介质. 求空间各处的 **B**、**H** 及磁化电流密度.

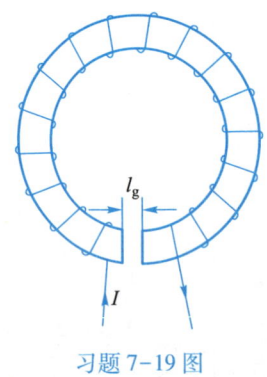

习题 7-19 图

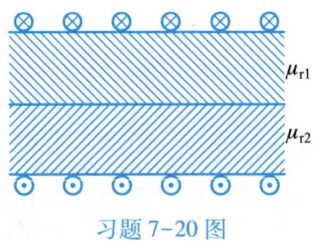

习题 7-20 图

本章习题答案

第八章
交流电路

工农业生产和日常生活中使用的电大多是交流电.各类发电站发出的几乎都是交流电.即使在某些必须使用直流电的地方,也往往是将交流电通过整流装置转变成直流电的.这是因为交流电的产生、输送都比较方便.交流电是大小和方向都随时间作周期性变化的电流、电压和电动势的总称.交流电路比直流电路复杂得多,因为变化的电流要产生变化的磁场,而变化的磁场在电路中又会引起感应电动势.交流电的类型很多,其中最简单而又最基本的一种是随时间作简谐变化的交流电,称为简谐交流电.本章着重分析电阻、电感、电容三种元件在简谐交流电路中的作用,介绍分析和计算交流电路的基本方法.

§8.1 简谐交流电的产生和表示方法

1. 简谐交流电的产生

交流电的类型很多,图 8.1-1 给出了几种变化规律不同的交流电,其中(a)为简谐波形的交流电,(b)为矩形波形的交流电,(c)为锯齿波形的交流电,(d)为尖脉冲波形的交流电,(e)为调幅波形的交流电.每种波形的交流电都有其特殊的应用.例如,电子示波器用来扫描的信号是锯齿波形的交流电,电子计算机中采用的

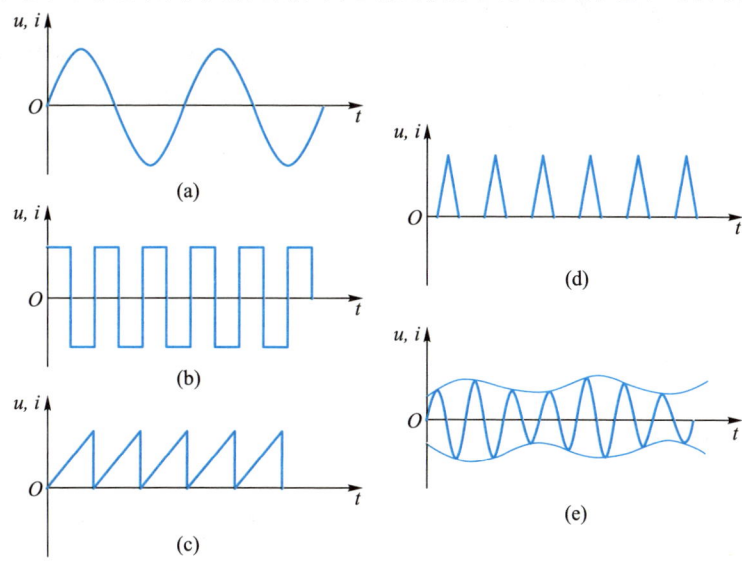

图 8.1-1　几种不同波形的交流电

信号是矩形波形的交流电,广播电台发射的信号是调幅波形的交流电,市电则是 50 Hz 的简谐交流电. 简谐交流电是最重要、最基本的交流电,因为任何形式的交流电都可以分解成一系列不同频率的简谐交流电. 简谐交流电的运算最简单,例如,同频率简谐交流电的叠加仍是简谐交流电,对简谐函数进行求导或积分运算后结果仍是简谐函数. 不同频率的简谐交流电在交流电路中彼此独立,互不干扰[①].

我们日常用的交流电是 50 Hz 的简谐交流电,由交流发电机产生. 交流发电机是基于电磁感应的原理制成的. 图 8.1-2 是发电机最基本的原理,N 和 S 是称为发电机定子的固定磁铁的两个磁极,在两个磁极之间的空间形成一均匀的磁场. 磁场中有一个可以旋转的线圈,称为发电机的转子,亦称电枢,转子线圈的两端分别与电刷接触. 在线圈旋转时,通过线圈平面的磁通量发生变化,线圈中就会产生感应电动势.

若线圈包围的面积为 S,共有 N 匝,磁场的磁感强度为 B,任何时刻 t,线圈平面的法线与磁场方向的夹角为 $(\omega t+\varphi)$,ω 为线圈旋转的角速度,则通过每匝线圈的磁通量为

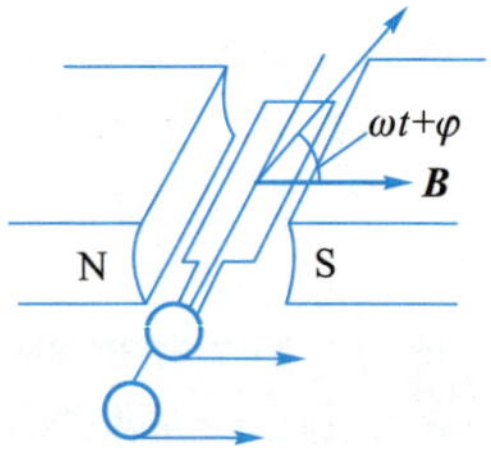

$$\Phi_m = BS\cos(\omega t+\varphi)$$

转子中产生的感应电动势为

$$e = -N\frac{d\Phi_m}{dt} = NBS\omega\sin(\omega t+\varphi)$$

图 8.1-2 交流发电机原理示意图

一台发电机处在正常工作状态时,B、N、S、ω 都是常量,令

$$E_m = NBS\omega$$

则有

$$e = E_m\sin(\omega t+\varphi) \tag{8.1-1}$$

这就是按正弦规律变化的电动势.

实际的发电机要复杂得多,线圈的匝数很多,一般都嵌在硅钢片制成的铁芯中. 许多大功率的发电机都使线圈固定不动,而让磁体在空间转动,以避免电刷接触不良的问题.

2. 简谐交流电的三个参量

简谐交流电的电动势、电压和电流的瞬时值可分别表示为

$$e = E_m\cos(\omega t+\varphi_e)$$
$$u = U_m\cos(\omega t+\varphi_u)$$
$$i = I_m\cos(\omega t+\varphi_i) \tag{8.1-2}$$

其中 E_m、U_m 和 I_m 分别为电动势、电压和电流在变化过程中出现的最大瞬时值,称为交流电动势、交流电压和交流电流的峰值或最大值,它们反映了交流电瞬时值变化的幅度. ω 为简谐交流电的角频率或圆频率,它与频率 f 的关系为

[①] 若电路中有非线性元件,这一结论不成立,在这一章中我们只讨论线性元件的交流电路,即所谓线性电路.

$$\omega = 2\pi f \quad \text{或} \quad f = \frac{\omega}{2\pi} \tag{8.1-3}$$

频率与周期 T 的关系为

$$f = \frac{1}{T} \quad \text{或} \quad T = \frac{1}{f} \tag{8.1-4}$$

频率的单位是赫兹,用 Hz 表示. 市电的频率为 50 Hz.

与简谐振动一样,在峰值和频率确定后,交流电的瞬时值由 $(\omega t + \varphi)$ 决定,$(\omega t + \varphi)$ 称为交流电的相位,它是时间 t 的函数. φ 为 $t = 0$ 时刻的相位,称为初相位. 两个交流量,即使它们的峰值和频率都相等,只要初相位不同,它们的瞬时值就是不等的. 我们将看到,相位是交流电路中的一个非常重要的物理量,交流电路的许多重要特性都与交流电的相位有关.

任何交流电的瞬时值都是由它的峰值、频率和初相位来确定的. 已知一交流电,就意味着已知该交流电的峰值、频率和初相位;知道了交流电的峰值、频率和初相位,则交流电的瞬时值也就知道了. 所以,峰值、频率和初相位是确定简谐交流电的三个基本参量.

3. 简谐交流电的有效值

在直流电中,我们常常说电流为多少安培,电动势为多少伏特. 对于交流电,这种数值有什么含义呢? 因为交流电随时间迅速变化,这一时刻电流的值与下一时刻电流的值是不同的,因此谈到交流电的瞬时值的大小时必须指明时刻,如某时刻的交流电的瞬时值的大小为多少. 但是一般的交流电随时间的变化很快,即使频率很低的市电,其瞬时值在一秒内也要变化 50 次. 因此,确定某一特定时刻交流电的瞬时值的大小,在许多情况下,实际意义并不很大. 峰值能反映交流电的大小,对于一个确定的交流电,其峰值是恒定的. 但在一个周期内,交流电只有两次达到峰值,在其他时刻都小于峰值.

在实际工作中,使用交流电的目的是利用交流电产生的效应. 例如,电灯、电炉是利用交流电的热效应,这时我们感兴趣的是交流电通过灯丝后,灯丝被加热的程度. 在使用电动机时,我们感兴趣的是电流通过电动机后产生的机械功率的大小. 这就是说,在实际工作中,我们往往通过电流产生的效应来衡量交流电的大小. 我们将看到,可用有效值来表示交流电效应的大小.

交流电的有效值是根据交流电的热效应来确定的. 某交流电流 i 通过电阻 R,在一个周期 T 内,电阻发出的热量与某一直流电流 I 通过该电阻在同样时间内发出的热量相等,则这个交流电流 i 与直流电流 I 在热效应上是相等的. 于是,我们就把这个直流电的电流 I 称为该交流电流 i 的有效值.

瞬时值为 i 的交流电通过电阻 R 的功率为 i^2R,在 dt 时间内的功为 i^2Rdt,在周期 T 内的总功为

$$Q_a = \int_0^T i^2 R \, dt$$

电流为 I 的直流电通过电阻 R 时,在一个周期 T 的时间内的总功为
$$Q_\mathrm{d} = I^2 R T$$
根据有效值的定义,
$$I = \sqrt{\frac{1}{T}\int_0^T i^2 \mathrm{d}t} \tag{8.1-5}$$
即交流电的有效值为其瞬时值的均方根值. 简谐交流电流的有效值为
$$I = \sqrt{\frac{1}{T}\int_0^T i^2 \mathrm{d}t} = \sqrt{\frac{1}{T}\int_0^T I_\mathrm{m}^2 \cos^2(\omega t + \varphi)\mathrm{d}t} = \frac{1}{\sqrt{2}} I_\mathrm{m}$$
它小于峰值. 用类似(8.1-5)式的定义,我们还可以求出电动势、电压的有效值和峰值的关系:
$$E = \frac{1}{\sqrt{2}} E_\mathrm{m} = 0.707 E_\mathrm{m},\quad U = \frac{1}{\sqrt{2}} U_\mathrm{m} = 0.707 U_\mathrm{m} \tag{8.1-6}$$

各种交流电表的读数几乎都是有效值. 平时我们说市电的电压为 220 V,这个数值也是有效值.

4. 简谐交流电的振幅矢量表示法

表示简谐交流电的方法很多,任何一种表示法的目的就是把交流电的瞬时值表示出来,也就是把交流电的峰值或有效值、频率或周期以及初相位这三个参量表示出来. 简谐交流电除了用简谐函数来表示外,还可以用所谓波形图来表示,图 8.1-3 给出了交流电流的波形图.

在交流电路的计算中,常用振幅矢量法表示交流电. 任一简谐交流电流
$$i = I_\mathrm{m}\cos(\omega t + \varphi)$$
可以用一旋转的矢量在 x 轴上的投影来表示. 该矢量按逆时针方向旋转,旋转的角速度等于该交流电的角频率,在 $t = 0$ 时刻,该矢量与 x 轴的夹角等于该交流电的初相位,而矢量的大小等于交流电的峰值. 满足上述条件的旋转矢量称为振幅矢量,交流量在任何时刻 t 的瞬时值为
$$i = (\boldsymbol{I}_\mathrm{m})_x = I_\mathrm{m}\cos(\omega t + \varphi)$$
如图 8.1-4 所示.

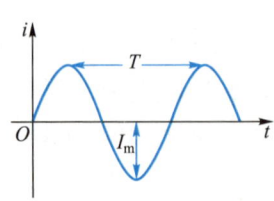

图 8.1-3 简谐交流电的波形

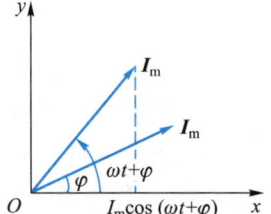

图 8.1-4 用振幅矢量表示交流电

振幅矢量表示法不但能形象地把简谐交流电的三个参量表示出来,而且为计算两个同频率的简谐交流电的叠加提供了一种直观的方法. 例如,有两个简谐交

流电

$$i_1 = I_{1m}\cos(\omega t + \varphi_1)$$
$$i_2 = I_{2m}\cos(\omega t + \varphi_2)$$

它们的峰值和初相位不同. 这两个交流电的瞬时值的和为

$$i = i_1 + i_2 = I_{1m}\cos(\omega t + \varphi_1) + I_{2m}\cos(\omega t + \varphi_2)$$

用代数方法求这两个简谐函数的和是相当复杂的,但若把每个交流电表示成振幅矢量,计算 i_1 与 i_2 之和就变得相当方便了. 因为

$$i_1 = (\boldsymbol{I}_{1m})_x, \quad i_2 = (\boldsymbol{I}_{2m})_x$$

则

$$i = i_1 + i_2 = (\boldsymbol{I}_{1m})_x + (\boldsymbol{I}_{2m})_x = (\boldsymbol{I}_{1m} + \boldsymbol{I}_{2m})_x$$

即两个交流电瞬时值之和等于表示这两交流电的振幅矢量的矢量和在 x 轴上的投影. 只要画出电流 i_1 和 i_2 所对应的振幅矢量 $\boldsymbol{I}_{1m}$ 和 $\boldsymbol{I}_{2m}$,就可按矢量合成法求得这两个矢量的合矢量,合矢量的大小即合电流 i 的峰值,在 $t=0$ 时刻合矢量与 x 轴的夹角即合电流 i 的初相位. 这样,简谐交流电的叠加问题就变成了振幅矢量的合成问题. 但必须注意,简谐交流电本身并非矢量.

5. 例题

例 8.1-1 两同频率的交流电流,其电流的峰值分别为 3 A 和 4 A,初相位分别为 25° 和 115°,它们的频率为 50 Hz,试求这两个交流电流的和的峰值、频率和初相位,并求出瞬时值的表达式.

解:作两交流电的振幅矢量,在 $t=0$ 的时刻,振幅矢量如图所示. 合电流的振幅矢量为

$$\boldsymbol{I}_m = \boldsymbol{I}_{1m} + \boldsymbol{I}_{2m}$$

由平行四边形法则,有

$$I_m = \sqrt{I_{1m}^2 + I_{2m}^2 + 2I_{1m}I_{2m}\cos(\varphi_2 - \varphi_1)}$$
$$= \sqrt{3^2 + 4^2 + 2 \times 3 \times 4\cos(115° - 25°)} = 5 \text{ A}$$

$$\tan(\varphi - \varphi_1) = \frac{4}{3} = 1.333, \quad \varphi - \varphi_1 = 53°9'$$

$$\varphi = 53°9' + \varphi_1 = 53°9' + 25° = 78°9'$$

$$\omega = 2\pi f = 100\pi \text{ rad} \cdot \text{s}^{-1}$$

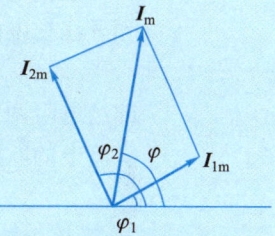

例 8.1-1 图　用振幅矢量计算两简谐交流电的和

所以

$$i = 5\cos(100\pi t + 78°9') \text{ (A)}$$

§8.2　交流电路中的元件

1. 交流电路中的纯电阻

设有一交流电通过电阻 R(见图 8.2-1). 我们做如下的近似处理:尽管通过电

阻的电流随时间变化,但变化比较缓慢,因而在同一时刻通过电阻各不同截面的电流都相等;电流产生磁场,变化的磁场要产生感应电动势,但我们认为通过电阻的电流产生的磁场及其变化率都比较小,可以忽略不计,因而不存在感应电场 E_k;在电阻两端有一定的电荷分布,电荷分布是随时间变化的,但电荷分布随时间变化非常缓慢,因而电荷产生的电场的变化也非常缓慢,以至在任何时刻都可以视为静电场,这种具有静电场性质的变化电场就是似稳电场,是无旋电场. 根据以上近似条件,在空间中包括电阻内部任意点的电场就是随时间缓慢变化的电荷产生的无旋电场 E_s,即

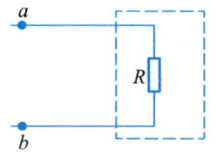

图 8.2-1 交流电路中的纯电阻

$$E = E_s + E_k = E_s$$

对于无旋电场,电势或电势差的概念有效,电阻两端的电压(即无旋电场产生的电压)为

$$u_R = u_{ab} = \int_a^b \bm{E}_s \cdot \mathrm{d}\bm{l}$$

其值与积分的路径无关. 因为在电阻内部,欧姆定律的微分形式成立,即

$$\bm{j} = \gamma(\bm{E}_s + \bm{E}_k) = \gamma \bm{E}_s$$

于是

$$u_R = \int_a^b \bm{E}_s \cdot \mathrm{d}\bm{l} = \int \frac{1}{\gamma}\bm{j} \cdot \mathrm{d}\bm{l}$$

根据电流密度 j 与电流 i、导线截面积 S 的关系以及电阻与电阻率、导线截面积和导线长度的关系,我们有

$$u_R = iR \tag{8.2-1}$$

即纯电阻两端电压的瞬时值与通过电阻的电流的瞬时值以及电阻三者间的关系与直流电的欧姆定律相同. 对于简谐交流电,若电阻两端电压的瞬时值为

$$u_R = U_{Rm} \cos \omega t \tag{8.2-2}$$

其中 U_{Rm} 为电阻两端电压的峰值,ω 为其角频率,取电压的初相位为零,则由(8.2-1)式,通过电阻的电流的瞬时值为

$$i = \frac{u_R}{R} = \frac{U_{Rm}}{R} \cos \omega t = I_m \cos \omega t \tag{8.2-3}$$

其中

$$I_m = \frac{U_{Rm}}{R} \quad \text{或} \quad U_{Rm} = I_m R \tag{8.2-4}$$

I_m 是电流的峰值. 上述结果表明,电阻两端的电压与通过电阻的电流同频率、同相位,电压的峰值与电流的峰值之间的关系仍满足欧姆定律.

图 8.2-2 和图 8.2-3 分别给出了电阻两端的电压与通过电阻的电流的振幅矢量图和波形图. (8.2-4)式也适用于电压和电流的有效值.

电阻所消耗功率的瞬时值(即瞬时功率)为

$$P_R = iu_R = I_m U_{Rm} \cos^2 \omega t = \frac{1}{2} I_m U_{Rm} (1 + \cos 2\omega t) = IU_R (1 + \cos 2\omega t) \tag{8.2-5}$$

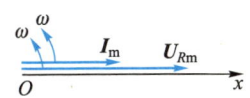
图 8.2-2 纯电阻的电压、
电流的振幅矢量图

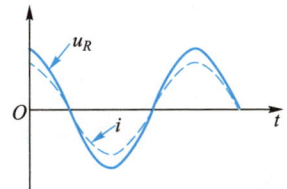
图 8.2-3 纯电阻的电压、
电流波形

电阻上的瞬时功率也随时间变化,变化的频率为电流频率的两倍. 因为 $-1 \leqslant \cos 2\omega t \leqslant 1$, 故瞬时功率 $P_R \geqslant 0$, 恒正. 这表明虽然电阻上消耗的功率时大时小,但时时刻刻都消耗能量.

在实际应用中,重要的是一个周期内的平均功率

$$\langle P_R \rangle = \frac{1}{T}\int_0^T P_R \mathrm{d}t = \frac{1}{T}\int_0^T IU_R(1+\cos 2\omega t)\mathrm{d}t = IU_R = I^2 R \qquad (8.2\text{-}6)$$

它等于电流的有效值与电阻两端电压的有效值的乘积,也等于电流有效值的平方与电阻的乘积. 图 8.2-4 给出了电阻的瞬时功率波形图和平均功率.

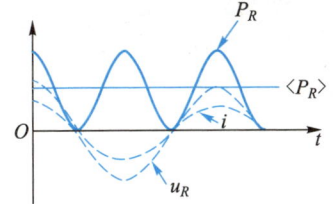
图 8.2-4 纯电阻的瞬时功率曲线

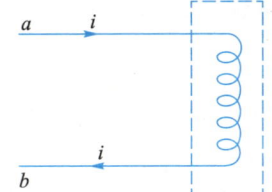
图 8.2-5 交流电路中的纯电感

2. 交流电路中的纯电感

我们曾讨论过含有自感的可变电流的电路方程,它给出了一个完全电路中电阻和电感的作用. 这种电感可以分布在整个电路的各种元件和导线中,也可以集中在电路的局部. 当电感集中在电路的某一段时,这一段电路中的电流和电感之间的关系也可以从另一角度导出. 设有交流电通过一线圈(图 8.2-5),我们做以下的近似处理:通过线圈的电流虽随时间变化,但变化比较缓慢,在同一时刻,通过绕成线圈的导线上各截面的电流都相等;通过线圈的电流产生的磁场以及磁场的变化虽然不能忽略,但可以认为变化的磁场产生的感生电场比较弱;如果线圈中充有磁介质,则磁介质是线性的;绕成线圈的导线的电阻很小,可以忽略不计;在电感两端,有一定的电荷分布,电荷分布随时间缓慢变化,它产生的电场为无旋的似稳电场.

在导线中的电流密度 j 由似稳的无旋电场 E_s 与变化的磁场产生的感生电场 E_k 共同决定,即

$$j = \gamma(E_s + E_k)$$

因为线圈的导线无电阻,$\gamma \to \infty$,故在导线中 $E_s + E_k = 0$. 无旋电场在电感两端产生的电势差,即电感两端的电压为

$$u_L = u_{ab} = \int_a^b \boldsymbol{E}_s \cdot \mathrm{d}\boldsymbol{l}$$

要求得这一积分,必须已知无旋电场 $\boldsymbol{E}_s$ 沿积分路径的分布,但由于这一积分与积分路径无关,我们可以把绕成电感的导线作为积分路径. 在导线中,因 $\boldsymbol{E}_s = -\boldsymbol{E}_k$,故电感两端的电压为

$$u_L = \int_a^b \boldsymbol{E}_s \cdot \mathrm{d}\boldsymbol{l} = -\int_a^b \boldsymbol{E}_k \cdot \mathrm{d}\boldsymbol{l}$$

$\boldsymbol{E}_k$ 虽然不大,但因导线的匝数很多,故 $\boldsymbol{E}_k$ 沿电感的导线的积分不能忽略. 但是 $\boldsymbol{E}_k$ 对电感外部从 a 到 b 一段路径的积分却可视为零,这也就是认为电路的电感作用全部集中在线圈内部,线圈外部电路的电感作用忽略不计. 这就是所谓的集中参量的条件. 在这个条件下,上式可写成

$$u_L = -\int_b^a \boldsymbol{E}_k \cdot \mathrm{d}\boldsymbol{l} - \int_b^a \boldsymbol{E}_k \cdot \mathrm{d}\boldsymbol{l} = -\oint \boldsymbol{E}_k \cdot \mathrm{d}\boldsymbol{l} = L\frac{\mathrm{d}i}{\mathrm{d}t} \quad (8.2-7)$$
$$\text{电感内部} \qquad \text{电感外部}$$

式中 L 是该线圈的自感系数,或简称电感. 这表明,在上述近似条件下,电感两端电压的瞬时值正比于通过电感的电流随时间的变化率,或者说电感两端的电压的瞬时值等于电感中自感电动势瞬时值的负值,即

$$u_L = -e_L = L\frac{\mathrm{d}i}{\mathrm{d}t}^{①} \quad (8.2-8)$$

若通过电感的电流的瞬时值为

$$i = I_m \cos \omega t \quad (8.2-9)$$

I_m 为电流的峰值,ω 为其角频率,取电流的初相位为零,由(8.2-8)式,电感两端的电压的瞬时值为

$$u_L = L\frac{\mathrm{d}i}{\mathrm{d}t} = -I_m L\omega \sin \omega t = U_{Lm}\cos\left(\omega t + \frac{\pi}{2}\right) \quad (8.2-10)$$

其中

$$U_{Lm} = I_m L\omega \quad \text{或} \quad I_m = \frac{U_{Lm}}{\omega L} \quad (8.2-11)$$

U_{Lm} 为电感两端电压的峰值. 上述结果表示,电感两端的电压与通过电感的电流同频率,但相位不同,电压超前电流 $\pi/2$;从电流与电压的峰值间的关系看,电感 L 的作用犹如一大小为 $L\omega$ 的电阻,我们把 $L\omega$ 称为电感的感抗,用 X_L 表示,

$$X_L = L\omega \quad (8.2-12)$$

在引入电感的感抗之后,电感两端的电压的峰值,通过电感的电流的峰值以及电感的感抗三者的关系与直流电路的欧姆定律相仿,即

$$U_{Lm} = I_m X_L \quad \text{或} \quad I_m = \frac{U_{Lm}}{X_L} \quad (8.2-13)$$

图 8.2-6 和图 8.2-7 分别给出了电感两端电压与通过电感的电流的振幅矢量图和

---

① 如果电流的标定正方向从 b 指向 a,则(8.2-8)式的右边应加一负号,即 $u_L = -L\mathrm{d}i/\mathrm{d}t$.

波形图. (8.2-13)式也适用于有效值.

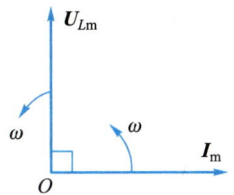
图 8.2-6 纯电感电压、电流的振幅矢量图

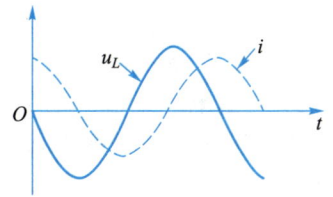
图 8.2-7 纯电感电压、电流的波形图

电感的瞬时功率为

$$P_L = iu_L = I_m U_{Lm} \cos \omega t \cos\left(\omega t + \frac{\pi}{2}\right)$$

$$= I^2 X_L \cos\left(2\omega t + \frac{\pi}{2}\right) \qquad (8.2\text{-}14)$$

电感的瞬时功率以两倍于电流的频率随时间变化. 因为 $\cos\left(2\omega t + \frac{\pi}{2}\right)$ 可正可负, 故瞬时功率有时正、有时负. 瞬时功率 $P_L>0$ 时, 表示电源对电感做功, 电感从电源吸取能量; 瞬时功率 $P_L<0$ 时, 表示电感把能量送回电源. 在一个周期内的平均功率为

$$\langle P_L \rangle = \frac{1}{T} \int_0^T P_L \mathrm{d}t = \frac{1}{T} \int_0^T I^2 X_L \cos\left(2\omega t + \frac{\pi}{2}\right) \mathrm{d}t = 0 \qquad (8.2\text{-}15)$$

电感的平均功率为零, 瞬时功率不为零, 表明电感在电路上并不消耗能量, 但要吞吐能量, 时而从电源吸收能量, 时而又把能量送给电源. 电感吞吐功率的最大值即峰值为

$$P_n = IU_L = I^2 X_L \qquad (8.2\text{-}16)$$

形式上与电阻的平均功率 $\langle P_R \rangle = IU_R = I^2 R$ 相似, 但 $\langle P_R \rangle$ 代表电阻上实际消耗的功率, 而 P_n 并不是消耗掉的功率, 所以两者在性质上是不同的. 为了避免混淆, 我们把 P_n 称为电感的无功功率, 而平均功率 $\langle P_R \rangle$ 是实际消耗的功率, 称为有功功率. 图 8.2-8 给出了电感的瞬时功率的波形图.

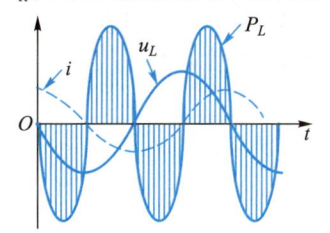
图 8.2-8 纯电感的瞬时功率曲线

电感吞吐能量的实质是电源与磁场之间交换能量. 电感中电流增长的过程是建立磁场的过程, 在这个过程中电源克服自感电动势做功, 这个功转化为磁场的能量. 电感中的电流减小的过程也就是磁场消失的过程, 在这个过程中, 自感电动势做功, 以消耗磁场能量为代价, 这就表现为电感放出能量.

电感的作用主要体现在两个方面: 它在电流和电压之间造成 π/2 的相位差, 使电压超前电流; 在电流和电压峰值的关系上, 它相当于一大小为 $X_L = L\omega$ 的电阻, 因而与电阻一样, 有限制电流的作用. 但与电阻不同, 电感的感抗与电流的频率有关. 同一电感, 对低频电流, 相当于低电阻, 对高频电流, 则相当于高电阻, 而对直流则无电阻作用. 所以, 电感对电流和电压的作用是"阻交流, 通直流; 阻高频, 通低频".

3. 交流电路中的纯电容

在直流电路中,电容器是一种断路元件,因为电容器两极板之间是不导电的真空或电介质. 在给电容器充电的瞬时,正、负电荷分别移向电容器的两块极板,极板上带有等量异号的电荷,极板之间出现一定的电势差. 电荷向极板的移动,形成短暂的变化的电流,达到静电平衡时电流消失.

为了研究电容充、放电过程中的短暂电流,我们做下面的近似假设:在这个短暂过程中,电流随时间变化,但变化比较缓慢,可认为通过导线的各截面的电流都相等;电流仅存在于连接电容器的导线中,电容器内部无电流,导线的电阻不计;电容器极板上的电荷量随时间变化,电荷产生的电场是随时间变化的,但变化比较缓慢,可视为无旋电场,且电场都集中在电容器内部;电流产生的磁场可忽略不计,因而不存在感应电场.

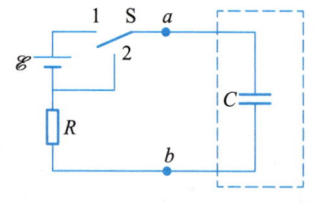

图 8.2-9　电容器的充电与放电

根据以上假定,当图 8.2-9 所示的电路中的开关与 1 接通时,电容器充电,根据欧姆定律的微分形式,注意到感应电场 E_k 处处为零,有

$$j = \gamma(E_s + E_K)$$

式中 E_K 是分布在电源内部的非电磁学原因产生的等效电场强度. 沿闭合回路一周,无旋电场 E_s 的环流为

$$\oint E_s \cdot dl = \int_a^b E_s \cdot dl + \int_R E_s \cdot dl + \int_{\mathscr{E}} E_s \cdot dl$$

$$= u_{ab} + \int \frac{j}{\gamma} \cdot dl + \int \left(\frac{j}{\gamma} - E_K\right) \cdot dl = 0$$

注意到电阻与电阻率的关系、电池电动势的定义,在忽略电池内阻的情况下,上式可改写成

$$u_{ab} + iR = \mathscr{E} \tag{8.2-17}$$

当电流从 a 点进入电容并从 b 点离开电容时,

$$u_{ab} = \int_{正极}^{负极} E_s \cdot dl = \frac{q}{C}$$

式中 $q = q(t)$ 是电容器正极板上的电荷量,将该式代入上式得

$$R\frac{dq}{dt} + \frac{q}{C} = \mathscr{E} \tag{8.2-18}$$

这就是充电时电路的微分方程. 解这个方程,注意到初始条件 $t = 0$ 时 $q = 0$,得

$$q = C\mathscr{E}(1 - e^{-t/RC}) \tag{8.2-19}$$

$$i = \frac{dq}{dt} = \frac{\mathscr{E}}{R} e^{-t/RC} \tag{8.2-20}$$

上式表明充电电流随时间衰减,充电过程所经历时间的长短,可以用时间常量

$$\tau = RC \tag{8.2-21}$$

来衡量. 若把已充电的电容器两端接通,即把图 8.2-9 中的开关 S 打向 2,则电容放电. 电容放电时电路的微分方程式为

$$R\frac{dq}{dt}+\frac{q}{C}=0 \tag{8.2-22}$$

放电时的初始条件是 $t=0$ 时 $q=C\mathscr{E}$,于是上式的解为

$$q=C\mathscr{E}e^{-t/RC} \tag{8.2-23}$$

或

$$i=\frac{dq}{dt}=-\frac{\mathscr{E}}{R}e^{-t/RC} \tag{8.2-24}$$

负号表示放电时电流的方向与充电时电流的方向相反. 放电电流也是衰减的,放电过程经历的时间也可以用时间常量 τ 来量度. 充电电流和放电电流随时间的变化如图 8.2-10 所示.

在电容器充电和放电的过程中,电容器内部虽无电流,但接有电容器的电路中存在变化的电流,一旦达到静电平衡,电流就会消失. 若让电容器反复充电和放电,则电路中将出现持续的变化电流. 在图 8.2-11 所示的实验中, $\mathscr{E}$ 是直流电源, C 是电容器, R 是灯泡. 若把双刀换向开关 S 反复从 1 打向 2,又从 2 打向 1,可以点亮灯泡. 开关转换的频率越高,灯越亮. 这一实验告诉我们,当电容接在交流电路中时,尽管电容器内部没有电流,但电路中存在交变的电流. 因此,对交流电,电容器不是断路元件,交流电可以"通过"电容器.

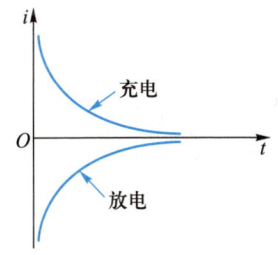

图 8.2-10 电容的充电、放电曲线

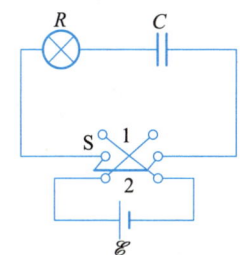

图 8.2-11 演示电流"通过"电容器

在上述条件下,我们讨论通过电容器的交变电流. 任何时刻,电容器正极和负极间的电压

$$u_C=\frac{q}{C}$$

若电流 i 进入电容器的正极,并从负极离开电容器,则电流

$$i=\frac{dq}{dt}=C\frac{du_C}{dt} \tag{8.2-25}$$

上式就是电容器两端的电压的瞬时值与电路中电流瞬时值的关系. 设电容器两端电压的瞬时值为

$$u_C=U_{Cm}\cos\omega t \tag{8.2-26}$$

其中 U_{Cm} 为电压的峰值, ω 为其角频率. 取电压的初相位为零,则电流的瞬时值为

$$i = C\frac{du_C}{dt} = -C\omega U_{Cm}\sin\omega t = I_m\cos\left(\omega t + \frac{\pi}{2}\right) \tag{8.2-27}$$

其中

$$I_m = \frac{U_{Cm}}{1/C\omega} \quad 或 \quad U_{Cm} = I_m\frac{1}{C\omega} \tag{8.2-28}$$

I_m 称为电流的峰值. 上述结果表示,电容器两端的电压与电路中的电流同频率,但相位不同,电压落后电流 $\pi/2$. 从电压与电流峰值间的关系看,电容 C 的作用犹如一大小为 $1/C\omega$ 的电阻,我们把 $1/C\omega$ 称为电容的容抗,用 X_C 表示:

$$X_C = \frac{1}{C\omega} \tag{8.2-29}$$

引入电容的容抗后,电容两端电压的峰值、电路中电流的峰值以及电容的容抗三者的关系与直流电路中的欧姆定律相仿,即

$$I_m = \frac{U_{Cm}}{X_C} \quad 或 \quad U_{Cm} = I_m X_C \tag{8.2-30}$$

上式对有效值也是成立的. 图 8.2-12 和图 8.2-13 分别给出了电容两端的电压和通过电容的电流的振幅矢量图和波形图.

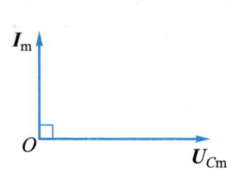

图 8.2-12 纯电容的电压、电流的振幅矢量图

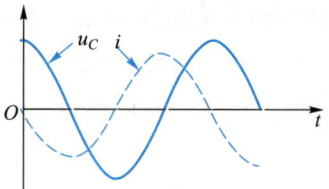

图 8.2-13 纯电容的电压、电流波形图

电容的瞬时功率

$$P_C = iu_C = I_m U_{Cm}\cos\left(\omega t + \frac{\pi}{2}\right)\cos\omega t = I^2 X_C\cos\left(2\omega t + \frac{\pi}{2}\right)$$

电容的瞬时功率以两倍于电流的频率随时间变化,瞬时功率时正时负,表示电容时而从电源吸取能量,时而又把能量送回电源,在一个周期内的平均功率为

$$\langle P_C\rangle = \frac{1}{T}\int_0^T P_C dt = \frac{1}{T}\int IU_C\cos\left(2\omega t + \frac{\pi}{2}\right)dt = 0 \tag{8.2-31}$$

这表明,电容与电感相似,在电路上只吞吐能量,并不消耗功率. 吞吐功率的最大值

$$P_n = IU_C = I^2 X_C \tag{8.2-32}$$

称为电容的无功功率. 图 8.2-14 给出了电容的瞬时功率的波形图. 电容吞吐能量的实质是电源与电场交换能量. 电容充电是在电容器中建立电场的过程,这时电容器从电源吸取能量. 电容放电是电容器中电场消失的过程,这时电容把能量还给电源,并以减少电场能为代价.

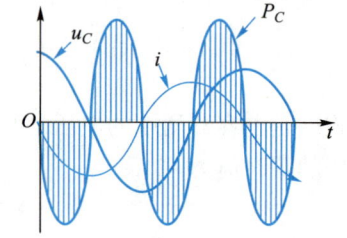

图 8.2-14 纯电容的瞬时功率曲线

电容在交流电路中的作用也比电阻复杂。它的作用也体现在两方面：在电流和电压之间造成 $\pi/2$ 相位差，使电压落后于电流；在电压和电流峰值或有效值的关系上，它相当于一大小为 $X_C = 1/C\omega$ 的电阻，因而有限制电流的作用。但与电阻不同，电容的容抗与电流的频率有关。同一电容，对于低频电流，相当于高电阻；对高频电流，则相当于低电阻；对直流则为断路元件。所以，电容对电流和电压的作用是"隔直流，通交流；阻低频，通高频"。

§8.3 RLC 串联电路

1. 似稳条件和集中参量

在分析电阻、电感和电容元件在交流电中的作用时，我们规定了一些近似处理的条件，从而使问题简化。这些条件总结起来就是似稳条件和集中参量。

一般来讲，与变化的电流联系的电场和磁场亦是变化的，而变化着的电磁场以有限速度传播。当电荷、电流分布变化时，空间各点的场并不同时变化。若电源的频率很高，电路的尺寸又很大，即使在同一条无分支的电路上，同一时刻也会有不同的电流，基尔霍夫第一定律不复成立。高频的电磁场产生很强的感应电场，这时不仅在电感内部，而且在电感外部感生电场的积分都不能忽略，(8.2-7) 式不成立，基尔霍夫第二定律亦不成立。

但是如果电流变化的频率比较低，电路的尺寸又不十分大，使似稳条件

$$t_0 \ll T \quad \text{或} \quad l_0 \ll \lambda$$

得到满足（式中 T 为电磁场变化的周期，λ 为电磁场在一个周期中传播的距离，t_0 是电磁场在电路上距离最大两点间传播所需的时间，l_0 为这两点间的距离），这时，电路上各部分场的变化与电荷、电流的变化几乎可以认为是同时发生的，因而在所考虑的范围内的电磁场分布与同一时刻的电流和电荷分布相对应，并同步随时间缓慢变化。这种变化缓慢的电流就是似稳电流。对于似稳电流，任一时刻的电流即电流的瞬时值仍服从基尔霍夫第一定律，因为 $\partial B/\partial t \sim \omega B$，当电流的频率比较低，磁场的变化较缓慢时，感生电场比较弱。这时除了沿绕成电感线圈的导线进行的积分外，感生电场沿其他路径的线积分均可忽略。这样，在任一时刻，由电荷激发的电场仍可看成无旋场，电势差的概念或电压的概念仍有意义，电感两端的电压与电感中的感应电动势相等。因此，对于似稳电流，每一时刻基尔霍夫第二定律仍然成立。

总之，频率比较低的交流电是一种似稳电流。似稳电流的电场、磁场、电荷、电流分布都随时间缓慢变化，在任何时刻电流线仍然连续，即

$$\oint \boldsymbol{j} \cdot d\boldsymbol{S} = 0$$

电压的概念仍可应用，即

$$\oint \boldsymbol{E}_s \cdot d\boldsymbol{l} = 0$$

因此,似稳电流的瞬时值与直流电一样,服从基尔霍夫第一定律和基尔霍夫第二定律. 求解似稳电路的问题就是求解瞬时值的基尔霍夫方程的问题. 市电是很好的似稳电流,即使频率为 $10^5 \sim 10^9$ Hz 的交流电,在许多场合中仍可视为似稳电流.

必须注意,对频率很低的交流电,由于在电容器上电流线终止在电容器的极板上,在电容器内部并无传导电流,恒定电流的连续性方程不成立. 但是,在许多实际问题中,电容器的体积都很小,极板上的随时间变化的电荷产生的电场几乎全部集中在电容器内部这个小区域中,如果我们不去仔细分析电容器内部的具体过程,从电容器外部看,则任何时刻流进电容器的电流与自电容器流出的电流是相等的,在电容器两端存在一定的电压,这就是说从电容器两端看,基尔霍夫定律还是成立的.

对于一个实际的电路,导线上有电荷分布,导线周围有电场,两导线之间存在电压. 这就是说,除了接在电路上的电容器有电容外,电路的各部分之间亦有电容,即在电路的各部分分布着电容,这种电容称为分布电容. 如果电路上到处存在分布电容,那么所谓电容器外部这句话就不再有意义了.

同样,接在电路中的电感线圈的电感系数比较大,电感器中的磁场亦比较强,涡旋电场在线圈内部所产生的效应是不能忽略的,但它在线圈外部所产生的效应可以忽略. 因为电感器所占的体积比较小,我们可不去分析电感器内部的具体过程,而从电感器外部看,则进入电感器的电流与流出电感器的电流相等,电感器犹如接在电路中的一个电源,在电感器两端,存在一定的电压. 对于实际的电路,磁场并非全部集中在电感器内部,导线周围亦存在磁场,磁场对任何回路都有磁通量;在一段导线中亦可以产生感应电动势,因此甚至一段导线都有电感. 这就是说,除了接在电路上的电感器有电感外,电路上各部分亦都有电感分布,这种电感称为分布电感.

分布电容和分布电感统称为分布参量,存在分布参量的电路是非常复杂的,因为电路中处处有电感,处处有电容. 交流电路近似处理的条件要求我们忽略电路上的分布参量,认为分布电容集中在电容器内部,分布电感集中在电感线圈内部. 这种电容元件和电感元件称为集中元件,它们的参量称为集中参量. 只有当电流是似稳电流,电路只具有集中参量或当电路上的分布参量的作用可以忽略时,在这些元件外部,有关电路的基本概念(如电压)以及电路的基本方程(如基尔霍夫方程)才有效. 分布参量能否被忽略,不仅与分布参量本身的大小有关,而且与电流的频率有关. 同样的电路,对低频电流分布参量可以忽略,但对高频电流分布参量不能忽略. 因此,关于似稳电路的基本概念是否适用于频率较高的电流或能够使用到怎样的限度,必须审核.

一个实际的元件,并非只有一种参量起作用. 例如,一电感线圈,电感是它的主要特征,但绕成线圈的导线具有电阻,因而亦有电阻的作用. 电感线圈的各匝导线之间有电压,导线上有电荷分布,相当于电容器,所以电感线圈亦有电容的作用. 同样,电阻器也有电感和电容的作用,电容器亦有电阻和电感的作用,一种元件只有一种单一的参量是一种理想情况.

如果电路的分布参量的作用不能完全忽略,或者元件的其他参量的作用不能完全忽略,我们可以用等效的集中元件来代替分布参量,或者把具有几种参量的实际元件等效为只有一种参量的几种理想元件的某种组合. 例如可以把一实际电感视为一理想电感和理想电阻的串联,如图 8.3-1 所示. 若电感器的电容参量的作用也不能忽略,我们可以把实际电感视为一理想电感和理想电容的并联,如图 8.3-2 所示.

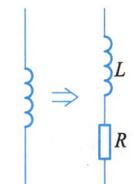

图 8.3-1　实际电感等效于理想电感与理想电阻的串联

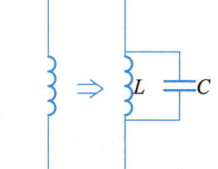

图 8.3-2　实际电感等效于理想电感与理想电容的并联

2. RLC 串联电路的电路方程及其解

将理想电阻 R、电感 L 及电容 C 串联而成的电路接在交流电源的两端,如图 8.3-3 所示. 交流电源的电动势为

$$e = E_m \cos \omega t$$

设电源的频率比较低,满足似稳条件,根据欧姆定律的微分形式,

$$j = \gamma (E_s + E_k + E_K)$$

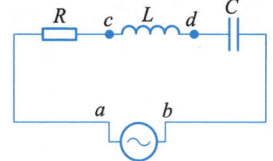

图 8.3-3　RLC 串联电路

式中 E_s 是随时间缓慢变化的电荷所产生的似稳的无旋电场,E_k 为感生电场,E_K 为电源内部的非静电起源的电场. 设导线的电阻很小,可忽略不计. 在电路两端 a 和 b 之间,由无旋电场 E_s 产生的电压,即电路两端的电压为

$$u_{ab} = \int_a^b E_s \cdot dl$$

其值与积分路径无关. 若使积分路径通过电阻 R、电感 L 和电容 C,则有

$$u_{ab} = \int_a^b E_s \cdot dl$$
$$= \int_a^c E_s \cdot dl + \int_c^d E_s \cdot dl + \int_d^b E_s \cdot dl$$
$$= iR + L\frac{di}{dt} + \frac{q}{C}$$

或

$$u_{ab} = u_R + u_L + u_C \tag{8.3-1}$$

即 RLC 串联电路两端电压的瞬时值等于电阻两端电压的瞬时值、电感两端电压的瞬时值和电容两端电压瞬时值之和,亦即对于似稳电流,电路上各电压瞬时值的关系与直流电路中的欧姆定律相同. 取积分路径经过外接电源,注意到在电源内部 $j = \gamma(E_s + E_K)$,则

$$u_{ba} = \int_b^a \boldsymbol{E}_s \cdot d\boldsymbol{l} = \int_b^a \frac{\boldsymbol{j}}{\gamma} \cdot d\boldsymbol{l} - \int_b^a \boldsymbol{E}_K \cdot d\boldsymbol{l} = iR_r - e$$

因 $u_{ba} = -u_{ab}$，代入(8.3-1)式得

$$u_R + u_L + u_C = e - iR_r \tag{8.3-2}$$

或

$$L\frac{di}{dt} + Ri + \frac{1}{C}q = e - iR_r \tag{8.3-3}$$

这就是 RLC 串联电路的电路方程式.

在电源的电动势和内阻已知的条件下，通过解(8.3-3)式便可求得电流的瞬时值 $i = i(t)$. 为了讨论方便，我们忽略电源的内阻(实际上，可以把电源的内阻归并到外电路中去)，若电源电动势为 $e = E_m \cos \omega t$，则电路方程简化为

$$L\frac{di}{dt} + Ri + \frac{1}{C}q = E_m \cos \omega t \tag{8.3-4}$$

两边对 t 求导，得

$$L\frac{d^2 i}{dt^2} + R\frac{di}{dt} + \frac{1}{C}i = -\omega E_m \sin \omega t$$

这是一个二阶非齐次的常微分方程，根据微分方程的理论，其稳定解为

$$i = I_m \cos(\omega t - \varphi) \tag{8.3-5}$$

其中 I_m 为电流的峰值，φ 为电流与外加电压或电动势的相位差，当 $\varphi > 0$ 时，表示电流落后于电压. I_m 和 φ 由以下两式决定：

$$I_m = \frac{E_m}{\sqrt{R^2 + \left(L\omega - \frac{1}{C\omega}\right)^2}} \tag{8.3-6}$$

$$\tan \varphi = \frac{L\omega - \frac{1}{C\omega}}{R} \tag{8.3-7}$$

求得电路中的电流，就可求得 RLC 电路两端的电压，由(8.3-1)式得

$$u_{ab} = U_m \cos \omega t \tag{8.3-8}$$

式中

$$U_m = I_m \sqrt{R^2 + \left(L\omega - \frac{1}{C\omega}\right)^2} \tag{8.3-9}$$

电流与电压间的相位差 φ 由(8.3-7)式给出. 当 $\varphi > 0$ 时，电压超前电流. 从电流与电压峰值或有效值间的关系看，RLC 串联电路等效于一大小为

$$Z = \sqrt{R^2 + \left(L\omega - \frac{1}{C\omega}\right)^2} \tag{8.3-10}$$

的电阻，称 Z 为阻抗. 在引入阻抗后，电流的峰值或有效值、电压的峰值或有效值、阻抗三者间的关系，与直流电路的欧姆定律相仿.

R、L、C 三种元件串联的阻抗是由电阻、电感的感抗、电容的容抗结合而成的. $\left(L\omega - \dfrac{1}{C\omega}\right)$ 称为电抗,用 X 表示,即

$$X = X_L - X_C = L\omega - \dfrac{1}{C\omega} \tag{8.3-11}$$

引入电抗后,阻抗为

$$Z = \sqrt{R^2 + X^2} \tag{8.3-12}$$

$$\tan\varphi = \dfrac{X}{R} \tag{8.3-13}$$

电抗除了与 L、C 有关外,还与电源的频率有关.

若 $X = X_L - X_C = L\omega - \dfrac{1}{C\omega} > 0$,即感抗大于容抗,$\varphi > 0$,表示电压超前于电流,这种电路是电感性的. 若 $X = X_L - X_C < 0$,即感抗小于容抗,$\varphi < 0$,表示电压落后于电流,这种电路是电容性的. 若 $X = X_L - X_C = 0$,即电路的电抗为零,$\varphi = 0$,电压与电流同相位,电路表现为纯电阻.

RLC 三种元件串联在一起,它们在电路上的作用表现为两方面:在电流与电压之间形成一定的相位差 φ,φ 的值取决于电抗与电阻之比,它不仅与元件的参量有关,而且与电流的频率有关;在电流和电压的峰值或有效值的关系上,RLC 串联在一起的作用等效于一大小为 Z 的电阻,阻抗的大小亦与频率有关.

3. RLC 串联电路的振幅矢量计算法

在 RLC 串联电路中,若电路两端的电压是简谐的,则各元件两端的电压也是简谐的. RLC 串联电路的电路方程(8.3-1)式是各简谐量叠加的方程. 若 U_m、U_{Rm}、U_{Lm} 和 U_{Cm} 分别为电压 u、u_R、u_{Lm} 和 u_{Cm} 的峰值,各电压对应的振幅矢量分别为 $\boldsymbol{U}_m$、$\boldsymbol{U}_{Rm}$、$\boldsymbol{U}_{Lm}$ 和 $\boldsymbol{U}_{Cm}$,因此有

$$u_R = (\boldsymbol{U}_{Rm})_x, \quad u_L = (\boldsymbol{U}_{Lm})_x, \quad u_C = (\boldsymbol{U}_{Cm})_x, \quad u = (\boldsymbol{U}_m)_x$$

根据电路方程(8.3-1)式得

$$(\boldsymbol{U}_{Rm})_x + (\boldsymbol{U}_{Lm})_x + (\boldsymbol{U}_{Cm})_x = (\boldsymbol{U}_m)_x$$

根据矢量的性质,有

$$(\boldsymbol{U}_{Rm} + \boldsymbol{U}_{Lm} + \boldsymbol{U}_{Cm})_x = (\boldsymbol{U}_m)_x$$

上式在任何时刻都成立,故有

$$\boldsymbol{U}_{Rm} + \boldsymbol{U}_{Lm} + \boldsymbol{U}_{Cm} = \boldsymbol{U}_m \tag{8.3-14}$$

即 RLC 串联电路两端电压的振幅矢量等于各元件两端电压的振幅矢量的矢量和. 由于各元件两端电压的相位不同,各元件两端电压的峰值或有效值之和与电路两端电压的峰值或有效值是不同的.

(8.3-14)式是一个矢量式,式中各矢量的大小表示各电压的峰值或有效值,各矢量的方向反映了各电压的相位或初相位. 我们知道,电阻两端电压的峰值 $U_{Rm} = I_m R$,电压与电流同相位,故振幅矢量 $\boldsymbol{U}_{Rm}$ 的大小为 $I_m R$,方向与 $\boldsymbol{I}_m$ 相同. 电感两端的

电压的峰值 $U_{Lm}=I_m X_L$，电压超前电流 $\pi/2$，故振幅矢量 $\boldsymbol{U}_{Lm}$ 的大小为 $I_m X_L$，方向垂直于 $\boldsymbol{I}_m$。电容两端的电压的峰值 $U_{Cm}=I_m X_C$，电压落后电流 $\pi/2$，故振幅矢量 $\boldsymbol{U}_{Cm}$ 的大小为 $I_m X_C$，方向垂直于 $\boldsymbol{I}_m$。若以矢量 $\boldsymbol{I}_m$ 为标准，则各电压的振幅矢量如图 8.3-4 所示。根据(8.3-14)式和矢量图，我们有

$$U_m^2 = (U_{Lm}-U_{Cm})^2 + U_{Rm}^2 = I_m^2 (X_L-X_C)^2 + I_m^2 R^2$$

由此得

$$I_m = \frac{U_m}{\sqrt{R^2+(X_L-X_C)^2}}$$

$$\tan\varphi = \frac{U_{Lm}-U_{Cm}}{U_{Rm}} = \frac{X_L-X_C}{R}$$

与解电路方程得到的结果相同。同时，从矢量图还可以看出，若 U_{Lm} 比 U_{Cm} 大，则电流落后于电压，电路是电感性的。若 U_{Lm} 比 U_{Cm} 小，则电流超前于电压，电路是电容性的。

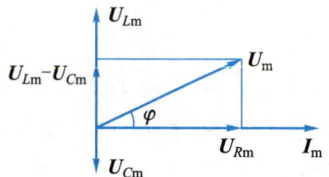

图 8.3-4　RLC 串联电路的振幅矢量图

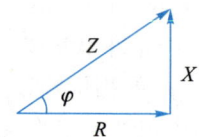

图 8.3-5　阻抗三角形

应用振幅矢量计算 RLC 串联电路的方法比较简单和直观，特别是可以把电压和电流间的相位差形象地表示出来。但必须注意简谐交流电本身并非矢量，把交流电表示成振幅矢量，并用矢量计算方法进行运算，这仅仅是一种表示和计算的方法。

交流电路中，电流和电压间出现的相位差，归根到底是由各种不同性质的元件所引起的。电流和电压是简谐量，每个量都有相位，不同的量之间有相位差。元件的阻抗不是简谐量，本身无相位问题，但它们可以使电流与电压之间出现相位差。在实际应用中常常把电阻、电抗和阻抗三者的关系用所谓阻抗三角形来表示，其中电阻 R 是一条直角边，电抗 X 是另一条直角边，阻抗 Z 则是三角形的斜边，如图 8.3-5 所示。阻抗三角形反映了各元件的参量对电流和电压间相位差的影响，是电流电压间相位关系的另一种表示。

4. 例题

例 8.3-1　一电阻 R 与一电感 L 串联，接在简谐交流电源两端。求电感两端电压的有效值与电阻两端电压有效值之比和电流，并讨论与频率的关系。

解：各电压瞬时值的关系为

$$u_R + u_L = u$$

对应的振幅矢量的关系为

$$\boldsymbol{U}_R + \boldsymbol{U}_L = \boldsymbol{U}$$

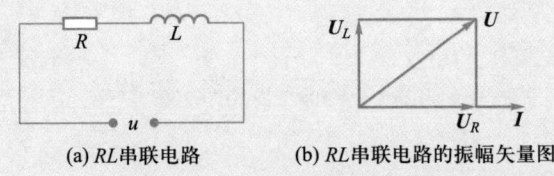

(a) RL 串联电路　　(b) RL 串联电路的振幅矢量图

例 8.3-1 图

因 u_R 与电流同相位，u_L 超前于电流 $\dfrac{\pi}{2}$，对应的矢量图如图(b)所示. 由平行四边形法则，得

$$U^2 = U_L^2 + U_R^2 = I^2 R^2 + I^2 X_L^2$$

因此得

$$I = \dfrac{U}{\sqrt{R^2 + X_L^2}}$$

$$\dfrac{U_L}{U_R} = \dfrac{X_L}{R} = \dfrac{L\omega}{R} = \dfrac{2\pi f}{R} L$$

即 U_L/U_R 与频率成正比. 对于直流电 $f=0$，电感两端无电压；频率 f 越大，电感两端的电压也越大. 这反映了电感具有"通直流，阻交流，通低频，阻高频"的特性. 若外加电压含有从低频到高频的各种频率的交流成分，则电感两端的电压主要是高频成分，电阻两端的电压则以低频成分为主.

例 8.3-2　一电容 $C=3.2\ \mu\mathrm{F}$，与一电阻 $R=100\ \Omega$ 串联，接在简谐交流电源上，电源的电压为 10 V，频率 $f=50$ Hz，求电流及电容两端的电压与电阻两端电压之比.

解：因

$$u_R + u_C = u$$

故

$$U_R + U_C = U$$

矢量图如图(b)所示. 由平行四边形法则，得

$$I^2 R^2 + I^2 X_C^2 = U^2$$

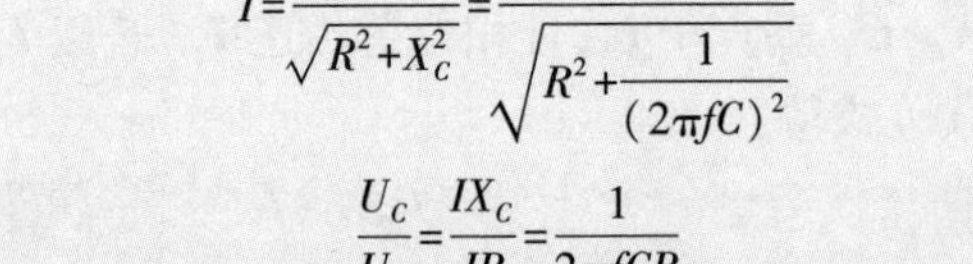

(a) RC 串联电路　　(b) RC 串联电路的振幅矢量图

例 8.3-2 图

$$I = \dfrac{U}{\sqrt{R^2 + X_C^2}} = \dfrac{U}{\sqrt{R^2 + \dfrac{1}{(2\pi fC)^2}}}$$

$$\dfrac{U_C}{U_R} = \dfrac{IX_C}{IR} = \dfrac{1}{2\pi fCR}$$

可以看出，随着频率的增大，电容两端的电压降低. 对于直流电，$f=0$，$U_C/U_R = \infty$，而当 f 很大时，$U_C/U_R \to 0$. 这反映了电容在电路上具有"隔直流，通交流，阻低频，通高频"的特性. 若外电压包含有各种不同频率的交流成分，则电容两端的电压以低频成分为主，电阻两端的电压则以高频成分为主.

当 $f = 50$ Hz 时,

$$\frac{U_C}{U_R} = \frac{1}{2\times 3.14\times 50\times 3.2\times 10^{-6}\times 100} = 10$$

§8.4 并联电路的计算

考虑一并联电路,它由两条支路组成,如图 8.4-1 所示. 一条支路由 R 和 L 串联而成,另一条支路上只有 C. 设外加电动势为

$$e = \sqrt{2}E\cos\omega t$$

各支路中的电流分别为 i_1 和 i_2,总电流为 i. 对于分支点,由基尔霍夫第一方程,有

$$i = i_1 + i_2$$

对于两个回路,可写出基尔霍夫第二方程,即

$$u_L + u_R = e$$
$$u_C = e$$

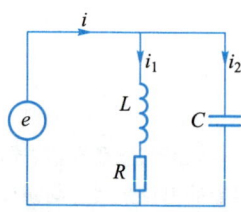

图 8.4-1 R、L 和 C 的并联电路

首先用振幅矢量法进行计算. 把每个简谐量用振幅矢量表示,便得到电路的矢量方程,即为

$$\boldsymbol{I} = \boldsymbol{I}_1 + \boldsymbol{I}_2 \tag{8.4-1a}$$
$$\boldsymbol{U}_L + \boldsymbol{U}_R = \boldsymbol{E} \tag{8.4-1b}$$
$$\boldsymbol{U}_C = \boldsymbol{E} \tag{8.4-1c}$$

因为 $U_R = I_1 R$,$\boldsymbol{U}_R$ 与 $\boldsymbol{I}_1$ 方向相同;$U_L = I_1 X_L$,$\boldsymbol{U}_L$ 垂直于 $\boldsymbol{I}_1$,且相位比 $\boldsymbol{I}_1$ 超前 $\pi/2$. 若以 $\boldsymbol{I}_1$ 为标准,则 $\boldsymbol{U}_L$ 和 $\boldsymbol{U}_R$ 的方向如图 8.4-2 所示. 由(8.4-1b)式,根据平行四边形法则,有

$$U_R^2 + U_L^2 = E^2 \quad \text{或} \quad I_1^2(R^2 + X_L^2) = E^2$$

得

$$I_1 = \frac{E}{\sqrt{R^2 + X_L^2}} = \frac{E}{\sqrt{R^2 + L^2\omega^2}}, \quad \tan\varphi_1 = \frac{U_L}{U_R} = \frac{L\omega}{R}$$

因 $\varphi_1 > 0$,故电流的相位落后于外加电动势.

因 $U_C = I_2 X_C$,$\boldsymbol{U}_C$ 垂直于 $\boldsymbol{I}_2$,且相位落后于 $\boldsymbol{I}_2$. 若以 $\boldsymbol{I}_2$ 为标准,则 $\boldsymbol{U}_C$ 如图 8.4-3 所示. 由(8.4-1c)式得

$$I_2 X_C = E$$

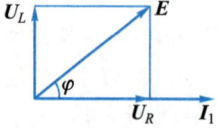

图 8.4-2 R、L 支路的振幅矢量图

图 8.4-3 C 支路的振幅矢量图

得

$$I_2 = \frac{E}{X_C} = C\omega E, \quad \varphi_2 = -\frac{\pi}{2}$$

$\varphi_2 = -\pi/2$,表示电流 I_2 相位比外加电动势超前 $\pi/2$.

由于 I_1 和 I_2 相对 E 的方向已求得,若以 E 为标准,则电流 I_1 落后于 E 一个 φ_1 角,电流 I_2 垂直于 E,相位超前 $\pi/2$,得图 8.4-4 所示的矢量图. 根据(8.4-1a)式和平行四边形法则,有

$$I^2 = (I_1\cos\varphi_1)^2 + (I_2 - I_1\sin\varphi_1)^2 = I_1^2 + I_2^2 - 2I_1 I_2 \sin\varphi_1$$

$$= \frac{E^2}{R^2 + L^2\omega^2} + E^2 C^2 \omega^2 - 2\frac{E^2 C\omega}{\sqrt{R^2 + L^2\omega^2}} \frac{L\omega}{\sqrt{R^2 + L^2\omega^2}}$$

$$= \frac{E^2[(1 - LC\omega^2)^2 + C^2\omega^2 R^2]}{R^2 + L^2\omega^2}$$

由此得

$$I = E\sqrt{\frac{(1 - LC\omega^2)^2 + (C\omega R)^2}{R^2 + L^2\omega^2}} \quad (8.4-2)$$

$$\tan\varphi = \frac{I_1 \sin\varphi_1 - I_2}{I_1 \cos\varphi_1}$$

$$= \frac{L\omega - (R^2 + L^2\omega^2)C\omega}{R} \quad (8.4-3)$$

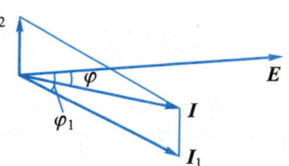

图 8.4-4 支路电流与总电流的振幅矢量图

若 $\varphi<0$,则电动势超前于总电流.

§8.5 交流电路的功率

1. 交流电路的功率

对于任何交流电路,其电压和电流的瞬时值均可写为

$$u = \sqrt{2}U\cos\omega t, \quad i = \sqrt{2}I\cos(\omega t - \varphi)$$

因此电路的瞬时功率为

$$P = iu = 2IU\cos(\omega t - \varphi)\cos\omega t = IU[\cos\varphi + \cos(2\omega t - \varphi)]$$

因为 $\cos\varphi<1$,而 $|\cos(2\omega t - \varphi)| \leq 1$,故 P 有时为正、有时为负. $P>0$,表示电源对电路做正功;$P<0$,表示电源对电路做负功,实际上是电路对电源做功,把能量送回电源. P 的变化反映了电路与电源间的能量交换情况,即电路时而吸收能量,时而放出能量.

在一个周期内,电路的平均功率为

$$\langle P \rangle = \frac{1}{T}\int_0^T P\mathrm{d}t = \frac{1}{T}\int_0^T IU[\cos\varphi + \cos(2\omega t - \varphi)]\mathrm{d}t$$

积分得

$$\langle P \rangle = IU\cos\varphi \tag{8.5-1}$$

即平均功率不但与电流和电压的有效值有关,而且与电流和电压之间的相位差有关. $IU\cos\varphi$ 反映了平均功率 $\langle P \rangle$ 在 IU 中的占比,称为功率因数. 功率的波形图如图 8.5-1 所示.

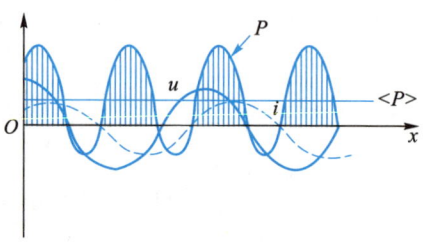

图 8.5-1　一般交流电路的功率波形图

2. 有功功率和无功功率

当电流和电压的有效值一定后,平均功率由功率因数决定,而功率因数 $\cos\varphi$ 的值取决于阻抗的性质.

电路两端电压的瞬时值可以视为等效阻抗的电阻部分 R_r 两端的电压的瞬时值 u_r 和电抗部分 X 两端的电压的瞬时值 u_X 之和. 当外加电压为 $u = \sqrt{2}U\cos\omega t$,电流为 $i = \sqrt{2}I\cos(\omega t - \varphi)$ 时,

$$u_r = \sqrt{2}IR_r\cos(\omega t - \varphi), \quad u_X = \sqrt{2}IX\cos\left(\omega t - \varphi + \frac{\pi}{2}\right)$$

则瞬时功率为

$$P = i(u_r + u_X) = 2I^2R_r\cos^2(\omega t - \varphi) - I^2X\sin 2(\omega t - \varphi)$$

平均功率实际上是由第一部分决定的,第二部分的平均值为零,即

$$\langle P \rangle = \langle iu_r + iu_X \rangle = \langle iu_r \rangle = I^2R_r \tag{8.5-2}$$

从形式上看,上式所给出的结果与(8.5-1)式并不相同,但实际上是相等的. 由电阻部分与电抗部分的阻抗三角形,因 $\widetilde{Z} = R_r + jX$,功率因数为

$$\cos\varphi = \frac{R_r}{Z} \tag{8.5-3}$$

将其代入(8.5-1)式即得(8.5-2)式.

由此可见,交流电路的平均功率 $\langle P \rangle$ 不等于 IU 而是 $IU\cos\varphi$ 的原因是:等效复阻抗的虚部即电抗部分在电路上不消耗功率,电路的平均功率是等效复阻抗的电阻部分的平均功率.

在 §8.2 中曾指出,通常把平均功率称为有功功率 P_h,把吞吐功率的最大值称为无功功率 P_n,通常称 IU 为视在功率,用 S 表示,它们分别为

$$P_h = I^2R_r = IU\cos\varphi \tag{8.5-4}$$

$$P_n = I^2X = IU\sin\varphi \tag{8.5-5}$$

$$S = IU \tag{8.5-6}$$

视在功率并不代表电路实际消耗的功率,实际消耗的功率还取决于功率因数. 由以上三式可以看出,视在功率、有功功率和无功功率三者间的关系为

$$S = \sqrt{P_h^2 + P_n^2} \tag{8.5-7}$$

3. 提高电路功率因数的意义和方法

电路的功率因数是发电、输电和配电中的一个重要参量. 任何一种交流电源(它们可以是发电机,也可以是变压器)都有一定的额定电流和电压;任何用电器(可以是某一个具体的用电设备,也可以是某一用电地区或城市)都要使用一定的功率——有功功率,并有一额定电压. 为了把电功率从电源输送到用户,就得用输电线把电源和用户连接起来. 在输电过程中,输电线上将不可避免地损耗一定的能量. 因此从输电、发电和配电的经济效益来看,充分利用发电设备和减少输电线上的损耗是两个重要的问题,而这两个问题都与电路的功率因数有关.

设有一电源,分别对两个用户供电,这两个用户的额定电压都是 380 V,额定功率都是 P_e = 20 kW. 一用户的功率因数 $\cos\varphi_1$ = 0.6,另一用户的功率因数 $\cos\varphi_2$ = 0.95. 对第一用户,输电线中的电流为

$$I_1 = \frac{P}{U\cos\varphi_1} = \frac{2.0 \times 10^4}{380 \times 0.6} \text{ A} = 87.7 \text{ A}$$

对第二用户供电时,根据同样的计算,可求得输电线中的电流为 55.4 A. 可见向用户供应一定的有功功率时,用户的功率因数越小,输电线上的损耗越大. 无功功率虽非消耗的功率,但电源向用户传送或回收功率时,输电线上的损耗是不可避免的,在采用 2.2×10^5 V 高压输电时,当输送的有功功率为 2.4×10^5 kW、输电线的电阻为 10 Ω 时,若功率因数从 0.6 提高到 0.9,则 1 年在输电线上的损耗可减少 1.6 亿度电(1 度 = 1 kW·h).

一台发电机或电源的额定功率一定后,电源的视在功率就确定了. 但该电源能输出多少有功功率,则取决于用户的功率因数. 例如,一发电机的视在功率为 220 kW、额定电压为 220 V,当它向额定电压为 220 V、有功功率为 44 kW、功率因数为 0.8 的工厂供电时,该电源只能向四个同样的工厂供电,因为每一个工厂的电流 I 和发电机的额定电流 I_0 分别为

$$I = \frac{P}{U\cos\varphi} = \frac{44 \times 10^3}{220 \times 0.8} \text{ A} = 250 \text{ A}, \quad I_0 = \frac{S}{U} = \frac{220 \times 10^3}{220} \text{ A} = 10^3 \text{ A}$$

$I_0 = 4I$. 若工厂的功率因数提高到 1,则输入每一个工厂的电流为 200 A,这样同一台电源就可以向五个工厂供电. 这就提高了发电机的使用效率.

总之,用户的功率因数对充分发挥发电设备的作用和减少输电上的损耗,都很重要.

电路的功率因数取决于负载等效阻抗中电阻部分和电抗部分的比例,而有功功率则仅取决于等效阻抗中的电阻部分,因此,改变等效阻抗中的电抗部分的值,就可以改变电路的功率因数. 许多电器都包含线圈,因而是电感性的,电路的等效

阻抗可以视为由电阻 R_r 和电感性的电抗 X 串联而成. 对于电感性的阻抗, 电压超前于电流. 若在阻抗两端并联一电容(图 8.5-2), 则对电源讲, 用户等效阻抗不再是 $\widetilde{Z}$ 而是由 $\widetilde{Z}$ 和电容的容抗 X_C 并联后的等效阻抗 $\widetilde{Z}_1$, 使 $\widetilde{Z}_1$ 两端的电压与通过 $\widetilde{Z}_1$ 的电流间的相位差 φ_1 减小, 功率因数 $\cos\varphi_1$ 就会提高. 在 $\widetilde{Z}$ 两端并联电容 C 后, 通过阻抗 $\widetilde{Z}$ 的电流并未变化, 但输电线中的电流却有了变化. 因为输电线中的电流的矢量图如图 8.5-3 所示, I_0 落后于电压 U 一个 φ 角, I_C 比电压超前 $\pi/2$, 适当确定电容 C 的值, 就可能使 I 和 U 的夹角 φ_1 尽可能减小, 从而使总电流 i 减小.

$$I = I_0 + I_C$$

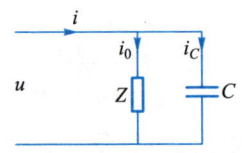

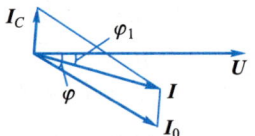

图 8.5-2 用并联电容的方法提高电路的功率因数

图 8.5-3 提高功率因数后电路的电流的矢量图

§8.6 谐振电路和品质因数

1. RLC 串联电路的谐振和谐振条件

R、L、C 三个理想元件, 串联在交变电源两端, 在一定的条件下, 就会发生谐振现象. 如图 8.6-1 所示的串联电路中, 若外加电动势的瞬时值为

$$e = \sqrt{2}E\cos\omega t$$

则回路中的电流由 §8.3 节中的 (8.3-6) 式所示.

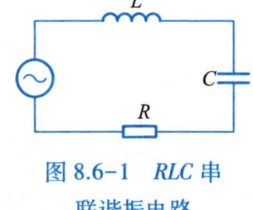

图 8.6-1 RLC 串联谐振电路

由于电路的阻抗和电流与电压间的相位差与电源的频率有关, 当元件一定后, 总可以找到某个电源频率 ω_0, 使阻抗的电抗 X 等于零, 即

$$L\omega_0 = \frac{1}{C\omega_0}$$

或

$$\omega_0 = \frac{1}{\sqrt{LC}} \tag{8.6-1}$$

即当电源的频率等于 ω_0 时, 电路上的感抗与容抗相互抵消, 阻抗变成实数, 整个电路的阻抗为极小值, 电路中的电流达到最大值, 且电流与电压同相位, 这种现象称为 RLC 串联电路的谐振. (8.6-1) 式称为谐振条件. 达到谐振时,

$$Z = Z_{\min} = R, \quad \varphi = 0, \quad I = \frac{E}{R} = I_{\max} \tag{8.6-2}$$

2. RLC 串联电路谐振时电路上的电压分配　品质因数

RLC 串联电路谐振时,加于电路两端的电动势(严格讲应是电压)就等于电阻两端的电压,即

$$U_R = I_{\max} R = E \tag{8.6-3}$$

初看起来,似乎电感和电容两端无电压,其实并非如此. 谐振时电感和电容两端的电压分别为

$$U_L = I_{\max} X_L = I_{\max} L\omega_0 = \frac{E}{R}\sqrt{\frac{L}{C}} = U_C \tag{8.6-4}$$

因 $U_L = U_C$,但相位相反,所以电感与电容两端的总电压为零,好像电感和电容不存在一样,电源的电压全部降落在电阻上.

对于实际的谐振电路,其 R 都是很小的,因为 R 并非特意接入电路的电阻,而是代表元件 L 和 C 的损耗. 作为电感元件或电容元件,它们所包含的电阻都是很小的,因此

$$Q = \frac{1}{R}\sqrt{\frac{L}{C}} = \frac{L\omega_0}{R} = \frac{1}{CR\omega_0} \tag{8.6-5}$$

是一个比 1 大得多的数. 一个谐振回路的电阻 R 越小,其 Q 值越大. Q 称为谐振回路的品质因数. RLC 串联电路达到谐振时,电感两端的电压或电容两端的电压比外加电压还大,是外加电压的 Q 倍.

谐振电路的品质因数 Q 值可达数十或数百,某些特殊的电路,其品质因数可达 10^3 的数量级. 在电路达到谐振时,即当电源的频率 $\omega = \omega_0$ 时,电感两端或电容两端的电压突然增大,比外加电压可大数百倍,故 RLC 串联谐振又称电压谐振. 串联谐振时,各电压的矢量如图 8.6-2 所示.

因为谐振时,电感和电容两端的电压变得很大,故在选用元件、判断其绝缘材料的耐压性能时必须考虑到谐振情况.

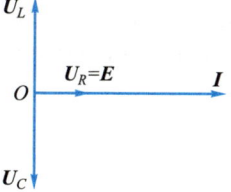

图 8.6-2　RLC 串联谐振电路的电压矢量图

在无线电技术中串联谐振电路可用于选择信号. 例如,有许多不同频率的多信号电压同时加在 RLC 电路两端,其中频率正好等于回路谐振频率 ω_0 的那种信号在电容两端建立起特别高的电压,其他频率的信号在电容两端建立的电压很小,这样就把各种信号中频率为 ω_0 的信号挑选出来了. 若回路的谐振频率是可调的,我们就可以根据要求把某种频率的信号选择出来.

3. RLC 串联谐振电路中的能量转化　Q 值的普遍含义

RLC 谐振电路达到谐振时,电流与电压同相位,即 $\varphi = 0$,回路的功率因数 $\cos \varphi = 1$,因此电路的有功功率为

$$P_h = I_{\max} E = I_{\max}^2 R$$

其实,不论电路是否达到谐振,电路的平均功率总是等于电阻上消耗的功率,因而

都可用 I^2R 表示. 在非谐振时, 因为 L 和 C 与电源之间进行能量转化, 故电源的瞬时功率 P_e 并不等于电阻上的瞬时功率 P_R. 达到谐振时, 情况就不同了, 不仅平均功率等于电阻上消耗的功率, 电源的瞬时功率 P_e 也等于电阻上的瞬时功率 P_R. 因达到谐振时, $\varphi = 0$, 故

$$P_e = ie = 2EI_{max}\cos^2\omega t = 2I_{max}^2 R\cos^2\omega t$$
$$P_R = iu_R = 2I_{max}^2 R\cos^2\omega t$$

$P_e = P_R$ 并不意味着电感和电容不再吞吐功率, 不过它们不与电源交换能量, 而是彼此间不断进行能量交换. 谐振时, 电感内的磁场能量为

$$W_m = \frac{1}{2}Li^2 = \frac{1}{2}L\left(\sqrt{2}\frac{E}{R}\right)^2\cos^2\omega_0 t = L\frac{E^2}{R^2}\cos^2\omega_0 t$$

电容器中电场的能量为

$$W_e = \frac{1}{2}Cu^2 = \frac{1}{2}C\left(\sqrt{2}\sqrt{\frac{L}{C}}\frac{E}{R}\right)^2\cos^2\left(\omega_0 t - \frac{\pi}{2}\right) = L\frac{E^2}{R^2}\sin^2\omega_0 t$$

即电场能和磁场能都随时间变化, 电场能为最大的时刻, 磁场能为最小, 磁场能为最大的时刻, 电场能最小. 但是任何时刻, 储存在电容中的电场能和储存在电感中的磁场能的总和是恒定的, 不随时间变化. 但电容器内的电场能与电感中的磁场能不停地相互转化, 能量在电容器和电感器之间振荡. 因为电路中的电场能和磁场能之间的转化是通过电路中电流的传输来实现的, 而电路总有电阻, 故在电场能和磁场能的转化和振荡过程中必定伴随损耗, 这个损耗就是电阻 R 上发出的焦耳热. 谐振时, 电源向电路提供的瞬时功率就等于该时刻电阻上消耗的功率, 从而使电路中储存的总能量恒定不变. 这也就是说, RLC 串联谐振电路将一定量的能量储存在电路中是有代价的, 即外界必须向电路提供一定量的能量, 用于补偿在电阻上的损耗. 若一个谐振回路储存的能量比在一个周期 T 内电阻上损耗的能量大得越多, 则该谐振回路的质量就越好, 反之, 则质量越差. 可以用回路的品质因数表示回路的质量, 谐振回路的品质因数 Q 的普遍定义是

$$Q = 2\pi \frac{W_e + W_m}{\int_0^T i^2 R dt} = 2\pi \frac{I^2 L}{I^2 R T_0} = 2\pi \frac{L}{R}\frac{1}{T_0} \tag{8.6-6}$$

式中 T_0 是谐振电路的振荡周期. 这说明品质因数的值决定谐振电路储存的能量与一个周期内电路消耗的能量的比值. 显然, 这样定义的品质因数与(8.6-5)式的定义是一致的.

4. 谐振曲线 通频带

从利用谐振回路选择某种频率的信号的角度来看, 我们不仅希望所需要的那种频率的信号能在电容或电感两端建立很高的电压, 同时还希望其他频率的信号在电容或电感两端的电压尽可能低, 从而使电容两端输出的电压几乎是单一频率信号的电压. 相反, 若其他频率的信号在电容两端的电压与频率等于谐振频率的信号的电压差别不大, 那么, 这种谐振电路选择信号的能力就较差, 我们通常就说该

回路的选择性差. 将选择性差的谐振回路用于收音机,就会发生"串台"现象.

尚未达到谐振时,电容或电感两端电压的有效值与回路中电流的有效值有关. 电流的有效值是频率 ω 的函数, 即

$$I = \frac{E}{\sqrt{R^2 + \left(L\omega - \dfrac{1}{C\omega}\right)^2}} = \frac{E}{R} \frac{1}{\sqrt{1 + Q^2\left(\dfrac{\omega}{\omega_0} - \dfrac{\omega_0}{\omega}\right)^2}}$$

式中 Q 为回路的品质因数,ω_0 为回路的谐振频率. 注意到 E/R 为谐振时回路中电流的有效值,上式可写成

$$I = I(\omega) = \frac{I_{\max}}{\sqrt{1 + Q^2\left(\dfrac{\omega}{\omega_0} - \dfrac{\omega_0}{\omega}\right)^2}} \tag{8.6-7}$$

在谐振时,因 $\omega = \omega_0$,故 $I = I_{\max}$,当 $\omega > \omega_0$ 或 $\omega < \omega_0$ 时,回路中的电流都小于谐振时的电流. 回路的品质因数 Q 值越大,则当 ω 偏离 ω_0 时,$\left[1 + Q^2\left(\dfrac{\omega^2 - \omega_0^2}{\omega\omega_0}\right)^2\right]$ 就越大,因而电流 I 越小,这时回路的选择性比较好.

如果取 ω/ω_0 作为自变量,根据(8.6-7)式,对于不同品质因数的谐振电路,就可得到不同的 $I-\omega/\omega_0$ 的曲线,如图 8.6-3 所示. 当 $\omega/\omega_0 = 1$ 时,I 有极大值. Q 值越大,曲线越尖锐.

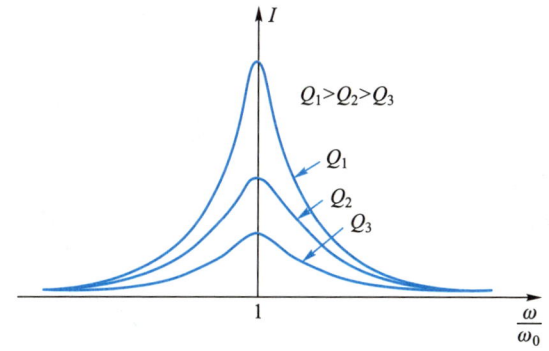

图 8.6-3　串联电路的谐振曲线

当回路的外加电动势的有效值一定时,回路中的电流不低于谐振电流的 $1/\sqrt{2} = 0.707$ 倍的频率范围定义为回路的通频带. 通频带的绝对值为

$$\Delta\omega = \omega_2 - \omega_1 \tag{8.6-8}$$

或

$$\Delta f = f_2 - f_1 \tag{8.6-9}$$

其中 ω_1(或 f_1)和 ω_2(或 f_2)是通频带边界的角频率(或频率),对应于图 8.6-4 曲线上的 a 和 b 两点的电源频率. 因为这两点的回路电流等于谐振电流 $I_{\max}$ 的 $1/\sqrt{2}$,所以这两点的振荡功率等于谐振功率的一半,故这两点又称半功率点.

为了求得通频带的绝对值与谐振电路特性的联系,注意到一般的谐振曲线都

比较尖锐,我们可做下面的近似:
$$\omega^2-\omega_0^2=(\omega+\omega_0)(\omega-\omega_0)=2\omega(\omega-\omega_0)$$
于是
$$I=\frac{I_{\max}}{\sqrt{1+\left[\dfrac{2Q(\omega-\omega_0)}{\omega_0}\right]^2}}$$

当 $\dfrac{2Q(\omega-\omega_0)}{\omega_0}=\pm 1$ 时,$I=\dfrac{1}{\sqrt{2}}I_{\max}$. 由此得 $\omega_1=\omega_0-\dfrac{\omega_0}{2Q}$,$\omega_2=\omega_0+\dfrac{\omega_0}{2Q}$,故通频带的绝对值为

$$\Delta\omega=\omega_2-\omega_1=\frac{\omega_0}{Q} \quad \text{或} \quad \Delta f=\frac{f_0}{Q} \qquad (8.6\text{-}10)$$

通频带的宽度反比于回路的品质因数.回路的品质因数越大,通频带越窄,回路的选择性越好.在谐振点,电流与电压同相位.当偏离谐振点时,电流与电压间有一定的相位差 φ,φ 也是电源频率的函数,即

$$\varphi=\arctan\frac{L\omega-\dfrac{1}{C\omega}}{R}=\arctan\left[Q\left(\frac{\omega}{\omega_0}-\frac{\omega_0}{\omega}\right)\right] \qquad (8.6\text{-}11)$$

当 $\omega/\omega_0=1$ 时,$\varphi=0$,电路呈现纯电阻性. 当 $\omega/\omega_0<1$ 时,$\varphi<0$,表示电压落后于电流,电路呈现电容性. 当 $\omega/\omega_0>1$ 时,$\varphi>0$,表示电压超前于电流,电路呈现电感性. φ 与 ω 的关系如图 8.6-5 所示.

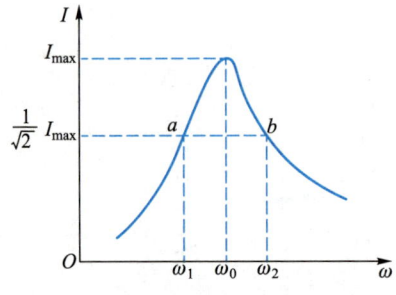

图 8.6-4　由谐振曲线确定通频带

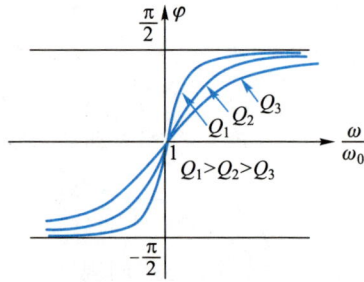

图 8.6-5　电流电压间的相位差与频率的关系

§8.7　三相交流电

1. 三相交流电的产生

在发电和输电工作中,怎样减少输电过程的损耗和怎样节省输电线是非常实际的问题. 为了减少输电过程的损耗,人们通常采用高压输电,并尽可能提高用户

的功率因数. 怎样可以节省输电线呢？考虑两个完全相同的直流电源,若两个电源分别对自己的用户供电,则从每一电源要引出两条输电线,如图 8.7-1 所示. 若把两电源合并起来,联合对用户输电,则可节省一条输电线,如图 8.7-2 所示. 这时公共线中的电流为两电流之差,因而导线可以细一点. 若两电源完全相同,两负载也完全一样,则公共线中无电流通过,因而可以省去这一输电线. 在这种思想的基础上,就产生了三相交流电的应用问题.

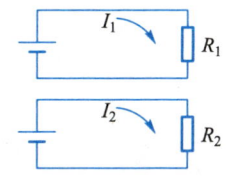

图 8.7-1　两电源单独供电

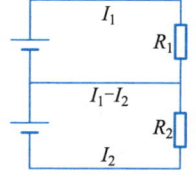

图 8.7-2　两电源联合供电

我们已经知道,一平面线圈在磁场中旋转,便可获得一简谐的电动势. 现假设有三个平面线圈,三个平面相交成 120° 的角度,如图 8.7-3 所示. 当这三个线圈绕同一垂直于磁场的轴匀速旋转时,每一线圈中都产生一简谐电动势,这三个简谐电动势的频率相同,峰值也相同(设三个线圈完全一样),但彼此有 120° 的相位差. 这三个电动势可分别表示为

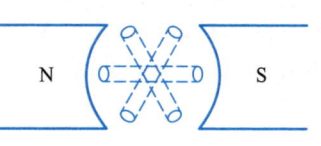

图 8.7-3　三相发电机

$$e_A = \sqrt{2}E\cos \omega t \tag{8.7-1a}$$

$$e_B = \sqrt{2}E\cos(\omega t - 120°) \tag{8.7-1b}$$

$$e_C = \sqrt{2}E\cos(\omega t + 120°) \tag{8.7-1c}$$

这样三个频率相同、彼此有 120° 相位差的电动势称为三相电动势,每一个线圈称为电源的一相,能产生三相电动势的发电机称为三相发电机. 由三相电动势所组成的电路称为三相电路.

三相发电机的三个线圈分别用 AX、BY 和 CZ 表示. A、B、C 称为线圈的始端,X、Y、Z 称为线圈的末端. 我们规定,在每一个线圈内,电动势的正方向由该线圈的末端指向始端.

如果从每个线圈两端各引出一条导线对外供电,则一台三相电源要用六条导线对用户供电. 但也可以把三个线圈的末端接在同一公共点上,从公共点引出一条导线,从各相线圈的始端各引出一条导线,即共用四条导线对用户供电,这就是三相四线制供电,它可以节省两条输电线. 从三相线圈的公共点引出的导线称为中线,从每相线圈始端引出的导线称为火线或相线,如图 8.7-4 所示. 若三相发电机(或三相电源)的三个线圈都相同,则三个电动势除了初相位不同外,它们的峰值、频率都完全相同,每个线圈的内阻也都一样.

当三相电源采用三相四线制对用户供电时,用户可以从电网上得到两种不同的电压. 火线与中线间的电压称为相电压,它等于电源每一相两端的电压. 共有三个相电压,它们的峰值相等,频率相同,相位差为120°. 用 u_{AO}、u_{BO}、u_{CO} 分别代表三个相电压的瞬时值,它们分别为

$$u_{AO}=\sqrt{2}\,U_\varphi\cos\omega t,\quad u_{BO}=\sqrt{2}\,U_\varphi\cos(\omega t-120°)$$
$$u_{CO}=\sqrt{2}\,U_\varphi\cos(\omega t+120°)$$

U_φ 为相电压的有效值. 火线与火线之间的电压称为线电压. 共有三个线电压,用 u_{AB}、u_{BC}、u_{CA} 分别代表三个线电压的瞬时值. 相电压与线电压的关系为

$$u_{AB}=u_{AO}-u_{BO},\quad u_{BC}=u_{BO}-u_{CO},\quad u_{CA}=u_{CO}-u_{AO}$$

对应的矢量式为

$$\boldsymbol{U}_{AB}=\boldsymbol{U}_{AO}-\boldsymbol{U}_{BO},\quad \boldsymbol{U}_{BC}=\boldsymbol{U}_{BO}-\boldsymbol{U}_{CO},\quad \boldsymbol{U}_{CA}=\boldsymbol{U}_{CO}-\boldsymbol{U}_{AO} \tag{8.7-2}$$

各电压的矢量如图 8.7-5 所示. 从矢量图可以看出,三个线电压的峰值也相等,彼此有 120°的相位差,因而也是三相电. 根据平行四边形法则,可求得线电压的有效值 U_l 与相电压的有效值 U_φ 间的关系为

$$U_l=\sqrt{3}\,U_\varphi \tag{8.7-3}$$

若电网的相电压为 220 V,则线电压为 380 V. 我国照明电就采用 380 V/220 V 供电制.

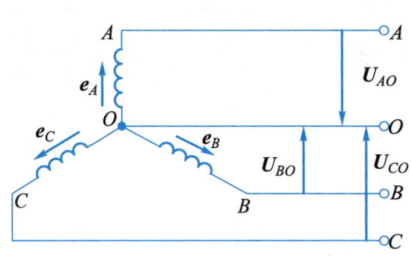

图 8.7-4 三相四线制供电线路

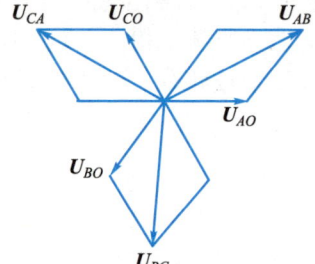

图 8.7-5 相电压与线电压的矢量图

2. 三相电路中负载的连接

负载可以接成星形或三角形两种方式. 将负载三相的一端接在三相负载公共点,并把公共点与中线相连,负载三相的另一端分别接在各火线上,就得到负载三相的星形连接,如图 8.7-6 所示. 当三相负载按照星形连接时,每相负载两端的电压等于电源的相电压. 通常把通过每相负载的电流称为相电流,称通过火线的电流为线电流. 当三相负载按照星形连接时,相电流等于线电流(图 8.7-7). 照明电路的负载都采用星形连接. 当三相负载按照星形连接时,通过中线的电流的瞬时值与相电流的瞬时值的关系(图 8.7-7)为

$$i_0=i_a+i_b+i_c$$

对应的矢量式为

$$\boldsymbol{I}_0=\boldsymbol{I}_a+\boldsymbol{I}_b+\boldsymbol{I}_c$$

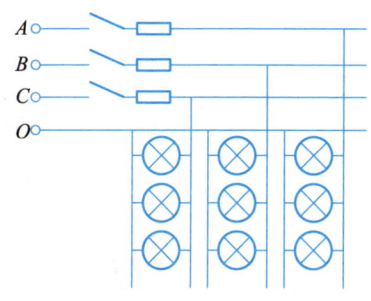

图 8.7-6　三相负载的星形连接

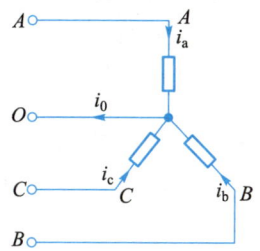

图 8.7-7　星形连接负载中的电流

若三相负载完全相同,即为对称负载时,三相电流也是完全对称的,即三相电流的峰值相等,有 120° 的相位差,在这个情况中,通过中线的电流为零,因而可以省去中线.

但是,若三相负载不对称,则中线绝对不能省掉,中线也不能断开. 照明用电必须采用三相四线制,因为照明用电的负载极难对称,在这种情况下,不仅不能省去中线,而且在中线上不能接保险丝,以防中线断路.

若负载每相两端分别接在两火线之间,就构成了负载的三角形连接. 这时,负载上的电压等于电源的线电压,但通过负载每相的电流不等于线电流.

思考题

8.1　发电机是怎样把机械能转化成电能的?如发电机转动部分的摩擦可忽略,当发电机的转子线圈两端断开时,发电机转子在旋转过程中是否要消耗机械能?如一纯电阻 R 接在转子线圈两端,试证明电阻上消耗的焦耳热等于发电机转子克服电磁阻力所做的功.

8.2　在什么条件下发电机的转子做匀角速度转动?若拖动发电机的动力源汽轮机向发电机提供的功率始终恒定,发电机能否提供一频率稳定的交流电动势?若动力源向发电机提供的功率是可控和可调的,在什么情况下这台发电机能提供一频率稳定的交流电动势?

8.3　如图所示,信号源为锯齿波发生器,电路中只有电阻元件,已知电压峰值为 100 V,电阻值为 200 Ω. 试画出电路中电流的波形图及峰值. 假如电路中的元件为纯电容或纯电感时,你能画出电流的波形图吗?试说明解决问题的困难在哪里?

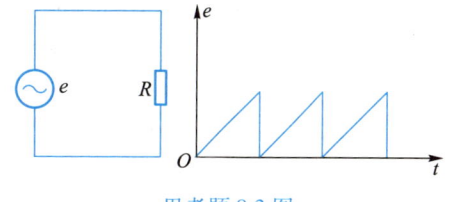

思考题 8.3 图

8.4　画出交流电流

$$i_1 = I_{1m}\cos \omega t, \quad i_2 = I_{2m}\cos\left(\omega t+\frac{\pi}{4}\right)$$

$$i_3 = I_{3m}\cos\left(\omega t-\frac{\pi}{4}\right), \quad i_4 = I_{4m}\cos\left(\omega t-\frac{\pi}{2}\right)$$

$$i_5 = I_{5m}\cos\left(\omega t + \frac{\pi}{2}\right), \quad i_6 = I_{6m}\cos(\omega t + \pi)$$

$$i_7 = I_{7m}\cos(\omega t - \pi), \quad i_8 = I_{8m}\cos(\omega t + 2\pi)$$

的波形图.

8.5 日光灯工作时,必须把日光灯与一镇流器——电感线圈串联,然后接在交流电源上,如图所示. 今用万用表测得日光灯两端的电压为 66 V,镇流器两端的电压为 180 V,电源两端的电压为 220 V. 有人把日光灯视为一纯电阻,镇流器视为一纯电感,试与实验数据比较,分析这种看法的精确程度. 有人用欧姆表测得镇流器的电阻为 40 Ω,用交流电流表测得通过日光灯的电流为 0.31 A,若仍然认为日光灯是一纯电阻,试根据实验数据求出电源的电压,并与实验测得的电源电压相比较.

8.6 有人说,既然 L 和 C 不消耗能量,则任何一复杂的电路的有功功率就是各实际的电阻元件的平均功率之和,你是否同意这一看法?

8.7 RLC 串联电路在谐振时的平均功率与非谐振时的平均功率是否相等?在两种情况中的平均功率是否都等于电源的平均功率?(设电源的内阻很小,忽略不计.)

8.8 由理想电感和理想电容并联后接在交流电源两端,当回路达到谐振时,电源中是否有电流?

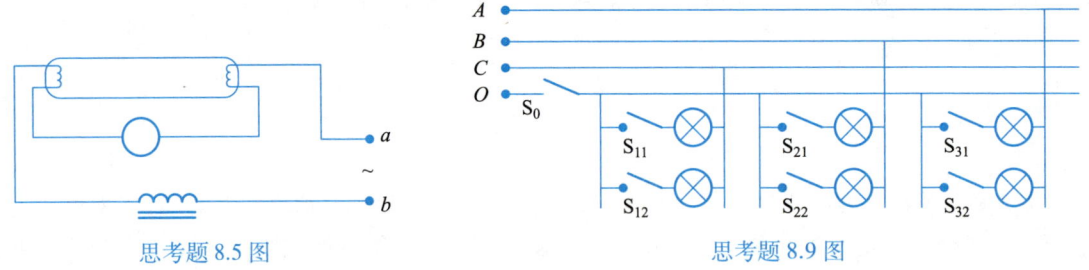

思考题 8.5 图 　　　　　　　　　　思考题 8.9 图

8.9 在图示的电路中,A、B、C 为火线,O 为中线,电路上所有灯泡都相同. 设线电压为 380 V,相电压为 220 V.

(1) 若接通 S_0 并把所有的 S_{ij} 都接通,各灯泡的亮度是否相等?灯泡两端的电压为多少?若任意打开任何一个或任何两个开关 S_{ij},会发生什么变化?

(2) 若 S_0 断开,各 S_{ij} 都闭合,各灯泡两端的电压为多少?各灯泡的亮度是否相等?若打开 S_{11} 会发生什么变化?为什么?

(3) 在上面的情况下,若再断开 S_{12},各灯泡两端的电压为多少?亮度是否相同?若再断开 S_{22},则情况如何?若再断开 S_{32} 则又发生什么情况?在这种情况下,若又把 S_0 接通,则又怎样?

8.10 若负载作三角形连接,证明当三相负载对称时,火线中的线电流有效值 I_l 与每个负载中的相电流有效值 I_φ 的关系是

$$I_l = \sqrt{3}\, I_\varphi$$

8.11 在实验室中,你能看到电源的插座有三孔和四孔两种,三孔插座中可提供的是单相电还是三相电?三个孔怎样与输电线连接?四孔插座可提供的是三相电还是单相电?四个孔怎样与输电线连接?三孔插座与两孔插座有何不同?

习题

8-1 一扼流线圈的电阻是 60 Ω,自感是 0.2 H.

(1) 若通过的直流是 3 A,则加在线圈上的电压是多少?

(2) 若通过的电流是 $i = 3\sqrt{2}\sin\left(100\pi t + \dfrac{\pi}{3}\right)$ (A),式中 t 的单位是 s,则加在线圈两端的电压是多少?

8-2 在频率 f 为何值时,3.0 mH 的电感器和 3.0 μF 的电容器具有相同的电抗?这个电抗是多少?

8-3 求图中开关 S 闭合后电容两端电压 u_C 的变化规律.已知接通前 u_C 为零.

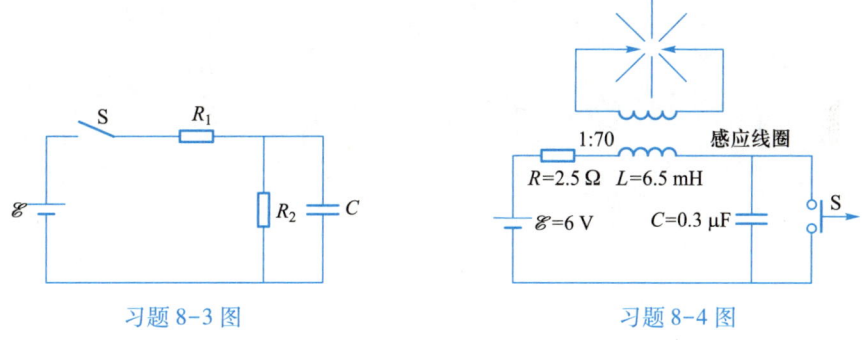

习题 8-3 图   习题 8-4 图

8-4 如图所示为汽车发动机点火系统的简化原理图,开关 S 随着汽车曲轴的转动而开闭.当 S 拉断时,将在电感 L 两端感应一个足够大的电压,再经过感应线圈而升压,从而把间隙击穿,发生电火花,使汽缸内的燃料着火,从而驱动汽车前进.(1) 定性解释此装置能够产生较高的感应电压的原理;(2) 如果互感线圈能使电压升高 70 倍,计算这个点火系统能产生的最高电压.

8-5 图示交流电路中,已知 $R = \omega L_1 = \omega L_2 \dfrac{1}{\omega C} = 1\ \Omega$,表 V_1、V_2、V_3 的读数为 1 V,试求:

(1) 表 A 和表 V_4 的读数;

(2) 总电压 U;

(3) 电路的总阻抗 Z;

(4) 阻抗的辐角 ϕ.

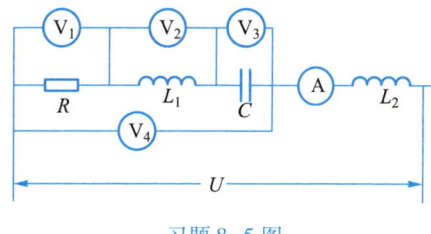

习题 8-5 图

8-6 在图中,已知 $X_L : X_C : R = 2 : 1 : 1$,求 i_1 与 i_2 间的相位差.

8-7 在图中,$X_L = R = X_C$,求下列各量间的相位差并用矢量图说明之.(1) u_C 与 i_R;(2) i_C 与 i_R;(3) u_R 与 u_L;(4) u 与 i.

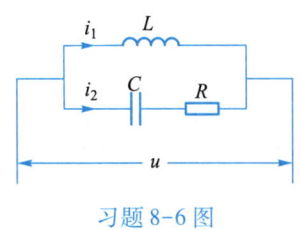

习题 8-6 图

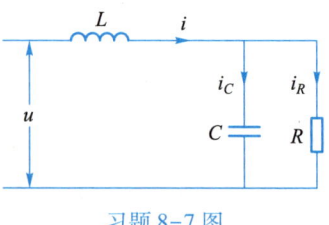

习题 8-7 图

8-8 如图所示的电路中,ao 和 ob 间的电阻 R 相等;ad 间的电阻 R' 可调,bd 间是个电容(此电路称为 RC 相移电路). 试用矢量图证明,当 R' 的阻值由 0 变到 ∞ 的过程中,ao 间的电压 u_1 和 do 间的电压 u_2 总是相等的,但它们之间的相位差由零变到 π.

8-9 如图所示,设工作电源 E 的直流电压为 6 V、内阻 R_r 为 10 Ω,并设收音机有信号时,从电源中取用的电流 $i(t)$ 在 0~50 mA 范围中波动,重复频率为 1 000 Hz,问此时 ab 两端的电压是否稳定? 在什么范围中变动? 当接上同电源并联的电容 C(50 μF) 以后,ab 两端电压的变动范围为多少?

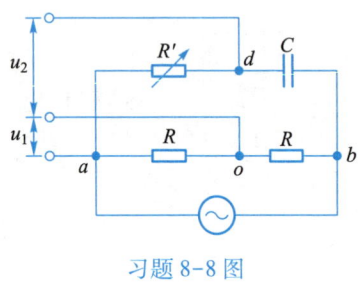

习题 8-8 图

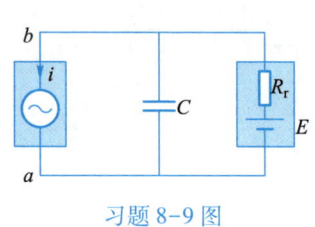

习题 8-9 图

8-10 如图所示,已知 $R = 1$ kΩ,$f = 50$ Hz,A 表读数为 0.04 A,A_1 表读数为 0.035 A,A_2 表读数为 0.01 A. 求 R_L 和 L 的值.

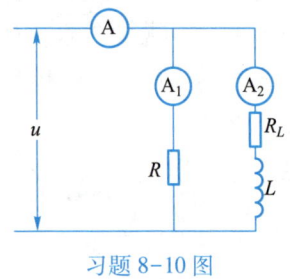

习题 8-10 图

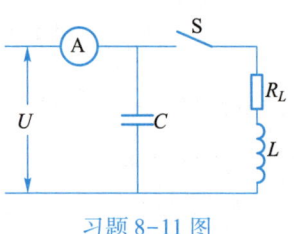

习题 8-11 图

8-11 如图所示,$U = 380$ V,$f = 50$ Hz,如果 S 断开及合上时电流表读数始终为 0.5 A(见图),求 L 值.

8-12 如图所示的电路可用于测量线圈的电阻 R_L 和电感 L,测量方法是调节 R_1 和 R_2 使电压表读数至最小时读出 R_1,R_2 和 V,今读得 $R_1 = 5$ Ω,$R_2 = 15$ Ω,$V = 25$ V,已知电源电动势的有效值为 100 V,频率 $f = 50$ Hz,$R = 14$ Ω,试由这些数据求出线圈的电阻和电感.

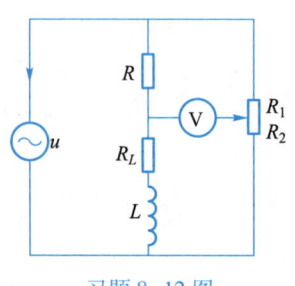

习题 8-12 图

8-13 一扼流圈与一 $R = 50$ Ω、无自感的电阻并联后接到一正弦交流电源上,测得扼流圈上所通过的电流 $I_1 = 2.8$ A,电阻上通过的电

流 $I_2 = 2.5$ A，电路上输送的电流 $I = 4.5$ A．问扼流圈及电阻 R 上所消耗的功率各为多少？

8-14 一电路感抗 $X_L = 8.0\ \Omega$，电阻 $R = 5.0\ \Omega$，串联在 220 V、50 Hz 的市电上，问：

（1）要使功率因数提高到 95%，应在 L、R 上并联多大的电容？

（2）这时流过电容的电流是多少？

（3）若串联电容，情况会如何？

8-15 一个电感性用电器的功率因数 $\cos\varphi = 0.5$，在 50 Hz、220 V 电压作用下有电流 220 mA，则：

（1）用电器消耗的功率为多少？

（2）为把功率因数提高到 1，并联的电容 C 该取多大？此时通过电源、电容器、用电器的电流各为多少？电源消耗的功率为多少？

8-16 对称三相电感性负载接在对称线电压 380 V 上，测得输入线电流为 12.1 A，输入功率为 5.5 kW，求功率因数和无功功率．

8-17 求图示电路所用的有功功率 P_h 及电感两端电压 $u_L(t)$．已知 $R = 16\ \Omega$，$\omega L = 2\ \Omega$，$\dfrac{1}{\omega C} = 18\ \Omega$，$e(t) = [20 + 40\sin\omega t + 14.1\sin(3\omega t + 60°)]$（$e$、$\omega$、$t$ 的单位分别为 V、s^{-1}、s）．

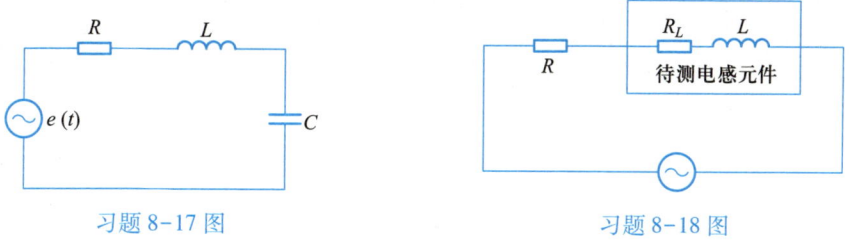

习题 8-17 图　　　　习题 8-18 图

8-18 为了测量一个有铁芯损失的电感元件的自感 L 和有功电阻 R_L，在此元件上串联一 $R = 40\ \Omega$ 的电阻，如图所示．今测得 R 上的电压 $U_R = 50$ V，待测电感元件上的电压 $U = 50$ V，总电压 $U_t = 86.6$ V．已知交流电的频率 $\omega = 1\,000$ Hz，试求 L 和 R_L．

8-19 利用第五章的结果写出图(a)所示的两端开启的导体圆筒的自感公式，所考虑的电流围绕圆周．我们仍采用这样的近似：认为圆筒内的场直至两端为止都是均匀的．现将此电路断开，插进一个电容器，如图(b)所示，计算此串联系统的共振频率．注意它与长度 b 无关．第二次世界大战中使微波雷达得以实现的第一只谐振腔磁控管就包含 8 个这样的共振电路，通过这类管子铜阳极的一个横截面见图(c)，试估计其发出的辐射频率．

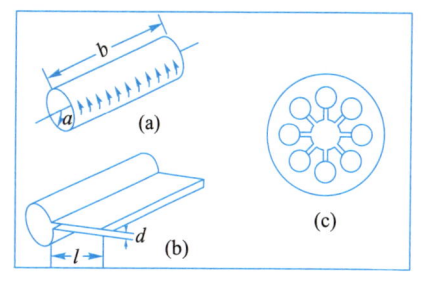

习题 8-19 图

本章习题答案

郑重声明

高等教育出版社依法对本书享有专有出版权。任何未经许可的复制、销售行为均违反《中华人民共和国著作权法》，其行为人将承担相应的民事责任和行政责任；构成犯罪的，将被依法追究刑事责任。为了维护市场秩序，保护读者的合法权益，避免读者误用盗版书造成不良后果，我社将配合行政执法部门和司法机关对违法犯罪的单位和个人进行严厉打击。社会各界人士如发现上述侵权行为，希望及时举报，我社将奖励举报有功人员。

反盗版举报电话　　（010）58581999　58582371
反盗版举报邮箱　　dd@hep.com.cn
通信地址　　北京市西城区德外大街4号　高等教育出版社法律事务部
邮政编码　　100120

读者意见反馈

为收集对教材的意见建议，进一步完善教材编写并做好服务工作，读者可将对本教材的意见建议通过如下渠道反馈至我社。

咨询电话　　400-810-0598
反馈邮箱　　hepsci@pub.hep.cn
通信地址　　北京市朝阳区惠新东街4号富盛大厦1座
　　　　　　高等教育出版社理科事业部
邮政编码　　100029

防伪查询说明

用户购书后刮开封底防伪涂层，使用手机微信等软件扫描二维码，会跳转至防伪查询网页，获得所购图书详细信息。

防伪客服电话　　（010）58582300